物联网开发与应用丛书

RFID 技术及产品设计

付丽华　金明涛　李　志　杨　玥　编著

電子工業出版社

Publishing House of Electronics Industry

北京·BEIJING

内 容 简 介

射频识别（RFID）是通过射频信号自动识别目标对象并获取相关数据。RFID 技术是从 20 世纪 80 年代起走向成熟的一种自动识别技术，作为物联网感知层的关键技术之一，近年来取得飞速发展，在各领域的应用日益广泛。

本书主要介绍与 RFID 相关的技术原理，以及与产品设计相关的关键技术、方案设计和实现过程。全书共 8 章，分为基础部分（重点讲述 RFID 技术的基本概念和相关技术）、产品设计部分（从射频读写器电路板设计入手，介绍各频段产品设计的相关标准、基于 RFIC 的应用设计和关键技术）、高级应用部分（介绍微波天线的仿真技术、相关软件的使用，以及 RFID 技术在物联网中的应用）。

本书既可以作为应用型本科信息类各专业的射频识别技术课程教材，也可以作为非信息类专业学生及物联网技术、自动识别技术企业及相关应用单位人员学习射频识别技术的专业书籍。

图书在版编目（CIP）数据

RFID 技术及产品设计/付丽华等编著 . —北京：电子工业出版社，2017.4
（物联网开发与应用丛书）
ISBN 978-7-121-31266-3

I. ①R… Ⅱ. ①付… Ⅲ. ①无线电信号 – 射频 – 信号识别 – 应用 – 电子产品 – 产品设计 Ⅳ. ①TN911.23

中国版本图书馆 CIP 数据核字（2017）第 066565 号

策划编辑：曲 昕
责任编辑：康 霞
印 刷：北京虎彩文化传播有限公司
装 订：北京虎彩文化传播有限公司
出版发行：电子工业出版社
 北京市海淀区万寿路 173 信箱 邮编 100036
开 本：787×1092 1/16 印张：23 字数：604 千字
版 次：2017 年 4 月第 1 版
印 次：2023 年 1 月第 12 次印刷
定 价：59.80 元

前　言

RFID（Radio Frequency Identification）技术起源于英国，应用于第二次世界大战中辨别敌我飞机身份，20 世纪 60 年代开始商用。

进入 21 世纪，RFID 作为构建物联网的关键技术近年来受到人们的关注，被广泛应用到各个领域，如身份证件、门禁控制、供应链和库存跟踪、汽车收费、防盗、生产控制、资产管理等领域，为我们的社会活动、生产生活、行为方法和思维观念带来了巨大的变革。

作为实践应用型教材，本书注重理论联系实际，以及相关知识的链接，以实际产品的设计、研发过程为线索，展开教学活动。

本书共分为 8 章、3 个部分。

第 1~2 章为基础部分，介绍 RFID 技术的基本概念、工作原理及相关技术。

第 3~6 章为产品设计部分，包括射频读写器电路板设计及相关研发软件工具的使用、各频段产品设计的相关标准、基于各频段 RFIC 的应用设计和关键技术等。

第 7~8 章为高级应用部分，介绍微波技术、天线仿真技术和相关软件的使用，以及 RFID 技术与物联网的关系、物联网典型应用案例。

● 本书定位

（1）专业对象

普通高等院校电子信息工程类与自动识别技术相关专业的专业课；

非自动识别技术专业（如物联网专业、物流工程专业）的专业课、专业选修课；

实践应用型教材。

（2）读者对象

自动识别技术类专业本科生（全部内容）；

从事射频识别产品设计、研究的工程技术人员（关注部分章节内容）；

与自动识别专业相关的本科生（选修部分章节）。

● 本书特色与编写原则

（1）整体采用结构式描述

每章以应用案例导入作为开篇，激发读者的学习兴趣，同时突出各章的重点内容；以本章小结作为结束，并布置课后习题，易于实现对教学效果的验证。

（2）理论联系实际，运用实际案例，展开教学

提供与本书配套的实验（实训）指导书、实验项目板和开发板，满足实践教学的要求，从电路设计着手，进而展开射频前端、LF、HF、UHF 频段产品设计过程，并将其贯穿整个实践教学过程，涉及内容包括标准协议、主流芯片、整体方案设计、关键技术和设计要求等。

本书中使用的部分设计实例来自作者的实践与总结，并经过验证，因此所涉及的源代码可以直接使用。

（3）由浅入深，循序渐进

本书第 1、3～6 章由付丽华（沈阳工学院、信息与控制学院）撰写，第 2 章由李志、郑琳（沈阳工学院、信息与控制学院）撰写，第 7 章由金明涛（资深微波天线设计工程师）撰写，第 8 章由杨玥、赵云鹏（沈阳工学院、信息与控制学院）撰写，全书由付丽华统稿，冯暖校对。

本书编写过程中得到沈阳工学院、信息与控制学院各级领导的大力支持，在此表示一并感谢！

此外，在本书编写过程中参考了众多书籍和资料，在此衷心感谢所有书籍和资料的作者、提供者！

由于作者水平有限，书中难免有疏漏之处，敬请广大读者批评和指正。

编　著　者
2017 年 1 月于沈阳

目　　录

第1章 RFID 技术基础

【内容提要】

射频识别技术（RFID）是从20世纪80年代起走向成熟的一种自动识别技术，它通过射频信号自动识别目标对象并获取相关数据。

本章主要内容如下。

（1）RFID 工作原理及技术特征部分：讲述射频识别技术的发展历程、应用现状、基本原理、相关国际标准体系的组成及技术发展前景。

（2）RFID 系统构成部分：讲述应答器、读写器和应用软件，除此之外，还要包括射频前端的工作方式及有关 RFID 产品天线的基础知识。

（3）RFID 技术与其他自动识别技术的比较，体现 RFID 的特点。

【学习目标与重点】

- ◆ 了解射频识别技术的发展历程、标准构成。
- ◆ 掌握射频识别系统的基本构成、工作原理和技术特点，掌握射频识别设备的主要特性和用途。
- ◆ 了解其他自动识别技术的特点。
- ◆ 掌握应答器和阅读的分类依据和特点。
- ◆ 了解射频前端的工作方式及特点，掌握电感耦合和反向散射耦合的工作原理及应用频段，了解天线的功能。

案例分析：离不开的校园"一卡通"

什么是校园"一卡通"（见图1.1）？

所谓校园"一卡通"系统，简单来说就是使全校所有师生、员工每人持一张校园卡，这张校园卡取代以前各种证件（包括学生证、工作证、借书证、医疗证、出入证等）的全部或部分功能，师生、员工在学校各处出入、办事、活动和消费只凭这张校园卡便可进行，并与银行卡实现自助圈存，最终实现"一卡在手，走遍校园"，同时带动学校各单位、各部门信息化、规范化管理进程。

此种管理模式代替传统的消费管理模式，最大的特点是"非接触"识别：使用时，只需要在相应的装置前"晃一下"，便可以完成身份识别和结账，因此为学校的管理带来高效、方便与安全。

图 1.1 校园"一卡通"功能图

除此之外，还有一个显而易见的好处：校园卡看起来就是一张塑料卡片，具有防水、防尘、防污染的功能，甚至有时在"机洗"之后依然可以继续使用。有了这样的卡片再也不必担心因保管不当而影响其正常使用了。

校园"一卡通"是"数字化校园"的重要组成部分，它应主要具有综合消费类、身份识别类、金融服务类、公共信息服务类等功能。

不言而喻，在这个高效、便捷的网络中，以校园卡的操作为核心，实现卡片识读和数据操作的技术便是射频识别技术，因此射频识别技术是校园"一卡通"的核心技术之一。

经过分析，从功能上可以将此类系统分为 3 部分。

（1）识别载体和目标：射频卡。

（2）识别和具有网络通信功能装置：射频读写器或支持射频卡读写功能的装置。

（3）具有结算功能的后台：应用软件。

1.1 射频识别工作原理

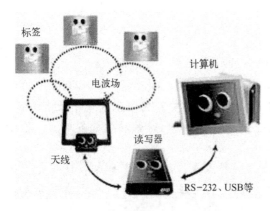

图 1.2 射频识别系统的工作过程

射频识别技术（Radio Frequency Identification，RFID）是 20 世纪 80 年代发展起来的一种新兴非接触式自动识别技术，是一种利用射频信号通过空间耦合（交变磁场或电磁场）实现非接触信息传递并通过所传递的信息达到识别目的的技术。识别工作无须人工干预，可工作于各种恶劣环境。

应用 RFID 技术，可识别高速运动物体并可同时识别多个标签，操作快捷、方便。图 1.2 描述了射频识别系统的工作过程。

该系统由三部分组成，即射频标签、射频识别读写设备、应用软件。RFID 应用系统结构如图 1.3 所示。

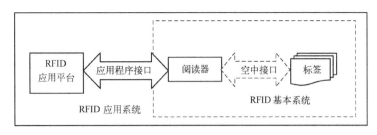

图 1.3　RFID 应用系统结构图

（1）射频识别标签（TAG）

射频识别标签又称射频标签、电子标签，主要由存有识别代码的大规模集成线路芯片和收发天线构成。每个标签具有唯一的电子编码，附着在物体上标识目标对象，因此标签是被识别的目标，是信息的载体。本书中统一称为应答器或射频标签。

（2）读写器（Reader）

射频识别读写设备是连接信息服务系统与标签的纽带，主要起到目标识别和信息读取（有时还可以写入）的功能。本书中统一称为阅读器或读写器。

（3）应用软件

针对各种不同应用领域的管理软件。

工作时，应答器进入天线磁场后，如果接收到阅读器发出的特殊射频信号，就能凭借感应电流所获得的能量发送出存储在芯片中的产品信息（无源标签），或者主动发送某一频率的信号（有源标签），阅读器读取信息并解码后，送至中央信息系统进行有关数据处理。

从 RFID 系统结构图可知，RFID 技术的基本工作原理如下：

由读写器发射特定频率的无线电波能量，当射频标签进入感应磁场后，接收读写器发出的射频信号，凭借感应电流所获得的能量，发送出存储在芯片中的产品信息（Passive Tag，无源标签或被动标签），或者由标签主动发送某一频率的信号（Active Tag，有源标签或主动标签），读写器读取信息并解码后，送至中央信息系统进行有关数据处理。

RFID 系统的工作过程如图 1.4 所示。

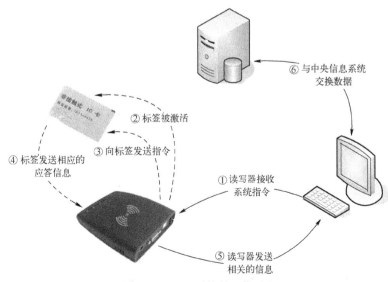

图 1.4　RFID 系统的工作过程

1.1.1　阅读器与应答器的耦合方式

从图中可以看出，RFID 读写器与射频标签之间的通信是无线的，从无线通信方式及能量感应方式来看大致可以分成两类，即电感耦合（Inductive Coupling）和反向散射耦合（Backscatter Coupling，也称为电磁耦合）。

一般情况下，低频的 RFID 大多采用第一种方式，而频率较高时大多采用第二种方式。除了频率之外，在通信距离方面，二者也存在很大差异：电感耦合的识别距离较近，而电磁耦合的识别距离较远。

关于两种耦合方式的工作原理及相关电路，将在后续详细讲解。

读写器根据所使用结构和技术的不同，可以是只读或读/写装置，是 RFID 系统信息控制和处理中心。读写器通常由耦合模块、收发模块、控制模块和接口单元组成。读写器和射频标签之间一般采用半双工通信方式进行信息交换，同时读写器通过耦合模块给无源射频标签提供能量和时序。

在实际应用中，可进一步通过以太网（Ethernet）或无线局域网（WLAN）等实现对物体识别信息的采集、处理及远程传送等管理功能。

射频标签是 RFID 系统的信息载体，目前射频标签大多由耦合元件（线圈、微带天线等）和微芯片组成无源单元。

1.1.2　RFID 系统的能量传递及数据交换

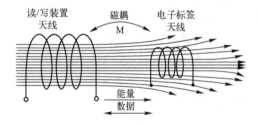

图 1.5　RFID 系统的能量传递及数据交换过程

射频识别系统的能量传递及数据交换过程如图 1.5 所示。

在电感耦合方式中，能量的传递与变压器类似：读写器一方的天线相当于变压器的初级线圈，射频标签一方的天线相当于变压器的次级线圈，因而也称电感耦合方式为变压器方式。

电感耦合方式的耦合中介是空间磁场，耦合磁场在读写器线圈初级与射频标签线圈次级之间构成闭合回路。电感耦合方式是低频近距离非接触射频识别系统的一般耦合原理。

在电磁耦合方式中，读写器的天线将读写器产生的读写射频能量，以电磁波的方式发送到定向的空间范围内，形成读写器的有效阅读区域。位于读写器有效阅读区域中的射频标签，从读写器天线发出的电磁场中提取工作电源，并通过射频标签的内部电路及标签天线，将标签内存的数据信息传送到读写器。

对射频识别工作系统，需要清楚认识到以下 3 点：

（1）数据交换是目的；

（2）时序是数据交换的实现方式；

（3）能量是时序得以实现的基础。

1. 能量

读写器向射频标签供给射频能量。

对于无源射频标签来说，其工作所需的能量由该射频能量中取得（一般通过整流方法将射频能量转变为直流电源存在标签中的电容器里）；

对于（半）有源射频标签来说，该射频能量的到来起到了唤醒标签转入工作状态的作用；

对于完全有源射频标签，一般不利用读写器发出的射频能量，因而读写器可以较小的能量发射取得较远的通信距离，如移动通信中的基站与移动台之间的通信方式，可归入该类模式。

2. 时序

对于双向系统（读写器向射频标签发送命令与数据、射频标签向读写器返回所存储的数据）来说，读写器一般处于主动状态，即读写器发出询问后，射频标签予以应答，称这种方式为读写器先讲方式（RTF，Reader Talk First）。

另外一种情况是射频标签先讲方式（TTF，Tag Talk First），即射频标签满足工作条件后，首先自报家门，读写器根据射频标签的自报家门进行记录或进一步发出一些询问信息与射频标签构成一个完整对话，达到读写器对射频标签进行识别的目的。

射频识别系统应用中，根据读写器读写区域中允许出现单个射频标签或多个射频标签的不同，将射频识别系统称为单标签识别系统与多标签识别系统。

在读写器的阅读范围内有多个标签时，对于具有多标签识读功能的 RFID 系统来说，一般情况下，读写器处于主动状态，即 RTF 方式。读写器通过发出一系列的隔离指令，使得读出范围内的多个射频标签逐一或逐批被隔离（令其睡眠）出去，最后保留一个处于活动状态的标签与读写器建立无冲突的通信。

通信结束后将当前活动标签置为第三态（可称其为休眠状态，只有通过重新上电或特殊命令才能解除休眠），进一步由读写器对被隔离（睡眠）的标签发出唤醒命令，从而唤醒一批（或全部）被隔离的标签，使其进入活动状态，再进一步隔离，选出一个标签通信。如此重复，读写器可读出阅读区域内的多个射频标签信息，也可以实现对多个标签分别写入指定的数据。

实现多标签的读取，现实应用中也有采用标签先讲方式的应用。多标签读写问题是射频识别技术及应用中面临的一个较复杂的问题，即防冲突或防碰撞，目前已有多种实用方法解决这一问题。解决方案的评价依据，一般考虑以下 3 个因素：

（1）多标签读取时待读标签的数目；

（2）单位时间内识别标签数目的概率分布；

（3）标签数目与单位时间内识读标签数目概率分布的联合评估。

理论分析表明，现有的方法都有一定的适用范围，需根据具体应用情况，结合上述三个因素对多标签读取方案给出合理评价，选出适合具体应用的方案。多标签读取方案涉及射频标签与读写器之间的协议配合，一旦选定，不易更改。

对于无多标签识读功能的射频识别系统来说，当读写器读写区域内同时出现多个标签时，由于多标签同时响应读写器发出的询问指令，会造成读写器接收信息相互冲突而无法读取标签信息，典型情况是一个标签信息也读不出来。

关于多标签的防冲突问题，将结合实际应用，在相应章节中进行详细讲解。

3. 数据传输

射频识别系统中的数据交换包含以下两方面含义。

1）读写器→射频标签的数据交换

读写器向射频标签方向的数据交换主要有两种方式，即接触写入方式（也称为有线写入方式）和非接触写入方式（也称为无线写入方式）。具体采用何种方式，需结合应用系统需求、代价、技术实现的难易程度等因素来定。

（1）接触式写入

在接触式写入方式下，读写器的作用是向射频标签写入数据信息。通常用于标签生产厂家的初始化操作，此时读写器更多地被称为编程器。根据射频标签存储单元及编程写入控制电路的设计情况，写入可以是一次性写入（不能修改），也可以是允许多次改写的情形。

在绝大多数通用射频识别系统应用中，每个射频标签要求具有唯一的标识。这种唯一的标识被称为射频标签的 ID 号，ID 号的固化过程可以在射频标签芯片生产过程中完成，也可以在射频标签应用指定后的初始化过程中完成。通常情况下在标签出厂时已被固化在射频标签内，用户无法修改。

对于声表面波（SAW）射频标签及其他无芯片射频标签来说，一般均在标签制造过程中将标签 ID 号固化到标签存储器中。

（2）非接触式写入

非接触式写入方式通常用于射频识别系统的工作过程中，此时射频标签可以分为两种情况，即只接受能量激励和既接受能量激励也接受读写器代码命令。

射频标签只接受能量激励的系统属于较简单的射频识别系统，这种射频识别系统一般不具备多标签识别能力。射频标签在其工作频带内的射频能量激励下，被唤醒或上电，同时将标签存储的信息反射出来。目前在用的铁路车号识别系统即采用这种方式工作。

同时接受能量激励和读写器代码命令的系统属于复杂射频识别系统。射频标签接受读写器的指令，完成无线写入、读取。

2）射频标签→读写器的数据交换

射频标签的工作使命即是实现由标签向读写器方向的数据交换。其工作方式包括如下两种。

第一种：射频标签收到读写器发送的射频能量时，即被唤醒并向读写器反射标签存储的数据信息。

第二种：射频标签收到读写器发送的射频能量被激励后，根据接收到的读写器的指令情况转入发送数据状态或"睡眠/休眠"状态。

从工作原理上来说，第一种工作方式属单向通信，第二种工作方式为半双工双向通信。

1.1.3 射频前端工作原理

应答器耦合就是用不同的方法传送不同的信号。

射频识别系统中应答器与读写器之间的作用距离是射频识别系统应用中的一个重要问题，通常情况下这种作用距离定义为应答器与读写器之间能够可靠交换数据的距离。射频识别系统的作用距离是一项综合指标，与应答器及读写器的匹配情况密切相关。根据射频识别系统作用距离的远近情况，应答器天线与读写器天线之间的耦合可分为三类。

1. 密耦合系统

系统的典型作用距离范围为 0～1cm。

实际应用中，通常需要将应答器插入阅读器中或将其放置到读写器天线的表面。密耦合系统利用的是应答器与读写器天线无功近场区之间的电感耦合（闭合磁路）构成的无接触的空间信息传输射频通道工作的。密耦合系统的工作频率一般局限在 30MHz 以下的任意频率。由于密耦合方式的电磁泄漏很小、耦合获得的能量较大，适合安全性要求较高、作用距离无要求的应用系统（如电子门锁）。

2. 遥耦合系统

遥耦合系统的典型作用距离可以达到 1m。

遥耦合系统又可细分为近耦合系统（典型作用距离为 15cm）与疏耦合系统（典型作用距离为 1m）两类。遥耦合系统的典型工作频率为 13.56MHz，也有一些其他频率，如 6.75MHz、27.125MHz 等。遥耦合系统与密耦合系统的主要区别在于电感耦合的功率不同，从而使耦合距离不同。

目前遥耦合系统仍然是低成本射频识别系统的主流。

3. 远距离系统

远距离系统的典型作用距离为 1~10m，个别系统具有更远的作用距离。

所有的远距离系统均是利用应答器与读写器天线辐射远场区之间的电磁耦合（电磁波发射与反射）构成无接触的空间信息传输射频通道工作的。远距离系统的典型工作频率为 915MHz、2.45GHz、5.8GHz，此外，还有一些其他频率，如 433MHz 等。

远距离系统的应答器根据其中是否包含电池分为无源应答器（不含电池）和半无源应答器（内含电池）。一般情况下，包含电池的应答器的作用距离较无电池的应答器的作用距离要远一些。半无源应答器中的电池并不为应答器和读写器之间的数据传输提供能量，只给应答器芯片提供能量，为读写存储数据服务。远距离系统一般情况下均采用反射调制工作方式实现应答器到读写器方向的数据传输。远距离系统一般具有典型的方向性，应答器与读写器成本目前还处于较高水平。

从技术角度来说，满足以下特点的远距离系统是理想的射频识别系统：

（1）应答器无源，可无线读写。

（2）应答器与读写器支持多标签读写。

（3）适合应用于高速移动物体的识别（物体移动速度大于 80km/h）；远距离（读写距离可达 5~10m）。

（4）低成本（可满足一次性使用要求）。

1.1.4　电感耦合

耦合现象就是两个或两个以上电路构成一个网络时，其中某一电路的电流或电压发生变化，影响其他电路发生相应变化的现象。也就是说，通过耦合作用，将某一电路的能量（或信息）传输到其他电路中。

在电子工程学中，由于电磁感应使一根导线中的电流变化引起电动势通过另一根导线的一端，这样配置的两个导体称为电感耦合（inductive coupling），或称磁耦合，这种状态的电流变化根据法拉第电磁感应定律产生感应电动势，这种状态也称为互感耦合、磁耦合。电感耦合可以由互感来度量。如要加强两根导线的耦合，可将其绕成线圈并以同轴方式接近放置，从而一个线圈的磁场会穿过另一个线圈。互感耦合是许多仪器的原理，其中一个重要应用就是变压器。

电感耦合工作原理如图 1.6 所示。

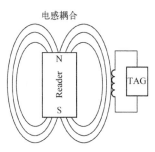

图 1.6　电感耦合工作原理图

RFID 系统中电感耦合方式的电路结构如图 1.7 所示。电感耦合的射频载波频率为 13.56MHz和小于 135kHz 的频段，应答器和读写器之间的工作距离小于 1m。

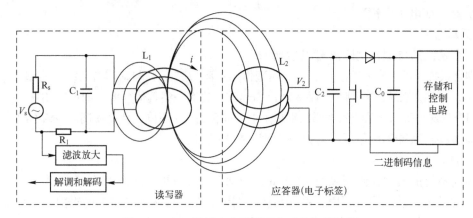

图 1.7　RFID 系统中电感耦合方式的电路结构

1. 应答器的能量供给

电磁耦合方式的应答器几乎都是无源的，能量（电源）从读写器获得。由于读写器产生的磁场强度受到电磁兼容性能有关标准的严格限制，因此系统的工作距离较近。

在图 1.7 所示的读写器中：

- V_S 为射频信号源；
- L_1 和 C_1 构成谐振回路（谐振于 V_S 的频率）；
- R_S 是射频源的内阻；
- R_1 是电感线圈 L_1 的损耗电阻。

V_S 在 L_1 上产生高频电流 i，谐振时高频电流 i 最大，高频电流产生的磁场穿过线圈，并有部分磁力线穿过距离读写器电感线圈 L_1 一定距离的应答器线圈 L_2。由于所有工作频率范围内的波长（13.56MHz 的波长为 22.1m，135kHz 的波长为 2400m）比读写器和应答器线圈之间的距离大很多，所以两线圈之间的电磁场可以视为简单的交变磁场。

穿过电感线圈 L_2 的磁力线通过感应在 L_2 上产生电压，将其通过 VD 和 C_0 整流滤波后，即可产生应答器工作所需的直流电压。电容器 C_2 的选择应使 L_2 和 C_2 构成对工作频率谐振的回路，以使电压 V_2 达到最大值。

电感线圈 L_2 可以看作变压器初、次级线圈，不过它们之间的耦合很弱。读写器和应答器之间的功率传输效率与工作频率 f、应答器线圈的匝数 n、应答器线圈包围的面积 A、两线圈的相对角度及它们之间的距离成比例。

由于电感耦合系统的效率不高，所以只适用于低电流电路。只有功耗极低的只读应答器（小于 135kHz）可用于 1m 以上的距离。具有写入功能和复杂安全算法的应答器的功率消耗较大，因而其一般的作用距离为 15cm。

2. 数据传输

应答器向读写器的数据传输采用负载调制方法。应答器二进制数据编码信号控制开关器件，使其电阻发生变化，从而使应答器线圈上的负载电阻按二进制编码信号的变化而改变。负载的变化通过 L_2 映射到 L_1，使 L_1 的电压也按二进制编码规律变化。该电压的变化通过滤波放大和调制解调电路，恢复应答器的二进制编码信号，从而读写器就获得了应答器发出的二进制数据信息。

3. 阅读器和应答器之间的电感耦合

法拉第定理指出，一个时变磁场通过一个闭合导体回路时，在其上会产生感应电压，并在回路中产生电流。

当应答器进入阅读器产生的交变磁场时，应答器的电感线圈上就会产生感应电压，当距离足够近，应答器天线电路所截获的能量可以供应答器芯片正常工作时，阅读器和应答器才能进入信息交互阶段。

应答器与阅读器之间的耦合原理图如图 1.8 所示。

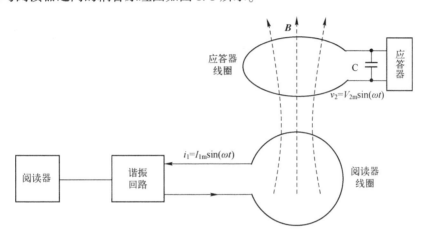

图 1.8　应答器与阅读器之间的耦合原理

图 1.9 和图 1.10 分别描述了应答器直流电源电压的产生过程和相应的电压波形，各部分的功能如下。

图 1.9　应答器直流电源电压的产生过程

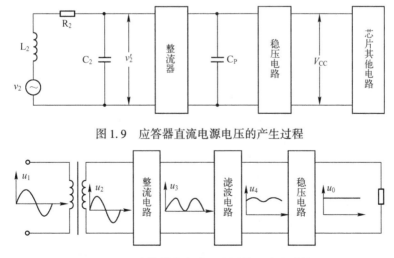

图 1.10　应答器直流稳压电源的组成和功能

（1）整流电路：将交流电压 u_2 变为脉动直流电压 u_3。
（2）滤波电路：将脉动直流电压 u_3 转变为平滑的直流电压 u_4。

（3）稳压电路：清除电网波动及负载变化的影响，保持输出电压 u_o 的稳定。

1.1.5　反向散射耦合

雷达技术为 RFID 的反向散射耦合方式提供了理论和应用基础。当电磁波遇到空间目标时，其能量的一部分被目标吸收，另一部分以不同的强度散射到各个方向。在散射的能量中，一小部分反射回发射天线，并被天线接收（因此发射天线也是接收天线），对接收信号进行放大和处理，即可获得目标的有关信息。

电磁反向散射耦合的工作原理如图 1.11 所示。

1. RFID 反向散射耦合方式

一个目标反射电磁波的频率由反射横截面确定。反射横截面的大小与一系列参数有关，如目标的大小、形状和材料、电磁波的波长和极化方向等。

由于目标的反射性能通常随频率的升高而增强，所以 RFID 反向散射耦合方式采用特高频和超高频，应答器和读写器的距离大于 1m。

RFID 反向散射耦合方式原理图如图 1.12 所示，读写器、应答器和天线构成一个收发通信系统。

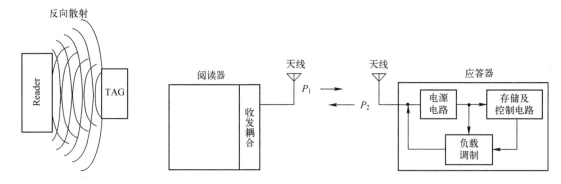

图 1.11　电磁反向散射耦合　　　　　图 1.12　RFID 反向散射耦合方式原理图

2. 应答器的能量供给

无源应答器的能量由读写器提供，读写器天线发射的功率 P_1，经自由空间衰减后到达应答器，传输过程中被吸收的功率经应答器中的整流电路后形成应答器的工作电压。

在 UHF 和 SHF 频率范围，有关电磁兼容的国际标准对读写器所能发射的最大功率有严格限制，因此在有些应用中，应答器采用完全无源方式会有一定困难。为解决应答器的供电问题，可在应答器上安装附加电池。为防止电池不必要的消耗，应答器平时处于低功耗模式，当应答器进入读写器的作用范围时，应答器由获得的射频功率激活，进入工作状态。

3. 应答器至读写器的数据传输

由读写器传到应答器的功率一部分被天线反射，反射功率 P_2 经自由空间后返回读写器，被读写器天线接收。接收信号经收发耦合器电路传输到读写器的接收通道，被放大后经处理电路获得有用信息。

应答器天线的反射性能受连接到天线的负载变化的影响，可采用相同的负载调制方法实现反射调制。其表现为反射功率 P_2 是振幅调制信号，它包含了存储在应答器中的识别数据信息。

4. 读写器至应答器的数据传输

读写器至应答器的命令及数据传输应根据 RFID 的有关标准进行编码和调制，或者按所选用应答器的要求进行设计。

1.2　RFID 系统的组成

系统中的各部分功能如下。

1. 应答器（Tag，或称电子标签、射频标签）

应答器由芯片及内置天线组成。芯片内保存有一定格式的电子数据，作为待识别物品的标识性信息，是射频识别系统真正的数据载体。应答器内置天线用于和射频天线间进行通信。

应答器与阅读器之间通过耦合元件实现射频信号的空间（无接触）耦合；在耦合通道内，根据时序关系，实现能量的传递和数据交换。

2. 阅读器

阅读器是读取或读/写应答器信息的设备，主要任务是控制射频模块向标签发射读取信号，并接收标签的应答，对标签的对象标识信息进行解码，将对象标识信息连带标签上其他相关信息传输到主机以供处理。

阅读器在工作时无须人工干预，通过天线与应答器建立无线通信，通过射频识别信号自动识别目标对象并获取相关数据，从而实现对应答器的识别码和内存数据的读出或写入操作。此外，阅读器还可以识别高速运动物体，并可同时识别多个 RFID 标签，操作快捷、方便。

RFID 阅读器有固定式的和手持式的，手持 RFID 读写器包含低频、高频、超高频、有源等。

3. 应用软件

RFID 应用软件除了标签和阅读器上运行的软件外，介于阅读器与企业应用之间的中间件是其中的一个重要组成部分。

中间件是位于平台（硬件和操作系统）和应用之间的通用服务，如图 1.13 所示，这些服务具有标准的程序接口和协议。针对不同的操作系统和硬件平台，它们可以有符合接口和协议规范的多种实现。

在 RFID 系统中，中间件为企业应用提供一系列计算功能，在电子产品编码（Electronic Product Code，EPC）规范中被称为 Savant。其主要任务是对阅读器读取的标签数据进行过滤、汇集和计算，减少从阅读器传向企业应用的数据量。同时 Savant 还提供与其他 RFID 支撑系统进行互操作的功能。关于 RFID 中间件的内容，详见相关章节。

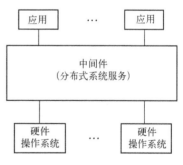

图 1.13　中间件概念模型图

在设计应用系统时，用户可以根据工作距离、工作频率、工作环境要求、天线极性、寿命周期、大小及形状、抗干扰能力、安全性和价格等因素选择适合自己应用的 RFID 系统。

1.2.1　应答器

应答器与阅读器之间通过耦合元件实现射频信号的空间（无接触）耦合；在耦合通道内，根据时序关系，实现能量的传递和数据交换。

1. 应答器的特性

应答器的特性如下。

（1）数据存储。与传统形式的标签相比，容量更大（1~1024bit），数据可随时更新，可读写。

（2）读写速度。与条码相比，无须直线对准扫描，读写速度更快，可多目标识别、运动识别。

（3）使用方便。体积小，容易封装，可以嵌入产品内。

（4）安全。专用芯片、序列号唯一、很难复制。

（5）耐用。无机械故障、寿命长、抗恶劣环境。

应答器也可以与条码共同使用，常见的形式如图 1.14 所示。

2. 应答器的构成

应答器的样式虽然多种多样，但内部结构基本一致，应答器的内部结构如图 1.15 所示。

图 1.14　与条码共同
使用的应答器图片

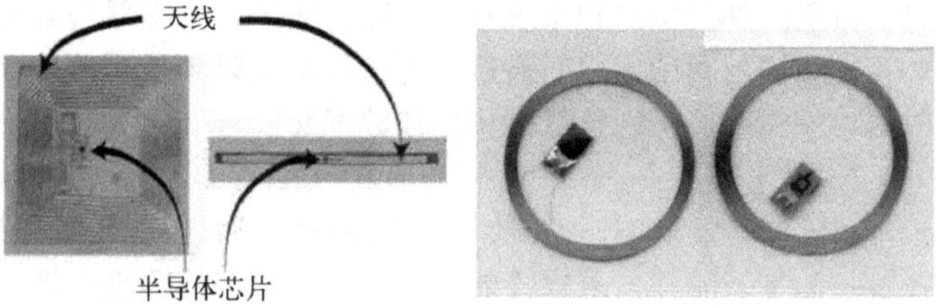

（a）蚀刻式天线标签的内部结构　　（b）绕线式天线标签的内部结构

图 1.15　应答器的内部结构图

应答器的控制部分主要由编/解码电路、微处理器（CPU）和 E^2PROM 存储器等组成，其结构如图 1.16 所示。

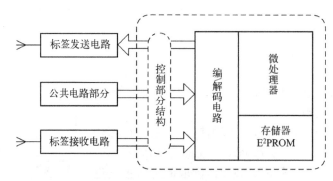

图 1.16　应答器控制部分的结构

编/解码电路工作在前向链路时，将应答器接收电路传来的数字基带信号进行解码后传给微处理器；工作在反向链路时，将微处理器传来的已经处理好的数字基带信号进行编码后送到应答器发送电路端。

微处理器用于控制相关协议、指令及处理功能。

E^2PROM 存储器用于存储应答器的相关信息和数据，存储时间可以长达几十年，并且在没有供电的情况下，其数据信息不会丢失。

3. 应答器的工作原理

射频识别实际上就是对存储器的数据进行非接触读、写或删除处理。

从技术上来说，"智能标签"包含了包括具有 RFID 射频部分和一个超薄天线环路的

RFID 芯片的 RFID 电路，这个天线与一个塑料薄片一起嵌入标签内。通常，在这个标签上还粘一个纸标签，在纸标签上可以清晰地印上一些重要信息。当前的智能标签一般为信用卡大小，对于小的货物还有 4.5cm×4.5cm 尺寸的标签，也有 CD 和 DVD 上用的直径为 4.7cm 的圆形标签。

与条形码或磁条等其他自动识别技术相比较而言，射频识别技术的优势在于阅读器和应答器之间的无线链接：读写单元不需要与应答器之间可视接触，因此可以完全集成到产品里面。这意味着收发器适合于恶劣的环境，应答器对潮湿、肮脏和机械影响不敏感。因此，射频识别系统具有非常高的读可靠性、快速数据获取，重要的一点就是节省人力和物力。

4. 应答器的分类

目前，应答器的分类方法有很多种，通用的依据有 5 种，分别是供电方式、载波频率、激活方式、作用距离、读写方式，其中最常用的方法是载波频率。

1）按供电方式划分

按供电方式，应答器分为有源标签（也称有源卡）和无源标签（也称无源卡）。

（1）有源标签

有源标签是指应答器卡内有电池提供电源，其作用距离较远，但寿命有限、体积较大、成本高，且不适合在恶劣环境下工作。

（2）无源标签

无源标签是指应答器卡内无电池，它利用波束供电技术将接收到的射频能量转化为直流电源为卡内电路供电，其作用距离相对比较短，但寿命长且对工作环境要求不高。

2）按载波频率划分

目前，常用的 RFID 产品按应用频率的不同分为低频（LF）、高频（HF）、超高频（UHF）、微波（MW），相对应的代表性频率分别为：

- 低频 135kHz 以下，如 125kHz、133kHz；
- 高频 13.56MHz、27.12MHz；
- 超高频 860~960MHz；
- 微波 2.4GHz、5.8GHz。

对一个 RFID 系统来说，它的频段概念是指读写器通过天线发送、接收并识读的标签信号频率范围。从应用概念来说，应答器的工作频率也就是射频识别系统的工作频率，直接决定系统应用的各方面特性。在 RFID 系统中，系统工作就像平时收听调频广播一样，应答器和读写器也要调制到相同的频率才能工作。

应答器的工作频率不仅决定着射频识别系统的工作原理（是电感耦合还是电磁耦合）、识别距离，而且决定着应答器及读写器实现的难易程度和设备成本。LF 和 HF 频段的 RFID 应答器一般采用电感耦合原理，而 UHF 及微波频段的 RFID 一般采用电磁发射原理。

UHF 频段的远距离 RFID 系统在北美得到了很好的发展；欧洲的应用则以有源 2.45GHz 系统居多；5.8GHz 系统在日本和欧洲均有较成熟的有源 RFID 系统。不同频段的 RFID 产品有不同的特性，被用于不同的领域，因此要正确选择合适的频率。

（1）低频

频率范围为 120~135kHz。RFID 技术首先在低频得到广泛应用和推广。

该频率主要通过电感耦合的方式进行工作，也就是在读写器线圈和应答器线圈间存在变压器耦合作用。通过读写器交变场的作用在应答器天线中感应的电压被整流，可作供电电压使用。磁场区域能够很好地被定义，但是场强下降得太快。

低频标签的表现形式多种多样，除标准的卡式封装外，低频标签还有其他的典型封装，适合不同的应用场合，如图 1.17 所示。

图 1.17　典型的低频卡实物图片

低频标签的主要特性与特点如下。

① 工作在低频的应答器的一般工作频率从 120 ~ 135kHz，TI 的工作频率为 134.2kHz。该频段的波长大约为 2500m。

② 除了金属材料影响外，一般低频能够穿过任意材料的物品而不降低其读取距离。

③ 工作在低频的读写器在全球没有任何特殊许可限制。

④ 低频产品有不同的封装形式。好的封装形式比较贵，但是有 10 年以上的使用寿命。

⑤ 虽然该频率的磁场区域下降很快，但是能够产生相对均匀的读写区域。

⑥ 相对于其他频段的 RFID 产品，该频段的数据传输速率比较慢。

⑦ 应答器的价格相对于其他频段来说贵一些。

低频标签的主要应用如下。

① 畜牧业的管理系统；

② 汽车防盗和无钥匙开门系统的应用；

③ 马拉松赛跑系统的应用；

④ 自动停车场收费和车辆管理系统；

⑤ 自动加油系统的应用；

⑥ 酒店门锁系统的应用；

⑦ 门禁和安全管理系统。

（2）高频

工作频率为 13.56MHz。

该频率的应答器不需要线圈进行绕制，可以通过腐蚀或印刷的方式制作天线。应答器一般通过负载调制的方式进行工作，也就是通过应答器上负载电阻的接通和断开促使读写器天线上的电压发生变化，从而实现用远距离应答器对天线电压进行振幅调制。如果人们通过数据控制负载电压的接通和断开，那么这些数据就能够从应答器传输到读写器。

图 1.18　高频应答器的内部结构

高频应答器的内部结构如图 1.18 所示。

高频标签的主要特性与特点如下：

① 工作频率为 13.56MHz，该频率的波长大概为 22m。

② 除了金属材料外，该频率的波长可以穿过大多数材料，但是往往会降低读取距离。应答器需要离开金属一段距离。

③ 该频率在全球都得到认可，并没有特殊限制。

④ 虽然该频率的磁场区域下降很快，但是能够产生相对均匀的读/写区域。

⑤ 该系统具有防冲撞特性，可以同时读取多个应答器。

⑥ 可以把某些数据信息写入标签中。

⑦ 数据传输速率比低频要快，价格不是很贵。

高频标签的主要应用如下：

① 图书管理系统的应用。

② 瓦斯钢瓶的管理与应用。

③ 服装生产线和物流系统的管理与应用。

④ 三表预收费系统。

⑤ 酒店门锁的管理与应用。

⑥ 大型会议人员通道系统。

⑦ 固定资产的管理系统。

⑧ 医药物流系统的管理与应用。

⑨ 智能货架的管理。

（3）超高频

工作频率为 860～960MHz 之间。

超高频系统通过电场来传输能量。电场的能量下降得不是很快，但是所读取的区域不是很好进行定义。该频段的读取距离比较远，无源可达 10m 左右，主要通过电容耦合的方式进行实现。

超高频应答器的应用范围非常广泛，为满足特殊环境下的应用，其封装材质、形式也千变万化，图 1.19 展示了 4 种典型的超高频标签。

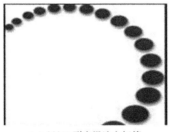

（a）300℃ 耐高温洗衣标签

（b）文件标签

（c）超高频抗金属标签

（d）超高频腕带标签

图 1.19　典型的超高频标签

超高频标签的主要特性如下。

① 在该频段，全球的定义不同。欧洲和部分亚洲定义的频率为 868MHz，北美定义的频率为 902~905MHz 之间，日本建议的频率为 950~956MHz 之间。该频段的波长为 30cm 左右。

② 目前，该频段功率输出没有统一的定义（美国定义为 4W，欧洲定义为 500mW，可能欧洲限制会上升到 2W EIRP）。

③ 超高频频段的电波不能通过许多材料，特别是水、灰尘、雾等悬浮颗粒物。相对于高频的应答器来说，该频段的应答器不需要和金属分开。

④ 应答器的天线一般是长条和标签状。天线有线性和圆极化两种设计，满足不同的应用需求。

⑤ 该频段有好的读取距离，但是对读取区域很难进行定义。

⑥ 有很高的数据传输速率，在很短的时间内可以读取大量应答器。

超高频标签的主要应用如下：

① 供应链上的管理与应用；

② 生产线自动化的管理与应用；

③ 航空包裹的管理与应用；

④ 集装箱的管理与应用；

⑤ 铁路包裹的管理与应用；

⑥ 后勤管理系统的应用。

截至目前，WalMart、Tesco、美国国防部和麦德龙超市已经在它们的供应链上应用 RFID 技术。将来超高频的产品会得到广泛应用。

（4）微波

频率为 2.45GHz、5.8GHz。

微波有源 RFID 技术具备低发射功率、通信距离长、传输数据量大、可靠性高和兼容性好等特点，与无源 RFID 相比，在技术上的优势非常明显，被广泛应用于公路收费、港口货运管理等应用中。

3）按激活方式分

RFID 标签按激活方式可分为被动式、半被动式（也称为半主动式）、主动式三类。

（1）被动式

被动式标签没有内部供电电源。其内部集成电路通过接收到的电磁波进行驱动，这些电磁波是由 RFID 读取器发出的。当标签接收到足够强度的信号时，可以向读取器发出数据。这些数据不仅包括 ID 号（全球唯一标识 ID），还包括预先存于标签内 E^2PROM 中的数据。

由于被动式标签具有价格低廉、体积小巧、无需电源的优点，目前市场的 RFID 标签主要是被动式的。

（2）半被动式

一般而言，被动式标签的天线有两个任务：第一，接收读取器所发出的电磁波，借以驱动标签 IC；第二，标签回传信号时，需要靠天线的阻抗作切换才能产生 0 与 1 的变化。问题是，要想有最好的回传效率，天线阻抗必须设计在"开路与短路"，这样会使信号完全反射，无法被标签 IC 接收，半被动式标签就是为了解决这样的问题。

半主动式类似于被动式，不过它多了一个小型电池，电压恰好可以驱动标签 IC，使得标签 IC 处于工作状态。这样的好处在于，天线可以不用管接收电磁波的任务，充分作回传信号之用。比起半被动式，半主动式有更快的反应速度，更高的效率。

（3）主动式

与被动式和半被动式不同的是，主动式标签本身具有内部电源供应器，用于供应内部 IC 所需电源以产生对外的信号。一般来说，主动式标签拥有较远的读取距离和较大的记忆体容量，可以用来储存读取器所传送来的一些附加信息。

4）按作用距离划分

按作用距离，应答器可分为：

（1）为密耦合卡（作用距离小于 1cm）；

（2）近耦合卡（作用距离小于 15cm）；

（3）疏耦合卡（作用距离约 1m）；

（4）远距离卡（作用距离从 1～10m，甚至更远）。

5）按读写方式划分

根据应答器的读写方式，可以分为只读型标签和读写型标签两类。

（1）只读型标签

在识别过程中，内容只能读出不可写入的标签是只读型标签。只读型标签所具有的存储器是只读型存储器。只读型标签又可分为以下三种。

① 只读标签

只读标签的内容在标签出厂时已被写入，识别时只可读出，不可再改写。存储器一般由 ROM 组成。

② 一次性编程只读标签

标签的内容只可在应用前一次性编程写入，识别过程中标签的内容不可改写。一次性编程只读型标签的存储器一般由 PROM、PAL 组成。

③ 可重复编程只读标签

标签内容经擦除后可重新编程写入，识别过程中标签的内容不改写。可重复编程只读标签的存储器一般由 EPROM 或 GAL 组成。

（2）读写型标签

识别过程中，标签的内容既可被读写器读出，又可由读写器写入的标签是读写型标签。读写型标签可以只具有读写型存储器（如 RAM 或 E^2ROM），也可以同时具有读写型存储器和只读型存储器。应用过程中读写型标签数据是双向传输的。

根据以上叙述，各频段应答器常用参数对比如表 1.1 所示。

表 1.1　各频段应答器常用参数对比

工作频率	标准协议	最远读写距离	受方向影响	芯片价格（相对）	数据传输速率（相对）	目前使用情况
125kHz	ISO 11784/ 11785 ISO/IEC 18000－2	10cm	无	一般	慢	大量使用
13.56MHz	ISO/IEC 14443	10cm	无	一般	较慢	大量使用
	ISO/IEC 15693	单向 180cm 全向 100cm	无	一般	较快	

续表

工作频率	标准协议	最远读写距离	受方向影响	芯片价格 （相对）	数据传输 速率（相对）	目前使用情况
860～960MHz	ISO/IEC 18000－6 EPCx	10m	一般	一般	读快 写较慢	大量使用
2.4GHz	ISO/IEC 18001－3	10m	一般	较高	较快	可能大量使用
5.8GHz	ISO/IEC 18001－5	10m以上	一般	较高	较快	可能大量使用

1.2.2　射频读写器

射频读写设备通过天线与 RFID 应答器进行无线通信，可以实现对应答器识别码和内存数据的读出或写入操作。

根据具体实现功能的特点也有一些其他较流行的别称，如阅读器（Reader）、查询器（Interrogator）、通信器（Communicator）、扫描器（Scanner）、读写器（Reader and Writer）、编程器（Programmer）、读出装置（Reading Device）、便携式读出器（Portable Readout Device）、AEI 设备（Automatic Equipment Identification Device）等，最常用的为读写器。

RFID 读写器通过射频识别信号自动识别目标对象并获取相关数据，无须人工干预，可识别高速运动物体，并可同时识别多个 RFID 标签，操作快捷、方便。RFID 读写器有固定式的和手持式的，手持 RFID 读写器包含低频、高频、超高频、有源等。

RFID 读写器的主要功能就是配合天线一起对不同频段的 RFID 卡片进行读写，可应用于一卡通、移动支付、二代身份证、门禁考勤、图书管理系统的应用，家校通、服装生产线和物流系统的管理和应用，开放式人员管理，酒店门锁的管理和应用，大型会议人员通道系统，固定资产管理系统，医药管理，智能货架管理，贵重物品管理，产品防伪。

读写器从接口上来看，主要有并口读写器、串口读写器、网口读写器、USB 接口读写器、PCMICA 接口读写器和 SD 接口读写器。

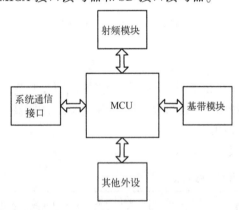

图 1.20　读写器的内部结构示意图

1. 阅读器的基本结构

读写器本身从电路实现角度来说，又可划分为两大部分，即射频模块（射频通道）与基带模块。读写器的内部结构如图 1.20 所示。

射频模块实现的任务主要有两项。

（1）向应答器发送射频信号。

实现将读写器欲发往应答器的命令调制到射频信号上，经由发射天线发送出去。发送出去的射频信号（可能包含有传向标签的命令信息）经过空间传送到应答器上，应答器对照射在其上的射频信号作出响应，形成返回读写器天线的反射回波信号。

（2）接收应答信息。

实现将应答器返回到读写器的回波信号进行必要的加工处理，并从中解调（卸载）提取出应答器回送的数据。

基带模块实现的任务也包含两项：

（1）编码和调制。

编码和调制是将读写器智能单元（通常为计算机单元 CPU 或 MPU）发出的命令加工（编码）实现为便于调制（装载）到射频信号上的编码调制信号。

（2）解调和解码。

解调和解码是实现对经过射频模块解调处理的标签回送数据信号进行必要的处理（包含解码），并将处理后的结果送入读写器智能单元。

一般情况下，读写器的智能单元也划归基带模块部分。智能单元从原理上来说是读写器的控制核心，从实现角度来说，通常采用嵌入式 MPU，并通过编制相应的 MPU 控制程序对收发信号实现智能处理，以及与后端应用程序之间的接口 API。

射频模块与基带模块的接口为调制（装载）/解调（卸载），在系统实现中，通常射频模块包括调制/解调部分，并且也包括解调之后对回波小信号的必要加工处理（如放大、整形）等。射频模块的收发分离是采用单天线系统时射频模块必须要处理好的一个关键问题。

2. 工作原理

射频读写设备的工作过程如图 1.21 所示，过程描述如下。

（1）读写器通过发射天线发送一定频率的射频信号，当射频卡进入发射天线工作区域时产生感应电流，射频卡获得能量被激活。

（2）射频卡将自身编码等信息通过卡内置发送天线发送出去。

（3）读写器的接收天线接收到从射频卡发送来的载波信号，经天线调节器传送到读写器，读写器对接收到的信号进行解调和解码，然后送到后台主系统进行相关处理。

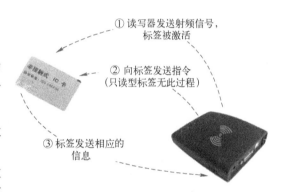

① 读写器发送射频信号，标签被激活

② 向标签发送指令（只读型标签无此过程）

③ 标签发送相应的信息

图 1.21　射频读写设备工作过程

（4）处理器根据逻辑运算判断该卡的合法性，针对不同的设定，做出相应的处理和控制，发出指令信号控制执行机构动作。

通常情况下，射频读写设备应根据应答器的读写要求及应用需求情况来设计。随着射频识别技术的发展，射频读写设备也形成了一些典型的系统实现模式，本节的重点在于介绍这种读写器的实现原理。从最基本原理的角度出发，射频读写设备一般均遵循图 1.21 所示的基本模式。

读写器即对应于应答器的读写设备，读写设备与应答器之间必然通过空间信道实现读写器向应答器发送命令，应答器接收读写器的命令后作出必要的响应，由此实现射频识别。

此外，在射频识别应用系统中，一般情况下，通过读写器实现的对应答器数据的非接触收集，或由读写器向应答器中写入的标签信息，均要送回应用系统中或来自应用系统，这就形成了应答器读写设备与应用系统程序之间的接口 API（Application Program Interface）。一般情况下，要求读写器能够接收来自应用系统的命令，并且根据应用系统的命令或约定的协议作出相应的响应（回送收集到的标签数据等）。

3. 阅读器的分类

同应答器相比，射频读写设备的分类方法相对较少，常用的方法如下。

1）按通信方式分类

（1）读写器先发言（Reader Talk First，RTF）

读写器首先向标签发送射频能量，标签只有在被激活且收到完整的读写器命令后，才对命令作出响应，返回相应的数据信息。

（2）标签先发言（Rag Talk First，TTF）

读写器只发送等幅的、不带信息的射频能量。标签激活后，反向散射标签数据信息。

（3）全双工和半双工[（Full Duplex，FDX）和（Half Duplex，HDX）]

全双工方式是指 RFID 系统工作时，允许标签和读写器在同一时刻双向传送信息。

半双工方式是指 RFID 系统工作时，在同一时刻仅允许读写器向标签传送命令或信息，或者是标签向读写器返回信息。

2）按应用模式分类

（1）固定式读写器

天线、读写器和主控机分离，读写器和天线可分别固定安装，主控机一般在其他地方安装或安置。读写器可有多个天线接口和多种 I/O 接口。图 1.22 展示了几款固定式读写器，图 1.23 展示了一种固定式读写器天线。

（a）深圳远望谷信息技术股份有限公司
XCRF-860型读写器

（b）深圳远望谷信息技术股份有限公司
XCRF-510型发卡器

（c）上海实甲智能系统有限公司
SR-8x02工业级读写器

（d）上海实甲智能系统有限公司
SR-7114车载读写器

图 1.22　固定式读写器　　　　　　　　　图 1.23　固定式读写器天线

（2）便携式读写器

读写器、天线和主控机集成在一起。读写器只有一个天线接口，读写器与主控机的接口与厂家设计有关。

（3）一体式读写器

天线和读写器集成在一个机壳内，固定安装，主控机一般在其他地方安装或安置。一体式读写器与主控机可有多种接口，如图 1.24 所示。

（4）模块式读写器

模块式读写器一般作为系统设备集成的一个单元，读写器与主控机的接口与应用有关，如图 1.25 所示。图 1.25（a）为带有屏蔽罩的模块式读写器，图 1.25（b）为模块式读写器的典型结构，图 1.25（c）为 SD 卡接口的模块式读写器。

图 1.24　一体式读写器

1.2.3　应用软件

RFID 应用软件除了标签和阅读器上运行的软件外，介于阅读器

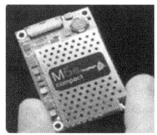

（a）带有屏蔽罩的模块式读写器　　　（b）模块式读写器的典型结构　　　（c）SD卡接口的模块式读写器

图 1.25　模块式读写器

与企业应用之间的中间件是其中的一个重要组成部分。该中间件为企业应用提供一系列计算功能，在电子产品编码（Electronic Product Code，EPC）规范中被称为 Savant。其主要任务是对阅读器读取的标签数据进行过滤、汇集和计算，从而减少从阅读器传往企业应用的数据量。同时Savant 还提供与其他 RFID 支撑系统进行互操作的功能。Savant 定义了阅读器和应用两个接口。

用户可以根据工作距离、工作频率、工作环境要求、天线极性、寿命周期、大小及形状、抗干扰能力、安全性和价格等因素选择适合自己应用的 RFID 系统。

RFID 软件系统可以分成如下 4 类。

1. 前端软件

前端软件包括设备供应商提供的系统演示软件、驱动软件、接口软件、集成商或者客户自身开发的 RFID 前端操作软件等，具有如下功能。

（1）读/写功能。

读功能就是从应答器中读取数据；写功能就是将数据写入应答器。

（2）防碰撞功能。

很多时候不可避免地会有多个应答器同时进入读写器的读取区域，要求同时识别和传输数据时，就需要前端软件具有防碰撞功能。

（3）安全功能。

确保应答器和读写器双向数据交换通信的安全。

（4）检/纠错功能。

由于使用无线方式传输数据很容易被干扰，使得接收到的数据产生畸变，从而导致传输出错。

2. 中间件软件

中间件软件是指为实现采集到信息的后台传递与分发而开发的软件。

中间件是基础软件的一大类，属于可复用软件的范畴。顾名思义，中间件处于操作系统软件与用户应用软件的中间。中间件在操作系统、网络和数据库之上，应用软件的下层，总的作用是为处于自己上层的应用软件提供运行与开发环境，帮助用户灵活、高效地开发和集成复杂的应用软件。

RFID 中间件是用来加工和处理来自读写器所有信息和事件流的软件，是连接读写器和企业应用的纽带，使用中间件提供一组通用的应用程序接口（API），即能连到 RFID 读写器，读取 RFID 标签数据。它要对标签数据进行过滤、分组和计数，以减少发往信息网络系统的数据量，并防止错误识读、多读信息。

RFID 中间件的功能是负责管理识读器和应用软件之间的数据流。通过中间件及信息服务，使得 RFID 系统的相关信息可以在全球得到共享。

RFID 中间件技术涉及的内容比较多，包括并发访问技术、目录服务及定位技术、数据及设备监控技术、远程数据访问、安全和集成技术、进程及会话管理技术等。但任何 RFID 中间件应能够提供数据读出和写入、数据过滤和聚合、数据分发、数据安全等服务。根据 RFID 的应用需求，中间件必须具备通用性、易用性、模块化等特点。对于通用性要求，系统采用面向服务架构（Service Oriented Architecture，SOA）的实现技术，Web Services 以服务的形式接收上层应用系统的定制要求并提供相应服务，通过读写器适配器提供通用的适配接口以"即插即用"的方式接收读写器进入系统；对于易用性要求，系统采用 B/S 结构，以 Web 服务器作为系统的控制枢纽，以 Web 浏览器作为系统的控制终端，可以远程控制中间件系统及下属的读写器。

3. 后端软件

后端软件是指处理这些所采集到的信息的后台应用软件和管理信息系统软件。具有的功能如下。

（1）RFID 系统管理。

系统设置及系统用户信息和权限。

（2）应答器管理。

在数据库中管理应答器序列号和每个物品对应的序号和产品名称、型号规格、芯片内记录的详细信息等，完成数据库内所有应答器的信息更新。

（3）数据分析和储存。

对整个系统内的数据进行统计分析，生成相关报表，对采集到的数据进行存储和管理。

4. 其他软件

其他软件包括开发平台或者为模拟其系统性能而开发的仿真软件等。

（1）开发平台；

（2）测试软件；

（3）评估软件；

（4）演示软件；

（5）模拟性能而开发的仿真软件等。

关于中间件部分及应用体系，将在以后的章节中详细描述。

1.3　RFID 技术的发展及特征

1. RFID 技术发展史

射频识别技术的发展可按十年期划分为 8 个阶段，详见表 1.2。

表 1.2　RFID 技术发展阶段表

年　代	主要应用及成就
1941~1950 年	雷达的改进和应用催生了 RFID 技术，目前已发展成为一种生机勃勃的 AIDC（Auto Identification and Data Collection，即自动识别与数据采集）新技术。其中，1948 年哈里·斯托克曼发表的《利用反射功率的通信》奠定了 RFID 技术的理论基础
1951~1960 年	早期 RFID 技术的探索阶段，处于实验室实验研究阶段
1961~1970 年	RFID 技术的理论得到了发展，开始了一些应用尝试。例如，用电子防盗器（EAS）来对付商场里的窃贼，该防盗器使用存储量只有 1bit 电子标签来表示商品是否已售出，这种电子标签的价格不仅便宜，而且能有效地防止偷窃行为，这是首个 RFID 技术世界范围内的商用示例
1971~1 980 年	RFID 技术与产品研发处于一个大发展时期，各种 RFID 技术的测试得到加速，在工业自动化和动物追踪方面出现了一些最早的商业应用及标准，如工业生产自动化、动物识别、车辆跟踪等
1981~1990 年	RFID 技术及产品进入商业应用阶段，开始较大规模的应用，但在不同国家对射频识别技术应用的侧重点不尽相同，美国关注的是交通管理、人员控制，欧洲则主要关注动物识别及工商业的应用
1991~2000 年	射频识别技术的厂家和应用日益增多，相互之间的兼容和连接成了困扰 RFID 技术发展的瓶颈，所以 RFID 技术标准化问题日趋为人们所重视，希望通过全球统一的 RFID 标准，使射频识别产品得到更广泛的采用，从而使其成为人们生活中的重要组成部分。 RFID 技术产品的应用在 20 世纪 90 年以后有了一个飞速发展，美国 TI（Texas Instruments）开始成为 RFID 方面的推动先锋，建立得州仪器注册和识别系统（Texas Instruments Registration and Identification Systems，TIRIS），目前被称为 TI-RFid 系统（Texas Instruments Radio Frequency Identification System），该系统已经是一个主要的 RFID 应用开发平台
2001~2010 年	RFID 技术的理论得到丰富和完善，RFID 的产品种类更加丰富，有源电子标签、无源电子标签及半无源电子标签均得到发展，单芯片电子标签、多电子标签识读、无线可读可写、无源电子标签的远距离识别、适应高速移动物体的射频识别技术与产品正在成为现实并走向应用，如我国的身份证和票证管理、铁路车号识别、动物标识、特种设备与危险品管理、公共交通及生产过程管理等多个领域
2011 年至今	UHF 标签开始规模生产，成本大幅降低；MW 标签在部分国家已经得到应用；随着物联网技术的应用和推广，以及新材料在射频标签上的应用，如纺织洗涤行业的纺织品标签、耐高温的陶瓷标签、抗金属标签等，RFID 技术将应用到更多领域

进入 21 世纪，RFID 标签和识读设备的成本不断降低，其在全球的应用领域也更加广泛，应用行业的规模扩大，甚至有人称之为条码的终结者。几家大型零售商和一些政府机构强行要求其供应商在物流配送中心运送产品时，产品的包装盒和货盘上必须贴有 RFID 标签。除上述提到的应用之外，诸如医疗、电子票务、门禁管理等都用到了 RFID 技术。

同时，RFID 技术的标准化纷争促使出现了多个全球性的技术标准和技术联盟，其中主要有 EPCglobal、AIM global、ISO/IEC、UID、IP-X 等。这些组织主要在标签技术、频率、数据标准、传输和接口协议、网络运营和管理、行业应用等方面试图达成全球统一的平台，目前我国 RFID 技术标准主要参考 EPCglobal 的标准。

1999 年，美国麻省理工学院 Auto – ID 中心正式提出产品电子代码 EPC（Electronic Product Code）的概念，EPC 的概念、RFID 技术与互联网技术相结合，构筑无所不在的"物联网"。这个概念尤其在奥巴马总统提出"智慧地球"之后引起了全球的广泛关注。

2009 年 8 月，温家宝总理到无锡物联网产业研究院考察物联网的建设工作时提出"感知中国"的概念，RFID 技术必将和传感器网一起构成物联网的前端数据采集平台，是物联网技术的主要组成部分。很多业内人士把 2010 年定义为物联网元年。

2. RFID 技术的特征

射频识别技术作为非接触式识别，具有如下特征。

（1）读取方便、快捷

数据的读取无需光源，甚至可以透过外包装来进行。有效识别距离更大，采用自带电池的主动标签时，有效识别距离可达到 30m 以上。

（2）识别速度快

标签一进入磁场，解读器就可以即时读取其中的信息，而且能够同时处理多个标签，实现批量识别。

（3）数据容量大

数据容量最大的二维条形码（PDF417），最多也只能存储 2725 个数字；若包含字母，存储量则会更少；RFID 标签则可以根据用户的需要扩充到数 10KB。

（4）使用寿命长，应用范围广

其无线电通信方式，使其可以应用于粉尘、油污等高污染环境和放射性环境，而且其封闭式包装使得其寿命大大超过印刷的条形码。

（5）标签数据可动态更改

利用编程器可以向写入数据，从而赋予 RFID 标签交互式便携数据文件的功能，且写入时间相比打印条形码更少。

（6）更好的安全性

不仅可以嵌入或附着在不同形状、类型的产品上，而且可以为标签数据的读、写设置密码保护，从而具有更高的安全性。

（7）动态实时通信

标签以每秒 50～100 次的频率与阅读器进行通信，所以只要 RFID 标签所附着的物体出现在阅读器的有效识别范围内，就可以对其位置进行动态追踪和监控。

1.4　RFID 国际标准及相关内容

RFID 国际标准能够确保协同工作的进行、规模经济的实现、工作实施的安全，以及其他许多方面。

RFID 标准化的主要目的在于通过制定、发布和实施标准解决编码、通信、空气接口和数据共享等问题，最大限度地促进 RFID 技术及相关系统的应用。

由于 WiFi、WiMax、蓝牙、ZigBee、专用短程通信协议（DSRC）及其他短程无线通信协议正用于 RFID 系统或融入 RFID 设备中，这使得 RFID 等的实际应用变得更复杂。此外，RFID 中"接口间的接口"近距无线通信（Near Field Communication，NFC）的采用有其根源所在：

因其用到了 RFID 设备通常采用的最佳频率。

RFID 与标准的关系可以从处理以下几个问题来分析。

（1）接口技术问题

RFID 中间件扮演 RFID 标签和应用程序之间的中介角色，从应用程序端使用中间件所提供的一组通用的应用程序接口（API），即能连到 RFID 读写器，读取 RFID 标签数据。

RFID 中间件采用程序逻辑及存储再转送（Store – and – Forward）的功能来提供顺序的消息流，具有数据流设计与管理能力。

（2）一致性问题

一致性问题主要指其能够支持多种编码格式，如支持 EPC、DOD 等规定的编码格式，也包括 EPCglobal 所规定的标签数据格式标准。

（3）性能问题

性能问题尤其指数据结构和内容，即数据编码格式及其内存分配。

（4）电池辅助及传感器的融合

目前，RFID 同传感逐步融合，物品定位采用 RFID 三角定位法及更多复杂技术，还有一些 RFID 技术中用传感代替芯片。比如，能够实现温度和应变传感的声表面波（SAW）标签用于 RFID 技术中。然而，几乎所有的传感器系统，包括有源 RFID 等都需要从电池中获取能量。

目前，RFID 还未形成统一的全球化标准，市场为多种标准并存的局面，但随着全球物流行业 RFID 大规模应用的开始，RFID 标准的统一已经得到业界的广泛认同。RFID 系统主要由数据采集和后台数据库网络应用系统两部分组成。目前已经发布或者正在制定中的标准主要与数据采集相关，其中包括电子标签与读写器之间的空气接口、读写器与计算机之间的数据交换协议、RFID 标签与读写器的性能和一致性测试规范，以及 RFID 标签的数据内容编码标准等。后台数据库网络应用系统目前并没有形成正式的国际标准，只有少数产业联盟制定了一些规范，现阶段还在不断演变中。

RFID 标准争夺的核心主要在 RFID 标签的数据内容编码标准这一领域。目前，形成五大标准组织，分别代表国际上不同团体或国家的利益。大体情况如下：

EPC Global 由北美 UCC 产品统一编码组织和欧洲 EAN 产品标准组织联合成立，在全球拥有上百家成员，得到零售巨头沃尔玛，制造业巨头强生、宝洁等跨国公司的支持；而 AIM、ISO、UID 则代表欧美国家和日本；IP – X 的成员则以非洲、大洋洲、亚洲等国家为主。比较而言，EPC Global 由于综合了美国和欧洲厂商，实力相对较强。

下面简要介绍各个标准体系。

1. ISO/IEC18000 系列国际标准的构成

在 RFID 技术发展的前十年中，有关 RFID 技术的国际标准的研讨空前热烈，国际标准化组织 ISO/IEC 联合技术委员会 JTCl 下的 SC31 下级委员会成立了 RFID 标准化研究工作组 WG4。尤其是在 1999 年 10 月 1 日正式成立的，由美国麻省理工学院（MIT）发起的 Auto – ID Center 非营利性组织在规范 RFID 应用方面所发挥的作用越来越明显。

Auto – ID Center 在对 RFID 理论、技术及应用研究的基础上，所做出的主要贡献如下：

（1）提出产品电子代码 EPC（Electronic Product Code）概念及其格式规划。为简化电子标签芯片功能设计，降低电子标签成本，扩大 RFID 应用领域奠定了基础。

（2）提出了实物互联网的概念及构架，为 EPC 进入互联网搭建了桥梁。

（3）建立了开放性的国际自动识别技术应用公用技术研究平台，为推动低成本的 RFID 标签和读写器的标准化研究开创了条件。

目前，可供射频卡使用的几种标准有 ISO10536、ISO14443、ISO15693 和 ISO18000。应用最多的是 ISO14443 和 ISO15693，这两个标准都由物理特性、射频功率和信号接口、初始化和防冲撞，以及传输协议四部分组成。

ISO/IEC18000 标准体系是基于物品管理的射频识别（RFID）的通用国际标准，按工作频率的不同分为如下 7 部分，并对以往发布的标准具有一定的兼容性。

第 1 部分：全球公认的普通空中接口参数。

第 2 部分：频率低于 135kHz 的空中接口。

第 3 部分：频率为 13.56MHz 的空中接口。

第 4 部分：频率为 2.45GHz 的空中接口。

第 5 部分：频率为 5.8GHz（注：规格化中止）的空中接口。

第 6 部分：频率为 860～930MHz 的空中接口。

第 7 部分：频率为 433.92MHz 的空中接口。

2. EPC Global

EPC Global 是由 UCC 和 EAN 联合发起的非营利性机构，全球最大的零售商沃尔玛连锁集团、英国 Tesco 等 100 多家美国和欧洲的流通企业都是 EPC 的成员，同时由美国 IBM 公司、微软、Auto – ID Lab 等进行技术研究支持。此组织除发布工业标准外，还负责 EPC Gobal 号码注册管理。

EPC Global 系统是一种基于 EAN·UCC 编码的系统。作为产品与服务流通过程信息的代码化表示，EAN·UCC 编码具有一整套涵盖了贸易流通过程各种有形或无形产品所需的全球唯一的标识代码，包括贸易项目、物流单元、位置、资产、服务关系等标识代码。

EAN·UCC 标识代码随着产品或服务的产生在流通源头建立，并伴随着该产品或服务的流动贯穿全过程。

EAN·UCC 标识代码是固定结构、无含义、全球唯一的全数字型代码。在 EPC 标签信息规范 1.1 中采用 64～96 位的电子产品编码；在 EPC 标签 2.0 规范中采用 96～256 位的电子产品编码。

3. 日本 UID

主导日本 RFID 标准研究与应用的组织是 T – 引擎论坛（T – Engine Forum），该论坛已经拥有 475 家成员。值得注意的是，成员绝大多数都是日本厂商，如 NEC、日立、东芝等，少部分来自国外的著名厂商，如微软、三星、LG 和 SKT。

T – 引擎论坛下属的泛在识别中心（Ubiquitous ID Center, UID）成立于 2002 年 12 月，具体负责研究和推广自动识别的核心技术，即在所有物品上植入微型芯片，组建网络进行通信。

UID 的核心是赋予现实世界中任何物理对象唯一的泛在识别号（Ucode）。它具备了 128 位的充裕容量，提供了 340×1036 编码空间，更可以以 128 位为单元进一步扩展至 256 位、384 位或 512 位。Ucode 的最大优势是能包容现有编码体系的元编码设计，可以兼容多种编码，包括 JAN、UPC、ISBN、IPv6 地址，甚至电话号码。

Ucode 标签具有多种形式，包括条码、射频标签、智能卡、有源芯片等。泛在识别中心把标签进行分类，并设立了多个不同的认证标准。

4. 中国的 RFID 标准推行现状

与中国 RFID 有关的标准化活动由信标委自动识别与数据采集分委会对口国际 ISO/IEC JTC1 SC31，负责条码与射频部分国家标准的统一归口管理。

条码与物品编码领域国家标准主管部门是国家标准化管理委员会，射频领域的国家标准主管部门是信息产业部和国家标准化管理委员会，该领域的技术归口由信标委自动识别与数据采集技术分委会负责。

中国 ISO/IEC JTC1 SC31 秘书处设在中国物品编码中心。挂靠在中国物品编码中心的中国自动识别技术协会于 2003 年开始组织其射频工作组的业内资深专家开始跟踪和进行 ISO/IEC18000 国际标准的研究，目前已经发布的国家标准如下。

- GB/T20563 – 2006《动物射频识别　代码结构》；
- GB/T22334 – 2008《动物射频识别　技术准则》；
- GB/T28925 – 2012《信息技术　射频识别　2.45GHz 空中接口协议》；
- GB/T28926 – 2012《信息技术　射频识别　2.45GHz 空中接口符合性测试方法》；
- GB/T29261.3 – 2012《信息技术　自动识别和数据采集技术　词汇　第 3 部分：射频识别》；
- GB/T29266 – 2012《射频识别　13.56MHz 标签基本电特性》；
- GB/T29272 – 2012《信息技术　射频识别设备性能测试方法　系统性能测试方法》；
- GB/T29768 – 2013《信息技术　射频识别　800/900MHz 空中接口协议》；
- GB/T29797 – 2013《13.56MHz 射频识别读/写设备规范》。

关于标准的应用，详见其他章节及附录。

1.5　RFID 与无线电波

在无线通信系统中，需要将来自发射机的导波能量转变为无线电波，或者将无线电波转换为导波能量，把高频电能变为电磁场能量或把电磁场能变为高频电能的装置称为天线。

发射机所产生的已调制的高频电流能量（或导波能量）经馈线传输到发射天线，通过天线转换为某种极化的电磁波能量，并向所需方向出去。到达接收点后，接收天线将来自空间特定方向的某种极化的电磁波能量又转换为已调制的高频电流能量，经馈线输送到接收机输入端。

由此可见，天线的作用就是在高频电流和电磁波之间进行能量转换。因此，从理论上讲，发射天线可以当作接收天线使用，接收天线也可以充当发射天线使用。天线有各种各样的形式，如直线导线、环形导线等构成的线天线和由金属板或金属网构成的面天线。按用途，天线可分为发射和接收两大类。

靠近天线部分的是射频前端，包括发射通路和接收通路。

无线电波或射频波是指在自由空间（包括空气和真空）传播的电磁波。波长大于 1mm，频率小于 300GHz 的电磁波是无线电波。

无线电技术的原理在于，导体中电流强弱的改变会产生无线电波。利用这一现象，通过调制可将信息加载于无线电波上。当电波通过空间传播到达收信端时，电波引起的电磁场变化又会在导体中产生电流，通过解调将信息从电流变化中提取出来，从而达到信息传递的目的。

无线电波是一种能量的传播形式，电场和磁场在空间中是相互垂直的，并都垂直于传播方向，在真空中的传播速度等于光速，约为 3×10^8 m/s。

无线电通信是利用无线电波的传播特性而实现的。

1.5.1　无线电波的主要传播方式

无线电波的频谱，根据其特点可以划分为表 1.3 所示的几个波段。

表 1.3　无线电波的波段划分表

波段名称		波长范围（m）	频段名称	缩写名称	频率范围
超长波		1000 000 ~ 10 000	甚低频	VLF	3 ~ 30kHz
长波		10 000 ~ 1000	低频	LF	30 ~ 300kHz
中波		1000 ~ 100	中频	MF	300 ~ 3000kHz
短波		100 ~ 10	高频	HF	3 ~ 30MHz
超短波	米波	10 ~ 1	甚高频	VHF	30 ~ 300MHz
	分米波	1 ~ 0.1	特高频	UHF	300 ~ 3000MHz
	厘米波	0.1 ~ 0.01	超高频	SHF	3 ~ 30GHz
	毫米波	0.01 ~ 0.001	极高频	EHF	30 ~ 300GHz

根据频谱和需要，可以进行通信、广播、电视、导航和探测等，但不同波段电波的传播特性有很大差别。

电波传播不依靠电线，也不像声波那样，必须依靠空气媒介帮它传播，有些电波能够在地球表面传播，有些波能够在空间直线传播，也能够从大气层上空反射传播，有些波甚至能穿透大气层，飞向遥远的宇宙空间。

任何一种无线电信号传播系统均由发信部分、收信部分和传播媒介三部分组成。

传输无线电信号的媒介主要有地表、对流层和电离层等，这些媒介的电特性对不同波段的无线电波的传播有着不同影响。根据媒介及不同媒介分界面对电波传播产生的主要影响，可将电波传播方式分成下列几种。

1. 地表传播

对有些电波来说，地球本身就是一个障碍物。当接收天线距离发射天线较远时，地面就像拱形大桥一样将两者隔开。那些走直线的电波就过不去了。只有某些电波能够沿着地球拱起的部分传播出去，这种沿着地球表面传播的电波就叫地波，也叫表面波。地波传播无线电波沿着地球表面的传播方式，称为地波传播。其特点是信号比较稳定，但电波频率越高，地波随距离的增加衰减越快。因此，这种传播方式主要适用于长波和中波波段。

2. 天波传播

声音碰到墙壁或高山就会反射回来形成回声，光线射到镜面上也会反射。无线电波也能够反射。在大气层中，从几十公里至几百公里的高空有几层"电离层"形成了一种天然的反射体，就像一只悬空的金属盖，电波射到"电离层"就会被反射回来，走这一途径的电波就称为天波或反射波。在电波中，主要是短波具有这种特性。

电离层是怎样形成的呢？原来，有些气层受到阳光照射，就会产生电离。太阳表面温度大约有 6000℃，它辐射出来的电磁波包含很宽的频带。其中紫外线部分会对大气层上空的气体产生电离作用，这是形成电离层的主要原因。

电离层一方面反射电波，另一方面也要吸收电波。电离层对电波的反射和吸收与频率（波长）有关。频率越高，吸收越少；频率越低，吸收越多。所以，短波的天波可以用作远距离通信。此外，反射和吸收与白天还是黑夜也有关。白天，电离层可把中波几乎全部吸收掉，收音机只能收听当地的电台，而夜里却能收到远距离的电台。对于短波，电离层吸收得较少，所以短波收音机不论是白天还是黑夜都能收到远距离的电台。不过，电离层是变动的，反射的天波时强时弱，所以从收音机听到的声音忽大忽小，并不稳定。

3. 视距传播、散射传播及波导模传播

视距传播是指若收/发天线离地面的高度远大于波长，则电波直接从发信天线传到收信地点（有时有地面反射波）。这种传播方式仅限于视线距离以内。目前广泛使用的超短波通信和卫星通信的电波传播均属这种传播方式。

散射传播利用对流层或电离层中介质的不均匀性或流星通过大气时的电离余迹对电磁波的散射作用来实现超视距传播。这种传播方式主要用于超短波和微波远距离通信。

超短波的传播特性比较特殊，它既不能绕射，也不能被电离层反射，只能以直线传播。以直线传播的波就叫做空间波或直接波。由于空间波不会拐弯，因此它的传播距离受到限制。发射天线架得越高，空间波传得越远，所以电视发射天线和电视接收天线应尽量架得高一些。尽管如此，传播距离仍受到地球拱形表面的阻挡，实际只有 50km 左右。

超短波不能被电离层反射，但它能穿透电离层，所以在地球的上空就无阻隔可言，从而我们就可以利用空间波与发射到遥远太空去的宇宙飞船、人造卫星等取得联系。此外，卫星中继通信，卫星电视转播等也主要利用天波传输途径。

波导模传播是指在电离层下缘和地面所组成的同心球壳形波导内的传播。长波、超长波或极长波利用这种传播方式能以较小的衰减进行远距离通信。

在实际通信中往往是取以上 5 种传播方式中的一种作为主要传播途径，但也有几种传播方式并存来传播无线电波的情形。一般情况下都是根据使用波段的特点，利用天线的方向性来限定一种主要的传播方式。

1.5.2　与 RFID 有关的无线电波频率

无线电波频谱如图 1.26 所示，到目前为止，仅有极少的几个频率（频段）被用于 RFID 技术。

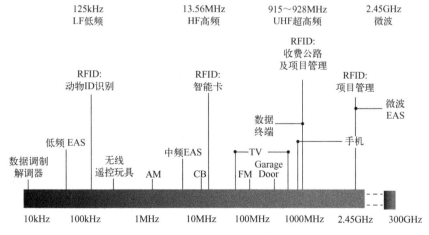

图 1.26　无线电波频谱图

RFID 的主要频率有 125kHz、134.2kHz、13.56MHz、860～960MHz、2.45GHz 和 5.8GHz。不同工作频率的 RFID 系统的工作距离各有不同，应用领域也有差异。

1. 低频（Low Frequency）

低频使用的频段范围为 10kHz～1MHz，常见的规格有 125kHz、135kHz。多数国家属于开放频道（ISM），然而数据传输速度慢，主要使用在宠物、门禁管制和防盗追踪。

ISM（Industry、Scientific、Medical）频段是开放给工业、科学及医学使用的，并不需要取得 FCC 的授权；使用者在使用时只要符合 FCC 的传输功率规定，不干扰现存 ISM 频段上的系统即可。全球各地在 125/134kHz、13.56MHz，以及 2.4GHz 频段附近都有类似免执照的 ISM 频段，但各国 ISM 频段规划则有些许不同。

2. 高频（High Frequency）

高频使用的频段范围为 1～400MHz，常见的规格为 13.56MHz。13.56MHz 的最佳传输距离为 1m 以下，主要应用于生产管理、会员卡、识别证、飞机机票和建筑物出入管理。

3. 超高频（Ultra High Frequency）

超高频使用的频段范围为 400MHz～1GHz，常见的规格有 433 MHz、860～960MHz。主动式和被动式的应用在这个频段都很常见，860～960MHz 最远可达近十米的传输距离，通信质量佳，适合供应链管理，然而各国频率法规不一，跨区应用必然会成为现阶段应用的障碍。

4. 微波（Microwave）

微波使用的频段范围为 1GHz 以上，常见的规格有 2.45GHz、5.8GHz。2.45GHz 的最佳传输距离为 100m，穿透性较差，适合电子收费系统（Electronic Toll Collection，ETC）及时定位系统（Real–Time Locating System，RTLS）。

1.5.3　RFID 与天线技术

无线电发射机输出的射频信号功率，通过馈线（电缆）输送到天线，由天线以电磁波形式辐射出去。电磁波到达接收地点后，由天线接下来（仅仅接收很小很小一部分功率），并通过馈线送到无线电接收机。可见，天线是发射和接收电磁波的一个重要无线电设备，没有天线也就没有无线电通信。所以，空间的无线电波信号通过天线传送到电路。电路里的交流电流信号最终通过天线传送到空间中去。因此，天线是空间无线电波信号和电路里交流电流信号的一种转换装置，如图 1.27 所示。

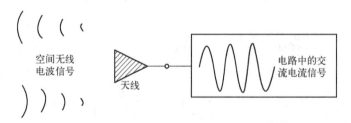

图 1.27　空间电波与电路电流通过天线转换示意图

天线的出现，导致了无线通信设备的出现。发射天线将传输线上的信号转化成电磁波并将其发射到自由空间中，在通信链路的另一端，接收天线收集到入射到它上面的电磁波并把它重新转化成传输线上的信号。对天线的定义及各种关于天线的思想，实际上与特定的背景有关，不同的定义和想法在不同场合下会有不同的作用。

RFID 系统天线一般分为应答器天线设计和读写器天线两大类。

不同工作频段的 RFID 系统天线设计各有特点。对于 LF 和 HF 频段，系统采用电感耦合方式工作，应答器所需的工作能量通过电感耦合方式由读写器的耦合线圈辐射近场获得，一般为无源系统，工作距离较短，不大于 1m。在读写器的近场实际上不涉及电磁波传播的问题，天线设计比较简单。而对于 UHF 和微波频段，应答器工作时一般位于读写器天线的远场，工作距离较远。读写器的天线为应答器提供工作能量或唤醒有源应答器，UHF 频段多为无源被动工作系统，微波频段（2.45GHz 和 5.8GHz）则以半主动工作方式为主。天线设计对系统性能影响较大。对于 UHF 和微波频段应答器天线设计，主要问题如下。

1. 天线的输入匹配

UHF 和微波频段应答器天线一般采用微带天线形式。在传统的微带天线设计中，可以通过控制天线尺寸和结构，或者使用阻抗匹配转换器使其输入阻抗与馈线相匹配，天线匹配越好，天线的辐射性能越好。但由于受到成本的影响，应答器天线一般只能直接与标签芯片相连。芯片阻抗很多时候呈现强感弱阻的特性，而且很难测量芯片工作状态下的准确阻抗特性数据。在设计电子标签天线时，使天线的输入阻抗与芯片阻抗相匹配有一定难度。在保持天线性能的同时又要使天线与芯片相匹配，这是应答器天线设计的一个主要难点。

2. 天线方向图

应答器理论上希望其在各个方向都可以接收到读写器的能量，所以一般要求标签天线具有全向或半球覆盖的方向性，而且要求天线为圆极化。

3. 天线尺寸对其性能的影响

由于应答器天线的尺寸极小，其输入阻抗、方向图等特性容易受到加工精度、介质板纯度的影响。在严格控制尺寸的同时又要求天线具有相当的增益，增益越大，应答器的工作距离就越远。

实际应用中的应答器天线基本采用贴片天线设计，主要形式有微带天线、折线天线等。近几年，应答器天线设计一直是 RFID 系统中的热点。标签天线研究的重点有如何实现宽频特性、阻抗匹配，还有的文章涉及天线底板对标签性能的影响。

读写器天线一般要求使用定向天线，可以分为合装和分装两类。合装是指天线与芯片集成在一起，分装则是天线与芯片通过同轴线相连，一般而言，读写器天线设计的要求比标签天线要低。由此可见，应答器天线研发对整个 RFID 系统具有相当重要的意义，也有一定的难度。

关于 RFID 产品中的天线设计，将在以后的项目及章节中结合具体应用详细讲解。

1.6　RFID 与其他自动识别技术

1.6.1　条码识别技术

条码技术起源于 20 世纪 40 年代，它通过条码符号保存相关数据并通过条码识读设备实现数据的自动采集。

条码，又称条形码，即图中所示的"黑白条"，是将宽度不等的多个黑条和空白，按照一定的编码规则排列，用于表达一组信息的图形标识符。常见的条码是由反射率相差很大的黑条（简称条）和白条（简称空）排成的平行线图案。

条码是迄今为止最经济、实用的一种自动识别技术。条码可以标出物品的生产国、制造厂家、商品名称、生产日期、图书分类号、邮件起止地点、类别、日期等许多信息，因而在商品流通、图书管理、邮政管理、银行系统等许多领域都得到广泛应用。

条码可分为一维条码和二维条码。

一维条码是通常所说的传统条码。一维条码按照应用可分为商品条码和物流条码。商品条码包括 EAN 码和 UPC 码，物流条码包括 128 码、ITF 码、39 码、库德巴（codabar）码等。

二维条码根据构成原理、结构形状的差异，可分为两大类型：一类是行排式二维条码（2D stacked bar code）；另一类是矩阵式二维条码（2D matrix bar code）。

条码技术具有以下几个方面的优点。

（1）输入速度快：与键盘输入相比，条码输入的速度是键盘输入的 5 倍以上，并且能实现"即时数据输入"。

（2）可靠性高：键盘输入数据的出错率为三百分之一，利用光学字符识别技术的出错率为万分之一，而采用条码技术的误码率低于百万分之一。

（3）采集信息量大：利用传统的一维条码一次可采集几十位字符的信息，二维条码更可以携带数千个字符的信息，并有一定的自动纠错能力。

（4）灵活实用：条码标识既可以作为一种识别手段单独使用，也可以和有关识别设备组成一个系统实现自动化识别，还可以和其他控制设备连接起来实现自动化管理。

另外，条码标签易于制作，对设备和材料没有特殊要求，识别设备操作容易，不需要特殊培训，且设备也相对便宜。

1.6.2　光学字符识别技术

光学字符识别（Optical Character Recognition，OCR）是指对文本资料进行扫描，然后对图像文件进行分析处理，获取文字及版面信息的过程，已有 30 多年的历史，近几年又出现了图像字符识别（Image Character Recognition，ICR）和智能字符识别（Intelligent Character Recognition，ICR），实际上这三种自动识别技术的基本原理大致相同。

光学字符识别属于图像识别技术之一。它是针对印刷体字符，采用光学的方式将文档资料转换成原始资料黑白点阵的图像文件，然后通过识别软件将图像中的文字转换成文本格式，以便文字处理软件进一步编辑加工的系统技术。其目的就是要让计算机知道它到底看到了什么，尤其是文字资料。

1.6.3　IC 卡识别技术

IC 卡（Integrated Circuit Card，集成电路卡）是继磁卡之后出现的又一种新型信息工具。IC 卡在有些国家和地区也称为智能卡（Smart Card）、智慧卡（Intelligent Card）、微电路卡（Microcircuit Card）或微芯片卡等。它是将一个微电子芯片嵌入符合 ISO7816 标准的卡基中，做成卡片形式，利用集成电路的可存储特性，保存、读取和修改芯片上的信息，已经十分广泛地应用于包括金融、交通、社保等很多领域。

IC 卡的主要特性如下。

（1）存储容量大：其内部可含 RAM、ROM、EPROM、EEPROM 等存储器，存储容量从几字节到几兆字节。

（2）体积小，质量轻，抗干扰能力强，便于携带。

（3）安全性高：在无源情况下，数据也不会丢失，数据的安全性和保密性都非常好。

（4）智能卡与计算机系统相结合，可以方便地满足对各种信息采集、传送、加密和管理的需要。

1.6.4　生物特征识别技术

生物特征识别技术（Biometric Recognition 或 Biometric Authentication）是计算机科学中，利用生物特征对人进行识别，并进行访问控制的学科。

生物特征识别技术主要是指通过人类生物特征进行身份认证的一种技术，这里的生物特征通常具有唯一的（与他人不同）、可以测量或可自动识别和验证、遗传性或终身不变等特点。所谓生物特征识别的核心在于如何获取这些生物特征，并将之转换为数字信息，存储于计算机中，利用可靠的匹配算法来完成验证与识别个人身份的过程。

生物特征包括身体特征和行为特征，其中，身体特征包括指纹、静脉、掌型、视网膜、虹膜、人体气味、脸型，甚至血管、DNA、骨骼等；行为特征则包括签名、语音、行走步态等。

生物特征识别系统对生物特征进行取样，提取其唯一的特征转化成数字代码，并进一步将这些代码组成特征模板，当人们与识别系统交互进行身份认证时，识别系统通过获取其特征与数据库中的特征模板进行比对，以确定二者是否匹配，从而决定接受或拒绝该人。

由于人体特征具有人体所固有的不可复制的唯一性，这一生物密钥无法复制、失窃或被遗忘，生物特征识别比传统的身份鉴定方法更具安全性、保密性和方便性。生物特征识别技术具有不易遗忘、防伪性能好、不易伪造或被盗、随身"携带"和随时随地可用等优点。

1.6.5　RFID 与其他自动识别技术的比较

射频识别技术是主要的自动识别技术之一，与其他自动识别技术，如条码识别技术、光字符识别技术、磁卡技术、IC 卡技术等相比，有其突出的特点。以下是几种常用自动识别技术的特征比较，见表 1.4。

表 1.4　常用自动识别技术的比较

识别技术	条码	光字符	磁卡	IC 卡	射频识别
信息载体	纸或物质表面	物质表面	磁条	存储器	存储器
信息量	小	小	较小	大	大
读写性	只读	只读	读/写	读/写	读/写
读取方式	光电扫描转换	光电转换	磁电转换	电路接口	无线通信
人工识读性	受制约	简单容易	不可能	不可能	不可能
保密性	无	无	一般	最好	最好
智能化	无	无	无	有	有

识别技术	条码	光字符	磁卡	IC 卡	射频识别
受污染/潮湿影响	很严重	很严重	可能	可能	没有影响
光遮盖	全部失效	全部失效	—	—	没有影响
受方向和位置影响	很小	很小		单向	没有影响
识读速度	低（~4s）	低（~3s）		低（~4s）	很快（~0.5s）
识读距离	近	很近	接触	接触	远
使用寿命	较短	较短	短	长	最长
国际标准	有	无	有	不全	制定中
价格	最低	无	低	较高	较高

从表 1.4 中可以看出，射频识别最突出的特点是可以非接触识读（识读距离可以从 10cm 至几十米）、可识别高速运动物体、抗恶劣环境、保密性强、高准确性和安全性、识别唯一无法伪造、可同时识别多个识别对象等。

本章小结

射频识别技术（Radio Frequency Identification，RFID）是 20 世纪 80 年代发展起来的一种新兴非接触式自动识别技术，是一种利用射频信号通过空间耦合（交变磁场或电磁场）实现非接触信息传递并通过所传递的信息达到识别目的的技术。

RFID 技术的基本工作原理是由读写器发射特定频率的无线电波能量，当射频标签进入感应磁场后，接收读写器发出的射频信号，凭借感应电流所获得的能量发送出存储在芯片中的产品信息（Passive Tag，无源标签或被动标签），或者由标签主动发送某一频率的信号（Active Tag，有源标签或主动标签），读写器读取信息并解码后，送至中央信息系统进行有关数据处理。

射频识别系统包括射频（识别）标签、射频识别读写设备（读写器）、应用软件。应用软件就是针对各个不同应用领域的管理软件。应答器（Tag）由芯片及内置天线组成。芯片内保存有一定格式的电子数据，作为待识别物品的标识性信息，是射频识别系统真正的数据载体。内置天线用于和射频天线间进行通信。应答器的分类方法有很多种，通用的依据有 5 种，分别是供电方式、载波频率、激活方式、作用距离、读写方式，其中最常用的方法是载波频率。

读写器（Reader）是读取或读/写应答器信息的设备，主要任务是控制射频模块向标签发射读取信号，并接收标签的应答，对标签的对象标识信息进行解码，将对象标识信息连带标签上的其他相关信息传输到主机以供处理。

射频读写设备的分类方法相对较少，可以按通信方式、应用模式分类。

应用软件通常为安装在计算机上的软件，根据逻辑运算判断该应答器的合法性，可以分为 4 类：前端软件、中间件软件、后端软件和其他软件。

习题 1

1. 名词解释。

（1）射频识别技术。

（2）射频标签。

（3）射频读写器。

（4）中间件。

2. 简述题。

（1）简述 RFID 技术的基本工作原理。

（2）简述 RFID 系统的基本组成部分及各部分的功能和作用。

（3）简述射频标签的分类标准及相关的应用领域。

（4）简述目前 RFID 国际通用标准体系的组成。

（5）简述射频识别设备的工作原理。

（6）画出 RFID 系统架构图，并说明各部分功能。

（7）简述应答器的构成及各部分功能。

（8）简述应答器的分类方法。

（9）简述射频读写器的工作原理和分类方法。

（10）简述应用软件的类别和功能。

3. 论述题。

（1）分析讨论射频识别技术是否会取代条码识别技术，为什么？

（2）比较条码识别技术、光字符识别技术、IC 卡技术、射频识别技术等几种常用自动识别技术的主要特征。

4. 实践题。

（1）联系实际学习、生活，找出两个射频识别技术的应用实例，并亲自感受一下采用射频识别技术的好处与不足。

（2）查找 3 个目前国外最新的射频技术应用案例，分析其系统结构及优缺点。

（3）搜集生活中常见的应答器（实物），并进行分类。

（4）查找资料：各频段应答器的照片，要求照片清晰，天线结构可见，记录相关参数，并分析天线的特点。

第 2 章　RFID 与数据

【内容提要】

本章内容为 RFID 通信中的数据处理，内容包括数据的编码与调制、传输过程中的差错控制、数据安全、接收端的数据校验、RFID 中的认证技术和防碰撞算法等。

在数据产生方面包括编码机制和调制技术。

在数据校验方面包括常用的数据检验方法，以及数据检验技术在不同频段 RFID 中的应用。

在数据安全方面包括涉及密码学基本概念、密码体制、用于数据的加密和解密相关的主要算法、密钥的管理体制和 RFID 应用中的数据安全技术。

【学习目标与重点】

- ◆ 了解编码原理，掌握 RFID 中常用的码制、特点，以及典型应用电路；
- ◆ 了解差错控制和差错检验的常用方法和手段，掌握奇偶校验和 CRC 在 RFID 中的应用；
- ◆ 了解密码学的基本概念，数据加密、解密的模型和密码体制，了解各主要算法的特点和应用；
- ◆ 了解密钥管理体系；
- ◆ 掌握 RFID 中的三次认证机制和实现过程。

案例分析：数学之美——凯撒大帝对密码学的贡献

凯撒大帝是古罗马共和国末期著名的统帅和政治家。虽然他一生从未登上过皇位，但是直到今天在西方国家，他的名字仍是君主的代名词。他博学多才，文武双全，既是卓越的军事家又是雄辩的文学家。

密码学的历史大致可以倒推到两千年前，相传名将凯撒为了防止敌方截获情报，用密码传送情报。凯撒的做法很简单，就是对二十几个罗马字母建立一张对应表，比如这样：

明码	密码
A	B
C	E
B	A
D	F
E	K
…	…
R	P
S	T
…	

如果不知道密码本，即使截获一段信息也看不懂，比如，收到一个消息 EBKTBP，那么在敌人看来是毫无意义的字，通过密码本解破出来就是 CAESAR 一词，即凯撒的名字。这种编码方法史称凯撒大帝。

即使在今天，对规则稍作改变，便可以生成新的密文，当你发出信息的时候：Khoor，hyhub rqh！，接收方一定会感到莫名其妙，此时你可以告知对方对应的规则：将每个字母的序号减去 3，其实对应的明文其实就是：Hello，every one！

这种做法的目的只有一个，即保障数据在传输过程中的安全性，即保密性，而密码则是通信双方按约定法则进行信息特殊变换的一种重要的保密手段。

RFID 系统最终要完成的功能是对数据的获取，这种在系统内的数据交换有两方面的内容：RFID 读写器向 RFID 电子标签方向的数据传输和 RFID 电子标签向 RFID 读写器方向的数据传输。

在数据的发送端，首先要对数据进行处理，按照指定的标准完成数据的编码；在数据的传输过程中，需要保证数据的完整性和安全性；在数据的接收端，需要对发送端身份的合法性进行认证，然后对数据进行校验和作出相应的处理。

本章将具体介绍 RFID 系统常用的数据技术，包括常用的码制、编码与调制方法、数据校验技术、数据安全技术和防碰撞技术。

RFID 系统的核心功能是实现读写器与电子标签之间的信息传输。

以读写器向电子标签的数据传输为例，被传输的信息分别需要经过读写器中的信号编码、调制，然后经过传输介质（无线信道），以及电子标签中的解调和信号译码。

RFID 系统的基本通信模型如图 2.1 所示。

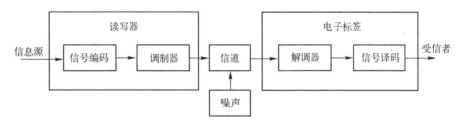

图 2.1　RFID 系统的基本通信模型

按读写器到电子标签的数据传输方向，RFID 系统的通信模型主要由读写器（发送器）中的信号编码（信号处理）和调制器（载波电路）、传输介质（信道），以及电子标签（接收器）中的解调器（载波回路）和信号译码（信号处理）组成。

2.1　信道和编码

数字通信系统是利用数字信号来传输信息的通信系统，如图 2.2 所示。

各部分的功能如下。

（1）信源编码与信源译码的目的是提高信息传输的有效性及完成模/数转换等。

（2）信道编码与信道译码的目的是增强信号的抗干扰能力，提高传输的可靠性。

（3）数字调制是改变载波的某些参数，使其按照将要传输信号的特点变化而变化的过程，通过将数字基带信号的频谱搬移到高频处，形成适合在信道中传输的带通信号。

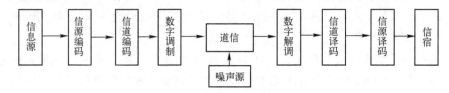

图 2.2　数字通信系统

（4）信道（Information Channels）是信号的传输媒介，可分为有线信道和无线信道两类。

有线信道包括明线、对称电缆、同轴电缆及光缆等。无线信道有地波传播、短波电离层反射、超短波或微波视距中继、人造卫星中继，以及各种散射信道等。

如果把信道的范围扩大，它还可以包括有关的变换装置，如发送设备、接收设备、馈线与天线、调制器、解调器等，我们称这种扩大的信道为广义信道，而称前者为狭义信道。

在 RFID 系统中，读写器和电子标签之间的数据传输方式与基本的数字通信系统结构类似。读写器与电子标签之间的数据传输是双向的，图 2.3 以读写器向电子标签传输数据为例说明其通信过程。

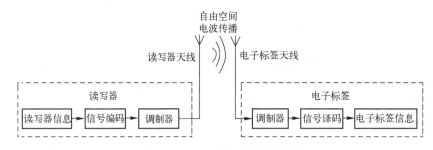

图 2.3　RFID 系统通信结构框图

读写器中信号经过信号编码、调制器及传输介质（无线信道），以及电子标签中的解调器和信号译码等处理。

2.1.1　编码与调制

1. 解码与编码

信号编码的作用是对发送端要传输的信息进行编码，使传输信号与信道相匹配，从而防止信息受到干扰或发生碰撞。

根据编码目的的不同，可分为信源编码和信道编码。

（1）信源编码与信源解码。

信源编码是对信源输出的信号进行变换，信源解码是信源编码的逆过程。

在 RFID 系统中，当电子标签是无源标签时，经常要求基带编码在每两个相邻数据位元间具有跳变的特点，相邻数据间的码跳变不仅可以在连续出现"0"时保证对电子标签的能量供应，而且便于电子标签从接收码中提取时钟信息。

（2）信道编码与信道解码。

信道编码是对信源编码器输出的信号进行再变换，目的是前向纠错，是为了区分通路、适应信道条件，以及提高通信可靠性而进行的编码。

数字信号在信道传输时会受到噪声等因素的影响引起差错，为了减少差错，发送端的信道编码器对信号码元按一定的规则加入保护成分（监督元），组成抗干扰编码。接收端的信道编码器按相应的逆规则进行解码，从而发现或纠正错误，提高传输可靠性。

2. 调制与解调

调制器用于改变高频载波信号，使得载波信号的振幅、频率或相位与要发送的基带信号相关。解调器的作用是解调获取到的信号，以重现基带信号。信号需要调制的因素包括如下几个方面。

（1）工作频率越高带宽越宽。

要使信号能量能以电场和磁场的形式向空中发射出去传向远方，需要较高的振荡频率方能使电场和磁场迅速变化。

（2）工作频率越高天线尺寸越小。

只有当馈送到天线上的信号波长和天线的尺寸可以相比拟时，天线才能有效地辐射或接收电磁波。波长 λ 和频率 f 的关系如式（2.1）所示。

$$\lambda = c/f \tag{2.1}$$

式中，$c = 3 \times 10^8 \text{m/s}$。

如果信号的频率太低，则无法产生迅速变化的电场和磁场，同时它们的波长又太大，如 20 000Hz 频率下，波长仍为 15 000m，实际中是不可能架设这么长天线的。因此，要把信号传输出去，必须提高频率，缩短波长。

常用的一种方法是将信号"搭乘"在高频载波上，即高频调制，借助于高频电磁波将低频信号发射出去。

（3）信道复用。

一般每个需要传输的信号占用的带宽都小于信道带宽，因此，一个信道可由多个信号共享。但是未经调制的信号很多都处于同一频率范围内，接收端难以正确识别，一种解决方法是将多个基带信号分别搬移到不同的载频处，从而实现在一个信道里同时传输许多信号，进而提高信道利用率。

3. 信源编码

信源编码是指将模拟信号转换成数字信号，或将数字信号编码成更适合传输的数字信号。RFID 系统中读写器和电子标签所存储的信息都已经是数字信号了，本书介绍的编码均为数字信号编码。

在实际应用 RFID 系统中，选择编码方法的考虑因素有很多种。如无源标签需要在与读写器的通信过程中获得自身的能量供应；为保证系统的正常工作，信道编码方式必须保证不中断读写器对电子标签的能量供应。

4. 数据编码

数据编码一般又称为基带数据编码。常用的码型包括单极性（NRZ）码、单极性归零（RZ）码、双极性（NRZ）码、双极性归零（RZ）码、差分码、数字双相码、CMI 码、密勒码、AMI 码、HDB3 码，码型图如图 2.4 所示。

（1）单极性码。

平常所说的单极性码就是指单极性不归零码，如图 2.4（a）所示，它用高电平代表二进制符号的"1"；低电平代表"0"，在一个码元时隙内电平维持不变。

单极性码的优点：码型简单。

缺点如下：

① 有直流成分，因此不适用于有线信道；

② 判决电平取接收到的高电平的一半，所以不容易稳定在最佳值；

③ 不能直接提取同步信号；

④ 传输时要求信道的一端接地。

（2）单极性归零码。

单极性归零码如图 2.4（b）所示，代表二进制符号"1"的高电平在整个码元时隙持续一段时间后要回到 0 电平，如果高电平的持续时间 τ 为码元时隙 T 的一半，则称之为 50% 占空比的单极性码。

优点：单极性归零码中含有位同步信息，容易提取同步信息；

缺点：同单极性码。

（3）双极性码。

双极性码如图 2.4（c）所示，它用正电平代表二进制符号的"1"；用负电平代表"0"，在整个码元时隙内电平维持不变。

双极性码的优点：

① 当二进制符号序列中的"1"和"0"等概率出现时，序列中无直流分量；

② 判决电平为 0，容易设置且稳定，抗噪声性能好；

③ 无接地问题。

缺点是序列中不含位同步信息。

（4）双极性归零码。

双极性归零码如图 2.4（d）所示，代表二进制符号"1"和"0"的正、负电平在整个码元时隙持续一段时间之后都要回到 0 电平，同单极性归零码一样，也可用占空比来表示。

它的优缺点与双极性不归零码相同，但应用时只要在接收端加一级整流电路就可将序列变换为单极性归零码，相当于包含了位同步信息。

（5）差分码。

在差分码中，二进制符号的"1"和"0"分别对应相邻码元电平符号的"变"与"不变"。如图 2.4（e）所示。

差分码码型的高、低电平不再与二进制符号的"1"、"0"直接对应，所以即使当接收端收到的码元极性与发送端完全相反时也能正确判决，应用很广，在数字调制中被用来解决移相键控中"1"、"0"极性倒换问题。

（6）数字双相码。

数字双相码，又称分相码或曼彻斯特码，如图 2.4（f）所示。

它属于 1B2B 码，即在原二进制一个码元时隙内有两种电平，如"1"码可以用"＋－"脉冲表示，"0"码用"－＋"脉冲表示。

数字双相码的优点：在每个码元时隙的中心都有电平跳变，因而频谱中有定时分量，并且由于在一个码元时隙内的两种电平各占一半，所以不含直流成分。缺点是传输速率增加了一倍，频带也展宽了一倍。

数字双相码主要用于局域网、以太网。

（7）CMI 码。

CMI 码是传号反转码的简称，也可归类于 1B2B 码，CMI 码将信息码流中的"1"码用交替出现的"++"、"--"表示；"0"码则用"-+"脉冲表示，参看图 2.4（g）。

CMI 码的优点除了与数字双相码一样外还具有在线错误检测功能，如果传输正确，则接收码流中出现的最大脉冲宽度是一个半码元时隙。因此 CMI 码以其优良性能被原 CCITT 建议作为 PCM 四次群的接口码型，它还是光纤通信中常用的线路传输码型。

（8）密勒码。

密勒（Miller）码也称延迟调制码。

它的"1"码要求码元起点电平取其前面相邻码元的末相，并且在码元时隙的中点有极性跳变（由前面相邻码元的末相决定是选用"+-"还是"-+"脉冲）；对于单个"0"码，其电平与前面相邻码元的末相一致，并且在整个码元时隙中维持此电平不变；遇到连"0"情况，两个相邻的"0"码之间在边界处要有极性跳变，如图 2.4（h）所示。

密勒码也可以进行误码检测，因为在它的输出码流中最大脉冲宽度是两个码元时隙，最小宽度是一个码元时隙。

用数字双相码再加一级触发电路就可得到密勒码，故密勒码是数字双相码的差分形式，它能克服数字双相码中存在的相位不确定问题，而频带宽度仅是数字双相码的一半，常用于低速率的数传机中。

（9）AMI 码。

AMI 码是传号交替反转码，编码时将原二进制信息码流中的"1"用交替出现的正、负电平（+B 码、-B 码）表示，"0"用 0 电平表示，所以在 AMI 码的输出码流中总共有 3 种电平出现，并不代表三进制，所以它又可归类为伪三元码，如图 2.4（i）所示。

AMI 码的优点：功率谱中无直流分量，低频分量较小；解码容易；利用传号时是否符合极性交替原则可以检测误码。

AMI 码的缺点：当信息流中出现长连 0 码时，AMI 码中无电平跳变，会丢失定时信息（通常 PCM 传输线中连 0 码不允许超过 15 个）。

（10）HDB3 码。

HDB3 码保持了 AMI 码的优点还增加了电平跳变，它的全称是三阶高密度双极性码，也是伪三元码，如图 2.4（j）所示。

如果原二进制信息码流中连"0"的数目小于 4，那么编制后的 HDB3 码与 AMI 码完全一样。当信息码流中连"0"数目等于或大于 4 时，将每 4 个连"0"编成一个组即取代节，编码规则如下：

① 序列中的"1"码编为 ±B 码；

② 0000 用 000V 取代，V 是破坏脉冲（它破坏 B 码之间 ± 极性交替原则），V 码的极性应该与其前方最后一个 B 码的极性相同，而 V 码后面第一个出现的 B 码极性则与其相反；

③ 序列中各 V 码之间的极性 ± 交替；

④ 两个 V 码之间 B 脉冲的个数如果为偶数，则需要将取代节 000V 改成 B′00V，B′ 与 B 码之间满足极性交替原则，即每个取代节中的 V 与 B′ 同极性。

HDB3 码较综合地满足了对传输码型的各项要求，所以被大量应用于复接设备中，在 ΔM、PCM 等终端机中也采用 HDB3 码型变换电路作接口码型。

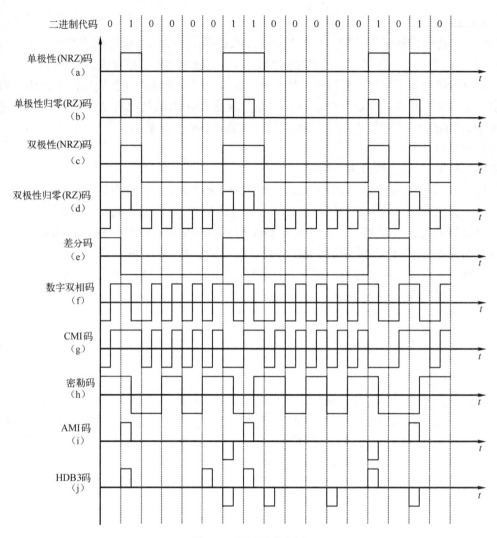

图 2.4　常用的码型图

2.1.2　信道编码技术

在读写器与电子标签的无线通信中，最主要的干扰因素是信道噪声和多标签操作，这些干扰会导致传输的信号发生畸变，从而使传输出现错误。

为了提高数字传输系统的可靠性，有必要采用差错控制编码，对可能或者已经出现的差错进行控制。采用恰当的信道编码，能显著提高数据传输的可靠性，从而使数据保持完整。

差错控制编码的基本实现方法是在发送端将被传输的信息附上一些监督码元，这些多余的码元与信息码元之间以某种确定的规则相互关联（约束）。

接收端则按照既定规则校验信息码元与监督码元之间的关系，差错会导致信息码元与监督码元的关系受到破坏，因而接收端可以发现错误乃至纠正错误。

1. 基本概念

1）信息码元与监督码元

信息码元又称为信息序列或信息位，这是发送端由信源编码得到的被传输的信息数据比特，通常用 K 来表示。在二元码的情况下，由信息码元组成的信息码组为 k 个，不同信息码元取值的组合共有 $2k$ 个。

监督码元又称为监督位或者附加数据比特，这是为了检、纠错码而在信道编码时加入的判断数据位。监督码元通常以 r 来表示，即有如下关系：

$$n = k + r \tag{2.2}$$

式（2.2）中，经过分组编码后的总长为 n 位，其中信息码长（码元数）为 k 位，监督码长（码元数）为 r 位，通常称其为 n 的码字。三者的关系如图 2.5 所示。

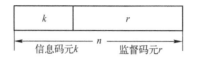

图 2.5　n、k、r 数据长度关系图

2）许用码组和禁用码组

信道编码后总码长为 n 的不同码组有 $2n$ 个。其中，发送的信息码组有 $2k$ 个，称之为许用码组，其余的 $(2n - 2k)$ 个码组不予传送，称之为禁用码组。

纠错编码的任务就是从 $2n$ 个总码组中按某种规则选择出 $2k$ 种许用码组。

3）编码效率

每个码组内信息码元数 k 值与总码元数 n 值之比称为信道编码的编码效率，即

$$\eta = k/n = k/(k + r) \tag{2.3}$$

编码效率是衡量信道编码性能的一个重要指标。一般地，监督码元越多，检错纠错能力越强，但编码效率相应降低。

4）码重和码距

码重：每个码组内码元 "1" 的数目称为码的质量，简称码重。

码距：每两个码组间的距离，简称码距。通常用 d 表示。

例如，000 与 101 码组之间的码距为 $d = 2$，000 与 111 码组之间的码距为 $d = 3$。

最小码距：对于 (n, k) 分码组，许用码组为 $2k$ 个，各码组之间的码距最小值称为最小码距，通常用 d_0 表示。

5）差错

（1）随机错误：由信道中的随机噪声干扰引起。在出现这种错误时，前、后位之间的错误彼此无关。这种情况一般是由信道的加性随机噪声引起的。一般将这种信道称为随机信道。

（2）突发错误：由突发干扰引起，当前面出现错误时，后面往往也会出现错误，它们之间有相关性。这种情况如移动通信中的信号在某一段时间内发生衰落，造成一串差错；汽车发动时电火花干扰造成的错误；光盘上的一条划痕等。这样的信道称之为突发信道。

正确比特流　00111000
接收比特流　01100100　⊕异或
错误图样　　01011100
突发错误长度 $b = 5$

（3）混合错误：既有突发错误又有随机差错的情况。这种信道称为混合信道。

2. 信道编码

由于通信存在干扰和衰落，在信号传输过程中将出现差错，故对数字信号必须采用纠、检

错技术，即纠、检错编码技术，以增强数据在信道中传输时抵御各种干扰的能力，提高系统的可靠性。对要在信道中传送的数字信号进行的纠、检错编码就是信道编码。

信道编码通过在传输数据中引入冗余来避免数字数据在传输过程中出现差错。用于检测差错的信道编码称为检错编码，而既可检错又可纠错的信道编码称为纠错编码。

信道编码之所以能够检出和校正接收比特流中的差错，是由于加入一些冗余比特，把几个比特上携带的信息扩散到更多的比特上。为此付出的代价是必须传送比该信息所需要的更多比特。信道编码的本质是增加通信的可靠性，但信道编码会使有用的信息数据传输减少，信道编码的过程是在源数据码流中加插一些码元，从而达到在接收端进行判错和纠错的目的，这就是常常说的开销。

例如，要运送一批玻璃杯，为了保证运送途中不出现打烂玻璃杯的情况，通常的做法是用一些泡沫或海绵等将玻璃杯包装起来，这种包装使玻璃杯所占的容积变大，原来一部车能装 5000 个玻璃杯，包装后只能装 4000 个，显然包装的代价使运送玻璃杯的有效个数减少了。

同样，在带宽固定的信道中，总的传送码率也是固定的，由于信道编码增加了数据量，所以其结果只能以降低传送有用信息码率为代价。将有用比特数除以总比特数等于编码效率，不同的编码方式，其编码效率有所不同。

信道编码器把源信息变成编码序列，使其可用于信道传输，这就是它处理数字信息源的方法。检错码和纠错码有 3 种基本类型：分组码、卷积码和 Turbo 码。

1）分组码

分组码是一种前向纠错（FEC）编码。它是一种不需要重复发送就可以检出并纠正有限个错误的编码。在分组码中，校验位被加到信息位之后，以形成新的码字（或码组）。在一个分组编码器中，k 个信息位被编为 n 个比特，而 $n-k$ 个校验位的作用就是检错和纠错。分组码以 (n, k) 表示，其编码速率定义为 $Rc = k/n$，这也是原始信息速率与信道信息速率的比值。

例如：将 k 个信息比特编成 n 个比特的码字，共有 2^k 个码字，所有 2^k 个码字组成一个分组码。传输时前、后码字之间毫无关系。

2）卷积码

卷积码与分组码有根本区别，它不是把信息序列分组后再进行单独编码，而是由连续输入的信息序列得到连续输出的已编码序列。已经证明，在同样的复杂度下，卷积码可以比分组码获得更大的编码增益。

卷积码是在信息序列通过有限状态移位寄存器的过程中产生的。通常，移位寄存器包含 N 级（每级 k 比特），并对应基于生成多项式的 m 个线性代数方程。输入数据每次以 k 位移入移位寄存器，同时有 n 位数据作为已编码序列输出，编码速率为 $Rc = k/n$。参数 N 称为约束长度，它指明当前输出数据与输入数据的多少有关。N 决定了编码的复杂度和能力大小。

例如：将 k 个信息比特编成 n 个比特，但前、后的 N 个码字之间是相互关联的。

卷积码非常适用于纠正随机错误，但是解码算法本身的特性却是如果在解码过程中发生错误，则解码器可能导致突发性错误。为此在卷积码的上部采用 RS 码块，RS 码适用于检测和校正那些由解码器产生的突发性错误，所以卷积码和 RS 码结合在一起可以起到相互补偿的作用。

卷积码分为以下两种：

（1）基本卷积码。

基本卷积码的编码效率为 $\eta = 1/2$，编码效率较低。优点是纠错能力强。

（2）收缩卷积码。

如果传输信道的质量较好，为提高编码效率，可以采样收缩截短卷积码。有编码效率为 $\eta = 1/2$、$2/3$、$3/4$、$5/6$、$7/8$ 的收缩卷积码。

编码效率高，一定带宽内可传输的有效比特率增大，但纠错能力却减弱。

3）Turbo 码

1993 年诞生的 Turbo 码，单片 Turbo 码的编/解码器，运行速率达 40Mb/s。该芯片集成了一个 32×32 的交织器，其性能和传统的 RS 外码和卷积内码的级联一样好，所以 Turbo 码是一种先进的信道编码技术，由于其不需要进行两次编码，所以其编码效率比传统的 RS + 卷积码要好。

3. 香农定理

在信号处理和信息理论的相关领域中，通过研究信号在经过一段距离后如何衰减及一个给定信号能加载多少数据后得到一个著名的公式，叫做香农（Shannon）定理。它以比特每秒（bps）的形式给出一个链路速度的上限，表示为链路信噪比的一个函数，链路信噪比用分贝（dB）衡量。

$$C = B \log_2 (1 + S/N) \tag{2.4}$$

式中，C 是信道支持的最大速度或称信道容量，单位是（b/s）；B 是信道的带宽，单位是（Hz）；S 是平均信号功率，单位是（W）；N 是平均噪声功率，单位是（W）；S/N 是信噪比，通常用分贝（dB）表示，分贝数 $= 10 \times \lg 10 (S/N)$。

香农定理是所有通信制式中最基本的原理，它描述了有限带宽、有随机热噪声信道的最大传输速率与信道带宽、信号噪声功率比之间的关系。香农定理可以解释现代各种无线制式由于带宽不同，所支持的单载波最大吞吐量的不同。

理解香农公式须注意以下几点：

（1）信道容量由带宽及信噪比决定，增大带宽、提高信噪比可以增大信道容量。

（2）在要求的信道容量一定的情况下，提高信噪比可以降低带宽的需求，增加带宽可以降低信噪比的需求。

（3）香农公式给出信道容量的极限，也就是说，实际无线制式中单信道容量不可能超过该极限，只能尽量接近该极限。在卷积编码条件下，实际信道容量离香农极限还差 3dB；在 Turbo 编码条件下，接近香农极限。

（4）LTE 中多天线技术没有突破香农公式，而是相当于多个单信道的组合。

香农定理可以变换一下形式，如下所示。

$$C/B = \log_2 (1 + S/N) \tag{2.5}$$

这个 C/B 是单位带宽的容量（业务速率），是频谱利用率的概念，也是香农定理给出一定信噪比下频率利用率的极限。

【例 2.1】 如何用香农定理检测电话线的数据速率。

解：通常音频电话连接支持的频率范围为 $300 \sim 3300\text{Hz}$，

则
$$B = 3300\text{Hz} - 300\text{Hz} = 3000\text{Hz}$$

而一般链路典型的信噪比是 30dB，即 $S/N = 1000$，因此有 $C = 3000 \times \log_2(1 + 1000)$，近似等于 30Kbps，是 28.8Kbps 调制解调器的极限，因此，如果电话网络的信噪比没有改善或不使用压缩方法，调制解调器将达不到更高的速率。

2.1.3　差错控制编码

在信源编码数据的基础上增加一些冗余码元（又称为监督码或检验码），使监督码元与信息码元之间建立一种确定的关系，称为差错控制编码或纠错编码。

在接收端，根据监督码元与信息码元之间已知的特定关系，可实现检错和纠错，完成此任务的过程称为误码控制译码（解码）。

1）按照检错、纠错功能分

（1）检错码：只能检知一定的误码而不能纠错。

（2）纠错码：具备检错能力和一定的纠错能力。

（3）纠删码：能检错、纠错，对超过其纠错能力的误码则将有关信息删除或采取误码隐匿措施将误码加以掩蔽。

2）按照误码产生原因的不同分

（1）纠随机误码的纠错码：应用于主要产生独立性随机误码的信道。

（2）纠突发误码的纠错码：应用于易产生突发性局部误码的信道。

3）按照信息码元与监督码元之间的检验关系分

（1）线性码：码元之间存在线性关系，即满足一组线性方程式，称为线性码。

（2）非线性码：码元之间不能用线性方程式描述，称为非线性码。

4）按照信息码元与监督码元之间约束方式的不同分

（1）分组码。

（2）卷积码。

1. 最小码距与检错和纠错能力的关系

对于分组码，有以下 3 条关于最小码距与检错能力的关系：

（1）在一个码组内为了检知 e 个误码，要求最小码距应满足 $d_0 \geq e+1$；

（2）在一个码组内为了纠正 t 个误码，要求最小码距应满足 $d_0 \geq 2t+1$；

（3）在一个码组内为了纠正 t 个误码并同时检知 e 个误码（$e > t$），最小码距应满足 $d_0 \geq e+t+1$。

2. 检纠错码的分类

根据差错控制编码功能的不同分为检错码、纠错码、纠删码（兼检错、纠错）。根据信息位和校验位的关系分为线性码和非线性码。根据信息码元和监督码元的约束关系分为分组码和卷积码。

检纠错码的分类如图 2.6 所示。

2.1.3.1　差错控制

差错控制是在数字通信中利用编码方法对传输中产生的差错进行控制，以提高传输正确性和有效性的技术。差错控制包括差错检测、前向纠错（FEC）和自动请求重发（ARQ）。

差错控制编码的基本思路：在发送端将被传输的信息附上一些监督码元，这些多余的码元与信息码元之间以某种确定的规则相互关联（约束）。接收端按照既定的规则校验信息码元与监督码元之间的关系，一旦传输发生差错，则信息码元与监督码元的关系就受到破坏，从而接收端可以发现错误乃至纠正错误。

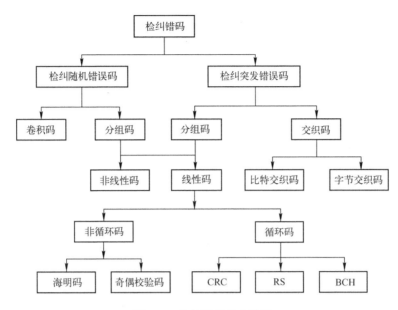

图 2.6　检纠错码的分类图

研究各种编码和译码的方法是差错控制编码所要解决的问题。

根据差错性质不同，差错控制分为对随机误码的差错控制和对突发误码的差错控制。随机误码指信道误码较均匀地分布在不同的时间间隔上；而突发误码指信道误码集中在一个很短的时间段内。有时把几种差错控制方法混合使用，并且要求对随机误码和突发误码均有一定的差错控制能力。

差错控制是一种保证接收的数据完整、准确的方法。例如，在实际通信中，电话线总是不完美的，数据在传输过程中可能变得紊乱或丢失。为了捕捉这些错误，发送端调制解调器对即将发送的数据执行一次数学运算，并将运算结果连同数据一起发送出去，接收数据的调制解调器对其接收到的数据执行同样的运算，并将两个结果进行比较。如果数据在传输过程中被破坏，则两个结果不一致，接收数据的调制解调器就申请发送端重新发送数据。

通信过程中的差错大致可分为两类：一类是由热噪声引起的随机性错误；另一类是由冲突噪声引起的突发性错误。突发性错误影响局部，而随机性错误影响全局。

差错控制方式基本上分为两类，一类称为"反馈纠错"，另一类称为"前向纠错"。在这两类基础上又派生出一类称为"混合纠错"。

1. 反馈纠错（ARQ）

反馈纠错，也称为反馈重发，发送端需要在得到接收端正确收到所发信息码元（通常以帧的形式发送）的确认信息后，才能被认为发送成功。

这种方式是在发送端采用某种能发现一定程度传输差错的简单编码方法对所传信息进行编码，加入少量监督码元，在接收端则根据编码规则对接收到的编码信号进行检查，一旦检测出

（发现）有错码时，即向发送端发出询问信号，要求重发。发送端收到询问信号时，立即重发已发生传输差错的那部分信息，直到正确收到为止。所谓发现差错是指在若干接收码元中知道有一个或一些是错的，但不一定知道错误的准确位置。

2. 前向纠错（FEC）

前向纠错接收端通过纠错解码自动纠正传输中出现的差错，所以该方法不需要重传。这种方法需要采用具有很强纠错能力的编码技术。

发送端采用某种在解码时能纠正一定程度传输差错的较复杂的编码方法，使接收端在收到信码中不仅能发现错码，还能够纠正错码。采用前向纠错方式时，不需要反馈信道，也无需反复重发而延误传输时间，对实时传输有利，但是纠错设备比较复杂。

3. 混合纠错（Hybrid Error Correction，HEC）

混合纠错方式记作 HEC，是 FEC 和 ARQ 方式的结合。设计思想是对出现的错误尽量纠正，纠正不了则需要通过重发来消除差错。

混合纠错的方式是少量纠错在接收端自动纠正，差错较严重，超出自行纠正能力时，就向发送端发出询问信号，要求重发。因此，"混合纠错"是"前向纠错"及"反馈纠错"两种方式的混合。

对于不同类型的信道，应采用不同的差错控制技术，否则将事倍功半。

反馈纠错可用于双向数据通信，前向纠错则用于单向数字信号的传输。

发送端发送具有自动纠错同时又具有检错能力的码。接收端收到码后，检查差错情况，如果错误在码的纠错能力范围以内，则自动纠错，如果超过了码的纠错能力，但能检测出来，则经过反馈信道请求发送端重发。混合纠错方式在实时性和译码复杂性方面是前向纠错和反馈纠错的折中，可达到较低的误码率，较适合于环路延迟大的高速数据传输系统。

差错检测是差错控制的基础。能纠错的码，首先应具有差错检测能力，而只有在能够判定接收到的信号是否出错才谈得上是否要求对方重发出错消息。具有差错检测能力的码不一定具有差错纠正能力。由于差错检测并不能提高信道利用率，所以主要应用于传输条件较好的信道上作为误码统计和质量控制的手段。

2.1.3.2　传输差错

传输中的差错都是由噪声引起的。噪声有随机噪声和冲击噪声两种。

（1）随机噪声是信道固有的，且持续存在。

（2）冲击噪声是由外界特定的短暂原因造成的。其中冲击噪声是传输差错的主要原因。

解决办法：进行差错控制，其首要任务就是如何进行差错检测。差错控制可通过以下两种方法解决。

（1）ARQ。

（2）FEC。

ARQ 与 FEC 是进行差错控制的两种方法，二者的特点和区别如下。

1. ARQ 与 FEC 的区别

在 ARQ 方式中，接收端检测出有差错时就设法通知发送端重发，直到收到正确的码字为止。ARQ 方式使用检错码，但必须有双向信道才可能将差错信息反馈至发送端。发送方要设置数据缓冲区，用于存放已发出的数据以备重发出错的数据。

在 FEC 方式中，接收端不但能发现差错，而且能确定二进制码元发生错误的位置，从而加以纠正。FEC 方式使用纠错码，不需要反向信道来传递请求重发的信息，发送端也不需要存放以备重发的数据缓冲区，但编码效率低，纠错设备也比较复杂。

2. ARQ 和 FEC 的优缺点

FEC 优点：不需要反向信道、不需要重传、速度快。缺点：冗余信息需更多带宽。

ARQ：接收方如果正确收到发送方所发送的数据，必须给发送方返回确认（ACK）信息；发送方如果没有在一定时间内收到返回信息，则重发数据。

2.1.3.3 差错控制编码

最常用的差错控制编码有奇偶校验法、循环冗余校验法和汉明码等。这些方法用于识别数据是否发生传输错误，并且可以启动校正措施，或者舍弃传输发生错误的数据，要求重新传输有错误的数据块。

1. 奇偶校验法

奇偶校验法是一种很简单且广泛使用的校验方法。这种方法是在每个字节中加上一个奇偶校验位，并被传输，即每个字节发送 9 位数据。

数据传输以前通常会确定是奇校验还是偶校验，以保证发送端和接收端采用相同的校验方法进行数据校验。若校验位不符，则认为传输出错。

奇偶校验法又分为奇校验法和偶校验法，详细内容见本书 2.3.2 节。

2. 循环冗余校验法

循环冗余校验（Cyclic Redundancy Check，CRC）法由分组线性码的分支而来，主要应用于二元码组，是数据通信领域中最常见的一种差错校验方法。它是利用除法及余数的原理来进行错误检测的，是一种较复杂的校验方法，它不产生奇偶校验码，而是将整个数据块当成一个连续的二进制数据 $M(x)$，在发送时将多项式 $M(x)$ 用另一个多项式（被称为生成多项式 $G(x)$）来除，然后利用余数进行校验。

详细应用见本书 2.3.3 节。

2.2 RFID 中的编码

2.2.1 常用的编码类型

RFID 系统通常使用下列编码方法中的一种：反向不归零（NRZ）编码、曼彻斯特（Manchester）编码、单极性归零（RZ）编码、差动双相（DBP）编码、密勒（Miller）编码和差动编码。

数字基带信号用数字信息的电脉冲表示，通常把数字信息电脉冲的表示形式称为码型，适用于在有线信道中传输的基带信号码型又称为线路传输码型。数字基带信号波形可以用不同形式的代码来表示二进制的"1"和"0"。

RFID 中常用的基带数据编码波形如图 2.7 所示。

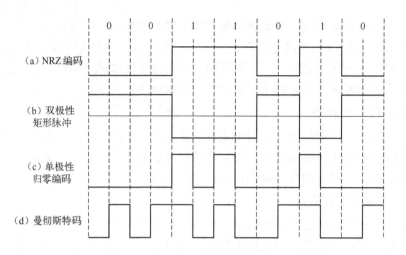

图 2.7　RFID 中常用的基带数据编码波形图

2.2.2　曼彻斯特码

曼彻斯特（Manchester）码又称为裂相码、双向码，是信道编码常用的码型。

曼彻斯特编码（Manchester Encoding）也叫作相位编码（Phase Encode，PE），是一种同步时钟编码技术，被物理层用来编码一个同步位流的时钟和数据。它在以太网媒介系统中的应用属于数据通信中的两种位同步方法里的自同步法（另一种是外同步法），即接收方利用包含有同步信号的特殊编码从信号自身提取同步信号来锁定自己的时钟脉冲频率，从而达到同步目的。

曼彻斯特编码常用于局域网传输。

在 RFID 的标准体系中，规定采用曼彻斯特码的情形如下。

（1）ISO/IEC18000 - 6 TYPEB 协议中：读写器到标签之间采用的是曼彻斯特编码。

（2）ISO/IEC18000 - 2 中：从标签到应答器之间采用的也是曼彻斯特编码。

（3）ISO/IEC14443 TYPEA 协议中：电子标签向阅读器传递数据时采用曼彻斯特编码。

1. 曼彻斯特码的码制

曼彻斯特编码将时钟和数据包含在数据流中，在传输代码信息的同时，也将时钟同步信号一起传输到对方，每位编码中有一个跳变，不存在直流分量，因此具有自同步能力和良好的抗干扰性能，但每一个码元都被调成两个电平，所以数据传输速率只有调制速率的1/2。

1）编码规则

在曼彻斯特编码中，每一位中间有一个跳变，位中间的跳变既作时钟信号，又作数据信号。

从低到高跳变表示"0"，从高到低跳变表示"1"。

还有一种是差分曼彻斯特编码，每位中间的跳变仅提供时钟定时，而用每位开始时有无跳变表示"0"或"1"，有跳变为"0"，无跳变为"1"。

其中非常值得注意的是，在每位的"中间"必有一个跳变，根据此规则，可以得出曼彻斯特编码波形图的画法，码型图如图 2.8 所示。

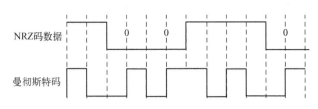

图 2.8　曼彻斯特码的码型图

例如，传输二进制信息 0，若将 0 看作一位，以 0 为中心，在两边用虚线界定这一位的范围，然后在这一位的中间画出一个电平由高到低的跳变。后面的每一位以此类推即可画出整个波形图。

2）表示约定

对于以上电平跳变观点有歧义，关于曼彻斯特编码的电平跳变有两种定义。

（1）从低电平到高电平的转换表示 1，从高电平到低电平的转换表示 0。由 G. E. Thomas, Andrew S. Tanenbaum1949 年提出，它规定 0 是由低→高的电平跳变表示，1 是高→低的电平跳变。

（2）从高到低的跳变是 1，从低到高的跳变是 0，这是 IEEE 802.4（令牌总线）和低速版的 IEEE 802.3（以太网）中的规定。按照这样的说法，低→高电平跳变表示 1，高→低电平跳变表示 0。

由于有以上两种不同的表示方法，所以有些地方会出现歧异。

当然，这可以在差分曼彻斯特编码（Differential Manchester Encoding）方式中克服，曼彻斯特编码和差分曼彻斯特编码的码型图，如图 2.9 所示。

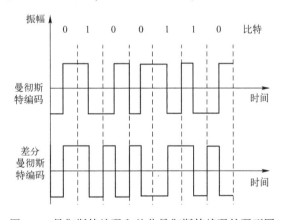

图 2.9　曼彻斯特编码和差分曼彻斯特编码的码型图

从图中可见，差分曼彻斯特编码在比特间隙的开始时刻发生电平迁跃，代表比特 "0"。

2. 曼彻斯特码编码电路

本节分析曼彻斯特码的特征，给出曼彻斯特码的编码电路与译码电路。

曼彻斯特码是一种用电平跳变来表示 1 或 0 的编码，其变化规则很简单，即每个码元均用两个不同相位的电平信号表示，也就是一个周期的方波，但 0 码和 1 码的相位正好相反。

其对应关系为：

0 => 01（相位为零）；

1 => 10（相位为 180°）。

波形图如图 2.10 所示。

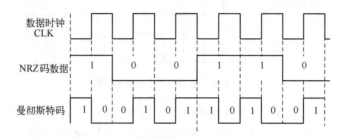

图 2.10 曼彻斯特码的编码规则关系图

在图 2.10 中，从高到低跳变表示"1"，从低到高跳变表示"0"。

曼彻斯特编码的本质是一种自动同步的编码方式，即时钟同步信号就隐藏在数据波形中。

在曼彻斯特编码中，每一位的中间有一次跳变，中间的跳变既作时钟信号，又作数据信号；曼彻斯特编码是将时钟和数据包含在数据流中，在传输代码信息的同时，也将时钟同步信号一起传输到对方，每位编码中有一次跳变，不存在直流分量，因此具有自同步能力和良好的抗干扰性能，但每一个码元都被调制成两个电平，所以数据传输速率只有调制速率的1/2。

虽然可以简单地采用 NRZ 码与数据时钟异或的方法来获得曼彻斯特码，但是简单的异或方法具有缺陷，如图 2.11（a）所示，由于上升沿和下降沿的不理想，在输出中会产生尖峰脉冲 P，因此需要改进。

改进后的电路如图 2.11（b）所示，该电路的特点是采用一个 D 触发器，从而消除了尖峰脉冲的影响。从图中可以看出，需要一个数据时钟的 2 倍频信号 2CLK。2CLK 可以从载波分频获得。波形图如图 2.12 所示。

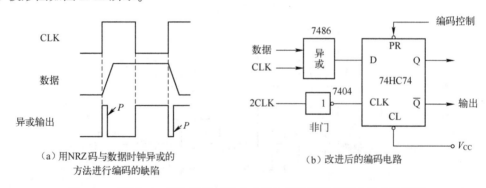

（a）用NRZ码与数据时钟异或的
方法进行编码的缺陷

（b）改进后的编码电路

图 2.11 采用 NRZ 码与数据时钟生成曼彻斯特码的编码电路和波形图

起始位为 1，数据为 00 的时序波形如图 2.12 所示，D 触发器采用上升沿触发，由图可见，由于2CLK 被倒相，是其下降沿对 D 端采样，避开了可能会遇到的尖峰 P，所以消除了尖峰 P 的影响，如图 2.12 所示。

3. 曼彻斯特码的译码

曼彻斯特译码的功能：把接收到的曼彻斯特编码、译码还原为曼彻斯特编码前的基带信号。

曼彻斯特码与数据时钟异或便可恢复出 NRZ 码的数据信号。

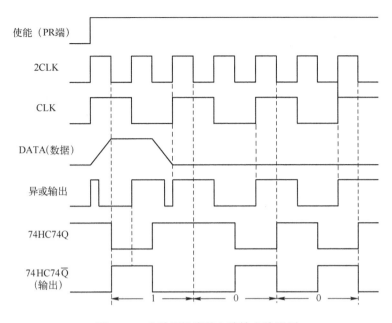

图 2.12　改进后的编码电路输出波形图

曼彻斯特解码工作是阅读器的任务，阅读器中都有 MCU，其解码工作可由 MCU 的软件程序实现。在此引入起始位、信息位流、结束位，各部分定义及要求如下：

（1）起始位采用 1 码；

（2）结束位采用无跳变低电平；

（3）信息位流的 1 用 NRZ 的 10 表示，信息位流的 0 用 NRZ 的 01 表示。

为此设计了曼彻斯特编码表，如表 2.1 所示。

表 2.1　曼彻斯特编码表

数 字 组 合	比 特 值	数 字 组 合	比 特 值
00	结束位	10	1
01	0	11	非法数据

在解码时，MCU 可以采用 2 倍数据时钟频率对输入数据的曼彻斯特码进行读入。

（1）首先判断起始位，其码序为 10；

（2）然后将读入的 10 和 01 组合，转换成 NRZ 码的 1 和 0；

（3）若读到 00 组合，则表示收到了结束位。

从编码表可以看出，11 组合是非法码，出现的原因可能是传输错误或产生了碰撞冲突，因此曼彻斯特码可以用于碰撞冲突的检测，而 NRZ 码不具有此特性。

具体的程序代码，参见第 5 章的相关内容。

2.2.3　密勒码

密勒码也称延迟调制码，是一种变形双向码。在半个比特周期内的任意边沿表示二进制

"1"，而经过下一个比特周期中不变的电平表示二进制 "0"。一连串的比特周期开始时产生电平交变，如图 2.13 所示，因此对于接收器来说，位节拍也比较容易重建。

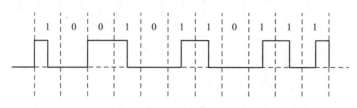

图 2.13 密勒码波形图

1. 密勒码的编码规则

其编码规则如下。

（1）对原始符号 "1" 码元起始不跃变，中心点出现跃变来表示，即用 10 或 01 表示。

（2）对原始符号 "0" 则分成单个 "0" 和连续 "0" 予以不同处理。

（3）单个 "0" 时，保持 0 前的电平不变，即在码元边界处的电平不跃变，在码元中间点的电平也不跃变。

（4）对于连续 "0"，则使连续两个 "0" 的边界处发生电平跃变。

密勒码编码规则如表 2.2 所示，其波形关系如图 2.14 所示。

表 2.2　密勒码编码规则表

bit（i－1）	bit i	密勒码编码规则
×	1	bit i 的起始位置不变化，中间位置跳变
0	0	bit i 的起始位置跳变，中间位置不跳变
1	0	bit i 的起始位置不跳变，中间位置不跳变

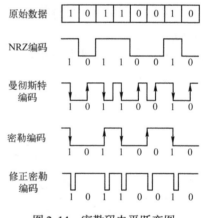

图 2.14 密勒码电平跃变图

从表 2.2 和图 2.14 中可知，密勒码的逻辑 "0" 电平和前位有关，而逻辑 "1" 虽然在位中间有跳变，但是上跳还是下跳取决于前位结束时的电平。因此，密勒码可由双相码的下降沿去触发双稳电路产生。密勒码最初用于气象卫星和磁记录，现在也用于低速基带数传机。

2. 密勒码编码器的实现

在无源 RFID 中，为实现卡和读写器之间的数据交换，都是采用负载调制方式完成的。进行负载调制时，需要选用一种编码去调制。

密勒码因码中带有时钟信息，且具有较好的抗干扰能力，因而是非接触存储卡中优先使用的码型。例如，EM Microelectronnic – marin SA 的 RFID 产品 H4006 中就采用了密勒码技术。本节在介绍密勒码编/解码原理的同时，给出其在 RFID 中的实现方法。

1) 硬件电路实现编码

用曼彻斯特码可以产生密勒码，实现密勒码编码的电路如图 2.15 所示。

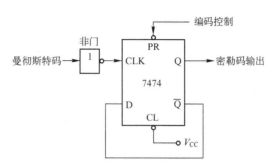

图 2.15　用曼彻斯特码产生密勒码的电路

密勒码波形及与 NRZ 码、曼彻斯特码的波形关系如图 2.16 所示。

2) 软件方法生成

从图 2.16 输出的密勒码波形可以看出，NRZ 码可以转换为用二位 NRZ 码表示的密勒码值，其转换关系如表 2.3 所示。

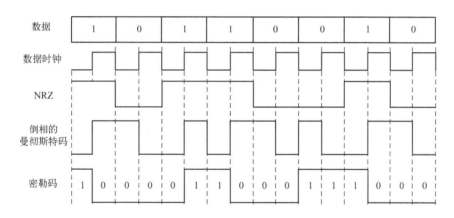

图 2.16　密勒码波形及与 NRZ 码、曼彻斯特码的波形关系

表 2.3　密勒码与 NRZ 码转换关系表

密 勒 码	NRZ 码	密 勒 码	NRZ 码
10	1	00	0
01	1	11	0

　　若是采用 CPU 处理，则将 NRZ 码数据变换后，以 2 倍时钟速率送出变换后的 NRZ 码数据即可。例如，将 NRZ 数据 101100011010 转换为密勒码格式的数据后，数据串则变成 011110011100111001111000。

　　若为存储卡，也可将 NRZ 码转换为用二位 NRZ 码表示的密勒码存放于存储器中，但存储器容量需增加一倍，数据时钟也需增加一倍，因此还是用硬件编码方法较宜。

3）密勒解码方法

密勒码的解码方法是：以 2 倍时钟频率读入位值后再判决解码。由于读写器中都有微控制器，因此采用软件解码方法最方便，解码过程分为两个步骤：

（1）读出 0→1 的跳变后，表示获得了起始位。

（2）每两位进行一次转换：01 和 10 都译为 1，00 和 11 都译为 0。

在第二步中，要注意一点：

密勒码停止位的电位随前一位的不同而变化，既可能为 00，也可能为 11，因此，为保证起始位的一致，停止位后必须规定位数的间歇。此外，在判别时若结束位为 00，后面再读入也为 00，则可判知前面一个 00 为停止位，但若停止位为 11，则再读入 4 位才为 0000，而实际上停止位为 11，而不是第一个 00。

解决此问题的办法就是预知传输的位数或以字节为单位传输，这两种方法在 RFID 系统中均可实现。

3. 修正密勒码

修正密勒码是 ISO/IEC14443（Type–A）规定使用的从读写器到电子标签的数据传输编码。以 ISO/IEC14443（Type–A）为例，修正密勒码的编码规则如下。

每位数据中间有个窄脉冲表示"1"，数据中间没有窄脉冲表示"0"，当有连续的"0"时，从第二个"0"开始在数据的起始部分增加一个窄脉冲。

该标准还规定起始位的开始处也有一个窄脉冲，而结束位用"0"表示。如果有两个连续的位开始和中间部分都没有窄脉冲，则表示无信息。

该规则描述为 Type–A 首先定义如下 3 种时序：

（1）时序 X：在 $64/f$ 处产生一个凹槽。

（2）时序 Y：在整个位期间（$128/f$）不发生调制。

（3）时序 Z：在位期间的开始处产生一个凹槽。

其中，f 为载波频率，即 13.56MHz，凹槽脉冲的时间长度为 $0.5 \sim 3.0\mu s$，用这 3 种时序对数据帧进行编码即修正密勒码。

修正密勒码的编码规则如下。

（1）逻辑 1 为时序 X。

（2）逻辑 0 为时序 Y。

但两种情况除外：若相邻有两个或者更多的 0，则从第二个 0 开始采用时序 Z；直接与起始位相连的所有 0，用时序 Z 表示。

（3）数据传输开始时用时序 Z 表示。

（4）数据传输结束时用逻辑 0 加时序 Y 表示。

（5）无信息传输时用至少两个时序 Y 表示。

修正密勒码的编码电路图及波形图，如图 2.17 所示。

假设输入数据为 011010，则图 2.17（a）所示原理图中有关部分的波形如图 2.17（b）所示。其中，波形 c 实际上是曼彻斯特编码的反相波形，用它的上升沿输出便产生了密勒码，而用其上升沿产生一个凹槽就是修正密勒码。

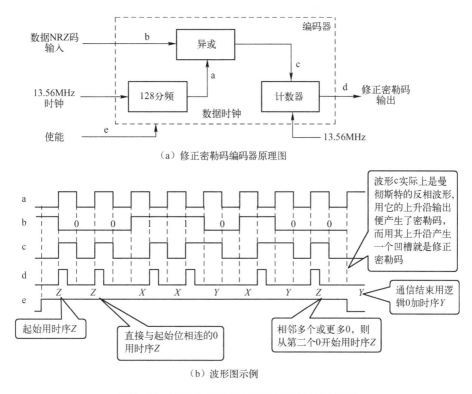

（a）修正密勒码编码器原理图

（b）波形图示例

图 2.17 修正密勒码解码原理图及波形图示例

2.2.4 RFID 中的其他编码

1. 脉冲位置编码（PPM）

在脉冲位置编码（Pulse Position Modulation，PPM）中，每个数据比特的宽度是一致的，波形如图 2.18 所示。

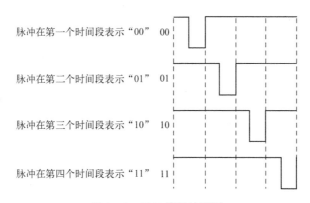

图 2.18 PPM 编码波形图

在 ISO/IEC15693 协议中，数据编码采用 PPM。

2. 双相间隔码编码（FM0）

FM0，即 Bi – Phase Space 编码的全称为双相间隔码编码，工作原理是在一个位窗内采用电平变化来表示逻辑。

FM0 属于差动双相编码，在半比特周期中的任意边沿表示二进制 "0"，而没有边沿就是二进制 "1"，如图 2.19 所示。此外在每个比特周期开始时，电平都要反相。因此，对于接收器来说，位节拍比较容易重建。

FM0 码的定义与工作原理的描述是一致的：

（1）如果电平从位窗的起始处翻转，则表示逻辑 "1"。

（2）如果电平除了在位窗的起始处翻转，还在位窗中间翻转则表示逻辑 "0"。

一个位窗的持续时间是 25μs。

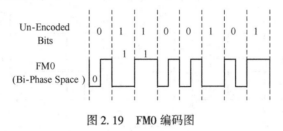

图 2.19　FM0 编码图

根据 FM0 编码的规则可以发现无论传送的数据是 0 还是 1，在位窗的起始处都需要发生跳变。

ISO18000 – 6 typeA 由标签向阅读器的数据发送采用 FM0 编码。

3. 脉冲间歇编码（PIE）

PIE（Pulse Interval Encoding）编码的全称为脉冲宽度编码，原理是通过定义脉冲下降沿之间的不同时间宽度来表示数据。

在该标准的规定中，由阅读器发往标签的数据帧由 SOF（帧开始信号）、EOF（帧结束信号）、数据 0 和 1 组成。在标准中定义了一个名称为 "Tari" 的时间间隔，也称为基准时间间隔，该时间段为相邻两个脉冲下降沿的时间宽度，持续时间为 25μs。相应数据帧的定义如图 2.20 所示。

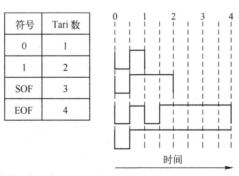

符号	Tari 数
0	1
1	2
SOF	3
EOF	4

时间

图 2.20　PIE 编码及时序图

在 ISO/IEC18000 – 6 typeA 中，由阅读器向标签的数据发送采用 PIE 编码。

2.2.5　选择编码方法的考虑因素

在 RFID 产品设计中，选择编码需要考虑如下因素。

1. 编码方式的选择要考虑电子标签能量的来源

在 REID 系统中使用的电子标签常常是无源的，而无源标签需要在读写器的通信过程中获得自身的能量供应。为了保证系统的正常工作，信道编码方式必须保证不能中断读写器对电子标签的能量供应。

在 RFID 系统中，当电子标签是无源标签时，经常要求基带编码在每两个相邻数据位元间具有跳变的特点，这种相邻数据间有跳变的码不仅可以保证在连续出现"0"时对电子标签的能量供应，而且便于电子标签从接收到的码中提取时钟信息。

2. 编码方式的选择要考虑电子标签的检错能力

出于保障系统可靠工作的需要，还必须在编码中提供数据一级的校验保护，编码方式应该提供这种功能。可以根据码型的变化来判断是否发生误码或有电子标签冲突发生。

在实际的数据传输中，由于信道中干扰的存在，数据必然会在传输过程中发生错误，这时要求信道编码能够提供一定程度的检测错误能力。

曼彻斯特编码、差动双向编码、单极性归零编码具有较强的编码检错能力。

3. 编码方式的选择要考虑电子标签时钟的提取

在电子标签芯片中一般不会有时钟电路，电子标签芯片通常需要在读写器发来的码流中提取时钟。

曼彻斯特编码、密勒编码、差动双向编码容易使电子标签提取时钟。

2.3　RFID 中的数据校验

数据校验技术，通俗地说就是为保证数据的完整性，用一种指定的算法对原始数据计算出的一个校验值。接收方用同样的算法计算一次校验值，如果和随数据提供的校验值一样，则说明数据是完整的。

在 RFID 系统中，数据传输的完整性存在两方面的问题：

（1）外界的各种干扰可能使数据传输产生错误。

（2）多个应答器同时占用信道使发送数据产生碰撞。

运用数据检验（差错检测）和防碰撞算法可分别解决这两个问题。

2.3.1　校验方法

对通信的可靠性检查就需要"校验"，校验是从数据本身进行检查的，它依靠某种数学上约定的形式进行检查，校验的结果可靠或不可靠，如果可靠则对数据进行处理，如果不可靠，则丢弃重发或者进行修复。

发送方发送的是 $T(x)$，接收方接收到的是 $R(x)$，若 $T(x)$ 和 $R(x)$ 相等，则传输的过程中没有出现错误。

1. 最简单的校验

实现方法：最简单的校验就是把原始数据和待比较数据直接进行比较看是否完全一样，这种方法是最安全、最准确的，同时也是效率最低的。

适用范围：简单的数据量极小的通信。

应用例子：龙珠 cpu 在线调试工具 bbug.exe。它和龙珠 cpu 间通信时，bbug 发送一个字节，cpu 返回收到的字节，bbug 确认是刚才发送字节后才继续发送下一个字节。

2. 奇偶校验（Parity Check）

奇偶校验码是一种通过增加冗余位使得码字中"1"的个数为奇数或偶数的编码方法，它是一种检错码。

实现方法：在数据存储和传输中，字节中额外增加一个比特位，用来检验错误。校验位可以通过数据位异或计算出来。

应用例子：单片机串口通信有一个模式就是 8 位数据通信，另加第 9 位用于放校验值。

关于奇偶校验的详细内容见本书 2.3.2 节。

3. BCC 异或校验法（Block Check Character）

实现方法：很多基于串口的通信都用这种既简单又相当准确的方法。它把所有数据都和一个指定的初始值（通常是 0）异或一次，最后的结果就是校验值，通常把它附在通信数据的最后一起发送出去。接收方收到数据后自己也计算一次异或和校验值，如果和收到的校验值一致，则说明收到的数据是完整的。

校验值计算的参考代码见示例 2.2。

适用范围：适用于大多数要求不高的数据通信。

应用例子：IC 卡接口通信、很多单片机系统的串口通信都适用。

【例 2.2】 BBC 异或校验

```
unsigned uCRC = 0;//校验初始值
for( int i = 0;i < DataLenth;i ++ )
    uCRC^ = Data[ i ];
```

4. CRC 循环冗余校验（Cyclic Redundancy Check）

这是利用除法及余数的原理来进行错误检测的。将接收到的码组进行除法运算，如果除尽，则说明传输无误；如果未除尽，则表明传输出现差错。

发送方要传输的信息 $M(x)$ 包含在 $T(x)$ 里，$M(x)$ 是 $T(x)$ 的一部分，但不能说 $M(x)$ 就是 $T(x)$。实际应用中，$G(x)$ 的取值是有限制的，它受限于以下国际标准：

CRC – CCITT = $x^16 + x^12 + x^5 + 1$

CRC – 16 = $x^16 + x^15 + x^2 + 1$

CRC – 12 = $x^12 + x^11 + x^3 + x^2 + x + 1$

通常情况下，CRC – 12 码通常用来传送 6bit 字符串；CRC – 16 及 CRC – CCITT 码则用来传送 8bit 字符串。

关于 $G(x)$ 的国际标准还有一些，这里不一一介绍。

人工计算循环冗余校验码需要先弄清多项式除法和异或运算。

CRC 校验还具有自动纠错能力，CRC 校验主要有计算法和查表法两种。

5. MD5 校验和数字签名

实现方法主要有 MD5 和 DES 算法。

MD5 校验和通过对接收到的传输数据执行散列运算来检查数据的正确性。

一个散列函数，如 MD5，是一个将任意长度的数据字符串转化成短的固定长度值的单向操作。任意两个字符串不应有相同的散列值（即有"很大可能"是不一样的，并且要人为地创造出两个散列值相同的字符串应该是困难的）。

一个 MD5 校验和通过对接收到的传输数据执行散列运算来检查数据的正确性。计算出的散列值拿来和随数据传输的散列值比较。如果两个值相同，则说明传输的数据完整无误、没有被窜改过（前提是散列值没有被窜改），从而可以放心使用。

MD5 校验可以应用于多个领域，如机密资料的检验、下载文件的检验、明文密码的加密等。

2.3.2　奇偶校验码

奇偶校验码是一种最简单的线性分组检错码。

使用时，先将信源编码后的信息数据流分成等长码组，然后在每一个信息码组之后加入 1 位监督码元作为奇偶校验位，使得码组总码长 n 内（n 等于信息码元数 k 加监督码元数 1，即 $n = k + 1$）的码重为偶数（称为偶校验编码）或奇数（称为奇校验编码）。如果在传输过程中，一个码组内发生一位或奇数位误码，则接收端译码出的码组便不符合奇偶校验规律，因此可以发现存在误码，这种编码中由于最小码距 $d_0 = 2$，所以仍无纠错能力。

对于水平奇偶校验码，如果在阵列的列方向上也附加一个奇偶校验位，就构成了水平垂直奇偶校验码。

在接收端不但可以检知任何一行或任何一列内的奇数个误码，而且具有一位误码的纠错能力。因为阵列中某个码元误码时，从其所在的行和列的奇偶校验中可以发现它，将行与列交叉点上的码元变成反码，该误码就被纠正了。编码效率为 $\eta = k/n = 49/64 = 76.6\%$。

1. 垂直奇偶校验的特点及编码规则

特点：垂直奇偶校验又称纵向奇偶校验，它能检测出每列中所有奇数个错，但检测不出偶数个错，如表 2.4 所示。因而对差错的漏检率接近 1/2。

表 2.4　垂直奇偶校验数据表

位/数字	0	1	2	3	4	5	6	7	8	9
C1	0	1	0	1	0	1	0	1	0	1
C2	0	0	1	1	0	0	1	1	0	0
C3	0	0	0	0	1	1	1	1	0	0
C4	0	0	0	0	0	0	0	0	1	1
C5	1	1	1	1	1	1	1	1	1	1
C6	1	1	1	1	1	1	1	1	1	1
C7	0	0	0	0	0	0	0	0	0	0
偶	0	1	1	0	1	0	0	1	1	0
奇	1	0	0	1	0	1	1	0	0	1

2. 水平奇偶校验的特点及编码规则

特点：水平奇偶校验又称横向奇偶校验，它不但能检测出各段同一位上的奇数个错，而且还能检测出突发长度 $\leqslant p$ 的所有突发错误，如表 2.5 所示。

其漏检率要比垂直奇偶校验方法低，但实现水平奇偶校验时，一定要使用数据缓冲器。

表 2.5　水平奇偶校验数据表

位/数字	0	1	2	3	4	5	6	7	8	9	偶	奇
C1	0	1	0	1	0	1	0	1	0	1	1	0
C2	0	0	1	1	0	0	1	1	0	0	0	1
C3	0	0	0	0	1	1	1	1	0	0	0	1
C4	0	0	0	0	0	0	0	0	1	1	0	1
C5	1	1	1	1	1	1	1	1	1	0	1	0
C6	1	1	1	1	1	1	1	1	1	1	0	1
C7	0	0	0	0	0	0	0	0	0	0	0	1

3. 水平垂直奇偶校验的特点及编码规则

特点：水平垂直奇偶校验又称纵横奇偶校验。

它能检测出所有 3 位或 3 位以下的错误、奇数个错、大部分偶数个错及突发长度 $\leq p+1$ 的突发错。可使误码率降至原误码率的百分之一到万分之一，还可以用来纠正部分差错，有部分偶数个错不能测出，适用于中、低速传输系统和反馈重传系统，如表 2.6 所示。

表 2.6　水平垂直奇偶校验数据表

位/数字	0	1	2	3	4	5	6	7	8	9	校验码字
C1	0	1	0	1	0	1	0	1	0	1	1
C2	0	0	1	1	0	0	1	1	0	0	0
C3	0	0	0	0	1	1	1	1	0	0	0
C4	0	0	0	0	0	0	0	0	1	1	0
C5	1	1	1	1	1	1	1	1	1	0	0
C6	1	1	1	1	1	1	1	1	1	0	0
C7	0	0	0	0	0	0	0	0	0	0	0
C8	0	1	1	0	1	0	0	1	1	0	1

2.3.3　循环冗余校验

CRC（循环冗余校验，Cyclic Redundancy Check）码由两部分组成，前部分是信息码 $M(x)$，就是需要校验的信息，后部分是校验码，如果 CRC 码共长 n bit，信息码 $M(x)$ 长 k bit，就称为 (n,k) 码。它的编码规则是：

移位：将原信息码（$k$bit）左移 r 位（$k+r=n$）。

相除：运用一个生成多项式 $G(x)$（也可看成二进制数）用模 2 除上面的式子，得到的余数就是校验码。

过程非常简单，要说明的是：模 2 除就是在除的过程中用模 2 加，模 2 加实际上就是熟悉的异或运算，就是加法不考虑进位，公式如下：

$$0+0=1+1=0,1+0=0+1=1$$

即"异"则真，"非异"则假。

由此得到定理：$a+b+b=a$，也就是"模 2 减"和"模 2 加"真值表完全相同。

有了加减法就可以用来定义模 2 除法，于是就可以用生成多项式 $G(x)$ 生成 CRC 校验码。

生成多项式应满足以下原则。

（1）生成多项式的最高位和最低位必须为 1。

（2）当被传送信息（CRC 码）任何一位发生错误时，被生成多项式做模 2 除后应该使余数不为 0。

（3）不同位发生错误时，应该使余数不同。

（4）对余数继续做模 2 除，应使余数循环。

【例 2.3】 已知 $G(x) = x\char`^4 + x\char`^1 + 1$，信息码 $M(x)$ 为 11110111，求产生的 CRC 码和传输码 $T(x)$。

解：

步骤一：根据已知条件，写出除数 a。

对于 $G(x) = x\char`^4 + x\char`^1 + 1$ 的解释：（都是从右往左数）x4 就是第五位是 1，因为没有 x3 和 x2，所以第 4 位和第 3 位就是 0。

则 $G(x) = 10011$，即除数 $a = 10011$。

步骤二：写出被除数。

按照规则，被除数 b 由两部分构成，前一部分为信息码 $M(x)$，后一部分为 $G(x)$ 位数 -1 个 "0"，所以 $b = 11110111$，0000。

步骤三：计算余数。

用 b 除以 a 做模 2 运算得到余数，即 $10011 | 11110111$，$0000 = 1111$

则余数是 1111，所以 CRC 校验码是 1111。

步骤四：写出传输码。

用 CRC 校验码，替换 b 中的补充数据，所以传输码 $T(x) = 11110111,1111$。

结合例 2.3，CRC 的计算全过程如图 2.21 所示。

$M(x)$ 系数序列：11110111。

$G(x)$ 系数序列：10011。

附加 4 个零后形成的串：111101110000。

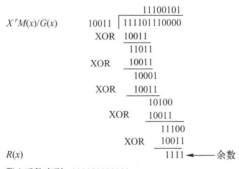

图 2.21　CRC 的计算过程

【例 2.4】 已知：接收码字为 1100111001，多项式：$T(x) = x\char`^9 + x\char`^8 + x\char`^5 + x\char`^4 + x\char`^3 + 1$，生成码：11001，生成多项式：$G(x) = x\char`^4 + x\char`^3 + 1 (r = 4)$。

求：码字的正确性。若正确，则指出冗余码和信息码。

解：

（1）用码字除以生成码，如果余数为 0，则证明码字是正确的。

$$
\begin{array}{r}
100001 \\
11001\,\overline{\smash{)}\,110011001} \\
\underline{11001} \\
11001 \\
\underline{11001} \\
0 \longleftarrow \text{余数}
\end{array}
$$

因为余数为 0，所以码字是正确的。

（2）因 $r=4$，所以冗余码是 1001，信息码是 110011。

在 RFID 标准 ISO/IEC14443 中，采用的是 CRC（CCITT）的生成多项式。但应注意的是，该标准中的 TYPE A 采用 CRC – A，计算时循环移寄存器的初始值为 6363H；TYPEB 采用 CRC – B，循环位移寄存器的初始值为 FFFFH。

2.4　RFID 中的数据安全

数据信息安全是指数据信息的硬件、软件及数据受到保护，不受偶然或恶意的原因而遭到破坏、更改、泄露，系统连续、可靠、正常地运行，信息服务不中断。它是一门涉及计算机科学、网络技术、通信技术、密码技术、信息安全技术、应用数学、数论、信息论等多种学科的综合性学科。数据信息安全包括的范围很广，大到国家军事政治等机密安全，小到如防范商业企业机密泄露、防范青少年对不良信息的浏览、个人信息的泄露等。

数据信息作为一种资源，它的普遍性、共享性、增值性、可处理性和多效用性，使其对于人类具有特别重要的意义。数据信息安全的实质就是要保护信息系统或信息网络中信息资源免受各种类型的威胁、干扰和破坏，即保证信息的安全性。

当今，信息安全越来越受到人们的重视。建立信息安全体系的目的就是要保证存储在计算机及网络系统中的数据只能够被有权操作的人访问，所有未被授权的人无法访问这些数据。这里说的是对"人"的权限控制，即对操作者物理身份的权限控制。

不论安全性要求多高的数据，它存在就必然要有相对应的授权人可以访问它，否则，保存一个任何人都无权访问的数据有什么意义？

然而，如果没有有效的身份认证手段，这个有权访问者的身份就很容易被伪造，那么投入再大的资金，建立再坚固的安全防范体系都形同虚设，就好像建造了一座非常结实的保险库，安装了非常坚固的大门，却没有安装门锁一样，所以身份认证是整个信息安全体系的基础，是信息安全的第一道关隘。

2.4.1　密码学基础

密码学是研究编制密码和破译密码的技术科学。研究密码变化的客观规律，应用于编制密码以保守通信秘密的，称为编码学；应用于破译密码以获取通信情报的，称为破译学，总称密码学。

1. 基本概念

密码学（在西欧语中，源于希腊语 kryptós "隐藏的" 和 gráphein "书写"）是研究如何隐秘地传递信息的学科，在现代特别指对信息及其传输的数学性研究，常被认为是数学和计算机科学的分支，和信息论也密切相关。

著名的密码学者 Ron Rivest 解释道："密码学是关于如何在敌人存在的环境中通信"，自工程学的角度，这相当于密码学与纯数学的异同。

密码学是信息安全等相关议题，如认证、访问控制的核心。密码学的首要目的是隐藏信息的含义，并不是隐藏信息的存在。密码学也促进了计算机科学，特别是在于计算机与网络安全所使用的技术，如访问控制与信息的机密性。

密码学已被应用在日常生活中，包括自动柜员机的芯片卡、计算机使用者的存取密码、电子商务等。

密码是通信双方按约定法则进行信息特殊变换的一种重要的保密手段。

依照这些法则，变明文为密文，称为加密变换；变密文为明文，称为脱密变换。密码在早期仅对文字或数码进行加/脱密变换，随着通信技术的发展，对语音、图像、数据等都可实施加/脱密变换。

本节简单介绍密码编码学领域的一些基本原理、基本算法和基本理念。

加密/解密是信息安全领域的基本技术，加/解密系统的模型如图 2.22 所示。

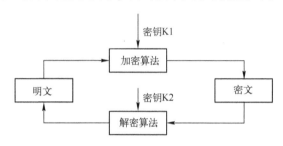

图 2.22　常规加/解密的简化模型

从图中可以看出，明文输入在密钥 K1 的作用下，通过加密算法（如 DES）转换成密文，于是可以发送给通信的接收方；接收方则可以通过解密算法及密钥 K2 将密文恢复成明文。

注意：通信内容经加密后，可采用公共通道（如互联网）传输，还应注意密钥在加/解密系统中起着关键作用，密钥本身当然不能直接通过公共通道来传输，需要通信双方事先约定，通过其他安全通道或安全机制来传送。而围绕着 K1 和 K2，加/解密算法可分为两大类，一类叫对称加密，另一类叫非对称加密。

对称加密的"对称"指的是加密过程和解密过程所用的密钥是相同的，或者可以很容易地相互推导出来。

与对称加密不同，非对称加密中加密和解密的密钥是不同的，且从某个密钥推导出另一个密钥被认为十分困难。

关于密钥体系详见后续介绍。

2. 数据加密

数据加密的基本思想是通过变换信息的表示形式来伪装需要保护的敏感信息，使非授权者不能了解被保护信息的内容。网络安全使用密码学来辅助完成在传递敏感信息的相关问题，主要包括如下方面。

（1）机密性（confidentiality）

仅有发送方和指定的接收方能够理解所传输的报文内容。窃听者可以截取到加密了的报文，但不能还原出原来的信息，即不能得到报文内容。

（2）鉴别（authentication）

发送方和接收方都应该能证实通信过程所涉及的另一方，通信的另一方确实具有他们所声称的身份，即第三者不能冒充跟你通信的对方，能对对方的身份进行鉴别。

（3）报文完整性（message intergrity）

即使发送方和接收方可以互相鉴别对方，但他们还需要确保其通信的内容在传输过程中未被改变。

（4）不可否认性（non - repudiation）

如果人们收到通信对方的报文后还要证实报文确实来自所宣称的发送方，则发送方也不能在发送报文后否认自己发送过报文。

3. 密码体制

密码体制（cipher system），也叫密码系统，是指能完整地解决信息安全中的机密性、数据完整性、认证、身份识别、可控性及不可抵赖性等问题中的一个或几个的系统。对一个密码体制的正确描述，需要用数学方法清楚地描述其中的各种对象、参数、解决问题所使用的算法等。

通常，数据的加密和解密过程是通过密码体制（cipher system）＋密钥（keyword）来控制的。密码体制必须易于使用，特别是应当可以在微型计算机中使用。密码体制的安全性依赖于密钥的安全性，现代密码学不追求加密算法的保密性，而是追求加密算法的完备，即使攻击者在不知道密钥的情况下，没有办法从算法中找到突破口。

通常的密码体制采用移位法、代替法和代数方法来进行加密和解密变换，可以采用一种或几种方法结合的方式作为数据变换的基本模式，下面举例说明。

移位法也叫置换法。移位法把明文中的字符重新排列，字符本身不变但其位置改变了。

例如：把文中的字母和字符倒过来写。

明文：Data security has ebolved tapidly since 1975

密文：5791ECNISYLDIPATDEVLOBESAHYTIRUCESATAD

或将密文以固定长度来发送

5791ECNI SYLDIPAT DEVLOBES AHYTIRUC ESATAD

密码体制分为私用密钥加密体制（对称密码体制）和公开密钥加密体制（非对称密码体制）。

1）对称密码体制

对称密码体制是一种传统密码体制，也称为私用密钥加密体制。在对称加密系统中，加密和解密采用相同的密钥。

（1）对称密码的类别

对称密码分为两类：分组密码（block ciphers）和流密码（stream ciphers）。

① 序列密码

序列密码也称流密码，它是对称密码算法的一种。序列密码具有实现简单、便于硬件实施、加/解密处理速度快、没有或只有有限的错误传播等特点，因此在实际应用中，特别是专用或机密机构中保持着优势，典型的应用领域包括无线通信、外交通信。1949 年 Shannon 证明了只有一次一密的密码体制是绝对安全的，这给序列密码技术的研究以强大支持，序列密码方案的发展是模仿一次一密系统的尝试，或者说"一次一密"的密码方案是序列密码的雏形。

如果序列密码所使用的是真正随机方式的、与消息流长度相同的密钥流，则此时的序列密码就是一次一密的密码体制。若能以一种方式产生一随机序列（密钥流），这一序列由密钥所确定，则利用这样的序列就可以进行加密，即将密钥、明文表示成连续的符号或二进制，对应地进行加密，加解密时一次处理明文中的一个或几个比特。

序列密码是一个随时间变化的加密变换，具有转换速度快、低错误传播的优点，硬件实现电路更简单；其缺点是：低扩散（意味着混乱不够）、插入及修改的不敏感性。

② 分组密码

分组密码是以一定大小作为每次处理的基本单元，而序列密码则以一个元素（一个字母或一个比特）作为基本处理单元。

分组密码使用的是一个不随时间变化的固定变换，具有扩散性好、插入敏感等优点；其缺点是加/解密处理速度慢、存在错误传播。

序列密码涉及大量的理论知识，提出了众多设计原理，也得到了广泛分析，但许多研究成果并没有完全公开，这也许是因为序列密码目前主要应用于军事和外交等机密部门的缘故。目前，公开的序列密码算法主要有 RC4、SEAL 等。

（2）对称密码系统的构成

一个对称密码系统由 5 个组成部分组成。用数学符号来描述为 $S = \{M, C, K, E, D\}$，如图 2.23 所示。

明文空间 M 是全体明文的集合。

密文空间 C 表示全体密文的集合。

密钥空间 K 表示全体密钥的集合，包括加密密钥和解密密钥。

加密算法 E 表示由明文到密文的变换。

解密算法 D 表示由密文到明文的变换。

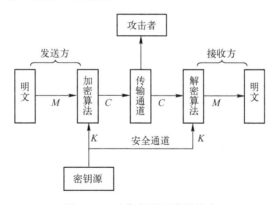

图 2.23　对称密码系统的构成

对明文 M 用密钥 K，使用加密算法 E 进行加密常常表示为 $EK(M)$，同样用密钥 K 使用解密算法 D 对密文 C 进行解密表示为 $DK(C)$。

在对称加密体制中，加/解密密钥相同，有

$$C = EK(M) \tag{2.6}$$

$$M = DK(C) = DK(EK(M)) \tag{2.7}$$

（3）密码体制至少满足的条件

① 已知明文 M 和加密密钥 K 时，计算 $C = EK(M)$ 容易。

② 加密算法必须足够强大，使破译者不能仅根据密文破译消息，即在不知道解密密钥 K 时，由密文 C 计算出明文 M 是不可行的。

③ 由于对称密码系统双方使用相同的密钥，因此还必须保证能够安全地产生密钥，并且能够以安全的形式将密钥分发给双方。

④ 对称密码系统的安全只依赖于密钥的保密，而不依赖于加密和解密算法的保密。

因为加/解密密钥相同，所以需要通信双方必须选择和保存它们共同的密钥，各方必须信任对方不会将密钥泄露出去，从而可以实现数据的机密性和完整性。对于具有 n 个用户的网络，需要 $n(n-1)/2$ 个密钥，在用户群不是很大的情况下，对称加密系统是有效的。但是对于大型网络，当用户群很大、分布很广时，密钥的分配和保存就成了问题。对机密信息进行加密和验证随报文一起发送报文摘要（或散列值）来实现。

（4）典型算法

比较典型的算法有 DES（Data Encryption Standard，数据加密标准）算法及其变形 Triple DES（三重 DES）、GDES（广义 DES），欧洲的 IDEA，日本的 FEAL N、RC5 等。DES 标准由美国国家标准局提出，主要应用于银行业的电子资金转账（EFT）领域。关于部分算法的原理详见 2.4.2 节。

DES 的密钥长度为 56bit。Triple DES 使用两个独立的 56bit 密钥对交换的信息进行 3 次加密，从而使其有效长度达到 112bit。RC2 和 RC4 方法是 RSA 数据安全公司的对称加密专利算法，它们采用可变密钥长度的算法，通过规定不同的密钥长度，C2 和 RC4 能够提高或降低安全的程度。

对称密码算法的优点是计算开销小，加密速度快，是目前用于信息加密的主要算法。它的局限性在于它存在通信贸易双方之间确保密钥安全交换的问题。此外，某一贸易方有几个贸易关系，它就要维护几个专用密钥。它也无法鉴别贸易发起方或贸易最终方，因为贸易双方的密钥相同。另外，由于对称加密系统仅能用于对数据进行加/解密处理，提供数据的机密性，不能用于数字签名，因而人们迫切需要寻找新的密码体制。

2）非对称密码体制

公钥密码体制也称非对称密码体制或双钥密码体制。

公钥密码技术是为了解决对称密码技术中最难解决的两个问题而提出的：

① 对称密码技术的密钥分配问题。

② 对称密码不能实现数字签名。

Diffie 和 Hellmna 于 1976 年在《密码学的新方向》中首次提出公钥密码的观点，标志着公钥密码学研究的开始。

1977 年由 Rviest、Shmair 和 Adlmena 提出第一个比较完善的公钥密码算法，即 RSA 算法。从那时起，人们基于不同的计算问题提出大量公钥密码算法，特点如下：

① 公钥密码是非对称的，它使用两个独立的密钥，即公钥和私钥，任何一个都可以用来加密，另一个用来解密。

② 公钥可以被任何人知道，用于加密消息及验证签名；私钥仅仅自己知道，用于解密消息和签名。

③ 加密和解密会使用两把不同的密钥，因此称为非对称。

非对称密码体制也叫公钥加密技术，该技术是针对私钥密码体制的缺陷被提出的。在公钥加密系统中，加密和解密是相对独立的，加密和解密会使用两把不同的密钥，加密密钥（公开密钥）向公众公开，谁都可以使用，解密密钥（秘密密钥）只有解密人自己知道，非法使用者根据公开的加密密钥无法推算出解密密钥，故其可称为公钥密码体制。如果一个人选择并公布了他的公钥，则任何人都可以用这一公钥来加密传送给那个人的消息。私钥是秘密保存的，只有私钥的所有者才能利用私钥对密文进行解密。

公钥密码体制的算法中最著名的代表是 RSA 系统，此外还有背包密码、McEliece 密码、Diffe_Hellman、Rabin、零知识证明、椭圆曲线、EIGamal 算法等。关于部分算法的原理详见 3.4.2 节。

公钥密钥的管理比较简单，并且可以方便地实现数字签名和验证，但算法复杂，加密数据的速率较低。公钥加密系统不存在对称加密系统中密钥的分配和保存问题，对于具有 n 个用户的网络，仅需要 $2n$ 个密钥。公钥加密系统除了用于数据加密外，还可用于数字签名。

公钥加密系统可提供以下功能。

① 机密性：保证非授权人员不能非法获取信息，通过数据加密来实现。

② 确认：保证对方属于所声称的实体，通过数字签名来实现。

③ 数据完整性：保证信息内容不被窜改，入侵者不可能用假消息代替合法消息，通过数字签名来实现。

④ 不可抵赖性：发送者不可能事后否认他发送过消息，消息的接收者可以向中立的第三方证实所指的发送者确实发出了消息，通过数字签名来实现。可见公钥加密系统满足信息安全的所有主要目标。

（1）系统的构成

一个公钥密码体制由 6 部分构成：明文、加密算法、公钥和私钥、密文、解密算法，可以构成两种基本模型：加密模型和认证模型，分别如图 2.24 ~ 图 2.26 所示。

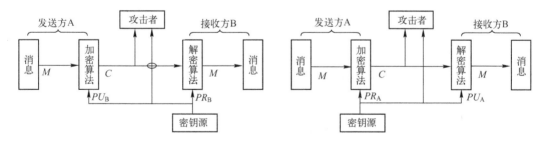

图 2.24　公钥加密模型　　　　　　　　图 2.25　公钥认证模型

在加密模型中，发送方用接收方公钥作加密密钥，用接收方私钥作解密密钥，由于该私钥只有接收方拥有，因此只有接收方才能解密密文得到明文。

在认证模型中，发送方用自己的私钥对消息进行变换，产生签名。接收方用发送方的公钥对签名进行验证以确定签名是否有效。只有拥有私钥的发送方才能对消息产生有效的签名，任何人均可以用签名人的公钥来检验该签名的有效性。

（2）公钥密码系统满足的要求

① 同一算法用于加密和解密，但加密和解密使用不同的密钥。

② 两个密钥中的任何一个都可用来加密，另一个用来解密，加密和解密的次序可以交换。

③ 产生一对密钥（公钥和私钥）在计算上是可行的。

④ 已知公钥和明文，产生密文在计算上是容易的。

⑤ 接收方利用私钥来解密密文在计算上是可行的。

⑥ 仅根据密码算法和公钥来确定私钥在计算上不可行。

⑦ 已知公钥和密文，在不知道私钥的情况下，恢复明文在计算上是不可行的。

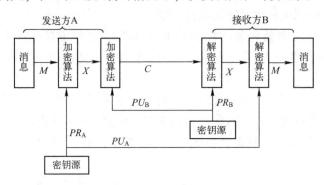

图 2.26   公钥密码体制的保密和认证

2.4.2   常用的数据加密算法

数据加密技术是最基本的安全技术，被誉为信息安全的核心，最初主要用于保证数据在存储和传输过程中的保密性。它通过变换和置换等各种方法将被保护信息置换成密文，然后再进行信息的存储或传输，即使加密信息在存储或传输过程中被非授权人员所获得，也可以保证这些信息不为其认知，从而达到保护信息的目的。该方法的保密性直接取决于所采用的密码算法和密钥长度。

根据密钥类型不同可以将现代密码技术分为两类：对称加密算法（私钥密码体系）和非对称加密算法（公钥密码体系）。

在对称加密算法中，数据加密和解密采用的都是同一个密钥，因而其安全性依赖于所持有密钥的安全性。对称加密算法的主要优点是加密和解密的速度快，加密强度高，且算法公开，但其最大的缺点是实现密钥的秘密分发困难，在大量用户的情况下密钥管理复杂，而且无法完成身份认证等功能，不便于应用在网络开放的环境中。目前最著名的对称加密算法有数据加密标准（DES）和欧洲数据加密标准（IDEA）等，目前加密强度最高的对称加密算法是高级加密标准（AES）。

对称加密算法、非对称加密算法和不可逆加密算法可以分别应用于数据加密、身份认证和数据安全传输。

1）对称加密算法

对称加密算法是应用较早的加密算法，技术成熟。

在对称加密算法中，数据发信方将明文（原始数据）和加密密钥一起经过特殊加密算法处理后，使其变成复杂的加密密文发送出去。收信方收到密文后，若想解读原文，则需要使用加密用过的密钥及相同算法的逆算法对密文进行解密，才能使其恢复成可读明文。

在对称加密算法中，使用的密钥只有一个，发/收信双方都使用这个密钥对数据进行加密和解密，这就要求解密方事先必须知道加密密钥。

对称加密算法的特点是算法公开、计算量小、加密速度快、加密效率高。不足之处是，交易双方都使用同样钥匙，安全性得不到保证。此外，每对用户每次使用对称加密算法时，都需要使用其他人不知道的唯一钥匙，这会使得发/收信双方所拥有的钥匙数量呈几何级数增长，密钥管理成为用户的负担。对称加密算法在分布式网络系统上使用较困难，主要是因为密钥管理困难，使用成本较高。

在计算机专网系统中广泛使用的对称加密算法有 DES、IDEA 和 AES。

2）非对称加密算法

非对称加密算法使用两把完全不同但又完全匹配的一对钥匙——公钥和私钥。

在使用不对称加密算法加密文件时，只有使用匹配的一对公钥和私钥，才能完成对明文的加密和解密过程。加密明文时采用公钥加密，解密密文时使用私钥才能完成，而且发信方（加密者）知道收信方的公钥，只有收信方（解密者）才是唯一知道自己私钥的人。

不对称加密算法的基本原理是，如果发信方想发送只有收信方才能解读的加密信息，发信方必须首先知道收信方的公钥，然后利用收信方的公钥来加密原文；收信方收到加密密文后，使用自己的私钥才能解密密文。

显然，采用不对称加密算法，收/发信双方在通信之前，收信方必须将自己早已随机生成的公钥送给发信方，而自己保留私钥。由于不对称算法拥有两个密钥，因而特别适用于分布式系统中的数据加密。

广泛应用的不对称加密算法有 RSA 算法和美国国家标准局提出的 DSA。以不对称加密算法为基础的加密技术应用非常广泛。

1. DES 算法

DES（Data Encryption Standard，数据加密标准）是一种使用密钥加密的块算法，1976 年被美国联邦政府的国家标准局确定为联邦资料处理标准（FIPS），随后在国际上广泛流传开来。

明文按 64 位进行分组，密钥长 64 位，密钥事实上是 56 位参与 DES 运算（第 8、16、24、32、40、48、56、64 位是校验位，使得每个密钥都有奇数个 1），分组后的明文组和 56 位的密钥按位替代或交换的方法形成密文组的加密方法。

1）算法构成

DES 算法的入口参数有三个：Key、Data、Mode。其中，Key 为 7 字节共 56 位，是 DES 算法的工作密钥；Data 为 8 字节 64 位，是要被加密或解密的数据；Mode 为 DES 的工作方式，有两种：加密或解密。

DES 加密算法是分组加密算法，明文以 64 位为单位分成块。64 位数据在 64 位密钥的控制下，经过初始变换后，进行 16 轮加密迭代：64 位数据被分成左、右两半部分，每部分 32 位，密钥与右半部分相结合，然后再与左半部分相结合，结果作为新的右半部分；结合前的右半部分作为新的左半部分。这一系列步骤组成一轮。这种轮换要重复 16 次。最后一轮之后，再进行初始置换的逆置换，就得到 64 位密文。

DES 同时使用了代换和置换两种技巧，它用 56 位密钥加密 64 位明文，最后输出 64 位密文，整个过程分为两大部分：一是加密过程，二是子密钥产生过程。

2）三重 DES

由于安全问题，美国政府于 1998 年 12 月宣布 DES 不再作为联邦加密标准，新的美国联邦加密标准是高级加密标准（ASE）。

在新的加密标准实施之前，为了使已有的 DES 算法投资不浪费，NIST 在 1999 年发布了一个新版本的 DES 标准（FIPS PUB46－3），该标准指出 DES 仅能用于遗留的系统，同时将三重 DES（简写为 3DES）取代 DES 成为新的标准。

3DES 存在如下几个优点：

首先它的密钥长度是 168 位，足以抵抗穷举攻击。

其次，3DES 的底层加密算法与 DES 的加密算法相同，该加密算法比其他任何加密算法受到分析的时间要长得多，也没有发现有比穷举攻击更有效的密码分析攻击方法。

但是双重 DES 不安全，双重 DES 存在中间相遇攻击，使它的强度跟一个 56 位 DES 强度差不多，为防止中间相遇攻击，可以采用 3 次加密方式，如图 2.27 所示，这是使用两个密钥的三重 DES，采用加密－解密－加密（E－D－E）方案。注意的是，加密与解密在安全性上是等价的。这种加密方案穷举攻击代价是 2^{112}。

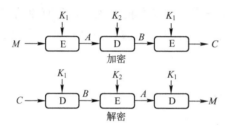

图 2.27　三重 DES 加密模型

2. AES 算法

DES 存在安全问题，而三重 DES 算法运行速度比较慢，另外三重 DES 的分组长度为 64 位，就效率和安全性而言，分组长度应该更长，因此美国国家标准技术研究所（NIST）在 1997 年公开征集新的高级加密标准（Advanced Encryption Standards，AES），要求 AES 比 3DES 快且至少和 3DES 一样安全，并特别提出高级加密标准的分组长度为 128 位的对称分组密码，密钥长度支持 128 位、192 位、256 位。

AES 在密码学中又称 Rijndael 加密法，是美国联邦政府采用的一种区块加密标准。这个标准用来替代原先的 DES，已经被多方分析且广为全世界所使用。经过 5 年的甄选流程，高级加密标准由美国国家标准与技术研究院于 2001 年 11 月 26 日发布于 FIPS PUB 197，并在 2002 年 5 月 26 日成为有效的标准。2006 年，高级加密标准已然成为对称密钥加密中最流行的算法之一。

AES 提供 128 位密钥，因此 128 位 AES 的加密强度是 56 位 DES 加密强度的 1021 倍多。假设可以制造一部可以在 1s 内破解 DES 密码的机器，那么使用这台机器破解一个 128 位 AES 密码需要大约 149 亿万年。（更深一步比较而言，宇宙一般被认为存在了还不到 200 亿年）因此可以预计，美国国家标准局倡导的 AES 即将作为新标准取代 DES。

3. RSA 算法

RSA 算法是 1977 年由 Rivest、Shamir、Adleman 提出的非常著名的公钥密码算法，它基于大合数的质因子分解问题的困难性。

RSA 算法是一种分组密码，明文和密文是 0 到 $n-1$ 之间的整数，通常 n 的大小为 1024 位二进制数或 309 位十进制数。

1）算法描述

（1）密钥的产生

① 选择两个大素数 p 和 q。

② 计算：$n = pq$（p，q 分别为两个互异的大素数，p，q 必须保密，一般要求 p，q 为安全素数，n 的长度大于 512bit，这主要是因为 RSA 算法的安全性依赖于因子分解大数问题）。有欧拉函数 $(n) = (p-1)(q-1)$。

③ 然后随机选择加密密钥 e，要求 e 和 $(p-1)(q-1)$ 互质。

④ 最后，利用 Euclid 算法计算解密密钥 d，满足 $de \equiv 1(\mathrm{mod}\,\varphi(n))$。其中，$n$ 和 d 也要互质。e 和 n 是公钥，d 是私钥。两个素数 p 和 q 不再需要，应该丢弃，不要让任何人知道。

（2）加密与解密

① 加密信息 m（二进制表示）时，首先把 m 分成等长数据块 m_1，m_2，$\cdots$，m_i，块长 s，其中 $2^s \leqslant n$，s 尽可能大。

② 对应的密文是：$c_i \equiv m_i^e(\mathrm{mod}\ n)$（a）

③ 解密时作如下计算：$m_i \equiv c_i^d\ (\mathrm{mod}\ n)$（b）

RSA 可用于数字签名，方案是用（a）式签名，（b）式验证。

【例 2.5】 RSA 算法实例。

解：

（1）选择素数：$p = 47$ 和 $q = 71$。

（2）计算 $n = pq = 47 \times 71 = 3337$，$(n) = (p-1)(q-1) = 46 \times 70 = 3220$。

（3）选择 e：使 gcd（e，3220）= 1，选取 $e = 79$。

（4）决定 d：$de \equiv 1\ \mathrm{mod}\ 3220$，得 $d = 1019$。

（5）公开公钥 {79，3337}，保存私钥 {1019，47，71}。

假设消息为 $m = 6882326879666683$，进行分组，分组的位数比 n 要小，我们选取 $m_1 = 688$，$m_2 = 232$，$m_3 = 687$，$m_4 = 966$，$m_5 = 668$，$m_6 = 003$。

m_1 的密文为 $c_1 = 688^{79}\ \mathrm{mod}\ 3337 = 1570$，继续进行类似计算，可得到最终密文为：

$$c = 5702756209912276158$$

解密时计算 $m_1 = 1570^{1019}\ \mathrm{mod}\ 3337 = 688$，类似可以求出其他明文。

2）RSA 算法的安全性

RSA 密码体制的安全性基于分解大整数的困难性假设，RSA 算法的加密函数 $c = m^e\ \mathrm{mod}\ n$ 是一个单向函数，所以对于攻击者来说，试图解密密文在计算上不可行。

对于接收方解密密文的陷门是分解 $n = pq$，由于接收方知道这个分解，可以计算 $\varphi(n) = (p-1)(q-1)$，然后用扩展欧几里德算法来计算解密私钥 d。

对 RSA 算法的攻击有下面几个方法：穷举攻击、数学攻击、选择密文攻击、公共模数攻击、计时攻击。

最基本的攻击是穷举攻击，也就是尝试所有可能的私钥。

数学攻击的实质是试图对两个素数乘积的分解。

计时攻击也可以用于对 RSA 算法的攻击。计时攻击是攻击者通过监视系统解密消息所花费的时间来确定私钥。时间攻击方式比较独特，是一种只用到密文的攻击方式。

4. 椭圆曲线密码

大多数公钥密码系统都使用具有非常大数目的整数或多项式，计算量大，人们发现椭圆曲线是克服此困难的一个强有力的工具。

同 RSA（Ron Rivest、Adi Shamir、Len Adleman，三位天才的名字）一样，ECC（Elliptic Curves Cryptography，椭圆曲线密码编码学）也属于公开密钥算法。

椭圆曲线密码体制（Elliptic Curve Cryptosystem，ECC）是基于椭圆曲线数学的一种公钥密码方法。1985 年，Neal Koblitz 和 Victor Miller 分别独立提出了椭圆曲线密码体制，其依据就是定义在椭圆曲线点群上离散对数问题的难解性。椭圆曲线系统第一次应用于密码学上是于 1985 年由 Koblitz 与 Miller 分别提出两个较著名的椭圆曲线密码系统：

① 利用 ElGamal 的加密法；

② Menezes – Vanstone 的加密法。

ECC 被广泛认为是在给定密钥长度情况下最强大的非对称算法，因此在对带宽要求十分紧的连接中会十分有用。

ECC 的主要优势是在某些情况下比其他方法使用更小的密钥——RSA——提供相当的或更高等级的安全。ECC 的另一个优势是可以定义群之间的双线性映射，基于 Weil 对或 Tate 对，双线性映射已经在密码学中发现了大量应用，如基于身份的加密。不过一个缺点是加密和解密操作的实现比其他机制花费的时间多。

国家标准与技术局和 ANSI X9 已经设定了最小密钥长度的要求，RSA 和 DSA 是 1024 位，ECC 是 160 位，相应的对称分组密码的密钥长度是 80 位。NIST 已经公布了一列推荐的椭圆曲线用来保护 5 个不同的对称密钥大小（80，112，128，192，256）。一般而言，二进制域上的 ECC 需要的非对称密钥的大小是相应对称密钥大小的两倍。

椭圆曲线密码编码学的许多形式有稍微不同，所有的都依赖于被广泛承认的解决椭圆曲线离散对数问题的困难性上，对应有限域上椭圆曲线的群。椭圆曲线密码体制的安全性是建立在椭圆曲线离散对数的数学难题上，椭圆曲线离散对数问题被公认为要比整数分解问题（RSA 方法的基础）和模 p 离散对数问题（DSA 算法的基础）难解得多。

目前解椭圆曲线上离散对数问题的最好算法是 Pollard rho 方法，其计算复杂度上是完全指数级的，而目前对于一般情况下因数分解的最好算法的时间复杂度是亚指数级的，ECC 算法在安全强度、加密速度及存储空间方面都有巨大优势。如 161 位 ECC 算法的安全强度相当于 RSA 算法 1024 位的强度。

但 ElGamal 方法的计算复杂度比 RSA 方法要大，加上该算法并未被应用到 RFID 中，因此关于该算法的运算法则及加密和解密的实现等，可以参考相关书籍，这里不再赘述。

2.4.3　密钥管理

密钥，即密匙，一般范指生产、生活所应用到的各种加密技术，能够对个人资料、企业机密进行有效监管，密钥管理是指对密钥进行管理的行为，如加密、解密、破解等。密钥也是一种参数，它是在明文转换为密文或将密文转换为明文的算法中输入的数据。

对于普通的对称密码学，加密运算与解密运算使用同样的密钥。通常，使用的加密算法比较简便、高效，密钥简短，破译极其困难，由于系统的保密性主要取决于密钥的安全性，所以在公开的计算机网络上安全地传送和保管密钥是一个严峻的问题。正是由于对称密码学中双方都使用相同的密钥，因此无法实现数字签名和不可否认性等功能，此即为对称密钥体系，又称通用密钥体系。

20 世纪 70 年代以来，一些学者提出了公开密钥体制，即运用单向函数的数学原理，以实现加/解密密钥的分离。加密密钥是公开的，解密密钥是保密的。这种新的密码体制引起了密码学界的广泛注意，不像普通对称密码学中采用相同的密钥加密、解密数据，此即为非对称密钥体系，又称公用密钥体系。

1.　密钥密码体系的分类

密钥分为两种，即对称密钥与非对称密钥，因此密钥密码体系就分为两个领域，即通用密钥体系和公用密钥体系。

1）对称密钥加密

对称密钥加密，又称私钥密钥加密，即信息的发送方和接收方用一个密钥去加密和解密数据。它的最大优势是加/解密速度快，适用于对大数据量进行加密，但密钥管理困难。

2）非对称密钥加密

非对称密钥加密，又称公钥密钥加密。它需要使用一对密钥来分别完成加密和解密操作，一个公开发布，即公开密钥，另一个由用户自己秘密保存，即私用密钥。信息发送者用公开密钥去加密，而信息接收者则用私用密钥去解密。公钥机制灵活，但加密和解密速度却比对称密钥加密慢得多。

3）通用密钥密码体系

通用密钥密码体系的加密密钥 Ke 和解密密钥 Kd 是通用的，即发送方和接收方使用同样密钥的密码体制，也称为"传统密码体制"。

例如，人类历史上最古老的"凯撒密码"算法，是在古罗马时代使用的密码方式。由于无论是何种语言文字，都可以通过编码与二进制数字串对应，所以经过加密的文字仍然可变成二进制数字串，不影响数据通信的实现。

现以英语为例来说明使用凯撒密码方式的通用密钥密码体系原理。

例如：凯撒密码的原理是，对于明文的各个字母，根据它在 26 个英文字母表中的位置，按某个固定间隔 n 变换字母，即得到对应的密文。这个固定间隔的数字 n 就是加密密钥，同时也是解密密钥。例如，cryptography 是明文，使用密钥 $n=3$，加密过程如下所示：

明文：C R Y P T O G R A P H Y

‖ ⋯⋯⋯⋯⋯⋯│密钥：$n=3$

密文：F U B S W R J U D S K B

明文的第一个字母 C 在字母表中的位置设为 1，以 3 为间隔，往后第 3 个字母是 F，把 C 置换为 F；同样，明文中的第二个字母 R 的位置设为 1，往后第 3 个字母是 U，把 R 置换为 U；依次类推，直到把明文中的字母置换完毕，即得到密文。密文是意思不明的文字，即使第三者得到也毫无意义。通信的对方得到密文之后，用同样的密文 $n=3$，对密文的每个字母，按往前间隔 3 得到的字母进行置换的原则，即可解密得到明文。

凯撒密码方式的密钥只有 26 种，只要知道了算法，最多将密钥变换 26 次做试验，即可破解密码。因此，凯撒密码的安全性依赖于算法的保密性。

在通用密码体制中，目前得到广泛应用的典型算法是 DES 算法。使用该标准，可以简单地生成 DES 密码。

4）公用密钥体系

1976 年提出公共密钥密码体制，其原理是加密密钥和解密密钥分离。加密技术采用一对匹配的密钥进行加密、解密，具有两个密钥，一个是公钥，另一个是私钥，它们具有这种性质：每把密钥执行一种对数据的单向处理，每把的功能恰恰与另一把相反，当一把用于加密时则另一把就用于解密。用公钥加密的文件只能用私钥解密，而私钥加密的文件只能用公钥解密。公共密钥是由其主人公开的，而私人密钥必须保密存放。为发送一份保密报文，发送者必须使用接收者的公共密钥对数据进行加密，一旦加密，只有接收者用其私人密钥才能加以解密。

相反地，用户也能用自己私人密钥对数据加以处理。换句话说，密钥对的工作是可以任选方向的。这提供了"数字签名"的基础，如果要一个用户用自己的私人密钥对数据进行了处理，则别人可以用他提供的公共密钥对数据加以处理。由于仅仅拥有者本人知道私人密钥，这种被处理过的报文就形成一种电子签名———一种别人无法产生的文件。数字证书中包含了公共密钥信息，从而确认了拥有密钥对的用户身份。

这样，一个具体用户就可以将自己设计的加密密钥和算法公之于众，而只保密解密密钥。任何人利用这个加密密钥和算法向该用户发送的加密信息，该用户均可以将之还原。公共密钥密码的优点是不需要经安全渠道传递密钥，从而大大简化了密钥管理。它的算法有时也称为公开密钥算法或简称为公钥算法。

公钥本身并没有什么标记，仅从公钥本身不能判别公钥的主人是谁。

在很小的范围内，如 A 和 B 这样的两人小集体，他们之间相互信任，交换公钥，在互联网上通信，没有什么问题。这个集体再稍大一点，也许彼此信任也不成问题，但从法律角度讲这种信任是有问题的。如再大一点，信任问题就成了一个大问题。

5）证书

互联网络的用户群决不是几个人互相信任的小集体，在这个用户群中，从法律角度讲用户彼此之间都不能轻易信任，所以公钥加密体系采取了另一个办法，将公钥和公钥的主人名字联系在一起，再请一个大家都信得过有信誉的公正、权威机构确认，并加上这个权威机构的签名。这就形成了证书。

由于证书上有权威机构的签字，所以大家都认为证书上的内容是可信任的；又由于证书上有主人的名字等身份信息，所以别人很容易知道公钥的主人是谁。

2. RFID 中的密钥管理

在 RFID 系统中，识别的主体为射频读写器，而被识别的目标为应答器，因此密钥被分别保存在应答器和读写器中。

在应答器中，为了阻止对应答器未经认可的访问，采用了各种方法，最简单的方法是口令的匹配检查，应答器将收到的口令与存储的基准口令相比较，如果一致，则允许访问数据存储器。

在射频读写器中，采用分级密钥管理机制，密钥 A 仅可读取存储区中的数据，而密钥 B 对数据区可以读写。其目的在于分别实现不同安全级别的数据访问和控制。

例如，如果阅读器 A 只有密钥 A，则在认证后它仅可读取应答器中的数据，但不能写入，而阅读器 B 如果具有密钥 B，则认证后可以对存储区进行读写。

密钥分为三级，分别为初级密钥、二级密钥、主密

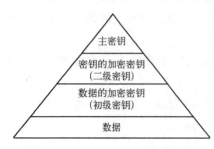

图 2.28　密钥组织结构图

钥（高级密钥）。其关系如图 2.28 所示。其中，初级密钥用来保护数据，即对数据进行加密和解密；二级密钥是用于加密保护初级密钥的密钥；主密钥则用于保护二级密钥。

1）初级密钥

初级密钥直接用于加/解密数据（通信，文件）的密钥为初级密钥，记为 K。在不同的应用中，密钥的名称和表示方法如下：

(1) 用于通信保密的初级密钥称为初级通信密钥，记为 Kc。

(2) 用于保护会话的初级密钥称为会话密钥（SessionKey），记为 Ks。

(3) 用于文件保密的初级密钥称为初级文件密钥（FileKey），记为 Kf。

初级密钥具有如下特点：

(1) 初级密钥可通过硬件或软件方式自动产生，也可由用户自己提供。

(2) 初级通信密钥和初级会话密钥原则上采用一个密钥，只使用一次的"一次一密"方式。

(3) 初级通信密钥的生存周期很短，初级文件密钥与其所保护的文件有一样长的生存周期。

(4) 初级密钥必须受更高一级的密钥保护，直到它们的生存周期结束为止。

2）二级密钥

二级密钥（SecondaryKey）用于保护初级密钥，记作 KN，这里 N 表示节点，源于它在网络中的地位。当二级密钥用于保护初级通信密钥时称为二级通信密钥，记为 KNC。当二级密钥用于保护初级文件密钥时称为二级文件密钥，记为 KNF。

二级密钥的特点及要求如下：

(1) 二级密钥可经专职密钥安装人员批准，由系统自动产生。

(2) 可由专职密钥安装人员提供。

(3) 二级密钥的生存周期一般较长，它在较长的时间内保持不变。

(4) 二级密钥必须接受更高级密钥的保护。

3）主密钥

主密钥（MasterKey）是密钥管理方案中的最高级密钥，记作 KM。

主密钥的特点及要求如下：

(1) 主密钥用于对二级密钥和初级密钥进行保护。

(2) 主密钥由密钥专职人员随机产生，并妥善安装。

(3) 主密钥的生存周期很长。

2.4.4　RFID 中的安全认证

射频识别系统中由于卡片和读写器并不是固定连接为一个不可分割的整体，因此二者在进行数据通信前如何确信对方的合法身份就变得非常重要。

根据安全级别的要求不同，有的系统不需认证对方的身份，例如，大多数 TTF 模式的卡片；

有的系统只需要卡片认证读写器的身份或读写器认证卡片的身份，称为单向认证；还有的系统不仅卡片要认证读写器的身份，读写器也要认证卡片的身份，这种认证称为相互认证。Mifare 系列卡片中的认证就是相互认证。

最常见的认证是使用密码，但直接说明密码存在巨大风险，如果被非法身份者侦听到，后果将不堪设想，所以最好不要直接说出密码，而是通过某种方式（运算）把密码隐含在一串数据里，这样不相干的人听到了也不知道什么意思。

为了让隐含着密码的这一串数据没有规律性，对密码进行运算时一定要有随机数的参加。

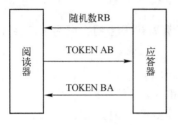

图 2.29   Mifare 系列卡片的三次认证流程图

于是最常见的相互认证是双方见面时一方给另一方一个随机数，让对方利用密码和约定的算法对这个随机数进行运算，如果结果符合预期，则认证通过，否则认证不通过。

Mifare 系列卡片采用的相互认证机制称为"三次相互认证"，其流程如图 2.29 所示，过程如下。

第一步：产生随机数。

阅读器发送查询口令的命令给应答器，应答器作为应答响应传送所产生的一个随机数 RB 给阅读器。

阅读器产生一个随机数 RA，使用共享的密钥 K 和共同的加密算法 EK，算出加密数据块 TOKEN AB，并将 TOKEN AB 传送给应答器，TOKEN AB = EK（RA，RB）。

第二步：卡片认证阅读器。

应答器接收到 TOKEN AB 后，进行解密，将取得的随机数与原先发送的随机数 RB 进行比较，若一致，则阅读器获得了应答器的确认，应答器发送另一个加密数据块 TOKEN BA 给阅读器，TOKEN BA 为 TOKEN BA = EK（RB1，RA）。否则，认证失败，识别过程终止。

第三步：阅读器认证应答器。

阅读器接收到 TOKEN BA 并对其解密，若收到的随机数与原先发送的随机数 RA 相同，则完成了阅读器对应答器的认证。

可见应答器和读写器在认证对方时都是给对方一个随机数，对方返回对随机数的运算结果。这样的"一来一回"称为"两次相互认证"。

图 2.29 中表现得很明显，读写器在回送对应答器随机数的运算结果时搭了一次便车，把自己认证应答器的随机数也一同送了过去，从而减少了一次数据传送，四次相互认证就变成了"三次相互认证"。

简言之，完整的相互认证过程如下：

（1）应答器先向读写器发送一个随机数 B；

（2）读写器用事先约定的有密码参与的算法对随机数 B 进行运算，然后把运算的结果连同随机数 A 一起送给应答器；

（3）应答器收到后先检查读写器对随机数 B 运算的结果是否正确，如果不正确，就不再往下进行，如果正确，就对随机数 A 用事先约定的有密码参与的算法进行运算，然后把运算结果送给读写器；

（4）读写器收到后检查这个结果是否正确，如果正确就通过认证，否则没有通过认证。

认证过程中多次提到"事先约定的算法"，到底是什么样的算法呢？

这个没有具体规定，但有一个要求是必须的，那就是这个算法一定要有密码和随机数的参与。比如，Desfire 中使用 3DES 算法，应答器的主密钥作为 DES 密钥对随机数进行 DES 运算。双方使用的"算法"及"参加运算的密码"可以相同也可以不同，这要看双方的约定。

认证完成后随机数也并不是没有用，这两个随机数的组合可以作为下一步操作的数据加密密钥，Desfire 中就是这样。

2.5　RFID 中的防碰撞

RFID 系统存在着两种不同的通信冲突形式。

第一种是标签冲突，是指多个标签同时响应读写器的命令而发送信息，引起信号冲突，使读写器无法识别标签。

第二种是读写器冲突，是指由一个读写器检测到由另一个读写器所引起的干扰信号。这里主要对标签冲突进行陈述。

当读写器向工作场区内的一组标签发出查询指令时，两个或两个以上的标签同时响应读写器的查询，由于标签传输信息时选取的信道是一样的，且没有 MAC 的控制机制，返回信息产生相互干扰，从而导致读写器不能正确识别其中任何一个标签的信息，降低了读写器的识别效率和识读速度，上述问题称为多标签碰撞问题。随着标签数量的增加，发生多标签碰撞的概率也会增加，读写器的识别效率将进一步下降。

RFID 系统必须采用一定的策略或算法来避免冲突现象的发生，将射频区域内多个标签分别识别出来的过程称为防碰撞。

在 RFID 技术越来越普及的当代，很多应用场合都遭遇到碰撞问题，防碰撞技术已经成为 RFID 系统应用必须面临和解决的关键问题。防碰撞问题主要解决的是如何快速和准确地从多个标签中选出一个与读写器进行数据交流，而其他标签同样可以从接下来的防碰撞循环中选出与读写器通信。

RFID 防碰撞问题与计算机网络冲突问题类似，但是由于 RFID 系统中的一些限制，使得传统网络中很多标准的防碰撞技术都不适于或很难在 RFID 系统中应用。这些限制因素主要有：

（1）标签不具有检测冲突的功能，且标签间不能相互通信，因此冲突判决需要由阅读器来实现。

（2）标签的存储容量和计算能力有限，要求防碰撞协议尽量简单和系统开销较小，以降低其成本。RFID 系统通信带宽有限，因此需要防碰撞算法尽量减少读写器和标签间传送的信息比特数目。

因此，如何在不提高 RFID 系统成本的前提下，提出一种快速、高效的防碰撞算法，以提高 RFID 系统的防碰撞能力同时识别多个标签的需求，从而将 RFID 技术大规模地应用于各行各业，是当前 RFID 技术亟待解决的技术难题。

现有的标签防碰撞算法可以分为基于 Aloha 机制的算法和基于二进制树机制的算法。本书将对这两类算法进行详细研究，并针对如何降低识别冲突标签时延和减少防碰撞次数方面进行改进，在二进制树算法的基础上，结合二进制搜索算法的特点，提出一种改进的二进制防碰撞算法思想。

2.5.1　Aloha 算法

Aloha 算法最初用来解决网络通信中数据包拥塞问题。

Aloha 协议或称 Aloha 技术、Aloha 网，是世界上最早的无线电计算机通信网。它是 1968 年美国夏威夷大学的一项研究计划的名字。20 世纪 70 年代初研制成功一种使用无线广播技术的分组交换计算机网络，也是最早、最基本的无线数据通信协议。取名 Aloha，是夏威夷人表示致意的问候语，这项研究计划的目的是要解决夏威夷群岛之间的通信问题。

Aloha 算法是一种非常简单的 TDMA 算法，该算法被广泛应用在 RFID 系统中。在 RFID 系统中，Aloha 算法是一种随机接入方法，其基本思想是采取标签先发言的方式，当标签进入读写器的识别区域内就自动向读写器发送其自身的 ID 号，在标签发送数据的过程中，若有其他标签也在发送数据，则发生信号重叠导致完全冲突或部分冲突，读写器检测接收到的信号有无冲突，一旦发生冲突，读写器就发送命令让标签停止发送，随机等待一段时间后再重新发送以减少冲突。

纯 Aloha 算法用于只读系统。当应答器进入射频能量场被激活以后，它就发送存储在应答器中的数据，且这些数据在一个周期性的循环中不断被发送，直至应答器离开射频能量场为止。

Aloha 算法模型图如图 2.30 所示。

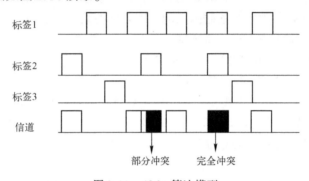

图 2.30　Aloha 算法模型

Aloha 网络可以使分散在各岛的多个用户通过无线电信道来使用中心计算机，从而实现一点到多点的数据通信。

纯 Aloha 算法虽然简单，易于实现，但是存在一个严重的问题，即读写器对同一个标签，如果连续多次发生冲突，这将导致读写器出现错误判断，认为这个标签不在自己的作用范围，同时还存在另一个问题，其冲突概率很大，假设其数据帧为 F，则冲突周期为 $2F$。

针对以上问题有人提出了多种方案来改善 Aloha 算法在 RFID 系统的可行性和识别率，Vogt. H 提出了一种改进的算法——Slotted Aloha（时隙 Aloha）算法，该算法在 Aloha 算法的基础上把时间分成多个离散时隙，每个时隙长度 T 等于标签的数据帧长度，标签只能在每个时隙的分界处才能发送数据。在第一次传输数据完成后，标签将等待一个相对较长的时间后再次传输数据。每个标签的等待时间很短。按照这种方式，所有的标签完成全部数据传输给读写器后，重复过程才会结束。

这种算法避免了原来 Aloha 算法中的部分冲突，使冲突期减小一半，从而提高了信道的利用率，但是这种方法需要同步时钟，对标签要求较高，标签应有计算时隙的能力。

2.5.2　二进制树算法

二进制树防碰撞算法的基本思想是将处于冲突的标签分成左、右两个子集 0 和 1，先查询子集 0，若没有冲突，则正确识别标签，若仍有冲突则再分裂，把子集 0 分成 00 和 01 两个子集，依次类推，直到识别出子集 0 中的所有标签，再按此步骤查询子集 1。

如图 2.31 所示。

二进制树搜索算法以一个独特的序列号来识别标签为基础。

1. 基本原理

其基本原理如下。

读写器每次查询发送的一个比特前缀 p0p1 ~ pi，只有与这个查询前缀相符的标签才响应读写器的命令，当只有一个标签响应，读写器成功识别标签，当有多个标签响应则发生冲突，下一次循环中读写器把查询前缀增加一个比特 0 或 1。

读写器中设有一个队列 Q 来补充前缀，这个队列 Q 用 0 和 1 来初始化，读写器从 Q 中查询前缀并在每次循环中

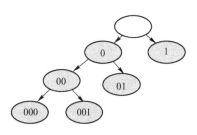

图 2.31　二进制树算法模型

发送此前缀，当前缀 p0p1 ~ pi 是一个冲突前缀时，读写器就把查询前缀设为 p0p1 ~ pi，把前缀 p0p1 ~ pi 放入队列 Q，读写器继续这个操作直到队列 Q 为空，通过不断增加和减少查询前缀，读写器能识别其阅读区域内的所有标签。

2. 用于"二进制树搜索"算法命令

（1）REQUEST（请求序列号）

发送一序列号作为参数给区域内的标签。序列号小于或者等于的标签，回送其序列号给阅读器。（缩小范围）。

（2）SELECT（选择序列号）

用某个（事先确定的）序列号作为参数发送给标签。具有相同序列号的标签将以此作为执行其他命令（读出和写入）的切入开关，即选择了标签。

（3）READDATA（读出数据）

选中的标签将存储的数据发送给阅读器。

（4）UNSELECT（退出选择）

取消一个事先选中的标签，标签进入无声状态，这样标签对 REQUEST 命令不作应答。

3. 步骤

二进制搜索树算法的实现步骤如下。

（1）读写器广播发送最大序列号查询前缀 Q 让其作用范围内的标签响应，同一时刻传输它们的序列号至读写器。

（2）读写器对比标签响应序列号的相同位数上的数，如果出现不一致现象（即有的序列号该位为 0，而有的序列号该位为 1），则可判断出有碰撞。

（3）确定有碰撞后，把有不一致位的数最高位置 0 再输出查询前缀 Q，依次排除序列号大于 Q 的标签。

（4）识别出序列号最小的标签后，对其进行数据操作，然后使其进入"无声"状态，则对读写器发送的查询命令不进行响应。

（5）重复步骤（1），选出序列号倒数第二的标签。

（6）多次循环完后完成所有标签的识别。

假设有 4 个标签，其序列号分别为 10110010、10100011、10110011、11100011，其二进制树搜索算法实现流程如表 2.7 所示。

表 2.7　二进制树搜索算法实现

查询前缀 Q	第一次查询 11111111	第二次查询 10111111	第三次查询 10101111
标签响应	1×1×001×	101×001×	10100011
标签 A	10110010	10110010	
标签 B	10100011	10100011	10100011
标签 C	10110011	10110011	
标签 D	11100011		

上述过程可以形象地用二进制树来表达，如图 2.32 所示。

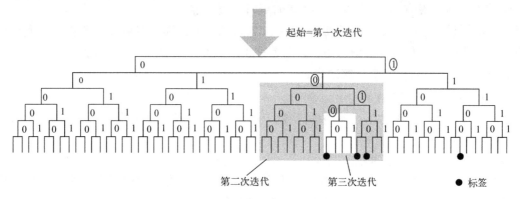

图 2.32　二进制树搜索算法实现过程

为减少标签发送数据所需的时间和所消耗的功率，有人提出改进的二进制树搜索算法，其改进思路是把数据分成两部分，阅读器和标签双方各自传送其中一部分数据，可把传输的数据量减小一半，从而达到缩短传送时间的目的。

根据二进制树搜索算法的思路进行改良，当标签 ID 与查询前缀相符时，标签只发送其余的比特位，从而可以减少每次传送的位数，也可缩短传送的时间，进而缩短防碰撞执行时间。

表 2.8 说明了动态二进制树搜索算法的实现过程。

表 2.8　动态二进制树搜索算法的实现过程

查询前缀 Q	第一次查询 11111111	第二次查询 01111111	第三次查询 01111
标签响应	1×1×001×	×001×	00011
标签 A	10110010	10110010	
标签 B	10100011	10100011	10100011
标签 C	10110011	10110011	
标签 D	11100011		

根据时分多路的防碰撞技术及电子标签工作频段的不同，人们提出不同的防碰撞算法，总结为概率性防碰撞算法和确定性防碰撞算法两大类，其代表性算法分别为 Aloha 法和二进制树形搜索法。

ISO/IECl4443 协议定义了 TYPE A、TYPE B 两种类协议，分别推荐了基于二进制搜索思想和基于时隙 ALOHA 法两种不同的防碰撞算法。

而 ISO/IECl5693 协议采用的防碰撞方式是动态时隙 Aloha 法，它借助电子标签的唯一序列号，实现对读写器天线磁场中多个电子标签的查询。

ISO/IEC18000－6 协议定义了 TYPE A、TYPE B 和 TYPE C 三种协议，分别采用的防碰撞方式是二进制搜索法和时隙 Aloha 法。之后有很多研究人员提出基于这两种算法的改进算法。

4. 改进的二进制树形防碰撞算法

这是一种改进的二进制树形 RFID 防碰撞算法，以按位来识别标签为基础，通过阅读器来判断标签是否发生冲突。

该算法思想描述如下：

(1) 利用深度优先搜索原则来减少识别冲突标签的时间，同时减少读写器与标签传输的信息冗余量，提高信道利用率；向读写器发送查询命令中新增的冲突位 C，用来标识标签的冲突位置；在开始新一轮查询时，从冲突位置进行查询，而非从最高位开始。

(2) 约定阅读器中有个专门构建和处理二进制树图的智能函数。

本算法的性能取决于标签序列号 ID 的位数和读写器作用区域内标签的数量。假设读写器作用区域内有 n 个标签，每个标签 ID 号的位数为 m 位，那么对于本算法来讲，识别一个标签所需的查询次数是固定的：

$$N1 = m$$

则平均识别 k 个标签所需时间 T 为：

$$T = kmt$$

式中，t 为读写器发送查询命令到标签返回 1bit 数据所需的时间。

为了评价算法的性能，进行仿真实验。设计仿真环境为：根据深度优先搜索思想，利用随机数产生函数生成具有 64bit 的 ID 号标签，对比使用本书提出的算法及二进制树所需的时钟周期数。结果如图 2.33 所示。

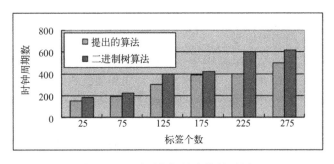

图 2.33　时延与标签个数关系图

从图中分析看出，在阅读器区域内，相同数目冲突标签采用改进的防碰撞算法，比采用二进制树算法所需的时钟周期数要少，即防碰撞过程中查询次数较少，且区域内标签数目越多，该算法的性能优势越明显。

2.5.3　多路存取技术

从技术方面来说，多标签防碰撞（Anti－collision）技术可以分为空分多路（SDMA）、时分多路（TDMA）、码分多路（CDMA）、频分多路（FDMA）4 种方法。

1. SDMA（Space Division Multiple Access）

SDMA 是在分离的空间范围内进行多个目标识别的技术，采用这种技术的系统一般在一些特殊应用场合，例如，这种方法在大型马拉松活动中获得成功，原理如图 2.34（a）所示。

SDMA 系统具有如下众多优点。

（1）扩大覆盖范围。

线阵列的覆盖范围远远大于任何单个天线，因此接收与发送性能都有大幅度提高。

（2）大幅度降低来自其他系统和其他用户的干扰。

在极端吵闹、干扰强烈的环境中，系统可以实现有选择地发送和接收信号，从而提高通信质量。

（3）系统容量大幅度提高。

SDMA 实现的关键是智能天线技术，这也正是当前应用 SDMA 的难点。特别是对于移动用户，由于移动无线信道的复杂性，使得智能天线中关于多用户信号的动态捕获、识别与跟踪及信道的辨识等算法极为复杂，从而对 DSP（数字信号处理）提出了极高的要求，对于当前的技术水平这还是个严峻挑战。所以，虽然人们对于智能天线的研究已经取得了不少鼓舞人心的进展，但由于存在上述一些尚难以克服的问题而未得到广泛应用。可以预见，由于 SDMA 的诸多诱人之处，其推广是必然的。

2. FDMA（Frequency Division Multiple Access）

频分多址是把若干个使用不同载波频率的传输通路同时供通信用户使用的技术，目的在于提高频带利用率。如图 2.34（b）所示。

FDMA 工作时，每个用户使用不同的频率片段，每个信道是一个频率。在通信系统中，信道能提供的带宽往往要比传送一路信号所需的带宽宽得多。因此，一个信道只传输一路信号是非常浪费的。为了充分利用信道的带宽，提出了信道的频分复用问题。合并后的复用信号原则上可以在信道中传输，但有时为了更好地利用信道的传输特性，还可以再进行一次调制。

在接收端，可利用相应的带通滤波器（BPF）来区分各路信号的频谱。然后，再通过各自的相干解调器便可恢复各路调制信号。

频分复用系统的最大优点是信道复用率高，容许复用的路数多，分路也很方便。因此，它成为模拟通信中最主要的一种复用方式。特别是在有线和微波通信系统中应用十分广泛。频分复用系统的主要缺点是设备生产比较复杂，会因滤波器件特性不够理想和信道内存在非线性而产生路间干扰。

在 RFID 系统中，读写器的成本高，因为每个接收通路必须有自己的单独接收器供使用，电子标签的差异更麻烦。

3. CDMA（Code Division Multiple Access）

CDMA 是在数字技术的分支——扩频通信技术上发展起来的一种崭新而成熟的无线通信技术。CDMA 技术的原理基于扩频技术，即将需传送的具有一定信号带宽信息的数据，用一个带宽远大于信号带宽的高速伪随机码进行调制，使原数据信号的带宽被扩展，再经载波调制并发送出去。原理如图 2.34（c）所示。

CDMA 工作时，每个用户在所有时间内使用相同的频率，通过不同的 code patterns 区分，一个信道是一个唯一的（一套）code pattern（s）。

缺点如下。

（1）频带利用率低、信道容量较小。

（2）地址码选择较难。

（3）接收时地址码的捕获时间较长。

优点如下。

（1）抗干扰能力强。这是扩频通信的基本特点，是所有通信方式无法比拟的。

（2）宽带传输，抗衰落能力强。

（3）由于采用宽带传输，在信道中传输的有用信号功率比干扰信号功率低得多，因此信号好像隐蔽在噪声中，即功率谱密度比较低，有利于信号隐蔽。

（4）利用扩频码的相关性来获取用户的信息，抗截获能力强。

其通信频带及其技术复杂性等很难在 RFID 系统中推广应用，因此对于射频识别系统来说，时分多路是最常见的技术。

4. TDMA（Time Division Multiple Access）

TDMA 是把时间分割成周期性的帧（Frame），每一帧再分割成若干时隙向基站发送信号，在满足定时和同步的条件下，基站可以分别在各时隙中接收到各移动终端的信号而不混淆。同时，基站发向多个移动终端的信号都按顺序安排在预定时隙中传输，各移动终端只要在指定时隙内接收，就能在合路的信号中把发给它的信号区分并接收下来。原理如图 2.34（d）所示。

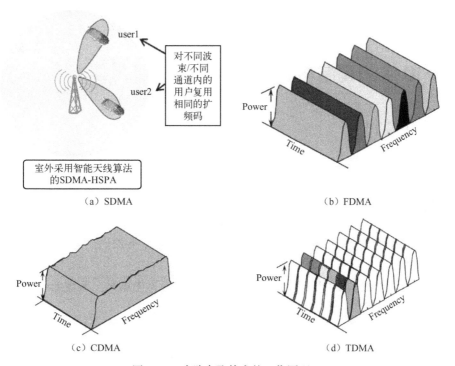

图 2.34 多路存取技术的工作原理

此时，每个用户使用一个时间上的一个不同窗口（时隙）（"time slot"），一个信道是在一个指定频率上的一个指定时隙。

TDMA 系统具有如下特性。

（1）每载频多路信道。

TDMA 系统形成频率时间矩阵，在每一个频率上产生多个时隙，这个矩阵中的每一点都是一个信道，在基站控制分配下，可为任意一个移动客户提供电话或非话业务。

（2）利用突发脉冲序列传输。

移动台信号功率的发射是不连续的，只是在规定的时隙内发射脉冲序列。

（3）传输速率高，自适应均衡。

每载频含有时隙多，则频率间隔宽，传输速率高，但数字传输带来了时间色散，使时延扩展加大，故必须采用自适应均衡技术。

（4）传输开销大。

由于 TDMA 分成时隙传输，使得收信机在每一个突发脉冲序列上都重新获得同步。为了把一个时隙和另一个时隙分开，保护时间也是必须的。因此，TDMA 系统通常比 FDMA 系统需要更大的开销。

（5）对于新技术是开放的。

当话音编码算法的改进而降低比特速率时，TDMA 系统的信道很容易重新配置以接纳新技术。

（6）共享设备的成本低。

由于每个载频为多个客户提供服务，所以 TDMA 系统共享设备的每客户平均成本与 FDMA 系统相比大大降低了。

（7）移动台设计较复杂。

其比 FDMA 系统移动台完成更多功能，需要复杂的数字信号处理。

2.6 RFID 中的调制与解调技术

2.6.1 脉冲调制

脉冲调制是将数据的 NRZ 码变换为更高频率的脉冲串，该脉冲串的脉冲波形参数受 NRZ 码的值 0 和 1 调制。

主要调制方式为频移键控（FSK）和相移键控（PSK）。

1. FSK 方式

FSK 是二进制信号的频移键控英文缩写，它是指传号（指发送"1"）时发送某一频率正弦波，而空号（指发送"0"）时发送另一频率正弦波。

FSK 是信息传中中使用得较早的一种调制方式，其主要优点是：实现起来较容易，抗噪声与抗衰减性能较好。在中、低速数据传输中得到广泛应用。

最常见的是用两个频率承载二进制 1 和 0 的双频 FSK 系统。脉冲调制波形如图 2.35 所示。

1）FSK 调制

产生 FSK 信号最简单的方法是根据输入的数据比特是 0 还是 1，在两个独立的振荡器中切换。采用这种方法产生的波形在切换时刻的相位是不连续的，因此这种 FSK 信号称为不连续 FSK 信号。

由于相位的不连续会造成频谱扩展，这种 FSK 的调制方式在传统通信设备中采用较多。随着数字处理技术的不断发展，越来越多地采用相位 FSK 调制技术。

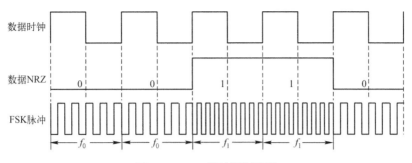

图 2.35　FSK 脉冲调制波形

目前较常用产生 FSK 信号的方法是，首先产生 FSK 基带信号，利用基带信号对单一载波振荡器进行频率调制。

2）FSK 解调

FSK 信号的解调方式很多：相干解调、滤波非相干解调、正交相乘非相干解调。FSK 的非相干解调一般采用滤波非相干解调，输入的 FSK 中频信号分别经过中心频率为 f_H、f_L 的带通滤波器，然后分别经过包络检波，包络检波的输出在 $t = kTb$ 时抽样（其中 k 为整数），并且将这些值进行比较。根据包络检波器输出的大小，比较器判决数据比特是 1 还是 0。

FSK 的数字化实现方法一般采用正交相乘方法加以实现。

2．PSK 方式

相移键控（PSK）是一种用载波相位表示输入信号信息的调制技术。相移键控分为绝对移相（PSK1）和相对移相（PSK2）两种，如图 2.36 所示。

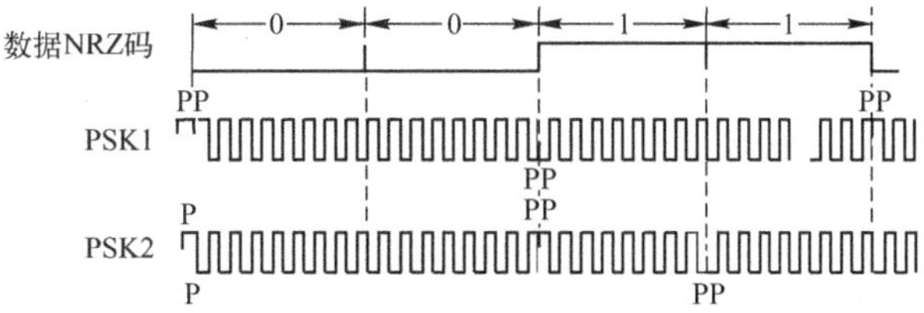

采用 PSK1 调制时，若在数据位的起始处出现上升沿或下降沿（即出现 1，0 或 0，1 交替），则相位将于位起始处跳变 180°。而 PSK2 调制时，相位在数据位为 1 时从位起始处跳变 180°，在数据位为 0 时则相位不变。

图 2.36　PSK 脉冲调制波形

1）绝对移相

以未调载波的相位作为基准的相位调制叫作绝对移相。

以二进制调相为例，取码元为"1"时，调制后的载波与未调载波同相；取码元为"0"时，调制后的载波与未调载波反相；"1"和"0"时调制后的载波相位差 180°。

绝对移相用于某些调制解调器中的数据传输调制系统。

在最简单的方式中调制前二进制信号发生器产生 0 和 1 信号序列。

调制过程中用载波相位来表示二进制信号的占和空，即二进制 1 和 0。对于有线线路上较高的数据传输速率可能会有 4 个或 8 个等多个不同的相移系统，要求在接收机上有精确和稳定的参考相位来分辨所使用的各种相位。利用不同的连续相移键控这个参考相位被按照相位改变而进行的编码数据所取代并且通过将相位与前面的位进行比较来检测。

相移键控调制技术在数据传输中尤其是在中速和中高速数传机（2400～4800bit/s）中得到广泛应用。相移键控有很好的抗干扰性，在有衰落的信道中也能获得很好的效果。

2）相对移相

利用前、后相邻码元的载波相对相位变化传递二进制数字信号的调制方式，称为相对相移调制。

从定义可见，二者都是利用载波相位变化来传递数字信号的调制方式，不同的是绝对相移以未调制的载波相位作为参考基准，而相对相移以相邻码元的载波相位为参考基准。

3. RFID 中的脉冲调制

用于动物识别的代码结构和技术准则 ISO/IEC11784 和 11785 应答器采用 FSK 调制，NRZ 编码。ISO/IEC14443 从阅读器向标签传送信号时，TYPE A 采用改进的 Miller 编码方式，调制深度为 100% 的 ASK 信号；TYPE B 则采用 NRZ 编码方式，调制深度为 10% 的 ASK 信号。

从标签向阅读器传送信号时，二者均通过调制载波传送信号，副载波频率皆为 847kHz。TYPE A 采用开关键控的 Manchester 编码；TYPE B 采用 NRZ－L 的 BPSK 编码。

ISO/IEC15693 标准规定的载波频率也为 13.56MHz，阅读器和标签全部用 ASK 调制原理，调制深度为 10% 和 100%。

2.6.2 副载波与负载调制

副载波是相对于主载波而言的。在模拟方式的电视信号传输中，主载波用于图像信号的调制传输，而话音信号则调制在副载波上。在 RFID 中，副载波调制是标签向读写器发送数据的方法。

在通常的 RFID 通信中，读写器是主动方，产生射频场，把要发送给标签的数据直接调制在射频场载波上；而标签是被动方，不产生射频场，标签回送数据的时候把自己当做一个线圈，回送的数据用打开和关断线圈表示，根据电磁感应原理，磁场中闭合的线圈会减小磁场振幅，打开的线圈对磁场幅度没有影响。读写器感知到这种磁场幅度的变化，从而接收到标签回送的数据信息。开关线圈相当于在磁场中开关一个磁场的负载，这种调制方法称为负载调制。

在 RFID 系统中，副载波的调制方法主要应用在频率为 13.56MHz 的 RFID 系统中，而且仅是在从电子标签向阅读器的数据传输中采用。

对 13.56MHz 的 RFID 系统，大多数使用的副载波频率为 847kHz（13.56MHz/16）、424kHz（13.56MHz/32）和 212kHz（13.56MHz/64）。

在 RFID 副载波调制中，首先用基带编码的数据信号调制低频率的副载波，已调的副载波信号用于切换负载电阻，然后采用振幅键控（ASK）、频移键控（FSK）或相移键控（PSK）的调制方法对副载波进行二次调制。

采用副载波调制，好处如下。

（1）采用副载波信号进行负载调制时，调制管每次导通时间较短，对阅读器的电源影响小，另由于调制管的总导通时间减少，降低了总功耗。

（2）有用信息的频谱分布在副载波附件而不是载波附件，便于阅读器对传输数据信息的提取，但射频耦合回路应用较宽的频带。

副载波调制前及调制后的各信号波形图，如图 2.37 所示。

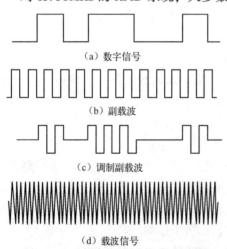

（a）数字信号

（b）副载波

（c）调制副载波

（d）载波信号

（e）副载波调制后的波形

图 2.37　调制前及调制后的各信号波形图

1. 负载调制

对于电子标签和阅读器天线之间的作用距离不超过 0.16λ，且电子标签处于近场范围内，电子标签与阅读器的数据传输为负载调制，负载调制适用于电感耦合、变压器耦合。

负载调制是电子标签经常使用的向读写器传输数据的方法。负载调制通过对电子标签振荡回路的电参数按照数据流的节拍进行调节，使电子标签阻抗的大小和相位随之改变，从而完成调制的过程。

负载调制技术主要有电阻负载调制和电容负载调制两种方式。如果把谐振的电子标签放入阅读器天线的交变磁场，那么电子标签就可以从磁场获得能量。采用从供应阅读器天线的电流在阅读器内阻上的压降就可以测得这个附加的功耗。电子标签天线上负载电阻的接通与断开促使阅读器天线上的电压发生变化，实现了用电子标签对天线电压进行振幅调制，而通过数据控制负载电压的接通和断开，这些数据就可以从标签传输到阅读器了。

图 2.38 为负载调制的电路原理图。

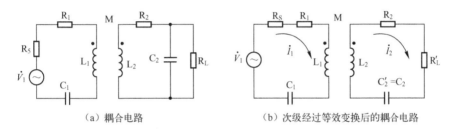

（a）耦合电路　　　　　　　（b）次级经过等效变换后的耦合电路

图 2.38　负载调制的电路原理图

此外，由于阅读器天线和电子标签天线之间的耦合很弱，因此阅读器天线上表示有用信号的电压波动比阅读器的输出电压小。

实践中，对 13.56MHz 的系统，天线电压（谐振时）只能得到约 10mV 的有用信号。因为检测这些小电压变化很不方便，所以可以采用天线电压振幅调制所产生的调制波边带。如果电子标签的附加负载电阻以很高的时钟频率接通或断开，那么在阅读器发送频率将产生两条谱线，此时该信号就容易检测了，这种调制也称为副载波调制。

2. 电阻负载调制

在电阻负载调制中，负载并联一个电阻，称为负载调制电阻，该电阻按数据流的时钟接通和断开，开关 S 的通断由二进制数据编码控制。

1）电阻负载调制电路

开关 S 用于控制负载调制电阻 R_{mod} 的接入与否，开关 S 的通断由二进制数据编码信号控制，原理如图 2.39 所示。

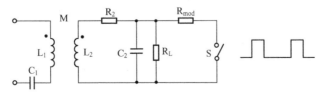

图 2.39　电阻负载调制原理图

（1）二进制数据编码信号用于控制开关 S。

当二进制数据编码信号为 "1" 时，设开关 S 闭合，此时应答器负载电阻为 R_L 和 R_{mod} 并联；而二进制数据编码信号为 "0" 时，开关 S 断开，应答器负载电阻为 R_L。

（2）应答器的负载电阻有两个对应值，即 R_L（S 断开时）和 R_L 与 R_{mod} 的并联值 $R_L//R_{mod}$（S 闭合时）。这说明，开关 S 接通时，电子标签的负载电阻比较小。

对于并联谐振，如果并联电阻比较小，将降低品质因数，也就是说，当电子标签的负载电阻比较小时，品质因数值将降低，这将使谐振回路两端的电压下降。

上述分析说明，开关 S 接通或断开会使电子标签谐振回路两端的电压发生变化。为了恢复（解调）电子标签发送的数据，上述变化应该输送到读写器。

当电子标签谐振回路两端的电压发生变化时，由于线圈电感耦合，这种变化会传递给读写器，表现为读写器线圈两端电压的振幅发生变化，因此产生对读写器电压的调幅，如图 2.40 所示。

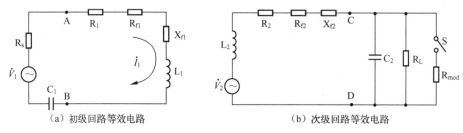

（a）初级回路等效电路　　　　　（b）次级回路等效电路

图 2.40　初级和次级的负载调制原理图

在次级回路等效电路中的端电压表达式为：

$$\dot{V}_{CD} = \frac{\dot{V}_2}{1 + \left[(R_2 + R_{f2}) + j\omega L_2\right]\left(j\omega C_2 + \frac{1}{R_{f1}}\right)} \tag{2.8}$$

2）电阻负载调制数据信息传递的原理

进行电阻负载调制时应答器和阅读器端的波形图如图 2.41 所示。

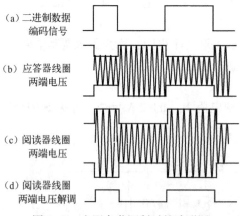

（a）二进制数据编码信号

（b）应答器线圈两端电压

（c）阅读器线圈两端电压

（d）阅读器线圈两端电压解调

图 2.41　电阻负载调制时的波形图

3. 电容负载调制

在电阻负载调制中，负载并联一个电容，取代了由二进制数据编码控制的负载调制电阻。

1）电路原理

电容负载调制的电路原理图如图 2.42 所示。

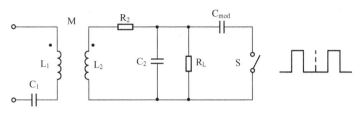

图 2.42　电容负载电路原理图

电容负载调制是用附加的电容器 C_{mod} 代替调制电阻 R_{mod}，初级和次级回路的等效电路如图 2.43 所示。

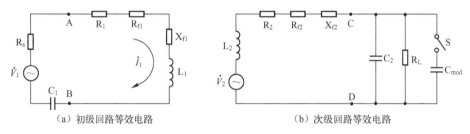

（a）初级回路等效电路　　　　　　　　（b）次级回路等效电路

图 2.43　电容负载调制时初、次级回路的等效电路

2）功率传输

等效电路如图 2.44 所示。

从阻抗匹配的条件下负载可获得最大功率考虑，应满足如下条件：

$$R_{fl} = \frac{(\omega M)^2}{R_{22}} = (R_2 + R_s) - R_1 \qquad (2.9)$$

3）电容负载调制的特性

电容负载调制具有如下特性。

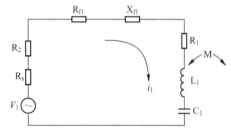

图 2.44　电容负载等效电路

（1）在电阻负载调制中，读写器和电子标签在工作频率下都处于谐振状态；而在电容负载调制中，由于接入了电容，电子标签回路失谐，又由于读写器与电子标签的耦合作用，导致读写器也失谐。

（2）开关 S 的通断控制电容按数据流的时钟接通和断开，使电子标签的谐振频率在两个频率之间转换。

（3）通过定性分析可以知道，电容的接入使电子标签电感线圈上的电压下降。

（4）由于电子标签电感线圈上的电压下降，使读写器电感线圈上的电压上升。

（5）电容负载调制的波形变化与电阻负载调制的波形变化相似，但此时读写器电感线圈上的电压不仅发生振幅变化，而且发生相位变化，相位变化应尽量降低。

本章小结

本章内容为与 RFID 相关的数据处理技术。

在数据的编码与调制方面，包括编码机制和调制技术。信号编码的作用是对发送端要传输的信息进行编码，使传输信号与信道相匹配，防止信息受到干扰或发生碰撞。根据编码目的不同，可分为信源编码和信道编码。在 RFID 中，常用的码制有曼彻斯特码和密勒码。

为了提高数字传输系统的可靠性，有必要采用差错控制编码，对可能或者已经出现的差错进行控制。RFID 中常用的数据检验方法为奇偶校验和 CRC。

在数据安全技术方面，包括信息安全、密码及密码体制、数据加密技术、主要加密算法和 RFID 中的数据安全。其中，数据信息安全是指数据信息的硬件、软件及数据受到保护，不受偶然或者恶意的原因而遭到破坏、更改、泄露，系统连续、可靠、正常地运行，信息服务不中断等。为此，引入密码技术，密码是通信双方按约定法则进行信息特殊变换的一种重要保密手段。依照这些法则，变明文为密文，称为加密变换；变密文为明文，称为脱密变换。

密码体制也叫密码系统，是指能完整解决信息安全中机密性、数据完整性、认证、身份识别、可控性及不可抵赖性等问题中一个或几个的一个系统。密码体制分为私用密钥加密技术（对称加密）和公开密钥加密技术（非对称加密）。在对称加密算法中，数据加密和解密采用的都是同一个密钥，主要优点是加密和解密速度快，加密强度高，且算法公开，但其最大的缺点是实现密钥的秘密分发困难。目前最著名的对称加密算法有 DES 和 IDEA 等，加密强度最高的对称加密算法是 AES。非对称加密算法使用两把完全不同但又完全匹配的一对钥匙——公钥和私钥。广泛应用的不对称加密算法有 RSA 算法和美国国家标准局提出的 DSA。

在 RFID 系统中，识别的主体为射频读写器，而被识别的目标为应答器，因此密钥被分别保存在应答器和读写器中。最常见的认证是使用密码，Mifare 系列卡片采用的相互认证机制称为"三次相互认证"。

在 RFID 中使用脉冲调制，即将数据的 NRZ 码变换为更高频率的脉冲串，该脉冲串的脉冲波形参数受 NRZ 码的值 0 和 1 调制。主要调制方式为频移键控（FSK）和相移键控（PSK）。在负载调制中，有电容负载和电阻负载两种方式。

习题 2

1. 名词解释。

DES、RSA、信息码元、监督码元、负载调制、电容负载调制、电阻负载调制。

2. 计算题。

（1）取学号的最后一位，根据要求，完成本题。

① 写出二进制编码序列；

② 计算奇校验的结果，并写出含校验位的数字序列；

③ 计算偶校验的结果，并写出含校验位的数字序列。

（2）有一组数据正确的比特流为 01010010，数据错误的比特流为 00100010，计算突发长度。

3. 简答题。

（1）为什么奇偶校验码没有纠错能力？

（2）简述 RSA 和 DES 算法的区别。

（3）简述对称密码体制和非对称密码体制的区别，并列举相关的典型算法。

（4）简述流密码和分组密码的区别，并列举相关的典型算法。

4．综合题。

（1）取学号的最后两位，根据要求，完成本题：

① 转换为一个字节十六进制，写出二进制编码序列；

② 在一张图上，画出 NRZ 码、曼彻斯特码和密勒码的波形图。

（2）画出 RFID 中三次认证过程的原理图，并描述实现过程。

（3）论述 RFID 中三次认证过程的实际意义。

（4）根据曼彻斯特的解码程序，画出对应的流程图。

（5）画出分级密钥的关系图，描述各级密钥的关系。

（6）根据流程图，查找相关资料，完成 3DES 程序设计。

5．实践题。

（1）仿真运行 DES，实现数据的加密和解密，并对 2000 字节文章进行加密和解密，记录运行时间。

（2）仿真运行 3DES，实现数据的加密和解密，并对 2000 字节文章进行加密和解密，记录运行时间。

（3）查找资料：当前最流行的加密和解密算法。

第3章 RFID读写器主板及主程序设计

【内容提要】

射频读写器从功能上可以划分为两部分，即基带控制模块和射频收发模块。基带控制模块以 MCU 为核心，本项目的内容为设计射频读写器的主板，属于基带控制部分。

使用电子电路绘图软件，完成主板的原理图设计和印制电路板（PCB）设计，推荐使用 Altium Designer09 及以上版本。

硬件电路设计完成后需要编写相关的程序代码。

本设计中的 MCU 为 STC12C5206AD，开发环境为 Keil。

【学习目标与重点】

- ◆ 熟练使用电子电路绘图软件，完成原理图和 PCB 设计；
- ◆ 熟悉电路板的设计过程和流程；
- ◆ 掌握射频读写器的设计要点；
- ◆ 熟悉 Keil 开发环境，具备简单程序的编写能力；
- ◆ 掌握 STC 系列 MCU 的下载过程，实现程序的更新。

3.1 初识 PCB

PCB（Printed Circuit Board）意为印制电路板，又称印刷电路板、印制电路板，是重要的电子部件，是电子元器件的支撑体，是电子元器件电气连接的提供者。由于它是采用电子印刷术制作的，故称为"印刷"电路板。

它以绝缘板为基材，切成一定尺寸，其上至少附有一个导电图形，并布有孔（如元件孔、紧固孔、金属化孔等），用来代替以往装置电子元器件的底盘，并实现电子元器件之间的相互连接。如图3.1所示。

它是重要的电子部件，是电子元器件的支撑体。

目前的电路板主要由以下部分组成：

（1）线路与图面：线路是元件之间导通的工具，在设计上会另外设计大铜面作为接地及电源层。线路与图面是同时做出的。

（2）介电层：用来保持线路及各层之间的绝缘性，俗称基材。

（3）孔：导通孔可使两层次以上的线路彼此导通，较大的导通孔则作为零件插件用，另外有非导通孔（nPTH）通常用来作为表面贴装定位，组装时用来固定螺钉。

图 3.1　焊接完毕的电路板实物图

（4）防焊油墨：并非全部铜面都要吃锡上零件，因此非吃锡区域会印一层隔绝铜面吃锡的物质（通常为环氧树脂），避免非吃锡线路间短路。根据不同工艺，分为绿油、红油、蓝油。

（5）丝印：此为非必要构成，主要功能是在电路板上标注各零件名称、位置框，方便组装后维修及辨识用。

（6）表面处理：由于铜面在一般环境中很容易氧化，导致无法上锡（焊锡性不良），因此会在要吃锡的铜面上进行保护。保护方式有喷锡（HASL）、化金（ENIG）、化银（Immersion Silver）、化锡（Immersion Tin）、有机保焊剂（OSP），方法各有优缺点，统称为表面处理。

在印制电路板出现之前，电子元件之间的互连都是依靠电线直接连接而组成完整的线路。现在，电路面包板只是作为有效的实验工具而存在，而印制电路板在电子工业中已经占据了绝对统治地位。

20 世纪初，人们为了简化电子机器的制作，减少电子零件间的配线，降低制作成本等，开始钻研以印刷的方式取代配线的方法。三十年间，不断有工程师提出在绝缘基板上加以金属导体作配线。而最成功的是 1925 年，美国的 Charles Ducas 在绝缘基板上印刷出线路图案，再以电镀的方式，成功建立导体作配线。

直至 1936 年，奥地利人保罗·爱斯勒（Paul Eisler）在英国发表了箔膜技术，他在一个收音机装置内采用了印制电路板；而在日本，宫本喜之助以喷附配线法"メタリコン法吹着配线方法（特许 119384 号）"成功申请专利。两者中 Paul Eisler 的方法与现今的印制电路板最相似，这类做法称为减去法，是把不需要的金属除去；而 Charles Ducas、宫本喜之助的做法是只加上所需的配线，称为加成法。虽然如此，但因为当时的电子零件发热量大，两者的基板难以配合使用，不过也推动印刷电路技术更进了一步。

印制电路板广泛被使用的时期是 20 世纪 60 年代，其技术也日益成熟。而自从 Motorola 的双面板面世，多层印制电路板开始出现，使配线与基板面积之比更加提高。此后的发展更快速，形式有所突破，出现了软性印制电路板和多层板，到了 20 世纪 90 年代末期，增层印制电路板也正式大量被实用化。

3.1.1　印制电路板的分类

根据 PCB 电路层数分类：PCB 分为单面板、双面板和多层板。常见的多层板一般为 4 层或 6 层，复杂的多层板可达几十层。

PCB 有以下三种主要划分类型。

1. 单面板

单面板在最基本的 PCB 上，零件集中在其中一面，导线则集中在另一面。因为导线只出现在其中一面，所以这种 PCB 叫作单面板。因为单面板在设计线路上有许多严格限制（因为只有一面，布线间不能交叉而必须绕独自的路径），所以只有早期的电路才使用这类板子。

2. 双面板

双面板的两面都有布线，不过要用上两面的导线必须要在两面间有适当的电路连接才行。

这种电路间的"桥梁"叫作导孔。导孔是在 PCB 上充满或涂上金属的小洞，它可以与两面的导线相连接。因为双面板的面积比单面板大一倍，双面板解决了单面板中因为布线交错的难点（可以通过孔导通到另一面），它更适合用在比单面板更复杂的电路上。

3. 多层板

为了增加可以布线的面积，多层板用上了更多单或双面布线板。

用一块双面作内层、两块单面作外层或两块双面作内层、两块单面作外层的印制电路板，通过定位系统及绝缘黏结材料交替在一起且导电图形按设计要求进行互连的印制电路板成为四层、六层印制电路板，也称为多层印制电路板。

板子的层数并不代表有几层独立的布线层，在特殊情况下会加入空层来控制板厚，通常层数都是偶数，并且包含最外侧的两层。大部分主机板都是 4~8 层结构，不过技术上可以做到近 100 层。

为完成射频读写器的主板设计，需要了解如下软件。

3.1.2　EDA 软件

EDA（Electronic Design Automation）是电路设计自动化的缩写，在 20 世纪 60 年代中期从计算机辅助设计（CAD）、计算机辅助制造（CAM）、计算机辅助测试（CAT）和计算机辅助工程（CAE）的概念发展而来。

EDA 指的就是将电路设计中各种工作交由计算机来协助完成，如电路原理图的绘制、印制电路板文件的制作、执行电路仿真等设计工作。随着电子科技的蓬勃发展，新型元器件层出不穷，电路变得越来越复杂，电路的设计工作已经无法单纯依靠手工来完成，计算机辅助设计已经成为必然趋势，越来越多的设计人员使用快捷、高效的 CAD 软件来进行辅助电路原理图、印制电路图的设计，打印各种报表。

EDA 工具软件可大致分为芯片设计辅助软件、可编程芯片辅助设计软件、系统设计辅助软件。

目前，进入我国并具有广泛影响的 EDA 软件是系统设计软件辅助类和可编程芯片辅助设计软件：Protel、Altium Designer、PSPICE、multiSIM10（原 EWB 的最新版本）、OrCAD、

PCAD、LSIIogic、MicroSim、ISE、modelsim、MATLAB 等。这些工具都有较强的功能，一般可用于几个方面。例如，很多软件都可以进行电路设计与仿真，同时还可以进行 PCB 自动布局布线，可输出多种网表文件与第三方软件接口。

下面按主要功能或主要应用场合，分为电路设计与仿真工具、PCB 设计软件、IC 设计软件、PLD 设计工具及其他 EDA 软件，进行简单介绍。

1. 电子电路设计与仿真工具

在进行电子产品或电路设计之前，可以不动用电烙铁试验板就能知道结果的方法——电路设计与仿真技术的各项实验参数都输入计算机，然后通过计算机编程编写出一个虚拟环境软件，并且使它能够自动套用相关公式和调用长期积累后输入计算机的相关经验参数。

电子电路设计与仿真工具包括 SPICE/PSPICE、multiSIM、MATLAB、SystemView、MMI-CAD LiveWire、Edison、Tina Pro Bright Spark 等。下面简单介绍前三个软件。

1）SPICE（Simulation Program with Integrated Circuit Emphasis）

SPICE 是由美国加州大学推出的电路分析仿真软件，是 20 世纪 80 年代世界上应用最广的电路设计软件，1998 年被定为美国国家标准。

1984 年，美国 MicroSim 公司推出了基于 SPICE 的微机版 PSPICE（Personal – SPICE）。在同类产品中，它是功能最强大的模拟和数字电路混合仿真 EDA 软件，在国内普遍使用。目前，PSPICE 已经被集成到 Cadence 软件中，最新的版本为 17.2。它可以进行各种各样的电路仿真、激励建立、温度与噪声分析、模拟控制、波形输出、数据输出，并在同一窗口内同时显示模拟与数字仿真结果。无论对哪种器件哪些电路进行仿真，都可以得到精确的仿真结果，并可以自行建立元器件及元器件库。

2）multiSIM（EWB 的最新版本）软件

multiSIM 是 Interactive Image Technologies Ltd 在 20 世纪末推出的电路仿真软件。其最新版本为 multiSIM14，目前普遍使用的是 multiSIM12.0，相对于其他 EDA 软件，它具有更加形象、直观的人机交互界面，特别是其仪器仪表库中的各仪器仪表与操作实验中的实际仪器仪表完全没有两样，但它对模数电路的混合仿真功能却毫不逊色，能够百分之百地仿真出真实电路的结果，并且在仪器仪表库中还提供了万用表、信号发生器、瓦特表、双踪示波器（对于 multiSIM7 还具有四踪示波器）、波特仪（相当于实际中的扫频仪）、字信号发生器、逻辑分析仪、逻辑转换仪、失真度分析仪、频谱分析仪、网络分析仪和电压表及电流表等仪器仪表。

此外，还提供了常见的各种建模精确的元器件，如电阻、电容、电感、三极管、二极管、继电器、可控硅、数码管等。模拟集成电路方面有各种运算放大器、其他常用集成电路。数字电路方面有 74 系列集成电路、4000 系列集成电路等，还支持自制元器件。

multiSIM7 还具有 I – V 分析仪（相当于真实环境中的晶体管特性图示仪）和 Agilent 信号发生器、Agilent 万用表、Agilent 示波器和动态逻辑平笔等，同时它还能进行 VHDL 仿真和 Verilog HDL 仿真。

3）MATLAB 产品族

MATLAB 产品族的一大特性是有众多面向具体应用的工具箱和仿真块，包含完整的函数集用来对图像信号处理、控制系统设计、神经网络等特殊应用进行分析和设计。它具有数据采集、报告生成和 MATLAB 语言编程产生独立 C/C ++ 代码等功能。MATLAB 产品族具有下列功能：数据分析；数值和符号计算、工程与科学绘图；控制系统设计；数字图像信号处理；财务工程；建模、仿真、原型开发；应用开发；图形用户界面设计等。

MATLAB 产品族被广泛应用于信号与图像处理、控制系统设计、通信系统仿真等诸多领域。开放式的结构使 MATLAB 产品族很容易针对特定的需求进行扩充，从而在不断深化对问题认识的同时，提高自身的竞争力。

2. PCB 设计软件

PCB（Printed – Circuit Board）设计软件种类很多，如 Protel、Altium Designer、OrCAD、Viewlogic、PowerPCB、Cadence PSD、MentorGraphices 的 Expedition PCB、Zuken CadStart、Winboard/Windraft/Ivex – SPICE、PCB Studio、TANGO、PCBWizard（与 LiveWire 配套的 PCB 制作软件包）、ultiBOARD7（与 multiSIM2001 配套的 PCB 制作软件包）等。

目前在我国用得最多的当属 Protel，下面仅对此软件作一介绍。

Protel 是 PROTEL（现为 Altium）公司在 20 世纪 80 年代末推出的 CAD 工具，是 PCB 设计者的首选软件。它较早在国内使用，普及率最高，在很多的大中专院校电路专业还专门开设了 Protel 课程。

早期的 Protel 主要作为印制板自动布线工具使用，其最新版本为 Altium Designer16，现在普遍使用的是 Protel99SE，它是一个完整的全方位电路设计系统，包含原理图绘制，模拟电路与数字电路混合信号仿真，多层印制电路板设计（包含印刷电路板自动布局布线），可编程逻辑器件设计、图表生成、电路表格生成、支持宏操作等功能，并具有 Client/Server（客户/服务体系结构），同时还兼容一些其他设计软件的文件格式，如 ORCAD、PSPICE、EXCEL 等。使用多层印制电路板的自动布线，可实现高密度 PCB 的百分之百布通率。

Protel 软件功能强大（同时具有电路仿真功能和 PLD 开发功能）、界面友好、使用方便，但它最具代表性的是电路设计和 PCB 设计。

3. IC 设计软件

IC 设计工具很多，按市场所占份额排行为 Cadence、Mentor Graphics 和 Synopsys。这三家都是 ASIC 设计领域相当有名的软件供应商。其他公司的软件相对来说使用者较少。中国华大公司也提供 ASIC 设计软件（熊猫 2000），另外近来出名的 Avanti 公司，是原来在 Cadence 的几个华人工程师创立的，其设计工具可以和 Cadence 公司的工具相抗衡，非常适用于深亚微米的 IC 设计。下面按用途对 IC 设计软件进行介绍。

1）设计输入工具

这是任何一种 EDA 软件必须具备的基本功能。像 Cadence 的 composer，Viewlogic 的 viewdraw，硬件描述语言 VHDL、Verilog HDL 是主要设计语言，许多设计输入工具都支持 HDL（比如 multiSIM 等）。另外像 Active – HDL 和其他设计输入方法，包括原理和状态机输入方法，设计 FPGA/CPLD 的工具大多可作为 IC 设计的输入手段，如 Xilinx、Altera 等公司提供的开发工具 Modelsim FPGA 等。

2）设计仿真工作

使用 EDA 工具的一个最大好处是可以验证设计是否正确，几乎每个公司的 EDA 产品都有仿真工具。Verilog – XL、NC – verilog 用于 Verilog 仿真，Leapfrog 用于 VHDL 仿真，Analog Artist 用于模拟电路仿真。Viewlogic 的仿真器有 viewsim 门级电路仿真器、speedwaveVHDL 仿真器、VCS – verilog 仿真器。Mentor Graphics 有其子公司 Model Tech 出品的 VHDL 和 Verilog 双仿真器：Model Sim。Cadence、Synopsys 用的是 VSS（VHDL 仿真器）。现在的趋势是各大 EDA 公司都逐渐用 HDL 仿真器作为电路验证的工具。

3）综合工具

综合工具可以把 HDL 变成门级网表。这方面 Synopsys 工具占有较大优势，它的 Design Compile 作为一个综合工业标准，它还有另外一个产品 Behavior Compiler，可以提供更高级的综合。

另外，最近美国又出了一个软件 Ambit，据说比 Synopsys 软件更有效，可以综合 50 万门电路，速度更快。今年初，Ambit 被 Cadence 公司收购，为此 Cadence 放弃了它原来的综合软件 Synergy。随着 FPGA 设计规模越来越大，各 EDA 公司又开发了用于 FPGA 设计的综合软件，比较有名的有 Synopsys 的 FPGA Express、Cadence 的 Synplity、Mentor 的 Leonardo，这三家的 FPGA 综合软件占了市场的大部分。

4）布局和布线

在 IC 设计的布局布线工具中，Cadence 软件比较强，它有很多产品用于标准单元、门阵列，已可实现交互布线。最有名的是 Cadence spectra，它原来是用于 PCB 布线的，后来 Cadence 把它用来作 IC 布线。其主要工具有 Cell3、Silicon Ensemble（标准单元布线器）、Gate Ensemble（门阵列布线器）、Design Planner（布局工具）。其他各 EDA 软件开发公司也提供各自的布局布线工具。

5）物理验证工具

物理验证工具包括版图设计工具、版图验证工具、版图提取工具等。Cadence 在这方面也是很强的，其 Dracula、Virtuso、Vampire 等物理工具有很多使用者。

6）模拟电路仿真器

前面讲的仿真器主要针对数字电路，对于模拟电路的仿真工具，普遍使用 SPICE，这是唯一的选择。只不过选择不同公司的 SPICE，像 MiceoSim 的 PSPICE、Meta Soft 的 HSPICE 等。HSPICE 被 Avanti 公司收购了。在众多 SPICE 中，HSPICE 作为 IC 设计，其模型多，仿真精度也高。

4. PLD 设计工具

PLD（Programmable Logic Device）是一种由用户根据需要而自行构造逻辑功能的数字集成电路。

目前主要有两大类型：CPLD（Complex PLD）和 FPGA（Field Programmable Gate Array）。它们的基本设计方法是借助于 EDA 软件，用原理图、状态机、布尔表达式、硬件描述语言等方法，生成相应的目标文件，最后用编程器或下载电缆，由目标器件实现。生产 PLD 的厂家很多，但最有代表性的 PLD 厂家为 Altera、Xilinx 和 Lattice 公司。

PLD 的开发工具一般由器件生产厂家提供，但随着器件规模的不断增加，软件的复杂性也随之提高，目前由专门的软件公司与器件生产厂家使用，推出功能强大的设计软件。下面介绍主要器件生产厂家和开发工具。

1）Altera

Altera 在 20 世纪 90 年代以后发展很快。主要产品有 MAX3000/7000、FELX6K/10K、APEX20K、ACEX1K、Stratix 等。其开发工具 MAX + PLUS Ⅱ是较成功的 PLD 开发平台，最新

又推出 Quartus Ⅱ开发软件。Altera 公司提供较多形式的设计输入手段，绑定第三方 VHDL 综合工具，如综合软件 FPGA Express、Leonard Spectrum，仿真软件 ModelSim。

2）Xilinx

Xilinx 是 FPGA 的发明者。产品种类较全，主要有 XC9500/4000、Coolrunner（XPLA3）、Spartan、Vertex 等系列，最大的 Vertex – Ⅱ Pro 器件已达到 800 万门。开发软件为 Foundation 和 ISE。通常来说，在欧洲用 Xilinx 的人多，在日本和亚太地区用 Altera 的人多，在美国则是平分秋色。全球 PLD/FPGA 产品 60% 以上是由 Altera 和 Xilinx 提供的，可以讲 Altera 和 Xilinx 共同决定了 PLD 技术的发展方向。

3）Lattice – Vantis

Lattice 是 ISP（In – System Programmability）技术的发明者。ISP 技术极大地促进了 PLD 产品的发展，与 Altera 和 Xilinx 相比，其开发工具比 Altera 和 Xilinx 略逊一筹。中小规模 PLD 比较有特色，大规模 PLD 的竞争力还不够强（Lattice 没有基于查找表技术的大规模 FPGA），1999 年推出可编程模拟器件，1999 年收购 Vantis（原 AMD 子公司）成为第三大可编程逻辑器件供应商。2001 年 12 月收购 Agere 公司（原 Lucent 微电子部）的 FPGA 部门。主要产品有 ispLSI2000/5000/8000、MACH4/5。

4）Actel

Actel 是反熔丝（一次性烧写）PLD 的领导者。由于反熔丝 PLD 抗辐射、耐高/低温、功耗低、速度快，所以在军品和宇航级上有较大优势。Altera 和 Xilinx 则一般不涉足军品和宇航级市场。

5）Quicklogic

Quicklogic 是专业 PLD/FPGA 公司，以一次性反熔丝工艺为主，在中国地区销售量不大。

6）Lucent

Lucent 的主要特点是有不少用于通信领域的专用 IP 核，但 PLD/FPGA 不是 Lucent 的主要业务，在中国地区使用的人很少。

7）Atmel

Atmel 的中小规模 PLD 做得不错。Atmel 也做了一些与 Altera 和 Xilinx 兼容的片子，但在品质上与原厂家有一些差距，在高可靠性产品中使用较少，多用在低端产品上。

8）Clear Logic

Clear Logic 生产与一些著名 PLD/FPGA 大公司兼容的芯片，这种芯片可将用户的设计一次性固化，不可编程，批量生产时的成本较低。

9）WSI

WSI 生产 PSD（单片机可编程外围芯片）产品，这是一种特殊的 PLD，如最新的 PSD8xx、PSD9xx 集成了 PLD、EPROM、Flash，并支持 ISP（在线编程），集成度高，主要用于配合单片机工作。

10）Altium

Altium 提供 Actel、Altera、Lattice 和 Xilinx 四家 PLD/FPGA 器件的通用跨厂商开发平台，推出的 Altium Designer 10 软件中集成了 Aldec HDL 仿真功能。

顺便提一下，PLD（可编程逻辑器件）是一种可以完全替代 74 系列及 GAL、PLA 的新型电路，只要有数字电路基础，会使用计算机，就可以进行 PLD 的开发。PLD 的在线编程能力和强大的开发软件，使工程师可以几天甚至几分钟内就完成以往几周才能完成的工作，并可将数百万门的复杂设计集成在一颗芯片内。PLD 技术在发达国家已成为电子工程师的必备技术。

5. 其他 EDA 软件

1）VHDL 语言

超高速集成电路硬件描述语言（VHSIC Hardware Description Language，VHDL）是 IEEE 的一项标准设计语言，它源于美国国防部提出的超高速集成电路（Very High Speed Integrated Circuit，VHSIC）计划，是 ASIC 设计和 PLD 设计的一种主要输入工具。

2）Verilog HDL

Verilog HDL 是 Verilog 公司推出的硬件描述语言，在 ASIC 设计方面与 VHDL 语言平分秋色。

3）其他 EDA 软件

如专门用于微波电路设计和电力载波工具、PCB 制作和工艺流程控制等领域的工具，在此就不作介绍了。

3.1.3　Altium Designer 软件

Altium Designer 是原 Protel 软件开发商 Altium 公司推出的一体化电子产品开发系统，主要运行在 Windows XP 操作系统。

这套软件通过把原理图设计、电路仿真、PCB 绘制编辑、拓扑逻辑自动布线、信号完整性分析和设计输出等技术完美融合，为设计者提供了全新的设计解决方案，使设计者可以轻松进行设计，熟练使用这一软件必将使电路设计的质量和效率大大提高。

Altium Designer 除了全面继承包括 Protel 99SE、Protel DXP 在内的先前一系列版本的功能和优点外，还增加了许多改进和很多高端功能。

该平台拓宽了板级设计的传统界面，全面集成了 FPGA 设计功能和 SOPC 设计实现功能，从而允许工程设计人员能将系统设计中的 FPGA 与 PCB 设计及嵌入式设计集成在一起。

由于 Altium Designer 在继承先前 Protel 软件功能的基础上，综合了 FPGA 设计和嵌入式系统软件设计功能，Altium Designer 对计算机的系统需求比先前的版本要高一些。

主要功能如下。

（1）原理图设计；

（2）印制电路板设计；

（3）FPGA 的开发；

（4）嵌入式开发；

（5）3D PCB 设计。

结合本项目的各项任务，将对本软件的使用进行详细介绍。

3.2　读写器硬件方案设计

3.2.1　功能分析

射频读写器从功能上可以划分为两部分，即基带控制模块和射频收发模块。

射频收发模块以读头的形式来完成，采用接插件的方式，与主板连接，关于这一部分的设计详见此后其他章节。

基带控制模块以 MCU 为核心，本节内容为设计射频读写器的主板，属于基带控制部分。该部分的电路图详见 4.3 节。

1. 以 MCU 为核心的控制单元

本主板设计中，MCU 的型号为 STC12C5206AD，是宏晶科技的一款 8 位微处理器，该单片机具有如下特点。

（1）兼容 8051 内核；

（2）高速、低功耗；

（3）支持 1T 指令，即为单时钟机器周期；

（4）具有精简指令集系统结构；

（5）内部集成 MAX810 专用复位电路；

（6）具有 8 路 8 位精度的 ADC；

（7）具有 2 路 PWM/PCA（可编程计数阵列）可用于实现两个定时器或两个外部中断；

（8）支持 UART、SPI；

（9）自带复位电路，外设接口简单；

（10）6KB 程序空间，片上集成了 256 字节的 RAM；

（11）支持 ISP（在系统可编程）/IAP（在应用可编程），无需专用的编程器。

在本项目中，单片机实现如下功能：

（1）读取不同 RFID 协议的数据；

（2）完成不同状态的提示；

（3）显示操作的结果和信息；

（4）与 PC 的通信，进行数据交换。

2. 电源单元

为了方便系统的操作和使用，本主板采用 USB 供电方式，可以直接使用计算机的 USB 电源。

为便于使用和对电源接口的保护，设计了具有自锁功能的开关，用于开启和关闭电源，同时便于卸载程序时的冷启动。

3. 声光提示单元

为了便于观测实验效果及其验证，该主板设计了声光提示，通过程序控制相关的 I/O 口，从而点亮或熄灭不同颜色的发光二极管，并伴有不同节奏的蜂鸣音，表示不同的状态，例如：

（1）读卡成功状态；

（2）读卡失败状态；

（3）无卡状态。

在本项目的声光提示方案中，使用了三种颜色的发光二极管，分别是红色、绿色和黄色，蜂鸣器为 5V 的直插式直流蜂鸣器。

4. 外设接口单元

本单元的主要功能为通信，包括与以计算机为核心的后台系统的数据通信，以及各 RFID

协议读头的通信。

在数据通信方面，最简单、实用的方式为串行通信，为此设计了基于芯片 CD4052 的串口扩展电路，通过对多个串口进行分时使用，实现了多协议的 RFID 数据识读。

通过设计与 PC 的通信数据协议，使该主板具有与后台软件的通信能力，从而满足支持多协议的需求，便于产品的系列化。

3.2.2　读写器主板设计流程

印制电路板的设计以电路原理图为根据，实现电路设计者所需要的功能。

射频读写器的主板设计流程如图 3.2 所示。

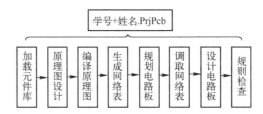

图 3.2　射频读写器的主板设计流程

关键环节包括 4 个方面，分别是原理图元件库、原理图设计、封装库设计和印制电路板设计。

本设计的主板以 51 单片机为核心，整体设计方案如图 3.3 所示。

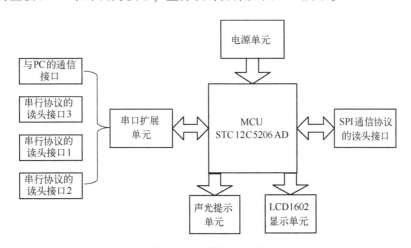

图 3.3　整体设计方案

本项目以 MCU 微处理器为核心，采用 USB 接口为系统供电，通过与计算机的串行通信，接收来自应用软件的指令，根据不同的指令，驱动模拟开关的切换，实现与不同射频模块进行通信，完成不同协议射频标签的识读，并将操作结果显示到 LCD 上，同时也可以通过计算机串口发送给相应的应用软件。

设计完毕的主板原理图如图 3.4 所示。

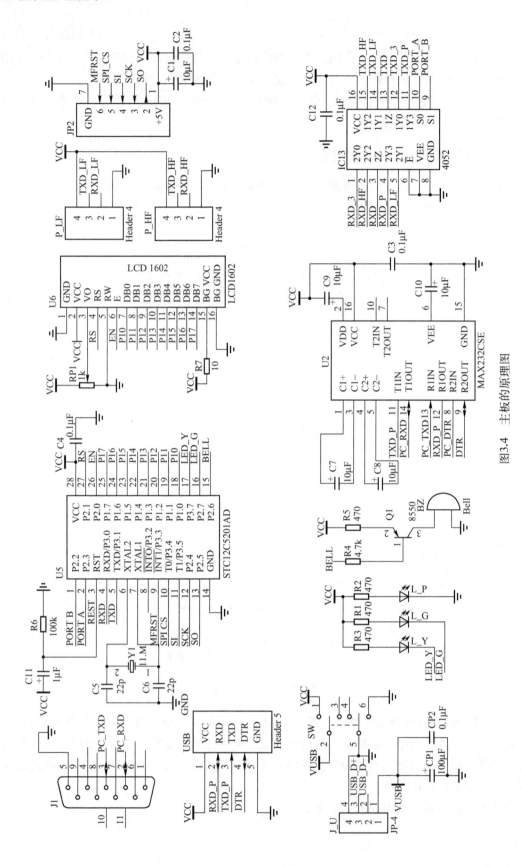

图3.4 主板的原理图

3.3   读写器的主板设计

下面结合 Altium Designer09 软件，介绍射频读写器主板的设计流程。

3.3.1   主板的原理图设计

1. 建立工程文件

1）设置路径及建立工程文件

在 E 盘下，建立以自己的学号 + 姓名命名的文件夹，学号为 10 位数字，例如：1 × 30020 ××× – 某某；命名的文件夹里，新建一个"RFID"文件夹，此文件夹中新建 PCB 项目工程，单击鼠标右键保存，名字改为"RFID_MAIN"。

建立和保存工程文件的界面，分别如图 3.5 和图 3.6 所示，然后按照如下过程完成练习。

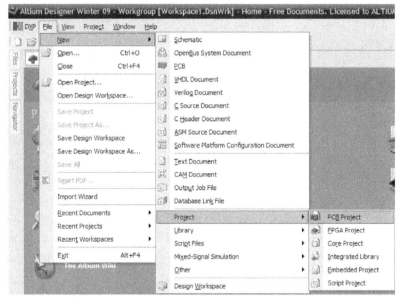

图 3.5　新建工程文件　　　　　　　　　图 3.6　保存工程文件

2）在工程文件中添加原理图文件

单击鼠标右键"RFID_MAIN. PrjPcb"，为工程添加原理图文件，并保存，名字改为"RFID _MAIN"，如图 3.7 和图 3.8 所示。

3）设置文档选项

在图纸上双击图纸四周的方块电路，如图 3.9 所示。

4）安装所有元件库

包括原理图符库和元件封装库，如图 3.10 和图 3.11 所示。

常用的库文件说明。

（1）Miscellaneous Devices. IntLib：包含常用电阻、电容、二极管、三极管等的符号。

（2）Miscellaneous Connectors. IntLib：包含常用接插件等。

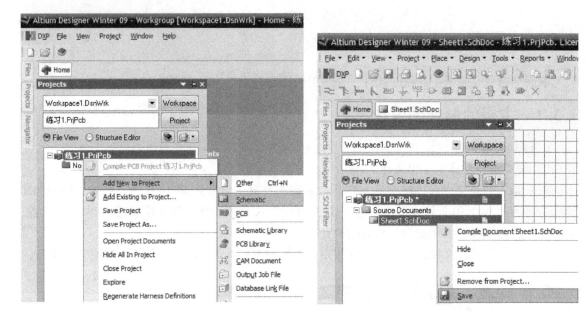

图 3.7　新建原理图文件　　　　　　　　图 3.8　保存原理图文件

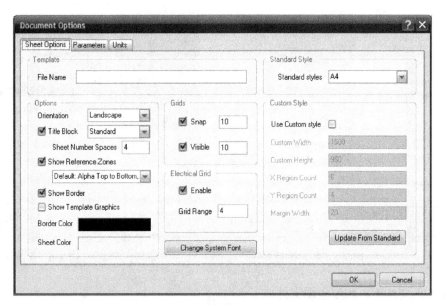

图 3.9　参数设计界面

图 3.10　选择添加元件库操作

（3）厂家名称．IntLib：包含各自厂家生产的元器件符号和封装，可以在安装目录下的"库"文件夹中找到。

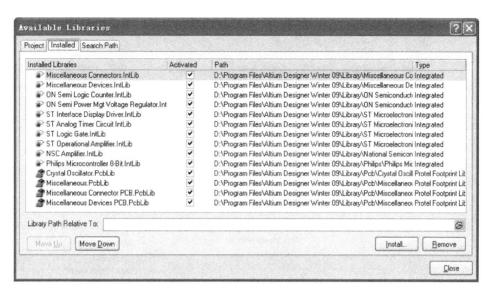

图 3.11　添加库文件界面

2. 建立集成库文件

本主板的 IC 芯片在库文件中无法找到，因此需要根据相关资料，重新建立集成库，下面以 STC12C5206AD 为例，介绍集成库的设计过程。

1）创建集成库

新建一个 Integrated Library 文件，保存为 "personal" 并打开，如图 3.12 所示。

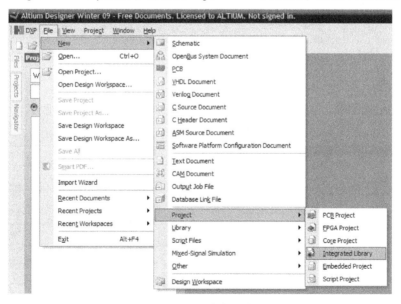

图 3.12　创建集成库

2）绘制元件

在工程中添加一个 Schematic Library 文件，保存为 "personal" 并打开，如图 3.13 所示。

3）放置矩形

在绘制元件的图纸中心放置一个大小合适的矩形，如图 3.14 所示。

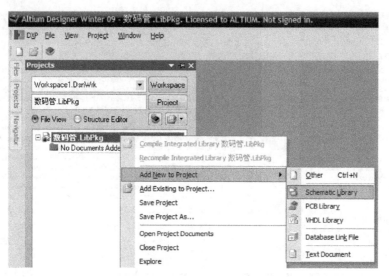

图 3.13　绘制元件

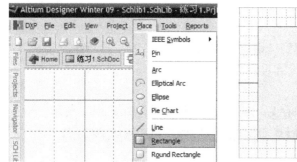 

图 3.14　放置矩形

4）放置引脚

放置 20 个元件引脚，引脚上的十字叉朝外，双击每个引脚，修改其名称和编号，如图 3.15（a）所示。图 3.15（b）为完成后的元件图。

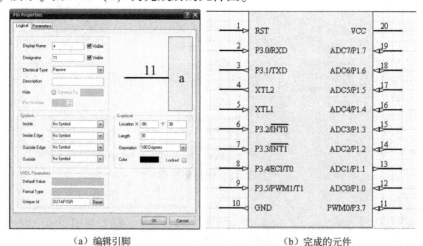

（a）编辑引脚　　　　　　　　　　　（b）完成的元件

图 3.15　设计元件

集成库建立完毕后，可以按照 3.2.2 节中的流程，将集成库添加到所需的库文件中。

按照本节内容，依次完成如下元件的原理图库文件设计，并将所有元件添加到该集成库中：MAX232、CD4052。

3. 原理图设计流程

1）添加元件

按照原理图文件，添加所需的元件，双击元件编辑、修改其属性：标识、注释、封装等，如图 3.16 所示。

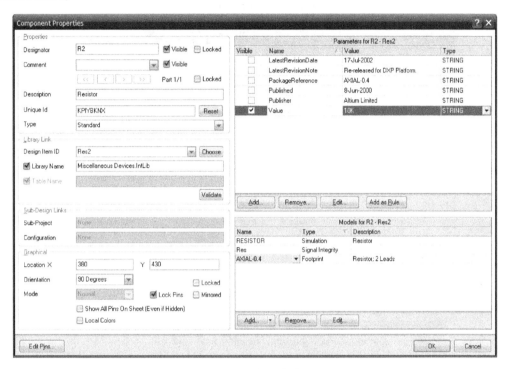

图 3.16　编辑元件参数

2）规则检查

编译（规则检查）：没错误，则 Messages 为空白。如果有错误，则要把错误修改好，WARNING 有时可以忽略，ERROR 不可以忽略。

具体操作过程和结果分别如图 3.17 和图 3.18 所示。

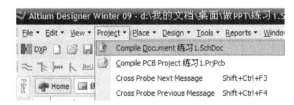

图 3.17　编译原理图

图 3.18　编译结果

3）查看封装管理器

器件的标识、封装栏不能有空白，如图 3.19 和图 3.20 所示。

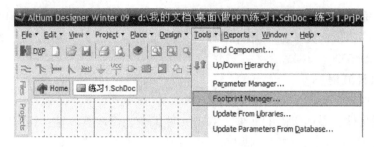

图 3.19　打开封装管理器

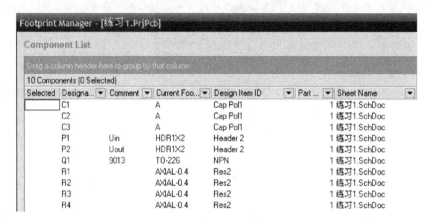

图 3.20　查看封装管理器

4）生成网络表文件（RFID_MAIN. NET）

操作过程如图 3.21 所示。

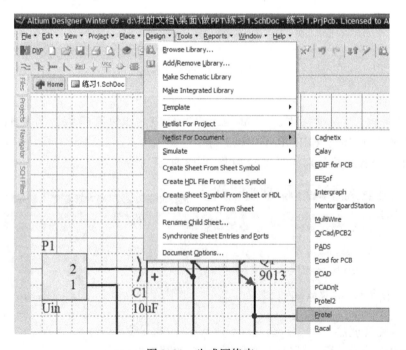

图 3.21　生成网络表

4. 原理图设计

本主板的电路，从功能上可以划分为如下几部分。

（1）电源电路单元；

（2）MCU 控制单元；

（3）声光提示单元；

（4）与 PC 通信接口单元；

（5）串口扩展单元；

（6）RFIC 接口单元。

1）电源单元

该单元的电路如图 3.22 所示。

2）MCU 控制单元

在本主板的设计中，MCU 为 STC12C5206AD，封装为 DIP28，晶振频率为 11.0592MHz，该部分的电路原理图如图 3.23 所示。

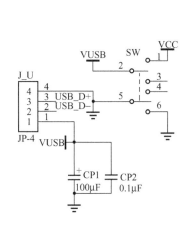

图 3.22　电源单元电路图

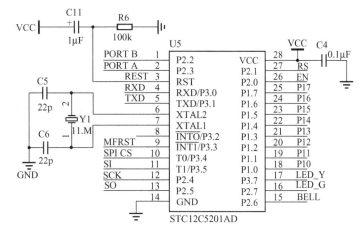

图 3.23　MCU 控制单元电路原理图

3）声光提示单元

该单元的电路如图 3.24 所示。

该单元电路可以实现声光提示功能，通过程序控制相关的 I/O 口，从而点亮或熄灭不同颜色的发光二极管，并伴有不同节奏的蜂鸣音，表示不同的状态，如读卡成功、读卡失败、无卡等，电路如图 3.24 所示。

本设计中，共有 3 个发光二极管和一个蜂鸣器，各自功能如下。

（1）L_P 为红色的发光二极管，用于供电指示，系统上电后，红灯点亮。

（2）L_G 为绿色的发光二极管，用于系统状态提示，受控于 MCU 的 P2.7 口，通过编程实现点亮和熄灭。

（3）L_Y 为黄色的发光二极管，与 LED_G 组合使用，用于系统状态提示，受控于 MCU 的 P3.7 口，通过编程实现点亮和熄灭。

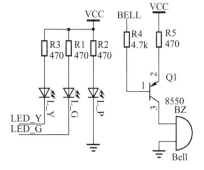

图 3.24　声光提示单元电路图

（4）BZ 表示蜂鸣器，通过三极管 Q1 与 MCU 的 P2.6 相连，通过编程，实现蜂鸣器的开启和关闭，并且通过开启和关闭时间的长短，发出不同的长音和短音，实现不同节奏的蜂鸣音，提示不同的工作状态。

4）与 PC 通信接口单元

本项目中，设计了与 PC 的通信接口，实现指令的传输和程序的下载，该单元的电路如图 3.25 所示。

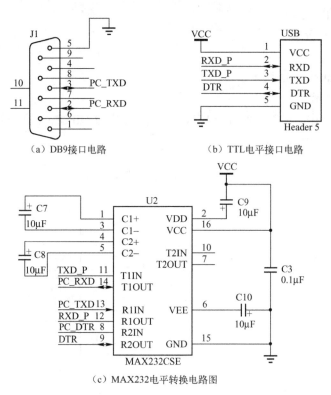

（a）DB9接口电路　　　　　　　（b）TTL电平接口电路

（c）MAX232电平转换电路图

图 3.25　与 PC 通信接口电路图

图 3.25（a）为主板直接与 PC 通信的接口，选择的连接器为 DB9，由于 PC 端的电平为双极性，因此 MCU 不能直接与其通信，需要通过图 3.25（c）所示的电路完成电平转换。

图 3.25（b）为主板间接与 PC 通信的接口，接口信号为 TTL 电平，通常与 USB 转串口的模块连接。

5）串口扩展单元

串口扩展电路如图 3.26 所示。

CD4052 是一个双路 4 选 1 的模拟选择开关，实现串口功能扩展，分别实现与 PC、LF 读头，以及 HF 读头的通信功能。其使用真值表如表 3.1 所示。

6）RFIC 接口单元

该单元的电路包括 1 个 SPI 接口和两个 UART 接口电路，原理如图 3.27 所示。

SPI 接口：完成与 SPI 接口的通信，利用引脚 P3.3、P3.4、P3.5、P2.4 和 P2.5，引脚定义和电路如图 3.27（a）所示。

UART 接口：与读头模块的通信，分别实现对 LF 频段和 HF 频段射频卡的识读和操作，电路如图 3.27（b）所示。

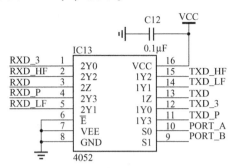

表 3.1　CD4052 的真值表

INHIBIT	B	A	
0	0	0	0x，0y
0	0	1	1x，1y
0	1	0	2x，2y
0	1	1	3x，3y
1	X	X	None

图 3.26　串口扩展电路图

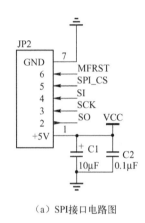

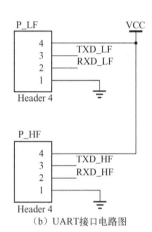

（a）SPI 接口电路图　　　　　　（b）UART 接口电路图

图 3.27　RFIC 接口电路图

3.3.2　主板的 PCB 设计

印制电路板的设计主要指版图设计，需要考虑外部连接的布局、内部电子元件的优化布局、金属连线和通孔的优化布局、电磁保护、热耗散等各种因素。优秀的版图设计可以节约生产成本，达到良好的电路性能和散热性能。

1. 封装库设计

对于封装库里没有的元件，必须精确绘制其封装，才能把 PCB 设计完整。任何元件的封装错误都可能导致所设计的电路板报废。

绘制元件时应注意：

（1）测量元件的引脚直径、形状，元件外形的长和宽。

（2）在绘制元件封装时，定义的焊盘钻孔直径比测量引脚直径大 0.2～0.4mm（经验值），特殊情况可适当大些；焊盘的外径 X，Y 尺寸比孔径直径大 0.6～0.8mm（经验值，外焊接方便、可靠）。

（3）绘制元件外形一般在顶层丝印层进行，也就是显示在 PCB 上的白色文字。

（4）必须定义参考原点，否则在 PCB 中找不到该元件或该元件无法移动。

1）绘制封装

向工程添加一个 PCB Library，保存为 "personal" 并打开，如图 3.28 所示。

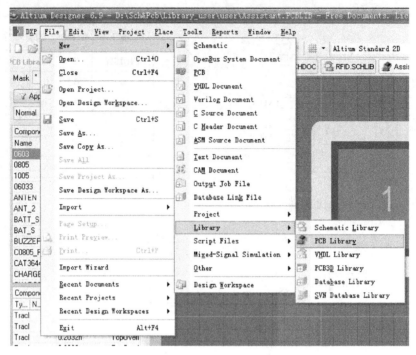

图 3.28　新建封装库文件

2）设置栅格

菜单操作"Tools – Library Options"，为了方便绘图，将 Grid1、2 改成 10mil 和 100mil，如图 3.29 和图 3.30 所示。

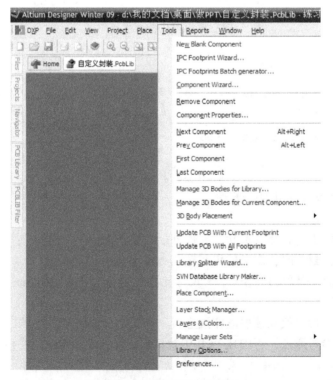

图 3.29　选择库文件选项

3）绘制外形

在 TopoverLayer，绘制元件外形、放焊盘，如图 3.31 所示。

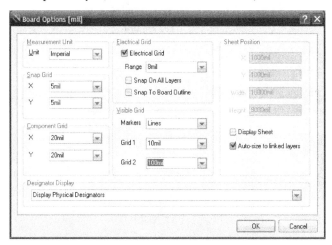

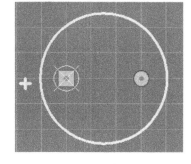

图 3.30　修改库文件选项　　　　　　　　图 3.31　绘制封装

4）设置基准点

如果基准点不在坐标原点，那么需要对其重新设置，使元件在坐标的原点附近，如图 3.32 所示。

5）修改封装名字

改成要求的 footprint 名称，如 buzzer，过程和结果如图 3.33 所示。

图 3.32　重新设置基准点　　　　　　　　图 3.33　重新命名封装名称

6）绘制其他元件封装

其他步骤同上，完成如下元件封装的绘制，如图 3.34 所示。

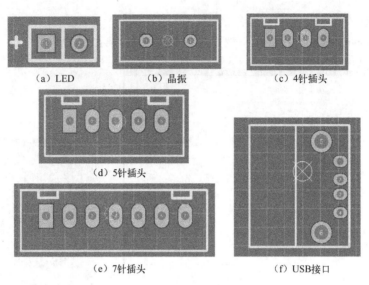

（a）LED　　　　　　　（b）晶振　　　　　　　（c）4针插头

（d）5针插头

（e）7针插头　　　　　　　　　　　（f）USB接口

图 3.34　其他元件的封装

7）编译集成库

把元件和封装打包输出，在文件存放目录下生成一个文件夹，里面为制作好的集成库。编译的同时也把该集成库安装到库中。

2. PCB 设计

1）建立 PCB 文件

建立 PCB 文件并保存，建议将文件名字改成"RFID_MAIN"或者"练习1"，如图 3.35 所示。

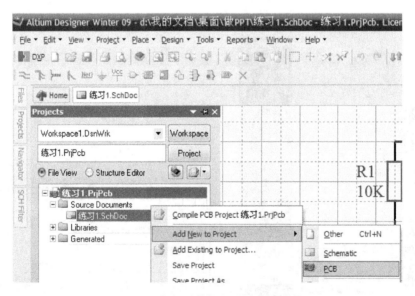

图 3.35　向工程文件中添加 PCB 文件

2）安装封装库

安装标准 PCB 封装库和自定义元件封装库，如图 3.36 所示。

图 3.36　添加封装库

然后按图 3.37 所示导入元件。

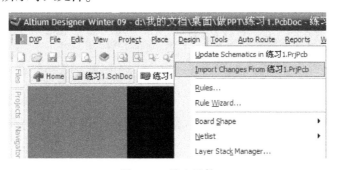

图 3.37　导入元件

导入完毕后，进入图 3.38 所示的界面，在该界面下，可以选择执行更改或者导出更改的报告，分别对应 "Execute Changes" 和 "Report Changes" 按钮。

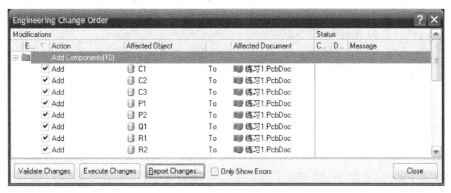

图 3.38　执行更改

单击 "Execute Changes" 按钮，元件被调出，如图 3.39 所示。

元件被调出后，元件之间由飞线连接。

飞线代表元件的连接关系，并不存在于 PCB 中。删除暗红色 ROOM，效果如图 3.40 所示。

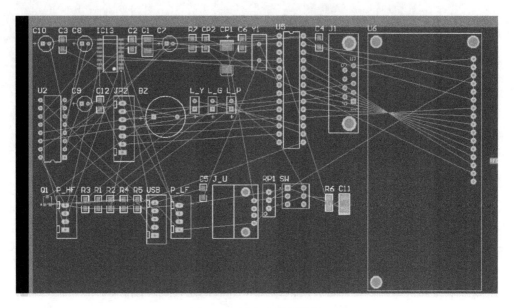

图 3.39　导入元件的效果

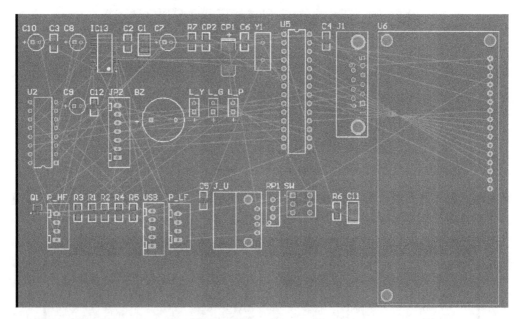

图 3.40　删除 ROOM 后的效果

3）规则检测

运行规则检查，把元件上的绿色报警取消，如图 3.41 和图 3.42 所示。

图 3.41　运行规则检查

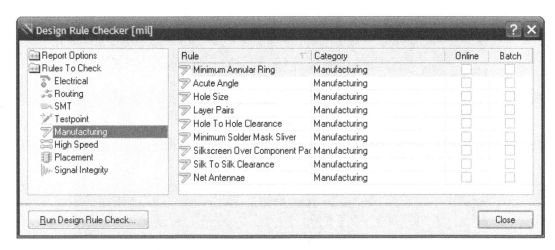

图 3.42　选择检查的项目

4）排列元件

按照一定的原则排列元件和元件的编号，如图 3.43 所示。

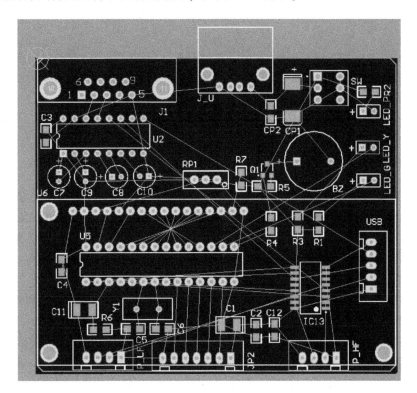

图 3.43　调整元件布局后的 PCB

5）布线

完成布线和覆铜之后的 PCB 版图如图 3.44 所示。

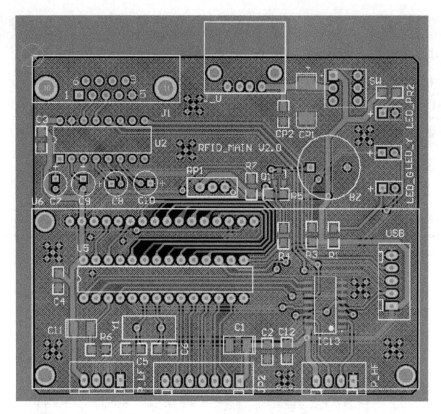

图 3.44 完成布线的 PCB

3.4 读写器的软件设计

Keil C51 是美国 Keil Software 公司出品的 51 系列兼容单片机 C 语言软件开发系统，与汇编语言相比，C 语言在功能、结构性、可读性、可维护性上有明显优势，因而易学易用。

Keil 提供了包括 C 编译器、宏汇编、连接器、库管理和一个功能强大的仿真调试器等在内的完整开发方案，通过一个集成开发环境（μVision）将这些部分组合在一起。运行 Keil 软件需要 WIN98、NT、WIN2000、WINXP 等操作系统。如果使用 C 语言编程，那么 Keil 是不二之选，即使不使用 C 语言而仅用汇编语言编程，其方便易用的集成环境、强大的软件仿真调试工具也会令你事半功倍。

Keil 公司是一家业界领先的微控制器（MCU）软件开发工具的独立供应商，制造和销售种类广泛的开发工具，包括 ANSI C 编译器、宏汇编程序、调试器、连接器、库管理器、固件和实时操作系统核心。其 Keil C51 编译器自 1988 年引入市场以来成为事实上的行业标准，并支持超过 500 种 8051 变种。

Keil 公司 2005 年被 ARM 公司收购，而后 ARM Keil 推出基于 μVision 的界面，用于调试 ARM7、ARM9、Cortex – M 内核的 MDK – ARM 开发工具，用于控制领域的开发。

Keil C51 软件提供丰富的库函数和功能强大的集成开发调试工具，全 Windows 界面。关于 Keil C51 开发系统的各部分功能和使用详见相关资料。

1. 优点

（1）Keil C51 生成的目标代码效率非常高，多数语句生成的汇编代码很紧凑，容易理解。在开发大型软件时更能体现高级语言的优势。

（2）与汇编语言相比，C 语言在功能、结构性、可读性、可维护性上具有明显优势，因而易学易用。用过汇编语言后再使用 C 语言来开发，体会更加深刻。

2. Keil C51 编译器

Keil C51 编译器为 8051 微控制器的软件开发提供了 C 语言环境，同时保留了汇编代码高效、快速的特点。

C51 编译器的功能不断增强，使用户可以更加贴近 CPU 本身及其他衍生产品。C51 已被完全集成到 μVisionX 的集成开发环境中，这个集成开发环境包含编译器、汇编器、实时操作系统、项目管理器、调试器。

μVision IDE 可为它们提供单一而灵活的开发环境，可以支持所有 8051 的衍生产品，也可以支持所有兼容的仿真器，同时支持其他第三方开发工具。

关于 Keil C51 编译器的详细介绍参见相关材料。

3. STC 系列单片机的下载工具

STC 系列单片机配套相关的下载软件，可以实现在线升级。推荐使用的软件为 STC 单片机烧录工具（STC–ISP）V6.80。

STC 单片机烧录工具（STC–ICP）主要是将用户的程序代码与相关选项，设置打包成一个可以直接对目标芯片进行下载编程的超级简单的用户自己界面的可执行文件。该软件具有超强工具包，已含 89 系列。

stc–isp.exe 其实就是给 STC 单片机下载程序的，可以从 STC 官方网站上下载、更新最新版本的软件。

3.4.1　软件设计

本设计的主要功能如下。

（1）与不同通信接口、不同 RFID 通信协议读头的数据通信。

（2）串口扩展的驱动。

（3）相关声光提示。

（4）与 PC 的通信，并将收到的数据显示到液晶屏上，同时提示接收成功；当无数据接收时，指定 LED 闪烁。

1. 主流程设计

为满足上述要求，现给出程序设计的主流程，如图 3.45 所示。

2. 推荐使用的程序源代码

根据图 3.45，以及电路原理图中的定义，推荐使用的关键程序源代码如下。

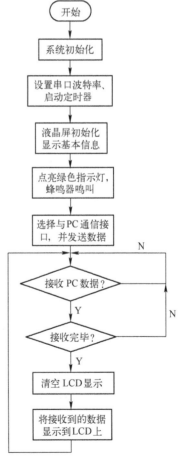

图 3.45　程序设计的主流程图

1）头文件

```
【代码示例3.1】
#include < reg52. h >
#include < string. h >
#include < intrins. h >
#include < absacc. h >
#include < stdlib. h >
```

2）通用的宏定义

```
【代码示例3.2】
#define uchar unsigned char
#define uint unsigned int
#define ulong unsigned long
#define        FALSE        0
#define        TRUE         1
sfr      WDT_CONTR       =0xE1;
//12MHz 晶振时，定时器 1ms 的定义
#define T1MS_L 0x17
#define T1MS_H 0xfc
```

3）外设驱动端口定义实例

```
【代码示例3.3】
//黄灯定义
sbit        LED_YELLOW = P3^7;
//CD4052 控制端口定义
sbit        PORT_S0 = P2^3;
sbit        PORT_S1 = P2^2;
//LCD1602 控制端口定义
sbit lcdrs = P2^1;
sbit lcden = P2^0;
```

4）全局变量及函数定义

```
【代码示例3.4】
uchar g_bTempData;
void Delay_ms( uint wDelay_Times);
void WATCH_DOG( void);
void Bell_Good( void);
void Bell_Error( void);
uchar WCOM( uint wDelay_Times);          //串口等待时间 = m ms
void SendOneByte( uchar bData);          //立即发送字节
```

5）液晶屏 LCD1602 初始化

【代码示例3.5】
```
void init( )
{
    uchar num;
    uchar code table[ ] = " RFID -- Ready ---- " ;          //初始化显示
    uchar code table1[ ] = " ID ------------ " ;
    lcden = 0;
    write_com(0x38) ;
    write_com(0x0c) ;
    write_com(0x06) ;
    write_com(0x01) ;
    write_com(0x80) ;
    for( num = 0;num < 15;num ++ )
        write_date(table[ num ]) ;
    write_com(0x80 + 0x40) ;
    for( num = 0;num < 15;num ++ )
        write_date(table1[ num ]) ;
}
```

6）液晶屏 LCD1602 写指令和写数据

【代码示例3.6】
```
//液晶屏写指令
void write_com( uchar com)
{
    lcdrs = 0;
    lcden = 0;
    P1 = com;
    delay(1) ;
    lcden = 1;
    delay(1) ;
    lcden = 0;
}
//液晶屏写数据
void write_date( uchar date)
{
    lcdrs = 1;
    lcden = 0;
    P1 = date;
    delay(1) ;
    lcden = 1;
```

```
        delay(1);
        lcden = 0;
}
```

7) 成功状态指示函数代码示例

【代码示例 3.7】
```
/********************************************************
入口参数: 无
出口参数: 无
********************************************************/
void Bell_Good(void)
{
    //绿灯点亮,同时蜂鸣器鸣叫 100ms,关闭
    LED_GREEN = 0;
    BELL = 0;                    //蜂鸣器鸣叫,拉低控制
    Delay_ms(100);
    BELL = 1;
    LED_GREEN = 1;

    Delay_ms(300);

    //绿灯点亮,同时蜂鸣器鸣叫 100ms,关闭
    LED_GREEN = 0;
    BELL = 0;
    Delay_ms(100);
    BELL = 1;
    LED_GREEN = 1;
    Delay_ms(300);
    //绿灯点亮
    LED_GREEN = 0;
}
```

8) 主函数
主函数的实例如下,其中"//?"表示需要添加的代码。

【代码示例 3.8】
```
void main(void)
{
    //变量定义
    uchar bI,bSum;
    uchar bpCardId[10];
    //初始化
```

```
IE = 0x00;
TCON = 0x41;
TMOD = 0x21;
SCON = 0x50;

//串口通信波特率的设置，9600
TR0 = 1;
RCAP2H = 0xff;
RCAP2L = 0xdc;          //11.0592M;0xdc
//定时器设置
T2CON = 0x34;          //C/T2 = 0;TCLK = 1,RCLK = 1;C/T2 = 1;计数频率 = 外部时钟频率
TH1 = 0xfd;           //波特率 9600 bps;11.0592;0xfd;
init( );             //LCD1602 初始化

//蜂鸣器鸣叫，拉低开启

//黄灯点亮 300ms 后熄灭，拉低点亮
LED_YELLOW = 0;
Delay_ms(300);        //延时 300ms
LED_YELLOW = 1;        //黄灯熄灭

//绿灯点亮 300ms 后熄灭，拉低点亮
//蜂鸣器关闭
//Select to PC
PORT_S0 = 1;
PORT_S1 = 1;
Delay_ms(100);

SendOneByte('t');
SendOneByte('e');
SendOneByte('s');
SendOneByte('t');

Delay_ms(100);
bSum = 0;

while(1)
{
    IE = 0x00;
    RI = 0;
    while(bSum < 7)
    {
```

```
                    //读取 PC 端数据
                    bI = WCOM(1000);        //等待串口数据
                    if(bI)
                    {
                        bpCardId[0] = SBUF;
                        bSum ++;
                    }
                    else
                    {
                        LED_YELLOW = 0;
                        Delay_ms(300);
                        LED_YELLOW = 1;
                        Delay_ms(300);
                        break;
                    }
                    DisplayCardId(&bpCardId [0]);
                    Bell_Good();           //提示正确
                    bSum = 0;
                }
            }
        }
```

9）延时函数代码示例

以 1ms 为单位，参数如下。

【代码示例 3.9】
```
/ ************************************************************
入口参数：wDelay_Times，延时时间
出口参数：无
 ************************************************************/
void Delay_ms(uint wDelay_Times)
{
    for(;wDelay_Times;wDelay_Times --)
    {
        //start the timer
        TL0 = T1MS_L;
        TH0 = T1MS_H;
        TF0 = 0;
        while(!TF0);
    }
}
```

10）失败状态指示代码示例

【代码示例 3.10】
```
/ ************************************************************
入口参数：无
出口参数：无
 ************************************************************/
void Bell_Error(void)
{
    LED_GREEN = 1;                    //绿灯熄灭
    LED_YELLOW = 0;                   //黄灯点亮，同时蜂鸣器鸣叫 30ms，关闭
    BELL = 0;
    Delay_ms(50);
    BELL = 1;
    LED_YELLOW = 1;
    Delay_ms(30);
    LED_YELLOW = 0;                   //黄灯点亮，同时蜂鸣器鸣叫 50ms，关闭
    BELL = 0;
    Delay_ms(50);
    BELL = 1;
    LED_YELLOW = 1;
    Delay_ms(30);
    LED_YELLOW = 0;                   //黄灯点亮，同时蜂鸣器鸣叫 50ms，关闭
    BELL = 0;
    Delay_ms(50);
    BELL = 1;
    LED_YELLOW = 1;
    Delay_ms(300);
    LED_GREEN = 0;                    //绿灯点亮
}
```

11）功能：等待串口数据，以 1ms 为单位

【代码示例 3.11】
```
/ ************************************************************
入口参数：wDelay_Times，延时参数
出口参数：TRUE/FALSE，有数据/无数据
 ************************************************************/
//串口等待时间 = m ms
uchar WCOM(uint wDelay_Times)
{
    for(;wDelay_Times;wDelay_Times--)
    {
        //start the timer
```

```
            TL0 = T1MS_L;
            TH0 = T1MS_H;
            TF0 = 0;
            while( ! TF0)
            {
                if( RI)
                {
                    RI = 0;
                    return TRUE;
                }
            }
            WATCH_DOG( );
        }
        return FALSE;
    }
```

12）立即发送字节

【代码示例 3.12】
```
/ *********************************************************
功能：通过串口发送字节
入口参数：wDelay_Times, 延时参数
出口参数：TRUE/FALSE, 有数据/无数据
********************************************************* /
void SendOneByte( uchar bData)
{
    TI = 0;
    SBUF = bData;
    while( ! TI) ;
    TI = 0;
}
```

13）液晶屏清除一行显示

【代码示例 3.13】
```
void ClearLine( void)
{
    uchar i;
    for( i = 0;i < 16;i ++ )
        write_date( );
}
```

3.4.2　调试与验证

1. STC 下载工具使用说明

stc – isp. exe 在解压缩之后可以直接运行，该软件的操作界面如图 3.46 所示。

图 3.46　STC 下载软件的操作界面

1）stc – isp 使用方法

（1）解压下载的文件后，双击文件"setup. exe"，安装好软件。

（2）连接硬件。将串口下载线的一头与计算机串口相连，另一头与电路板串口相连，注意此时不要给电路板上电。

（3）运行安装好的 STC 单片机 ISP 软件。

（4）选择单片机型号，与电路板单片机一致。

（5）打开要下载的 HEX 文件。

（6）选择串口和波特率，波特率请选用默认值。

（7）请选用默认值，特别是下次冷启动选择"与下载无关"。

（8）单击下载按钮，最后给目标板上电，程序下载即可完成。

2）不能下载程序的常见原因

（1）电压不足，板子用电量大时请采用外部直流电源供电。

（2）下载线（串口线）接口接触不良或计算机串口损坏。

（3）单片机芯片插反、损坏。

（4）请尝试使用较低的波特率进行下载。

当系统提示"串口已被其他程序占用或该串口不存在"时，可以进行如下排查。

（1）其他软件是否占用了串口。

（2）当前软件使用串口号和实际使用的计算机串口是否相同？如果不同，请调整为相同。

2. 软件编译及运行

在程序的调试过程中，通常会遇到如下 3 类问题，分别是程序编译错误、执行程序下载失败、设备运行状态不正确。

执行程序下载失败的问题在前文中已经描述过，这里不再重复。当设备运行时，经常会出现一些问题，除执行程序下载错误或者与硬件电路不匹配之外，多数为电路或器件问题，关于故障现象、产生原因和解决办法如表 3.2 所示。常见编译错误见附录 C。

表 3.2　常见的硬件故障汇总表

故障现象	产生原因	解决办法
自锁开关无反应：常亮或者不亮	自锁开关损毁或者类型错误	断电后，用万用表测量，在开启和按下时，分别测量通断性能，判断是否损坏，或者类型是否与电路要求一致
LED 灯不亮	LED 极性焊接错误 LED 损坏	断电后，用万用表测量，观察现象： • 正向导通，LED 会发出微弱的光； • 反向截止，LED 不发光； • 如果正/反向均不发光，则器件损坏
	焊接不良	检查如下电路： • MCU 的引脚焊接； • 与 LED 相连接的限流电阻焊接
	程序问题	检查程序代码： • 引脚定义是否与电路一致； • 驱动方式是否与电路一致
蜂鸣器不响	原因与 LED 相同	解决方法与 LED 相同。 补充：检查驱动的三极管规格型号是否正确，如是 PNP 还是 NPN
LCD 无显示	损坏	• 核对 LCD 上的引脚定义，与实际电路是否一致； • 调换安装的方向； • 调整电位器，仔细观察对比度变化情况； • 正向调整失败后反向调整，如果两次均不能正常显示，再检查电位器的焊接是否正确； • 上述调整均失败后，确认液晶屏已经损坏
	MCU 未工作	• 检测 MCU 的复位电路； • 检测 MCU 与 LCD 的接口； • 检查 MCU 的各引脚与 IC 座，IC 座与主板的连接情况
与 PC 通信失败	通信线缆连接故障	断电后，线缆重新插拔，再重新上电
	MAX232 芯片及电路故障	• 芯片的型号是否正确； • 芯片的方向是否正确； • 芯片的引脚是否与 IC 座完全接触； • 用万用表测量 IC 座的引脚与芯片引脚的连接情况； • 芯片是否发热； • 极性电容是否有缺失，焊接是否正确
	CD4052 芯片及电路故障	• 芯片的型号是否正确； • 芯片的方向是否正确； • 芯片的引脚是否与焊盘完全接触，用万用表测量焊盘与芯片引脚的连接情况； • 芯片是否发热

本章小结

通过 Altium Designer09 软件，完成原理图的设计、PCB 的设计，由于在应用中某些器件的原理图和封装并没有被收录到已有的库文件中，因此需要进行设计。

设计后的库文件可以直接加载到工程文件中。

在电路图设计完毕后，需要进行相关软件程序的编写，对于 51 单片机来说，相应的开发环境为 Keil，完成程序的编写、编译和调试。

对于 STC 系列单片机来说，可以通过专用的软件实现在线下载，验证主板的性能和功能。

习题 3

1. 实践题。

（1）完成课上所要求的全部内容，包括元件库、封装库、原理图和 PCB。

（2）在本主板上，设计 LCD 的接口电路，LCD 的型号为 1602。

（3）安装 Keil 开发环境，推荐使用 Keil μVision4。

（4）完成射频读写器主板程序的编写与调试，并将执行文件下载到指定主板中，进行运行验证。

第4章 电感耦合的射频前端电路设计

【内容提要】

本章内容以 RFID 天线设计为核心，介绍天线的基本功能、射频前端的基础知识、电感耦合的射频前端电路的构成和参数计算，以及进行相关的射频前段电路设计。

射频前端的基本功能是实现射频能量和信息传递，射频识别技术在工作频率为 13.56 MHz 和小于 135kHz 时，基于电感耦合的方式，在更高频段基于雷达探测目标的反向散射耦合方式。

在天线设计时，需要考虑电磁兼容性，电磁兼容性是指设备或系统在其电磁环境中符合要求运行并不对其环境中的任何设备产生无法忍受的电磁干扰的能力。

【学习目标与重点】

- ◆ 掌握射频前端电路的形式及特点；
- ◆ 掌握串联谐振回路原理及其电路特性曲线和相关参数的计算；
- ◆ 了解 RFID 中常用的天线形式及计算方法；
- ◆ 了解电磁兼容与 RFID 的关系。

案例分析：被电磁波点亮的"指示灯"

如何判断 RFID 阅读器是否正常工作？信号的强度？

根据射频识别原理，无线电波是阅读器的天线端发射出来的，那么可以使用频谱分析通过检查无线信号来判断阅读器是否正常工作。这是通常的做法，但是如果在没有专业仪器仪表的情况下，将如何解决这个问题呢？

解决这个问题的关键在于"捕获"无线电波。遇到这个电路，"捕获"电波的问题可以迎刃而解，电路如图 4.1 所示。

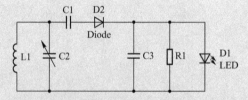

图 4.1 可以"捕获"无线电波的电路图

运用电子电路的知识分析一下：

当外加信号与本电路的振荡频率相同时，电路将产生谐振，此时电路两端的电压达到最大值，如果发射端的信号具有一定的强度，那么电路中的发光二极管将被点亮，且当电路板接近发射端时，指示灯的亮度会增强。

对比一下谐振电路与发射端电路中的信号：频率基本相同，幅度是线性关系。换个角度考虑一下，发射端的信号被转移到这个电路，或者说谐振电路"捕获"了来自发射端的无线电波。

这就是 RFID 中电感耦合方式的原理，"捕获"过程即耦合。

4.1　天线的基本功能

天线的基本功能是辐射和接收无线电波。发射时，把高频电流转换为电磁波；接收时，把电磁波转换为高频电流。

4.1.1　天线的基础知识

按照麦克斯韦电磁场理论，变化的电场在其周围空间要产生变化的磁场，而变化的磁场又要产生变化的电场。这样，变化的电场和变化的磁场之间相互依赖，相互激发，交替产生，并以一定的速度由近及远地在空间传播出去。

周期性变化的磁场激发周期性变化的电场，周期性变化的电场激发周期性变化的磁场。电磁波不同于机械波，它的传播不需要依赖任何弹性介质，它只靠"变化电场产生变化磁场，变化磁场产生变化电场"的机理来传播。

当电磁波频率较低时，主要借由有形的导电体才能传递；当频率逐渐提高时，电磁波就会外溢到导体之外，不需要介质也能向外传递能量，这就是一种辐射。

在低频电振荡中，磁电之间的相互变化比较缓慢，其能量几乎全部返回原电路而没有能量辐射出去。然而，在高频率电振荡中，磁电互变甚快，能量不可能返回原振荡电路，于是电能、磁能随着电场与磁场的周期变化以电磁波的形式向空间传播出去。

根据以上理论，每一段流过高频电流的导线都会有电磁辐射。有的导线用作传输，不希望有太多的电磁辐射损耗能量；有的导线用作天线，希望能尽可能地将能量转化为电磁波发射出去，于是就有了传输线和天线。无论是天线还是传输线，都是电磁波理论或麦克斯韦方程在不同情况下的应用。

对于传输线，这种导线的结构应该能传递电磁能量，而不会向外辐射；对于天线，这种导线的结构应该能尽可能将电磁能量传递出去。不同形状、尺寸的导线在发射和接收某一频率的无线电信号时效率相差很多，因此要取得理想的通信效果必须采用适当的天线。

高频电磁波在空中传播，如遇到导体，就会发生感应作用，在导体内产生高频电流，这样在接收端可以用导线接收来自远处的无线电信号。因此，天线的主要研究内容为采用什么样结构的导线能够实现高效的发射和接收。

发射天线的作用是将发射机的高频电流（或波导系统中的导行波）的能量有效地转换成空间的电磁能量，而接收天线的作用恰恰相反，功能如图 4.2 所示。

因此，天线实际上是一个换能器。

1. 天线的工作原理

天线的一般原理是当导体上通以高频电流时，在其周围空间会产生电场与磁场。按电磁场在空间的分布特性，可分为近区、中间区、远区。

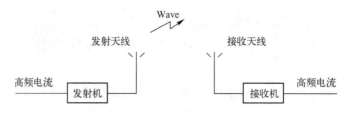

图 4.2　发射天线和接收天线的功能

设 R 为空间一点到导体的距离，是高频电流信号的波长，在 $R < \lambda/2\pi$ 时的区域称为近区，在该区内的电磁场与导体中的电流、电压有紧密联系。

在 $R > \lambda/2\pi$ 的区域称为远区，在该区域内电磁场能离开导体向空间传播，它的变化相对于导体上的电流、电压要滞后一段时间，此时传播出去的电磁波已不与导线上的电流、电压有直接联系了，这个区域的电磁场称为辐射场。

发射天线将传输线上的信号转化成电磁波并将其发射到自由空间中，在通信链路的另一端，接收天线收集到入射到它上面的电磁波并把它重新转化成传输线上的信号。

1）作为传感器的天线

传感器是一种检测装置，能感受到被测量的信息，并能将检测感受到的信息按一定规律变换成电信号或其他所需形式的信息输出，以满足信息的传输、处理、存储、显示、记录和控制等要求。

第一种观点就是把天线作为传感器来看待。对于很多应用场合，可以把天线作为一个黑盒子来处理，其性能可以用诸如增益、方向图、极化方式、带宽、色散、匹配等特性参数来描述。因此，在很多应用场合，把天线看成一个将传输线上的信号与自由空间中的电磁波耦合起来的传感器就可以了。

2）作为变换器的天线

第二种观点是把超宽带天线作为阻抗变换器。

从这种观点出发，天线就是一个将传输线阻抗和自由空间阻抗耦合起来的阻抗变换器；不像窄带天线的情况，超宽带天线的阻抗与设计有关而不是固定的。

为了设计具有所需阻抗的超宽带天线，需要把超宽带天线看作传输线的延伸部分。在这个延伸部分中阻抗从传输线的阻抗光滑而连续地变换到馈电区、辐射单元，最终变换到自由空间的阻抗；指数型渐变阻抗变换器和 klopfenstein 渐变阻抗变换器为超宽带天线的设计提供了良好的理论起点；同样，平衡 – 不平衡转换处理的是连接处问题的解决方法，同样也是一种变换。

3）作为辐射器的天线

第三种观点是把天线作为辐射器看待。

传统的观点为，天线是承载某种电流分布的装置，这种电流分布决定了天线的辐射特性。由于感生电压和加速电荷的存在，导致电流出现，这些时变电流产生辐射场。电荷、电流及伴随其产生的场之间的关系，可以通过麦氏方程来描述。

4）作为换能器的天线

第四种观点是将天线作为换能器来看待。

早期电磁能量一直被认为是电荷的固有特性，能量被认为是通过"隔空作用"的方式从一点传到另一点。电磁能量的理论可以用于分析一系列有趣的实例，包括时谐和瞬态辐射过程。

这些例子突出了几个非常重要的天线设计原理。

第一，存储在天线周围的电抗性能量是无功的，这些能量会使天线的带宽变窄并带来较大的回波损耗，恶化匹配特性。

第二，电抗性能量流经并占据着天线周围的特定空间。

根据这两点，可以得出三条基本的天线设计规律：

（1）超宽带天线较窄带天线"粗胖"一些，粗胖的单元能降低电抗性储能，增加带宽和改善匹配特性。

（2）通过了解电磁能流的分布情况，可以设计出外形与能流线共形的天线单元，阻断电抗性无功储能的来源。

（3）一个设计良好的平面天线单元，完全可以达到与工艺复杂、体积较笨重的三组维球体或旋转天线单元的同等效果。

2. 天线的发展史

最早的发射天线是 H. R. 赫兹在 1887 年为了验证 J. C. 麦克斯韦根据理论推导所作关于存在电磁波的预言而设计的。它是两个约为 30cm 长、位于一直线上的金属杆，其远离的两端分别与两个面积约 40cm² 的正方形金属板相连接，靠近的两端分别连接两个金属球并接到一个感应线圈的两端，利用金属球之间的火花放电来产生振荡。当时，赫兹用的接收天线是单圈金属方形环状天线，根据方环端点之间空隙出现火花来指示收到了信号。

G. 马可尼是第一个采用大型天线实现远洋通信的，所用的发射天线由 30 根下垂铜线组成，顶部用水平横线连在一起，横线挂在两个支持塔上。这是人类真正实用的第一副天线。自从这副天线产生以后，天线的发展大致分为四个历史时期。

1）线天线时期

在无线电获得应用的最初时期，真空管振荡器尚未发明，人们认为波长越长，传播中衰减越小。因此，为了实现远距离通信，所利用的波长都在 1000m 以上。在这一波段中，显然水平天线是不合适的，因为大地中的镜像电流和天线的电流方向相反，天线辐射很小。此外，它所产生的水平极化波沿地面传播时衰减很大。因此，在这一时期应用的是各种不对称天线，如倒 L 形、T 形、伞形天线等。由于高度受到结构上的限制，这些天线的尺寸比波长小很多，因而属于小天线的范畴。后来，业余无线电爱好者发现短波能传播很远的距离，A. E. 肯内利和 O. 亥维赛发现了电离层的存在和它对短波的反射作用，从而开辟了短波波段和中波波段领域。这时，天线尺寸可以与波长相比拟，促进了天线的顺利发展。

这一时期除抗衰落的塔式广播天线外，还设计出各种水平天线和天线阵，采用的典型天线有偶极天线（见对称天线）、环形天线、长导线天线、同相水平天线、八木天线（见八木－宇田天线）、菱形天线和鱼骨形天线等。这些天线比初期的长波天线有较高增益、较强的方向性和较宽的频带，后来一直得到使用并不断被改进。在这一时期，天线的理论工作也得到了发展。

H. C. 波克林顿在 1897 年建立了线天线的积分方程，证明了细线天线上的电流近似正弦分布。由于数学上的困难，他并未解出这一方程。

后来 E. 海伦利用 δ 函数源来激励对称天线得到积分方程的解。同时，A. A. 皮斯托尔哥尔斯提出了计算线天线阻抗的感应电动势法和二重性原理。

R. W. P. 金继海伦之后又对线天线做了大量理论研究和计算工作。将对称天线作为边值问题并用分离变量法来求解的有 S. A. 谢昆穆诺夫、H. 朱尔特、J. A. 斯特拉顿和朱兰成等。

2）面天线时期

虽然早在 1888 年赫兹就首先使用了抛物柱面天线，但由于没有相应的振荡源，一直到 20 世纪 30 年代才随着微波电子管的出现陆续研制出各种面天线。

这时已有类比于声学方法的喇叭天线、类比于光学方法的抛物反射面天线和透镜天线等。这些天线利用波的扩散、干涉、反射、折射和聚焦等原理获得窄波束和高增益。

第二次世界大战期间出现了雷达，大大促进了微波技术的发展。为了迅速捕捉目标，研制出了波束扫描天线，利用金属波导和介质波导研制出波导缝隙天线和介质棒天线，以及由它们组成的天线阵。

在面天线基本理论方面，建立了几何光学法、物理光学法和口径场法等理论。当时，由于战时的迫切需要，天线的理论还不够完善。天线的实验研究成了研制新型天线的重要手段，建立了测试条件和误差分析等概念，提出了现场测量和模型测量等方法（见天线参量测量）。在面天线有较大发展的同时，线天线理论和技术也有所发展，如阵列天线的综合方法等。

3）从第二次世界大战结束到 20 世纪 50 年代末期

微波中继通信、对流层散射通信、射电天文（是天文学的一个分支，通过电磁波频谱以无线电频率研究天体）和电视广播等工程技术的天线设备有了很大发展，建立了大型反射面天线，这时出现了分析天线公差的统计理论，发展了天线阵列的综合理论等。

1957 年美国研制成第一部靶场精密跟踪雷达 AN/FPS–16，随后各种单脉冲天线相继出现，同时频率扫描天线也付诸应用。

在 20 世纪 50 年代，宽频带天线的研究有所突破，产生了非频变天线理论，出现了等角螺旋天线、对数周期天线等宽频带或超宽频带天线。

4）20 世纪 50 年代以后

人造地球卫星和洲际导弹研制成功对天线提出了一系列新课题，要求天线有高增益、高分辨率、圆极化、宽频带、快速扫描和精确跟踪等性能。

从 20 世纪 60 年代到 70 年代初期，天线的发展空前迅速。

一方面是大型地面站天线的修建和改进，包括卡塞格伦天线的出现、正/副反射面的修正、波纹喇叭等高效率天线馈源和波束波导技术的应用等；另一方面，沉寂了将近三十年的相控阵天线由于新型移相器和电子计算机的问世，以及多目标同时搜索与跟踪等要求的需要而重新受到重视并获得广泛应用和发展。

到 20 世纪 70 年代，无线电频道的拥挤和卫星通信的发展，反射面天线的频率复用、正交极化等问题和多波束天线开始受到重视。无线电技术向波长越来越短的毫米波、亚毫米波，以及光波方向发展，出现了介质波导、表面波和漏波天线等新型毫米波天线。

此外，在阵列天线方面，由线阵发展到圆阵，由平面阵发展到共形阵，信号处理天线、自适应天线、合成口径天线等技术也都进入了实用阶段。同时，由于电子对抗的需要，超低副瓣天线也有了很大发展。

由于高速大容量电子计算机的研制成功，20 世纪 60 年代发展起来的矩量法和几何绕射理论在天线的理论计算和设计方面获得了应用。这两种方法解决了过去不能解决或难以解决的大量天线问题。随着电路技术向集成化方向发展，微带天线引起了广泛关注和研究，并在飞行器上获得了应用。同时，由于遥感技术和空间通信的需要，天线在有耗媒质或等离子体中的辐射特性及瞬时特性等问题也开始受到人们的重视。

这一时期在天线结构和工艺上也取得了很大进展，制成了直径为 100m、可全向转动的高精度保形射电望远镜天线，还研制成单元数接近 2 万的大型相控阵和高度超过 500m 的天线塔。

在天线测量技术方面，这一时期出现了微波暗室和近场测量技术、利用天体射电源测量天线的技术，并创立了用计算机控制的自动化测量系统等。这些技术的运用解决了大天线的测量问题，提高了天线测量的精度和速度。

3. 天线的基本参数

天线既然是空间无线电波信号和电路中交流电流信号的转换装置，必然一端和电路中的交流电流信号接触，另一端和自由空间中的无线电波信号接触。因此，天线的基本参数可分为两部分：一部分描述天线在电路中的特性（即阻抗特性）；另一部分描述天线与自由空间中电波的关系（即辐射特性）。另外从实际应用方面出发引入了带宽这一参数。描述天线阻抗特性的主要参数有输入阻抗。描述天线辐射特性的主要参数有方向图、增益、极化、效率。

1）输入阻抗

天线输入阻抗的意义在于天线和电路的匹配方面。当天线和电路完全匹配时，电路里的电流全部送到天线部分，没有电流在连接处被反射回去。完全匹配状态是一种理想状态，现实中不太可能做到理想的完全匹配，只有使反射回电路的电流尽可能小，当反射电流小到要求的程度时，就认为天线和电路匹配了。

通常，电路的输出阻抗都设计成 50Ω 或 75Ω，要使天线和电路连接时匹配，那么天线的输入阻抗应设计成和电路的输出阻抗相等，但通常天线的输入阻抗很难准确设计成等于电路的输出阻抗，因此在实际的天线和电路的连接处始终存在或多或少的反射电流，即一部分功率被反射回去，不能向前传输，如图 4.3 所示。

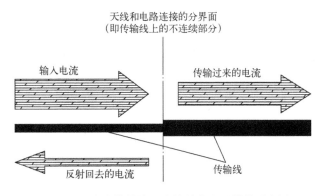

图 4.3　电流在传输线不连续处产生反射的示意图

描述匹配的参数如表 4.1 所示。电压驻波比和回波损耗都是描述匹配的参数，只是表达的形式不同而已。

表 4.1　描述匹配的一些参数

参　数	对参数的一些描述
电压驻波比（VSWR）	设输入电流的大小为 1，被反射回去的电流为 Γ，那么电压驻波比为 $(1+\Gamma)/(1-\Gamma)$。电压驻波比只是个数值，没有单位。$\Gamma = 1/3$，电压驻波比则为 2；当电流被全部反射时，$\Gamma = 1$，电压驻波比为 $+\infty$；当没有反射电流时，$\Gamma = 0$，电压驻波比为 1。反射功率按 Γ^2 计算，如反射电流是 $\Gamma = 1/3$，那么反射功率是 $\Gamma^2 = 1/9$
回波损耗（RL）	回波损耗通常用对数表示，如果反射电流是 Γ，那么回波损耗为 $20\lg(\Gamma)$，单位为 dB。$\Gamma = 1/3$ 时，回波损耗为 $-9.5424\mathrm{dB}$；当电流被全部反射时，$\Gamma = 1$，回波损耗为 0；当没有反射电流时，$\Gamma = 0$，回波损耗为 $-\infty$

2）方向函数 $F(\theta, \varphi)$ 和方向图

通常使用方向函数来描述天线在空间不同位置的辐射情况。以天线为中心，辐射功率密度随角坐标变化的特性如图 4.4 所示。

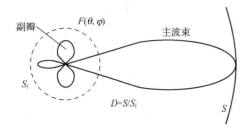

图 4.4　辐射方向图 $F(\theta, \varphi)$ 和方向性 D

定向的单波束或多波束用于点对点通信或一点对多点通信，全向（在一个指定平面内有均匀辐射特性）波束用于广播电视等场合，赋形主波束用于卫星通信和电视覆盖特定区域的情况。

3）方向性 D

方向性 D 为在离天线同样距离处测得的方向图上的最大功率密度与各向同性平均功率密度之比，即

$$D = S/S_i$$

式中，S 和 S_i 分别是同距离处的实际功率密度和各向同性功率密度。

4）天线增益

定向天线在空间某方向的辐射功率密度与无损耗的点源天线在该方向辐射功率密度之比称为天线增益。

5）天线的阻抗

天线和馈线的连接处称为天线的输入端或馈电点。

对于线天线来说，天线输入端电压与电流的比值称为天线的输入阻抗。对于口面型天线，则常用馈线上的电压驻波比来表示天线的阻抗特性。

通常天线的输入阻抗是复数，实部称为输入电阻，以 R_i 表示；虚部称为输入电抗，以 X_i 表示。

天线的输入阻抗与天线的几何形状、尺寸、馈电点位置、工作波长和周围环境等因素有关。线天线的直径较粗时，输入阻抗随频率的变化较平缓，天线的阻抗带宽较宽。

研究天线阻抗的主要目的是为实现天线和馈线间的匹配。欲使发射天线与馈线相匹配，天线的输入阻抗应该等于馈线的特性阻抗。欲使接收天线与接收机相匹配，天线的输入阻抗应该等于负载阻抗的共轭复数。通常接收机具有实数的阻抗。当天线的阻抗为复数时，需要用匹配网络来除去天线的电抗部分并使它们的电阻部分相等。

当天线与馈线匹配时，由发射机向天线或由天线向接收机传输的功率最大，这时在馈线上

不会出现反射波，反射系数等于零，驻波系数等于 1。天线与馈线匹配的好坏程度用天线输入端的反射系数或驻波比的大小来衡量。对于发射天线来说，如果匹配不好，则天线的辐射功率就会减小，馈线上的损耗会增大，馈线的功率容量也会下降，严重时还会出现发射机频率"牵引"现象，即振荡频率发生变化。

6）天线带宽

以中心频率为基准，向两边增加和减少而引起功率下降 3dB 的频率范围。在该频率范围内，一个选定的天线参数或一组天线参数的变化是可以接受的。有方向图带宽、增益带宽、输入阻抗带宽等，用得较多的是天线输入阻抗带宽。

7）天线输入驻波比

驻波比全称为电压驻波比，又名 VSWR，为英文 Voltage Standing Wave Ratio 的简写。指驻波波腹电压与波谷电压幅度之比，又称为驻波系数、驻波比。驻波比等于 1 时，表示馈线和天线的阻抗完全匹配，此时高频能量全部被天线辐射出去，没有能量的反射损耗；驻波比为无穷大时，表示全反射，能量完全没有辐射出去。

射频系统阻抗要匹配，特别要注意使电压驻波比达到一定要求，因为在宽带运用时频率范围很广，驻波比会随着频率而变，应使阻抗在宽范围内尽量匹配。

4.1.2　RFID 天线

RFID 系统天线一般分为应答器天线设计和读写器天线两大类。不同工作频段的 RFID 系统天线的设计各有特点。

对于 LF 和 HF 频段，系统采用电感耦合方式工作，应答器所需的工作能量通过电感耦合方式由读写器的耦合线圈辐射近场获得，一般为无源系统，工作距离较短，不大于 1m。在读写器近场实际上不涉及电磁波传播问题，天线设计比较简单。而对于 UHF 和微波频段，应答器工作时一般位于读写器天线的远场，工作距离较远。读写器天线为应答器提供工作能量或唤醒有源应答器，UHF 频段多为无源被动工作系统，微波频段（2.45GHz 和 5.8GHz）则以半主动工作方式为主。天线设计对系统性能影响较大。对于 UHF 和微波频段应答器天线设计，主要问题如下。

1. 天线的输入匹配

UHF 和微波频段应答器天线一般采用微带天线形式。关于微波频段的天线参数及设计将在第 7 章中详细讲解，这里只做简单介绍。

在传统的微带天线设计中，可以通过控制天线尺寸和结构，或者使用阻抗匹配转换器使其输入阻抗与馈线相匹配，天线匹配越好，天线辐射性能越好。但由于受到成本的影响，应答器天线一般只能直接与标签芯片相连。芯片阻抗很多时候呈现强感弱阻的特性，而且很难测量芯片工作状态下的准确阻抗特性数据。在设计应答器天线时，使天线输入阻抗与芯片阻抗相匹配有一定难度。在保持天线性能的同时又要使天线与芯片相匹配。这是应答器天线设计的一个主要难点。

2. 天线方向图

应答器理论上希望它在各个方向都可以接收到读写器的能量，所以一般要求应答器天线具有全向或半球覆盖的方向性，且要求天线为圆极化。

3. 天线尺寸对其性能的影响

由于应答器天线尺寸极小，其输入阻抗、方向图等特性容易受到加工精度、介质板纯度的影响。在严格控制尺寸的同时又要求天线具有相当的增益，增益越大，应答器的工作距离越远。

实际应用中的应答器天线基本采用贴片天线设计，其主要形式有微带天线、折线天线等。

应答器天线设计一直是 RFID 系统中的热点，研究的重点有如何实现宽频特性、阻抗匹配，以及天线底板对标签性能的影响。读写器天线一般要求使用定向天线，可以分为合装和分装两类。合装是指天线与芯片集成在一起，分装则是天线与芯片通过同轴线相连，一般而言，读写器天线设计要求比应答器天线要低。最近一段时间开始有研究在读写器天线上应用智能天线技术控制天线主波束的指向，增大读写器所能涵盖的区域。

4.2 电感耦合方式的射频前端电路设计

第 1 章已经介绍了关于电感耦合与反向散射耦合的原理，反向散射耦合的基础是电磁波传播和反射的形成，它用于微波应答器。关于反向散射耦合的射频前端电路设计可查阅相关资料。

本节内容为电感耦合方式的电路构成及相关参数计算。

电感耦合方式的基础是电感电容（LC）谐振回路及电感线圈产生的交变磁场。基于本方式的阅读器天线电路较简单，通常分为三种形式，即串联谐振回路、并联谐振回路、具有初级和次级线圈的耦合电路，电路如图 4.5 所示。

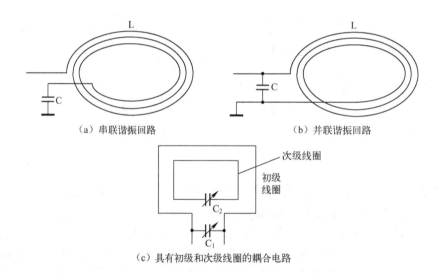

(a) 串联谐振回路　　　　　　　　　(b) 并联谐振回路

(c) 具有初级和次级线圈的耦合电路

图 4.5　电感耦合方式的阅读器天线电路形式

上述三种电路具有电路简单、成本低的特点，其中的串联 LC 回路，激励可采用低内阻的恒压源，谐振时可获得最大的回路电流。

谐振是正弦电路在特定条件下所产生的一种特殊的物理现象，谐振现象在无线电和电工技术中得到广泛应用，对电路中谐振现象的研究有重要意义。

含有 R、L、C 的一端口电路，在特定条件下出现端口电压、电流同相位现象时，称电路发生了谐振。

4.2.1　RFID 中常见的电感设计

1. 电感的形式

电感的形式有很多种，图 4.6 和图 4.7 分别为在 RFID 中常见的电感形式。

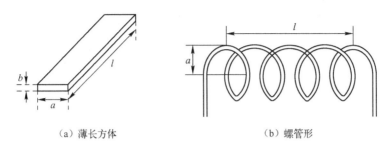

（a）薄长方体　　　　　　　　　　（b）螺管形

图 4.6　薄长方形导体和单层螺线管形式的电感

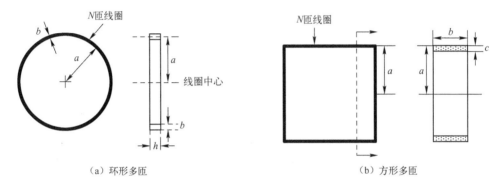

（a）环形多匝　　　　　　　　　　（b）方形多匝

图 4.7　环形空心线圈和方形空心线圈的电感形式

2. 电感参数的计算

不同形式的电感，其电感参数计算的方法及方式有所不同。

（1）线圈电感量计算的理论公式：

$$L = \frac{\psi}{i} = N^2 \frac{\phi_0}{i} = N^2 L_0 \tag{4.1}$$

（2）薄长方导体：

$$L = 0.002l \left[\ln\left(\frac{2l}{a+b} \right) + 0.50049 + \frac{a+b}{3l} \right] \quad (\mu H) \tag{4.2}$$

（3）单层螺线管：

$$L = \frac{(aN)^2}{22.9l + 25.4a} \quad (\mu H) \tag{4.3}$$

（4）N 匝环形空心线圈

用于电感线圈设计的公式为（4.1），在实践中有时也会用经验公式进行估算，式（4.2）和式（4.3）分别用于薄长方导体的电感量和单层螺线管形线圈的电感值估算。

3. 应答器的电感线圈

常见应答器电感线圈的形状如图 4.8 所示。

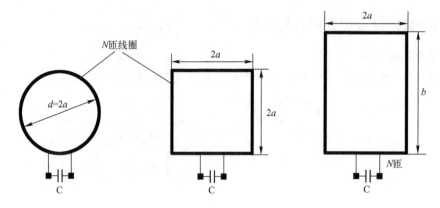

图 4.8　常见应答器电感线圈的形状

（1）环形电感的参数计算公式

针对环形电感，有以下公式可利用：

$$L = N \times 2A_L \tag{4.4}$$

式中，L 为电感量（H）；N 为绕线匝数（圈）；A_L 为感应系数。

$$H - DC = \frac{0.4\pi NI}{l} \tag{4.5}$$

式中，$H - DC$ 为直流磁化力；I 为通过电流（A）；l 为磁路长度（cm）。

l 及 A_L 值可参照 Micrometa 对照表。例如：

T50 – 52 材，绕线 5 圈半，其 L 值为 T50 – 52（表示 OD 为 0.5 英寸），经查表其 A_L 值约为 33nH，则 $L = 33 \times (4.5) \times 2 = 998.25nH \approx 1\mu H$

当通过 10A 电流时，其 L 值变化，可由 $l = 3.74$（查表）

$H - DC = 0.4\pi NI/l = 0.4 \times 3.14 \times 5.5 \times 10/3.74 = 18.47$（查表后），即可了解 L 值的下降程度。

（2）电感计算的经验公式

介绍一个经验公式。

$$L = \frac{k\mu_0\mu_s N^2 S}{l} \tag{4.6}$$

其中：

μ_0 为真空磁导率 $= 4\pi \times 10^{-7}$；

μ_s 为线圈内部磁芯的相对磁导率，空心线圈时 $\mu_s = 1$；

N^2 为线圈圈数的平方；

S 为线圈的截面积，单位为 m^2；

l 为线圈的长度，单位为 m；

k 为系数，取决于线圈的半径（R）与长度（l）的比值。

4.2.2　串联谐振回路及参数

在电阻、电感及电容所组成的串联电路内，当容抗 X_C 与感抗 X_L 相等，即 $X_C = X_L$ 时，电路中的电压 U 与电流 I 的相位相同，电路呈纯电阻性，这种现象称为串联谐振。

串联谐振电路如图 4.9 所示，R_1 是电感线圈 L 损耗的等效电阻，R_S 是信号源 $\dot{V}_S$ 的内阻，R_L 是负载电阻，回路总电阻值 $R = R_1 + R_S + R_L$。

该电路中回路电流、阻抗及相角计算如下：

$$\dot{I} = \frac{\dot{V}_S}{Z} = \frac{\dot{V}_S}{R + jX} = \frac{\dot{V}_S}{R + j\left(\omega L - \dfrac{1}{\omega C}\right)} \tag{4.7}$$

$$|Z| = \sqrt{R^2 + X^2} = \sqrt{R^2 + \left(\omega L - \dfrac{1}{\omega C}\right)^2} \tag{4.8}$$

$$\varphi = \arctan \frac{X}{R} = \arctan \frac{\omega L - \dfrac{1}{\omega C}}{R} \tag{4.9}$$

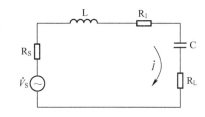

图 4.9　串联谐振电路

当电路满足谐振条件时，即

$$X = \omega L - \frac{1}{\omega C} = 0 \tag{4.10}$$

此时 $\omega_0 = \dfrac{1}{\sqrt{LC}}$，即 $f_0 = \dfrac{1}{2\pi\sqrt{LC}}$，则

$$\omega_0 L = \frac{1}{\omega_0 C} = \sqrt{\frac{L}{C}} = \rho \tag{4.11}$$

当电路发生串联谐振时，电路的阻抗 $Z = R$，电路中总阻抗最小，电流将达到最大值。因此，串联谐振回路具有如下特性：

（1）谐振时，回路电抗 $X = 0$，阻抗 $Z = R$ 为最小值，且为纯阻；

（2）谐振时，回路电流最大；

（3）电感与电容两端电压的模值相等，且等于外加电压的 Q 倍。

1. 谐振特性及参数

1）品质因数

品质因数是衡量电感上损耗的物理量，用 Q 来表示。表征了无功功率与有功功率的比值。其值越大，表示损耗越小。回路的品质因数 Q 的定义如下：

$$Q = \frac{\omega_0 L}{R} = \frac{1}{\omega_0 CR} = \frac{1}{R}\sqrt{\frac{L}{C}} = \frac{1}{R}\rho \tag{4.12}$$

通常，回路的 Q 值可达数十到近百，谐振时电感线圈和电容器两端的电压可比信号源电压大数十到百倍，在选择电路器件时，必须考虑器件的耐压问题。

$$\frac{\dot{I}}{\dot{I}_0} = \frac{R}{R + j\left(\omega L - \dfrac{1}{\omega C}\right)} = \frac{1}{1 + j\dfrac{\omega_0 L}{R}\left(\dfrac{\omega}{\omega_0} - \dfrac{\omega_0}{\omega}\right)} = \frac{1}{1 + jQ\left(\dfrac{\omega}{\omega_0} - \dfrac{\omega_0}{\omega}\right)} \tag{4.13}$$

2）串联谐振回路的谐振特性

取其模值，得到如下结果：

$$\frac{I_m}{I_{0m}} = \frac{1}{\sqrt{1 + Q^2\left(\dfrac{\omega}{\omega_0} - \dfrac{\omega_0}{\omega}\right)^2}} \approx \frac{1}{\sqrt{1 + \left(Q\dfrac{2\Delta\omega}{\omega_0}\right)^2}} = \frac{1}{\sqrt{1 + \xi^2}} \tag{4.14}$$

串联谐振具有如下谐振特性。

（1）谐振时，回路呈纯阻性；$\omega < \omega_0$ 时，回路呈容性，反之呈感性。

（2）谐振时，电源端电压与电流同相，电流出现最大值。电源电压全部加在电阻上。

（3）电容与电感不分担电源电压，它们之间进行能量交换。

（4）电容与电感上出现最大电压，是电源电压的 Q 倍。

物理量与频率关系的图形称为谐振曲线，研究谐振曲线可以加深对谐振现象的认识。本章中的谐振曲线为回路电压（或电流）与外加信号源频率之间的幅频特性曲线，串联谐振回路的谐振曲线如图 4.10 所示。

由图 4.10 可以看出：Q 越大，谐振曲线越尖。当稍微偏离谐振点时，曲线就急剧下降，电路对非谐振频率下的电流具有较强的抑制能力，所以选择性好。因此，Q 是反映谐振电路性质的一个重要指标。

3）通频带

通频带的英文为 passband、transmission bands、pass band。

通频带用于衡量放大电路对不同频率信号的放大能力。由于放大电路中电容、电感及半导体器件结电容等电抗元件的存在，在输入信号频率较低或较高时，放大倍数的数值会下降并产生相移。通常情况下，放大电路只适用于放大某一个特定频率范围内的信号。如图 4.11 所示，从图中可以看出：

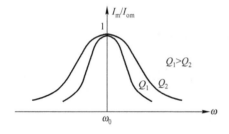

图 4.10　串联谐振回路的谐振曲线

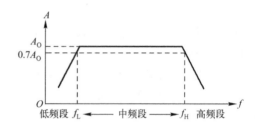

图 4.11　通频带定义图

（1）下限截止频率 f_L。

在信号频率下降到一定程度时，放大倍数的数值明显下降，使放大倍数的数值等于 0.707 倍的频率称为下限截止频率 f_L。

（2）上限截止频率 f_H。

信号频率上升到一定程度时，放大倍数的数值也将下降，使放大倍数的数值等于 0.707 倍的频率称为上限截止频率 f_H。

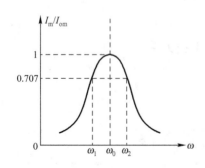

图 4.12　谐振回路的通频带

（3）通频带 f_{bw}。

f_L 与 f_H 之间形成的频带称为中频段或通频带 f_{bw}。$f_{bw} = f_H - f_L$。

通频带的第二种定义：

在信号传输系统中，系统输出信号从最大值衰减 3dB 的信号频率为截止频率，上、下截止频率之间的频带称为通频带，用 BW 表示。

通常用半功率点的两个边界频率之间的间隔表示谐振回路的通频带，半功率的电流比 I_m/I_{0m} 为 0.707，如图 4.12

所示，通频带记作 BW，定义如下：

$$BW = \frac{\omega_2 - \omega_1}{2\pi} = \frac{2(\omega_2 - \omega_0)}{2\pi} = \frac{2\Delta\omega_{0.7}}{2\pi} = \frac{\omega}{2\pi Q} = \frac{f_0}{Q} \tag{4.15}$$

通频带越宽，表明放大电路对不同频率信号的适应能力越强。通频带越窄，表明电路对通频带中心频率的选择能力越强。

通频带与回路 Q 值成反比，所以 Q 值越高，通频带却越窄，但谐振曲线越陡峭，选择性越好。

一个理想的谐振回路，其幅频特性曲线应该是在通频带内完全平坦，信号可以无衰减通过，而在通频带以外则为零，信号完全通不过。

4）选择性

谐振时电流达到最大，当 ω 偏离 ω_0 时，电流从最大值 U/R 降下来，即串联谐振电路对不同频率的信号有不同响应，对谐振信号最突出（表现为电流最大），而对远离谐振频率的信号加以抑制（电流小）。这种对不同输入信号的选择能力称为"选择性"。

2. 电感线圈的交变磁场

安培定理指出，电流流过一个导体时，在此导体的周围会产生一个磁场，如图 4.13 所示，磁场强度定义见式（4.16），单位为安/米（A/m）。

$$H = \frac{i}{2\pi a} \tag{4.16}$$

在电感耦合的 RFID 系统中，阅读器天线电路的电感常采用短圆柱形线圈结构，通电时的情况如图 4.14 所示。磁感应强度定义见式（4.17），单位是特斯拉，简称特（T）。磁感应强度也被称为磁通量密度或磁通密度。在物理学中磁场的强弱使用磁感应强度来表示，磁感应强度越大表示磁感应越强；磁感应强度越小，表示磁感应越弱。

$$B_Z = \frac{\mu_0 i_1 N_1 a^2}{2(a^2 + r^2)^{3/2}} = \mu_0 H_Z \tag{4.17}$$

磁感应强度 B_Z 和距离 r 的关系：

当 $r \ll a$ 时，
$$B_Z = \mu_0 \frac{i_1 N_1}{2a} \tag{4.18}$$

当 $r \gg a$ 时，
$$B_Z = \mu_0 \frac{i_1 N_1 a^2}{2r^3} = \mu_0 H_Z \tag{4.19}$$

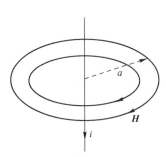

图 4.13　安培定理中的电流与磁场

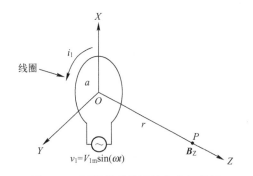

图 4.14　短圆柱形线圈的电流与磁场

4.2.3 并联谐振回路及参数

1. 并联谐振

串联谐振回路适用于恒压源,即信号源内阻很小的情况。如果信号源的内阻大,应采用并联谐振回路。

在电感和电容并联的电路中,当电容的大小恰恰使电路中的电压与电流同相位时,即电源电能全部为电阻消耗,成为电阻电路时,称作并联谐振。

并联谐振是一种完全的补偿,电源无须提供无功功率,只提供电阻所需要的有功功率。谐振时,电路的总电流最小,而支路的电流往往大于电路的总电流,因此并联谐振也称为电流谐振。

发生并联谐振时,在电感和电容元件中流过很大的电流,因此会造成电路的熔断器熔断或烧毁电气设备的事故,但在无线电工程中往往用来选择信号和消除干扰。在研究并联谐振回路时,采用恒流源(信号源内阻很大)分析比较方便,电路如图 4.15 所示。

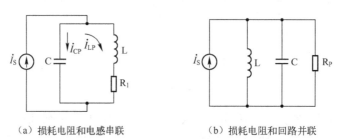

（a）损耗电阻和电感串联　　　　　　　（b）损耗电阻和回路并联

图 4.15　电源为恒流源的并联谐振电路

2. 串联谐振回路与并联谐振回路的比较

串联谐振回路与并联谐振回路的比较,详见表 4.2。

表 4.2　串联谐振回路与并联谐振回路的比较

	串联谐振回路	并联谐振回路	备　注
谐振条件	$\omega_0 L - \dfrac{1}{\omega_0 C} = 0$	$\omega_p L - \dfrac{1}{\omega_p C} = 0$	相同
谐振频率	$\omega_0 = \dfrac{1}{\sqrt{LC}},\ f_0 = \dfrac{\omega_0}{2\pi} = \dfrac{1}{2\pi\sqrt{LC}}$	$\omega_p = \dfrac{1}{\sqrt{LC}},\ f_p = \dfrac{1}{2\pi\sqrt{LC}}$	相同
品质因数	$Q = \dfrac{\omega_0 L}{r} = \dfrac{1}{r\omega_0 C} = \dfrac{1}{r}\sqrt{\dfrac{L}{C}}$	$Q_p = \dfrac{\omega_p L}{r} = \dfrac{1}{r\omega_p C} = \dfrac{1}{r}\sqrt{\dfrac{L}{C}}$	相同
谐振阻抗	$r = \left. \lvert Z \rvert \right\|_{f=f_0} = \lvert Z \rvert_{\min}$ $= \dfrac{\omega_0 L}{Q} = \dfrac{1}{Q\omega_0 C}$	$R_p = \dfrac{L}{Cr} = \dfrac{\omega_p^2 L^2}{r} = \dfrac{1}{r\omega_p^2 C^2} = \lvert Z_p \rvert_{\max}$ $= Q_p \omega_p L = Q_p \dfrac{1}{\omega_p C}$	对偶
谐振电流/电压	$\dot{I}_0 = \dfrac{\dot{V}_S}{r} = \dot{I}_{\max}$	$\dot{V}_p = \dfrac{L}{rC}\dot{I}_S = R_p \dot{I}_S = \dot{V}_{\max}$	对偶
元件电压/支路电流	$\dot{V}_{C0} = -jQ\dot{V}_S\ ;\ \dot{V}_{L0} = jQ\dot{V}_S$	$\dot{I}_{Lp} = -jQ_p \dot{I}_S\ ;\ \dot{I}_{Cp} = jQ_p \dot{I}_S$	对偶
连接信号源	理想电压源	理想电流源	对偶
连接负载	越小越好	越大越好	对偶

	串联谐振回路	并联谐振回路	备　注
谐振曲线	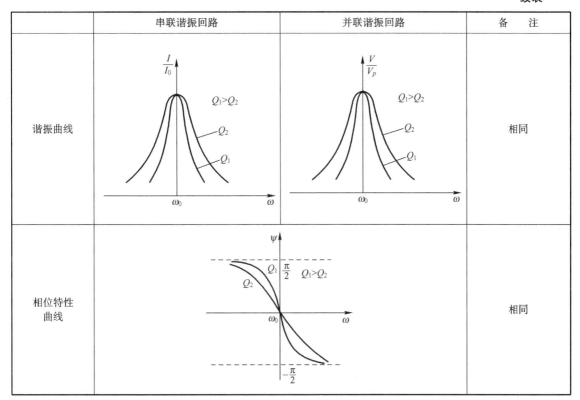		相同
相位特性曲线			相同

4.3　RFID 产品的天线电路设计

无论是应答器还是阅读器，RFID 产品的天线形式可以归纳为以下两种：

（1）线绕电感天线；

（2）在介质基板上压印或印刷刻腐的盘旋状天线。

天线形式由载波频率、标签封装形式、性能和组装成本等因素决定。例如，频率小于 400kHz 时需要 mH 级电感量，这类天线只能用线绕电感制作；频率在 4～30MHz 时，仅需几个 μH、几圈线绕电感就可以，或使用介质基板上的刻腐天线。

4.3.1　RFID 天线设计主要考虑的物理参量

1. 磁场强度

运动的电荷或者说电流会产生磁场，磁场的大小用磁场强度来表示。RFID 天线的作用距离与天线线圈电流所产生的磁场强度紧密相关。

圆形线圈的磁场强度（在近场耦合有效的前提下）可用式（4.20）进行计算：

$$H = \frac{INR^2}{2(R^2 + x^2)^3} \tag{4.20}$$

式中：H 是磁场强度；I 是电流强度；N 为匝数；R 为天线半径；x 为作用距离。

对于边长为 ab 的矩形导体回路，在距离为 x 处的磁场强度曲线可用式（4.21）计算。

$$H = \frac{NIab}{4\pi \sqrt{\left(\frac{a}{2}\right)^2 + \left(\frac{b}{2}\right)^2 + x^2}} \left[\frac{1}{\left(\frac{a}{2}\right)^2 + x^2} + \frac{1}{\left(\frac{b}{2}\right)^2 + x^2} \right] \tag{4.21}$$

结果证实：在与天线线圈距离很小（$x < R$）的情况下，磁场强度的上升是平缓的。较小的天线在其中心（距离为 0）处呈现出较高的磁场强度，相对来讲，较大的天线在较远的距离（$x > R$）处呈现出较高的磁场强度。在电感耦合式射频识别系统的天线设计中，应当考虑这种效应，如图 4.16 所示。

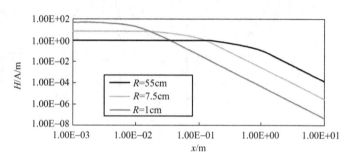

图 4.16　磁场强度随距离变化曲线

2. 最佳天线直径

在与发射天线的距离 x 为常数并简单地假定发射天线线圈中电流 I 不变的情况下，如果改变发送天线的半径 R，就可以根据距离 x 与天线半径 R 之间的关系得到最大的磁场强度 H。

这意味着，对于每种射频识别系统的阅读器作用距离都对应有一个最佳的天线半径 R。如果选择的天线半径过大，那么在与发射天线的距离 $x = 0$ 处，磁场强度是很小的；相反，如果天线半径的选择太小，那么其磁场强度则以 z 的三次方的比例衰减，如图 4.17 所示。

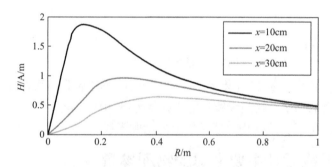

图 4.17　磁场强度随线圈半径的变化曲线

不同的阅读器作用距离有着不同的天线最佳半径，它对应着磁场强度曲线的最大值。从数学上来说，也即对 R 求导，如式（4.22）所示：

$$\frac{\mathrm{d}}{\mathrm{d}R}H(R) = \frac{2RNR}{\sqrt{(R^2 + x^2)^3}} - \frac{3INR^3}{(R^2 + x^2)\sqrt{(R^2 + x^2)^3}} \tag{4.22}$$

从公式的零点中计算是拐点及函数的最大值。

$$R_1 = x \times \sqrt{2} \quad \text{或} \quad R_1 = -x \times \sqrt{2} \tag{4.23}$$

发射天线的最佳半径对应于最大期望阅读器的两倍。第二个零点的负号表示导电路的磁场

强度在 x 轴的两个方向上的传播。这里需要指出的是，使用此式的前提条件是近场耦合有效。下面简介近场耦合的概念。

3. 近场耦合

真正使用前面所提到的公式时，有效的边界条件为 $d \ll R$ 及 $x < \lambda/2\pi$，原因是当超出上述范围时，近场耦合便失去作用，开始过渡到远距离的电磁场。一个导体回路上的初始磁场是从天线上开始的。在磁场的传输过程中，由于感应的增加也形成电场，从而最原始的纯磁场就连续不断地转换成电磁场。

当距离大于 $\lambda/2\pi$ 时，电磁场最终摆脱天线，并作为电磁波进入空间。在作为电磁波进入空间之前的这个范围，叫做天线的近场，本书所涉及的 RFID 天线设计基于近场耦合的概念，所以距离应当限定在上述范围之内。

4. 调谐

RFID 系统读写器可以等效为一个 RLC 串联电路，其中 R 为绕线线圈的电阻，L 为天线自身的电感。一般调谐过程中，由于天线线圈本身的电容对于谐振的影响很小，可以忽略不计，故为了使阅读器在工作频率下天线线圈获得最大电流，需要外加一个电容 C，完成对天线的调谐，从而达到这一目的。而调谐电容、天线的电感，以及工作频率之间的关系可以通过以下汤姆逊公式求得，即

$$f_0 = \frac{1}{2\pi\sqrt{LC}} \tag{4.24}$$

5. 电感的估算

电感量值的物理意义是：在电流包围的总面积中产生的磁通量与导体回路包围的电流强度之比。实际 RFID 天线调试时，读写器天线电感量值可以通过阻抗分析仪测出，在条件有限的情况下，也常采用估算公式进行估算。假定导体的直径 d 与导体回路直径 D 之比很小（$d/D < 0.001$），则导体回路的电感可简单近似为：

$$L = N^2 \mu_0 R \ln(2R/d) \tag{4.25}$$

式中，N 为绕线天线的匝数；R 为天线线圈的半径；d 为导体的内径；μ_0 为自由空间磁导率。

线圈匝数还有以下近似公式进行估算，在实际应用中，两个公式可以进行对照使用：

$$N = \sqrt{\frac{L}{2A\ln(A/D)}} \tag{4.26}$$

式中，L 为线圈电感，单位为 nH；A 为天线线圈周长（1 匝的周长），单位为 cm；D 为导线直径，单位为 cm。

6. 天线的品质因数

天线的性能还与它的品质因数有关。Q 既影响能量的传输效率，也影响频率的选择。过高的 Q 值虽然能使天线的输出能量增大，但是读写器的通带特性同时也会受到影响，所以在实际调节 Q 值的时候，要进行折中考虑。调节 Q 值，是通过在 RLC 等效电路上面串接一个电阻 R_1 实现的，具体公式如下：

$$Q = \frac{\omega L}{(R + R_1)} \tag{4.27}$$

4.3.2　RFID 天线设计的要点

RFID 的天线结构和环境因素对天线性能有很大影响。天线的结构决定了天线方向图、阻

抗特性、驻波比、天线增益、极化方向和工作频段等特性。

（1）天线特性也受所贴附物体形状及物理特性的影响

例如，磁场不能穿透金属等导磁材料，金属物附近的磁力线形状会发生改变，而且由于磁场能会在金属表面引起涡流，由楞次定律可知，涡流会产生抵抗激励的磁通量，从而导致金属表面的磁通量大大衰减。读写器天线发出的能量被金属吸收，读写距离就会大大减小。

（2）液体对电磁波的影响

液体对电磁信号有吸收作用，弹性基层会造成标签及天线变形，宽频带信号源（如发动机、水泵、发电机）会产生电磁干扰等，这些都是在设计天线时必须细致考虑的地方。目前，研究领域根据天线的以上特性提出多种解决方案，如采用曲折型天线解决尺寸限制，采用倒 F 型天线解决金属表面的反射问题等。

（3）天线的匹配

天线的目标是传输最大的能量进出电路，这就需要仔细设计天线和自由空间及其电路的匹配，天线的匹配程度越高，天线的辐射性能就越好。

当工作频率增加到超高频区域时，天线与标签芯片之间的匹配问题变得更加严峻。在传统的天线设计中，可以通过控制天线的尺寸和结构，使用阻抗匹配转换器使其输入阻抗与馈线相匹配。一般天线的开发基于的是 50 或 75Ω 阻抗，而在 RFID 系统中，芯片的输入阻抗可能是任意值，并且很难在工作状态下准确测试，天线的设计也就难以达到最佳。

对于近距离 RFID 应用，天线一般和读写器集成在一起，而对于远距离 RFID 系统，读写器天线和读写器一般采取分离式结构，通过阻抗匹配的同轴电缆连接。

一般来说，方向性天线由于具有较少回波损耗，比较适合标签应用；由于标签放置方向不可控，读写器天线一般采用圆极化方式。读写器天线要求低剖面、小型化及多频段覆盖。对于分离式读写器，还将涉及天线阵的设计问题。目前，天线阵的设计应被用于读写器方面，应用智能波束扫描天线阵，读写器可以按照一定的处理顺序，"智能"地打开和关闭不同天线，使系统能够感知不同天线覆盖区域的标签，增大系统的覆盖范围。

4.3.3　电感耦合方式应答器的天线电路设计

RFID 应答器天线是一种通信感应天线。一般与芯片组成 RFID 应答器。RFID 应答器天线由于材质与制造工艺的不同，可以分为金属蚀刻天线、印刷天线、镀铜天线等几种。

在应答器中，电感耦合方式的天线电路常用于 LF 频段和 HF 频段，在此类应用中，天线线路通常比较简单，图 4.18 为 Microchip 公司的 13.56MHz 应答器（无源射频卡）MCRF355 和 MCRF360 芯片的天线电路，图 4.19 为 e5550 芯片的天线电路。

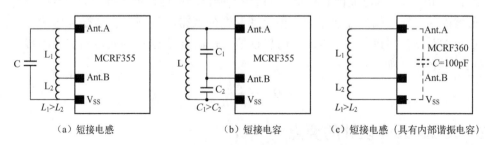

（a）短接电感　　　　　　　（b）短接电容　　　（c）短接电感（具有内部谐振电容）

图 4.18　Microchip 公司的 13.56MHz 应答器天线电路

e5550 芯片天线电路的工作频率为 125kHz，电感线圈和电容器为外接。

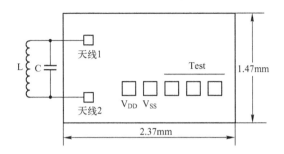

图 4.19　125kHz 的 e5550 芯片天线电路

4.3.4　电感耦合方式阅读器天线电路的设计与仿真

运用 Altium_Designer 09 软件，除了实现原理图设计、PCB 设计等，还实现某些电路参数的仿真，如本章所涉及的谐振电路相关参数，如 Q 值、幅频特性等。下面以 13.56MHz 的射频前端电路为例，介绍如何运用 AD09 软件进行电路的设计及参数的仿真。关于仿真电路的器件添加、仿真的参数设置方法，可以参考 Altium_Designer 09 软件关于电路仿真部分的章节。

1. 设计天线电路

按照图 4.20 完成天线电路原理图，并按照图中推荐的参数修改各元器件的属性，保证中心频率为 13.56MHz。

图中的 VSIN 为信号源，可以在仿真模块中添加该元件。

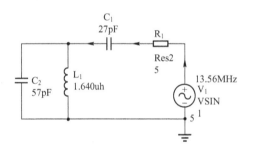

2. 天线电路参数的仿真

使用 AD 软件的小信号仿真工具完成原理图的仿真，观察器件参数对频率的影响和对幅值的影响，过程如下。

图 4.20　中心频率为 13.56MHz 的
天线仿真电路图

（1）不改变电路中元件的参数，直接运行仿真，可以观察到仿真的结果，如图 4.21 所示。从图中可以看出，谐振频率 $f_0 = 13.56MHz$，以及此时元件 C_1 和 C_2 的电流特性和功率特性。

（2）依次改变 L 和 C，观察对谐振频率 f_0、幅频特性曲线、品质因数 Q 的影响。

（3）改变负载电阻，观察对幅值的影响。

3. 参数仿真中的注意事项

（1）在运行仿真前，可以指定观察的参数，如 L_1，C_1，C_2 等。

（2）为了更细致地观察在谐振频率 f_0 时的情况，可以将观察的频率范围继续缩小，直至达到要求的精度为止。

（3）如果元件参数过大，可能导致仿真运行的结果超出原来的参数设置范围而无法观察，此时可以重新指定仿真结果的频率范围，保证可以在指定的频率范围内观察到谐振频率点。

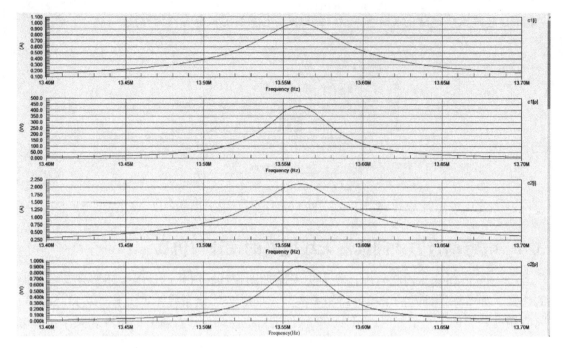

图 4.21 预计的仿真效果图

4.3.5 RFID 中的功率放大电路

在通信系统中，需要将有用信号调制在高频载波信号上，通过无线电发射机发射出去。高频载波信号由高频振荡器产生，一般情况下产生的信号功率较小，为了满足对发射功率的要求，在发射之前需要经过射频功率放大器才能获得足够的输出功率，从而实现远距离识别。

功率放大电路位于 RFID 系统的阅读器中，用于向应答器提供能量，采用谐振功率放大器，分为 A 类（或称甲类）、B 类（或称乙类）、C 类（或称丙类）三类工作状况。在电感耦合 RFID 系统的阅读器中，常采用 B、D 和 E 类放大器。

功率放大器是 RFID 系统的最后一级，它负责将基带电路传送来的调制信号放大，然后通过天线发射出去。由于功率放大器存在非线性失真等非理想因素，而且是系统中功耗最大的器件，故必须仔细设计，以免影响发射信号质量。

4.4 RFID 与电磁兼容性

4.4.1 电磁兼容性

1. 电磁兼容性的定义

电磁兼容性（Electromagnetic Compatibility，EMC）是指设备或系统在其电磁环境中符合要求运行并不对其环境中的任何设备产生无法忍受的电磁干扰的能力，因此，EMC 包括两方面的要求：一方面是指设备在正常运行过程中，对所在环境产生的电磁干扰不能超过一定的限值；另一方面是指器具对所在环境中存在的电磁干扰具有一定程度的抗扰度，即电磁敏感性。

国际电工委员会标准 IEC 对电磁兼容的定义为：系统或设备在所处的电磁环境中能正常工

作，同时不会对其他系统和设备造成干扰。

EMC 包括 EMI（电磁干扰）及 EMS（电磁耐受性）两部分，所谓 EMI，是指机器本身在执行应有功能的过程中所产生的不利于其他系统的电磁噪声；而 EMS 是指机器在执行应有功能的过程中不受周围电磁环境影响的能力。

在进行电磁兼容设计时要求：

（1）明确系统的电磁兼容指标。电磁兼容设计包括本系统能保持正常工作的电磁干扰环境和本系统干扰其他系统的允许指标。

（2）在了解本系统干扰源、被干扰对象、干扰途径的基础上，通过理论分析将这些指标逐级分配到各分系统、子系统、电路和元件、器件上。

（3）根据实际情况，采取相应措施抑制干扰源，消除干扰途径，提高电路的抗干扰能力。

（4）通过实验验证是否达到原定的指标要求，如未达到则进一步采取措施，循环多次，直至达到原定指标为止。

2. 关于电磁兼容的研究

电磁兼容的研究是随着电子技术逐步向高频、高速、高精度、高可靠性、高灵敏度、高密度（小型化、大规模集成化）、大功率、小信号、复杂化等方面的需要而逐步发展的。特别是在人造地球卫星、导弹、计算机、通信设备和潜艇中大量采用现代电子技术后，使电磁兼容问题更加突出。

各种运行的电力设备之间以电磁传导、电磁感应和电磁辐射三种方式彼此关联并相互影响，在一定的条件下会对运行的设备和人员造成干扰、影响和危害。

20 世纪 80 年代兴起的电磁兼容学科以研究和解决这一问题为宗旨，主要是研究和解决干扰的产生、传播、接收、抑制机理及其相应的测量和计量技术，并在此基础上根据技术经济最合理的原则，对所产生的干扰水平、抗干扰水平和抑制措施做出明确的规定，使处于同一电磁环境的设备都是兼容的，同时又不向该环境中的任何实体引入不能允许的电磁扰动。

进行电磁兼容（包括电磁干扰和电磁耐受性）的检测与试验的机构有苏州电器科学研究院、航天环境可靠性试验中心、环境可靠性与电磁兼容试验中心等实验室。

内部干扰是指电子设备内部各元部件之间的相互干扰，包括以下几种：

（1）工作电源通过线路的分布电容和绝缘电阻产生漏电造成的干扰（与工作频率有关）。

（2）信号通过地线、电源和传输导线的阻抗互相耦合，或导线之间的互感造成的干扰。

（3）设备或系统内部某些元件发热，影响元件本身或其他元件的稳定性造成的干扰。

（4）大功率和高电压部件产生的磁场、电场通过耦合影响其他部件造成的干扰。

外部干扰是指电子设备或系统以外的因素对线路、设备或系统的干扰，包括以下几种：

（1）外部的高电压、电源通过绝缘漏电而干扰电子线路、设备或系统。

（2）外部大功率设备在空间产生很强的磁场，通过互感耦合干扰电子线路、设备或系统。

（3）空间电磁波对电子线路或系统产生的干扰。

（4）工作环境温度不稳定，引起电子线路、设备或系统内部元器件参数改变造成的干扰。

（5）由工业电网供电的设备和由电网电压通过电源变压器所产生的干扰。

4.4.2　电磁干扰

所谓电磁干扰是指任何能使设备或系统性能降级的电磁现象，而所谓电磁敏感性是指因电磁干扰而引起的设备或系统的性能下降。

电磁干扰（Electromagnetic Interference，EMI）有传导干扰和辐射干扰两种。传导干扰主要是电子设备产生的干扰信号通过导电介质或公共电源线互相产生干扰；辐射干扰是指电子设备产生的干扰信号通过空间耦合把干扰信号传给另一个电网络或电子设备。

为了防止一些电子产品产生的电磁干扰影响或破坏其他电子设备的正常工作，各国政府或一些国际组织都相继提出或制定了一些对电子产品产生电磁干扰的有关规章或标准，符合这些规章或标准的产品可称为具有电磁兼容性。电磁兼容性标准不是恒定不变的，这也是各国政府或经济组织保护自己利益所经常采取的手段。

1. 防治电磁兼容措施

抑制电磁污染的首要措施是找出污染源；其次是判断污染侵入的路途，主要有传导和辐射两种方式，工作重点是确定干扰量。解决电磁兼容问题应从产品的开发阶段开始，并贯穿于整个产品或系统的开发、生产全过程。国内外大量经验表明，在产品或系统研制过程中越早注意解决电磁兼容问题，就越可以节约人力与物力。

电磁兼容设计的关键技术是对电磁干扰源的研究，从电磁干扰源处控制其电磁发射是治本的方法。控制干扰源的发射，除了从电磁干扰源产生的机理着手降低其产生电磁噪声的电平外，还需广泛应用屏蔽（包括隔离）、滤波和接地技术。

屏蔽主要运用各种导电材料，制造出各种壳体并与大地连接，以切断通过空间的静电耦合、感应耦合或交变电磁场耦合形成的电磁噪声传播途径，隔离主要运用继电器、隔离变压器或光电隔离器等器件来切断电磁噪声以传导形式的传播途径，其特点是将两部分电路的地线系统分隔开来，切断通过阻抗进行耦合的可能。

滤波是在频域上处理电磁噪声的技术，为电磁噪声提供一低阻抗的通路，以达到抑制电磁干扰的目的。例如，电源滤波器对 50Hz 的电源频率呈现高阻抗，而对电磁噪声频谱呈现低阻抗。

接地包括大地接地、信号接地等。接地体的设计、地线的布置、接地线在各种不同频率下的阻抗等不仅涉及产品或系统的电气安全，而且关联着电磁兼容和其测量技术。屏蔽与接地应当配合使用，才能起到屏蔽的效果。

2. 电磁干扰传播途径

电磁干扰传播途径一般也分为两种，即传导耦合方式和辐射耦合方式。

任何电磁干扰的发生都必然存在干扰能量的传输和传输途径（或传输通道）。通常认为电磁干扰传输有两种方式：一种是传导传输方式；另一种是辐射传输方式，因此从被干扰的敏感器来看，干扰耦合可分为传导耦合和辐射耦合两大类。

1）传导耦合

传导传输必须在干扰源和敏感器之间有完整的电路连接，干扰信号沿着这个连接电路传递到敏感器，发生干扰现象。这个传输电路可包括导线、设备的导电构件、供电电源、公共阻抗、接地平板、电阻、电感、电容和互感元件等。

2）辐射耦合

辐射传输通过介质以电磁波的形式传播，干扰能量按电磁场的规律向周围空间发射。常见的辐射耦合由三种组成：

（1）甲天线发射的电磁波被乙天线意外接收，称为天线对天线耦合。

（2）空间电磁场经导线感应而耦合，称为场对线的耦合。

（3）两根平行导线之间的高频信号感应，称为线对线的感应耦合。

在实际工程中，两个设备之间发生干扰通常包含许多种途径的耦合。正因为多种途径的耦合同时存在，反复交叉耦合，共同产生干扰，才使电磁干扰变得难以控制。

3. 认证机构

电磁兼容问题在电子、电动机、信息、通信等各类产品不断运用高新科技推陈出新之下，除了使用者要求通信质量外，同时也在各国政府积极制定相关规范进行管制之下，更突显出电磁兼容相关问题的重要性与紧迫性。例如，欧洲已加强对进口产品执行后市场检测，造成了许多卡关现象发生。直到目前为止，确定一个产品会不会影响另一个产品功能的技术仍不是一门精确的科学，且由于产品组合太过复杂，认证机构不可能针对每一种产品组合都进行检测，因而相关主管机关莫不采取从严把关的态度。作为全球两大电子产品消费市场，美国和欧洲的认证标准不太一样，简略而言，美国仅要求电磁干扰，而欧洲则还要求符合电磁耐受的规定。

在我国，为了防止 RFID 设备的电源端口、电信端口、信号端口耦合的传导骚扰通过电源线、电信电缆或内部连接电缆向空间辐射电磁波，建议 RFID 设备的电源端口、电信端口、信号端口的传导骚扰满足 GB 9254—1998《信息技术设备的无线电骚扰限值和测量方法》的相关要求。

目前市面上各种先进电子产品的电磁干扰大多来自高频率的数字信号，信号频率越高，产生的电磁干扰就越多。由于美国联邦通信委员会（FCC）与其他监管机关严格规定每个电子产品的电磁干扰上限，以确保电子产品不会互相干扰，因此上述情况将会产生严重问题，只要产品想销往美国，就必须符合 FCC 制定的电磁干扰认证标准。

4.4.3　RFID 与 EMC

RFID 使用无线电波进行通信，因此在 EMC 方面有严格要求，如在 13.56MHz 频率，FCC 的 15.225 节的规定如下。

（1）载波频率范围：13.56MHz ±7kHz。

（2）基波频率的场强为 10mV/m，测量距离为 30m。

在 FCC 的 15.209 节规定，125kHz 频率要求如下。

最大场强：19.2μV/m，测量距离 300m（实际中使用 30m 测量，约 65.66μV/m）。

在 FCC 的 15.249 节规定，900MHz ~ 5.8GHz 频段参数要求如下。

允许最大场强：50mV/m，测量距离 3m。

在 RFID 阅读器的电路设计中，必须考虑 EMC 的问题，图 4.22 为具有 EMC 滤波电路的阅读器功放电路设计。

在本电路中，阅读器的工作频率为 13.56MHz，这个频率是由振荡器产生的，为了满足 EMC 的要求，需要抑制高次谐波，除了在使用多层 PCB 之外，增加了低通滤波电路，由 L_3 和 C_3 组成，这样放大器输出的信号，经过低通滤波器之后，滤除高次谐波的信号加载阅读器的发射端经过天线发送出去。

关于射频前端的电路设计及注意事项将在以后的章节中结合具体实例进行详细讨论和分析。

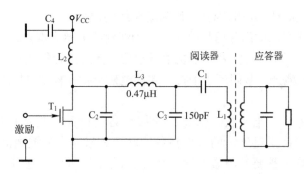

图 4.22　具有 EMC 滤波电路的 13.56MHz 阅读器的 E 类功率放大器电路

本章小结

天线的基本功能是辐射和接收无线电波。

在射频识别装置中，天线是把高频电能变为电磁场能量或把电磁场能变为高频电能的装置，有各种各样的形式，按用途天线可分为发射和接收两大类，是射频的前端，根据不同的电磁波特性，RFID 系统天线一般分为应答器天线设计和读写器天线两大类。在无线传输方面，根据不同的频段，分为电感耦合方式和反向散射耦合方式，不同的耦合方式，其工作原理不同，作用效果也不同。

本章的主要内容为射频前端电路设计，不同频率的电磁波具有不同的物理特性，在 RFID 中传输机制不同，射频前端的电路也不同。

常用的在电感耦合方式射频前端电路有串联谐振回路和并联谐振回路，谐振回路的主要参数有品质因数、谐振特性曲线和通频带。其中，品质因数是衡量电感上损耗的物理量，通频带用于衡量放大电路对不同频率信号的放大能力。

电感耦合方式的原理是依据法拉第定理，当应答器进入阅读器产生的交变磁场时，应答器的电感线圈上就会产生感应电压，当距离足够近，应答器天线电路所截获的能量可以供应答器芯片正常工作时，阅读器和应答器才能进入信息交互阶段。在发送端和接收端，天线感应的强度与电流成正比，RFID 天线的方案直接与耦合的效果有关，因此在进行天线设计时要考虑相关的物理参量及计算方法。

为了提高发射功率，实现远距离识别，需要增加功率放大器，功率放大器是 RFID 系统的最后一级，它负责将基带电路传送来的调制信号放大，然后通过天线发射出去。

RFID 使用无线电波进行通信，因此在 EMC 方面有严格要求，相关产品要符合有关规定。EMC 包括 EMI（电磁干扰）及 EMS（电磁耐受性）两部分。

习题 4

1. 名词解释。

（1）电感耦合。

（2）反向散射耦合。

（3）品质因数。

（4）通频带。

（5）电磁兼容。

2．简述题。

（1）RFID 的主要频段有哪些？

（2）简述品质因数的指导意义。

（3）电感耦合方式的 RFID 中，影响识读距离的因素有哪些？

3．综合题。

（1）画出应答器与阅读器之间的耦合原理图，并描述其实现过程。

（2）论述 RFID 天线设计的要点有哪些？

（3）如何处理 EMC 与 RFID 之间的关系。

4．实践题。

（1）利用式（4.6），设计一款 125kHz 阅读器的环形空心线圈天线，要求天线的直径小于 10cm。

（2）设计并仿真 125kHz 的一款串联谐振回路的天线电路，调整 L 与 C 的参数，观察对品质因数的影响。

（3）设计并仿真 13.56MHz 的一款并联谐振回路的天线电路，调整 L 与 C 的参数，观察对品质因数的影响。

（4）查找资料，设计一款适合 125kHz 的射频阅读器的功率放大电路。

（5）查找资料：汇总当前常用电感耦合方式的天线电路原理图及 PCB 设计方案。

第5章 LF频段RFID产品设计与应用

【内容提要】

LF频段产品设计需要符合相关国际标准：ISO/IEC 11784、ISO/IEC 11785 和 ISO/IEC 14223。

阅读器的设计要考虑应答器的参数，LF频段典型的应答器芯片有只读型 EM4100 和读写型 EM4205，典型的阅读器芯片有 U2270B 和 EM4095 等。如果考虑成本问题，可以选择分立元件搭建的读头。

【学习目标与重点】

- ◆ 掌握 LF 频段只读型应答器芯片和读写型应答器芯片的主要参数、特性及应用；
- ◆ 掌握 LF 频段阅读器芯片的特点和典型应用电路；
- ◆ 了解 LF 频段阅读器软件程序的功能和程序处理流程；
- ◆ 了解 LF 频段阅读器设计中的关键问题和注意事项。

案例分析："智慧"的门禁

当今社会经济不断发展，但是社会治安状况却令人担忧。

门禁控制系统作为安防系统中的主要组成部分，能有效实现建筑物出入口的安全管理。在 RFID 门禁系统中，使用非接触 IC 卡作为身份识别的载体，使用方便，感应速度快；它采用无线通信方式，无须外露金属触点，整个卡片完全密封，无机械磨损，使用寿命长，能在各种恶劣的工作条件下使用。

感应卡的芯片内都有一个只读的识别码，不能复制，而且授权系统的密码管理严格，绝无仿冒的可能。门禁实物图如图 5.1 所示。

一套现代化的、功能齐全的门禁系统不仅可用于进/出口管理，而且有助于内部的有序化管理。传统门禁系统的钥匙一般为金属钥匙，它存在很多缺点，比如，遗失一把钥匙后需要更换全套门禁系统，携带不方便等，而基于 RFID 技术的门禁系统却能够克服传统门禁系统的缺点。

图 5.1　门禁实物图

继磁条卡之后，RFID 解决方案是第一个面向门禁管制应用的只读感应卡，随着 RFID 技术的发展，这些系统已经逐渐由具备读/写功能、提供安全加密相互鉴别的解决方案所取代。

5.1 LF 频段的国际标准

应答器的工作频率不仅决定着射频识别系统的工作原理（电感耦合或电磁耦合）、识别距离，还决定着应答器及读写器实现的难易程度和设备成本。

LF（Low Frequency）频段的工作频率范围为 30 ~ 300kHz。典型的工作频率有 125kHz 和 133kHz。

低频标签一般为无源标签，其工作能量通过电感耦合方式从阅读器耦合线圈的辐射近场中获得。低频标签与阅读器之间传送数据时，低频标签需要位于阅读器天线辐射的近场区内。低频标签的阅读距离一般情况下小于 1m。

低频的最大优点在于：其标签靠近金属或液体的物品上时，标签受到的影响较小，同时低频系统非常成熟，读/写设备的价格低廉，但缺点是读取距离短，无法同时进行多标签读取（抗冲突），以及信息量较低，一般的存储容量在 128 到 512 位之间。

低频标签的典型应用有动物识别、容器识别、工具识别、电子闭锁防盗（带有内置应答器的汽车钥匙）等。低频标签虽然成本较高，但节省能量，穿透废金属物体力强，工作频率不受无线电频率管制的约束，最适用于含水分较高的物体，如水果等。

虽然低频系统成熟，读写设备价格低廉，但由于其谐振频率低，标签需要制作电感值很大的绕线电感，并常常需要封装片外谐振电容，其标签的成本反而比其他频段高。

5.1.1 LF 频段的国际标准协议

根据国际标准协议定义，ISO/IEC18000 - 2 对低频识别 RFID 进行了一些规范。除此之外，在低频段还包括如下标准。

ISO/IEC11784：动物的射频识别——代码结构。

ISO/IEC11785：动物的射频识别——技术标准。

ISO/IEC14223 - 1：动物的射频识别——空气接口。

ISO/IEC14223 - 2：动物的射频识别——协议定义。

ISO/IEC11784 和 11785 分别规定了动物识别的代码结构和技术准则。标准中没有对应答器样式尺寸加以规定，因此可以设计成适合于所涉及动物的各种形式，如玻璃管状、耳标或项圈等。

1. 代码结构（ISO/IEC11784）

代码结构为 64 位，如表 5.1 所列。其中的 27 ~ 64 位可由各个国家自行定义。

表 5.1 RFID 11784 和 11785 标准代码结构

位 序 号	信 息	说 明
1	动物应用 1/非动物应用 0	应答器是否用于动物识别
2 ~ 15	保留	未来应用
16	后面有数据 1/没有数据 0	识别代码后是否有数据
17 ~ 26	国家代码	说明使用国家，999 表面是测试应答器
27 ~ 64	国内定义	唯一的国内专用等级号

其中：

各国国内识别代码由该国自行管理。

27～64 位也可以分配用于区别不同动物类型、品种、所在区域、饲养者等。这些在此标签内没有做出规定。

技术准则规定了应答器的数据传输方法和阅读器规范。工作频率为 133.2kHz，数据传输方式有全双工和半双工两种，阅读器数据以差分双相代码表示。应答器采用 FSK 调制，NRZ 编码。

由于较长的应答器充电时间和工作频率的限制，通信速率较低。

2. 技术标准（国际标准 ISO/IEC11785）

ISO/IEC 11785 技术标准规定了电子标签的数据传输方法和读写器规范，以便激活电子标签的数据载体。制定该技术标准的目的是使范围广泛的不同制造商的电子标签能够使用一个共同的读写器来询问。动物识别用的符合国际标准的读写器能够识别和区分使用全双工/半双工系统（负载调制）的电了标签和使用时序系统的电子标签。

（1）全双工/半双工系统

全双工/半双工电子标签通过活化场得到电源，并立即开始传输存储的数据。因为不需要副载波的负载调制过程，同时数据表示成差分双相代码（DBP），把读写器频率除以 32 即可得到位率。当频率为 133.2kHz 时，传输速率（位率）为 4194bps。

全双工/半双工数据报文包括 11 位的起始域（头标）、64 位（8 字节）有用数据、16 位（2 字节）CRC 及 24 位（3 字节）终止域（尾标）。

每传输 8 位后，插入一个逻辑"1"电平的填充位，以便避免出现头标为"00000000001"的情况。在给定传输速率的情况下，传输 128 位大约需要 30.5ms。

（2）时序系统

每 50ms 后，在活化场暂停 3ms。时序电子标签事先已经通过活化场充入了能量，在活化场暂停后大约 1～2ms 开始传输所存储的数据。

电子标签用频移键控（2FSK）调制法，位编码采用 NRZ 码，把发送频率除以 16 就可以得到比特率。因此，在频移键控情况下，逻辑"0"和逻辑"1"在时序及比特率方面的对应关系见表 5.2。

表 5.2　逻辑数字在频率及比特率方面的对应关系表

数　　字	频　　率	比　特　率
逻辑"0"	基频 133.2kHz	8387bps
逻辑"1"	123.2kHz	7762bps

时序数据报文包括 8 位起始域 01111110b、64 位（8 字节）有用数据、16 位（2 字节）CRC 及 24 位（3 字节）终止域，没有填充位。

在给定传输速率的情况下，传输 112 位最多需要 13.5ms（"1"序列）。

5.1.2　动物识别卡片结构说明

根据动物识别的标准，可以得到动物识别卡片数据发送的顺序，即从第 1 个字节的 bit0 发送到第 16 个字节的 bit7。

动物识别卡片数据发送表中的内容说明如下。

1. DATA1 ~ DATA64

（1）National ID：高位到低位 = DATA27 ~ DATA64 = NID37 ~ NID0。

【例 5.1】：假设要写入的是 11223344556（十进制）（最大为 274877906944），则有：

对应于十六进制是 1A21A278BE；

对应于二进制是 01 1010 0010 0001 1010 0010 0111 1000 1011 1110；

对应于表中的 NID 就是从 NID37 ~ NID0。

（2）Country ID：高位到低位 = DATA17 ~ DATA26 = CID9 ~ CID0。

【例 5.2】：假设要写入的是 1000（十进制）（最大为 1024），则有：

对应于十六进制是 3E8；

对应于二进制是 11 1110 1000；

对应于表中的 CID 就是从 CID9 ~ CID0。

（3）DATA BLOCK：DATA16。

（4）Reserved：DATA2 ~ DATA15。

（5）Animal FLAG：DATA1。

2. CRC 部分为 8 字节的校验

CRC 计算例程如下。

【代码示例 5.1】 CRC 计算例程：

```
//buf[0] ~ buf[7]为 8 字节有效数据。
//crc_value 为 2 字节 CRC 校验数据。
POLYNOMIAL = 33800;
PRESET_VALUE = 0;
crc_value = PRESET_VALUE;
for(i = 0; i < 8; i ++)
{
    crc_value = crc_value^buf\[i\];
    for(j = 0; j < 8; j ++)
    {
        if((crc_value & 0x01) == 0x01)
        {
            crc_value = (crc_value/2)^POLYNOMIAL;
        }
        else
        {
            crc_value = (crc_value/2);
        }
    }
}
```

5.2　LF 频段产品

　　LF 频段属于近耦合系统，应答器和阅读器的芯片较多。LF 频段应答器有只读型和读写型。其中只读型较常见，在特殊应用中，可以使用读写型应答器。

5.2.1 LF 频段的只读型应答器

LF 频段应答器的芯片主要有中国台湾 4001 卡和瑞士 H4001 卡、EM4100。它们都采用 125kHz 的典型工作频率,有 64 位激光可编程 ROM,调制方式为曼彻斯特码(Manchester)调制,位数据传送周期为 512μs,其 64 位数据结构见表 5.3。它由 5 个区组成:9 个引导位、10 个行偶校验位"P0 ~ P9"、4 个列偶校验位"PC0 ~ PC3"、40 个数据位"D00 ~ D93"和 1 个停止位 S0。

9 个引导位是出厂时就已掩膜在芯片内的,其值为"111111111",当它输出数据时,首先输出 9 个引导位,然后是 10 组由 4 个数据位和 1 个行偶校验位组成的数据串,其次是 4 个列偶校验位,最后是停止位"0"。"D00 ~ D13"是一个 8 位的晶体版本号或 ID 识别码。"D20 ~ D93"是 8 组 32 位的芯片信息,即卡号。

每当 EM4100 将 64 个信息位传输完毕后,只要 ID 卡仍处于读卡器的工作区域内,它将再次按照表 5.3 的顺序发送 64 位信息,如此重复,直至 ID 卡退出读卡器的有效工作区域为止。

表 5.3 EM4100 的 64 位数据格式

1	1	1	1	1	1	1	1	1	同步头,9 个 1
8 位版本号或厂商号				D00	D01	D02	D03	P0	共 10 位
				D10	D11	D12	D13	P1	2 位行校验
共 40 位 32 位数据有效数据 8 位行校验				D20	D21	D22	D23	P2	每 4 位一组 每组后跟随 1 位行校验
				D30	D31	D32	D33	P3	
				D40	D41	D42	D43	P4	
				D50	D51	D52	D53	P5	
				D60	D61	D62	D63	P6	
				D70	D71	D72	D73	P7	
				D80	D81	D82	D83	P8	
				D90	D91	D92	D93	P9	
4 位列校验 +1 位停止位				PC0	PC1	PC2	PC3	S0	S0 位停止位

1. 只读型芯片 EM4100/EM4102

1)基本信息

芯片 EM4100/EM4102 为 μEM 瑞士微电,特性如下。

(1)存储容量:64bit。

(2)工作频率:125kHz。

(3)读写距离:4.15cm。

(4)擦写寿命:读不限。

(5)外形尺寸:ISO 标准卡/厚卡。

(6)封装材料:PVC、ABS。

典型应用:身份识别、考勤系统、门禁系统、财物标识等

以一个处于交变磁场内的外部天线线圈为电能驱动,并且经由线圈终端 COIL1 从该磁场得到它的时钟,另一线圈终端 COIL2 受芯片内部电流型开关控制,将基带信号附加到振荡波上调制,以便向读卡器传送包含制造商预先程序排列的 64bit 信息和命令。

芯片在多晶硅片联结状态时施行激光烧写编程,以便在每块芯片上存储唯一的代码。由于

EM4100 逻辑控制核心电量消耗低微，无须提供缓冲电容，仅需一个外部天线线圈即可实现各项功能。同时，芯片内还集成了一个与外部线圈并联的 74pF 谐振电容与 TK4100、CK4001、EM400l（H4001）等卡完全兼容。

2）简要特征

EM4100/EM4102 和简要特征如下。

（1）由激光编程烧写的 64bit 存储单元。

（2）支持多种数据速率和数据编码格式。

（3）片上集成谐振电容和储能缓冲电容。

（4）片上集成电量电压限制器和全波整流变换器。

（5）使用一个阻抗调制驱动器，可获得较大的调制深度。

（6）频率范围 100～150kHz，典型值为 125kHz。

（7）芯片尺寸非常小，方便移植应用。

（8）芯片功耗极低。

2. 读写型芯片 EM4205/EM4305

1）基本说明

EM Microelectronic 的低频率 RFID IC EM4205 用来满足动物识别、废料管理、工业的物流管理和存取控制应用等领域的特定需求。这个符合 ISO/IEC11784/11785 的应答器芯片可满足目前及未来家畜需求，提供高质量的读取范围。

EM4205/4305 特别适于低成本的动物标签应用，并符合 ISO/IEC11784/11785 标准，有助于产品的一致性和设备的互通性。对大多数的动物识别应用而言，ISO/IEC 的数据完整性是很重要的。EM4205/4305 可避免数据发生未授权的修改，也可避免在生产流程中因 UV 光线所造成的数据损失。另外，使用者可通过编程内存来记录特定应用的信息，如药品编码、日期或与拥有者相关的数据。内存可由密码来保护，以达到完整性及保密的目的。

EM4205/4305 为了满足一些特殊应用，如玻璃管转换器，采用了最小尺寸，以便将对电子产品的影响降到最小。EM4205/4305 是 CMOS 集成电路，主要用于电子射频读写应答器，它适用于低代价的动物标签应用解决方案。其通信协议与 EM4469/4569 系列兼容。

EM4205 与 EM4305 最主要的区别如下。

（1）EM4305 为两个线圈输入增大了凸起的焊盘，EM4305 的这个加大的凸起焊盘用于直接与天线相连，从而避免了需要使用一个模块。

（2）EM4305 提供了一个 330p 的谐振电容。

EM4305 通过外部线圈与内部集成电容一起组成的谐振电路，从连续的 125kHz 磁场中获取能量启动。芯片从内部的 EEPROM 中读出数据，并通过与线圈并联的负载电阻的开断产生深幅调制，将数据发送出去。通过对 125kHz 磁场的幅度调制，可以执行各种命令并更新 EEPROM 中的数据。EM4205/4305 支持双相编码和曼彻斯特编码。EM4205/4305 的运行模式存储在 EEPROM 的配置字中。通过设置保护位，所有的 EEPROM 字都可以被写保护。

2）芯片特点

（1）512 位 EEPROM，16 字 ×32 位分布，32 位 UID（唯一的识别码）。

（2）兼容 ISO 11784/11785 协议。

（3）32 位口令读和写保护，可使 EEPROM 字进入只读锁定状态。

（4）两种编码方式（曼彻斯特、Biphase）。

（5）多种数据传输率（8、16、32、64 个 RF 时钟）。

（6）具有读卡器先问询的特点，频率范围为 100 ~ 150kHz。

（7）芯片自带整流器和电压钳位，无须外部电容（电压保持）。

（8）温度范围为 -45 ~ +85℃，非常低的功率消耗。

（9）加大的焊点（$200\mu m \times 400\mu m$）允许直接连接天线（EM4305）。

（10）EM4205：2 个谐振电容 210pF 或 250pF（mask 版本可选）。

（11）EM4305：3 个谐振电容 210pF 或 250pF 或 330pF（mask 版本可选）。

（12）协议和 EM4469/4569 兼容，双缓冲保护字。

3）EEPROM 的组成

512 位的 EEPROM 由 16 字组成，每字 32 位，存储格式见表 5.4。

EEPROM 字的编码是 0 ~ 15。每个字里位的编码是 0 ~ 31。通常采用低位在前的原则。

（1）word0 是工厂编写的内容，包括芯片类型、谐振电容版本、客户码或也可以被用户重新写入其他数据。由于这个字不是默认信息的一部分，所以它可以用于存储一些有用信息，这些信息只能被读字命令来访问。

（2）word1 包括 IC 工厂写入的唯一识别码（UID），它只能被读命令访问。

（3）word2 是 32 位密码。密码只能在成功登入命令之后被修改。

（4）word3 是用户自由字，类似 word0，可以存储用户的特定信息。

（5）word4 是配置字，决定 IC 的运行模式和选择。

（6）word5 ~ word13 是用户自由字（共 288 位），它们可以作为默认信息的一部分。

（7）word14 ~ word15 用来保护 word0 ~ word13 不被写命令改变。

字类型说明：

（1）RA：只能读。

（2）RW：可读可写。

（3）WO：只写。

（4）RP：只能用读和保护命令。

表 5.4　EM4205 的 EEPROM 存储格式

	地址（十进制）	描述	类型	b_0，b_1，…，b_{31}
word0	0	芯片类型、内置电容值、客户代码/用户自由	RW	$Ct_0 \sim Ct_{31}$
word1	1	UID 代码	RA	$UID_0 \sim UID_{31}$
word2	2	密码	WO	$Ps_0 \sim Ps_{31}$
word3	3	用户自由	RW	$Us_0 \sim Us_{31}$
word4	4	配置字	RW	$Co_0 \sim Co_{31}$
word5	5	用户自由	RW	$Us_0 \sim Us_{31}$
word6	6	用户自由	RW	$Us_0 \sim Us_{31}$
word7	7	用户自由	RW	$Us_0 \sim Us_{31}$
word8	8	用户自由	RW	$Us_0 \sim Us_{31}$
word9	9	用户自由	RW	$Us_0 \sim Us_{31}$
word10	10	用户自由	RW	$Us_0 \sim Us_{31}$

	地址（十进制）	描述	类型	b_0，b_1，$\cdots$，b_{31}
word11	11	用户自由	RW	$Us_0 \sim Us_{31}$
word12	12	用户自由	RW	$Us_0 \sim Us_{31}$
word13	13	用户自由	RW	$Us_0 \sim Us_{31}$
word14	14	保护字 1	RP	$Pr_0 \sim Pr_{31}$
word15	15	保护字 2	RP	$Pr_0 \sim Pr_{31}$

4）各字段的详细定义

（1）word0。

word0 是工厂写入的以下信息，本字段可以被用户重新写入，定义见表 5.5 和表 5.6，包括如下内容。

① 芯片类型：固定的 4 位数字表明芯片家族中兼容的型号。

② 内置电容值：210pF，250pF 或者 330pF。

③ 10 位客户码。

其中，word0 的位 $Ct_1 \sim Ct_4$ 表明芯片家族中兼容的型号；位 $ct_5 \sim ct_6$ 表明谐振电容值；位 $ct_9 \sim ct_{18}$ 用作客户码，默认的客户码是 1000000000（十六进制即 0x200），最左位是 ct_{18}；位 ct_0、ct_7 和 $ct_9 \sim ct_{31}$ 留作将来用，初始设置为 0。

表 5.5　$Ct_1 \sim Ct_4$ 的定义

$Ct_1 \sim Ct_4$	Chip Type
1000	EM4205
1001	EM4305

表 5.6　位 $Ct_5 \sim Ct_6$ 表明谐振电容值

$Ct_5 \sim Ct_6$	Resonant cap
10	210pF
01	250pF
11	330pF
other	Not used

（2）Word 1：唯一识别码。

word1 是工厂写入 32 位的唯一识别码。

（3）Word 2：密码。

在登入命令期间，必须将 32 位密码发送给 EM4205/4305，以使能密码保护操作。密码不能用读命令读出。

（4）Word 4：配置字。

配置字用来决定器件的运行模式和选择，例如，编码方式、延迟时间、登录保护。

$Co_0 \sim Co_5$：数据率，位 $Co_0 \sim Co_5$ 决定了数据率，定义见表 5.7。

EM4205/4305 用该数据率发送数据到读卡器（在只读模式下）。数据率对两种数据编码方式都有效：双相编码和曼彻斯特编码。

表 5.7　Word 4 的位 $Co_0 \sim Co_5$ 定义

$Co_0 - Co_5$	Data Rate
110000	RF/8
111000	RF/16
111100	RF/32

续表

$Co_0 - Co_5$	Data Rate
110010	RF/40
111110	RF/64
other	Not used

说明：RF/40 的数据率只有在 EM4305 – 330pF 版本时才有效。RF/40 的数据率与曼彻斯特和双相编码有关。

$Co_6 \sim Co_9$：编码方式，定义见表 5.8，位 $Co_6 \sim Co_9$ 决定了 EM4205/4305 发送数据到读卡器（在只读模式下）的编码方式。

表 5.8　Word 4 的位 $Co_6 \sim Co_9$ 定义

$Co_6 - Co_9$	Encoder
1000	曼彻斯特
0100	双相
other	Not used

Co_{10}：Not used，这一位必须设为逻辑 0。

Co_{11}：Not used，这一位必须设为逻辑 0。

$Co_{12} \sim Co_{13}$：延时时间。

5.2.2　读写加密型 HITAG S

HITAG S 卡也是一种频率为 125kHz 的低频卡，芯片由荷兰 NXP 公司（恩智浦）生产，需用专门的芯片读写。在国内主要用于一些特殊系统中。

HITAG S 卡分为两种：HITAG S 256 卡、HITAG S 2048 卡。主要参数如下。

（1）工作频率：125kHz。

（2）存储容量：HITAG S 256 卡为 256 字节，HITAG S 2048 卡为 2048 字节。

（3）擦写寿命：大于 100,000 次。

（4）数据保存时间：10 年。

1. HT S 家族成员

HITAG S 是 NXP HITAG 家族成员（以下简称 HT S），与该家族产品的其他成员如 HT1、HT2 等使用相同的阅读器架构。

HT S 芯片是一种超低功率的无线电身份认证（RFID）集成电路，芯片具有长距离的读/写能力，加入反碰撞算法和防止欺诈的加密验证技术，为物流、动物行业提供了一个具备多项目检测、应用灵活、低成本、标准化的解决方案。以满足系统集成商开发高要求、超低成本的物品跟踪链需求。读写器能在一定范围内同时识别多达 200 个标签项目。单个标签的扫描时间约为 6ms。

HT S 按存储器大小分为 32bit、256bit 和 2048bit 三种不同的容量规格，其中 32bit 的 HT S 芯片是只读芯片，能够提供唯一工厂编程的识别码。256bit 和 2048bit 的芯片既可读又可写，能够通过加密验证提高数据的安全性。

HT S 芯片不仅适用范围广泛，如图书管理、航空行李标签牲畜辨别、赌博、后勤、消耗品管理等均有应用，而且与众多行业标准兼容，如国际动物识别标准 ISO/IEC11784/85 和 ISO/IEC14223/1，还适合嵌入耳朵标签或玻璃注射管内，为对大、小动物加标签提供了低廉的解决方案。特别适合各种低成本电子标签或 IC 卡的应用。

2. 产品属性及主要特性

（1）主要特征

感应器或卡片中的集成电路为非接触辨认方式，整合有 210pF 的谐振电容，其制造误差在 ±5% 以内，频率范围为 100～150kHz。

（2）协议

协议见表 5.9。

表 5.9 HT S 协议及参数表

项　目	参　数
调制读写器→感应片	100% ASK 调制及二进制的脉冲长度编码
感应片调制→读写器	具有防碰撞的 ASK 调制、曼彻斯特和双相译码
快速防碰撞协议	3.2s 追踪 100 个标签
读写设备到感应片的波特率	5.2Kb/s
感应片到读写设备的波特率	2Kb/s，4Kb/s，8Kb/s
其他项目	用户可选的感应片初始化模式（定义数据长度） 数据的完整性检查（CRC） 感应片暂时转换初始化到读写器的初始化模式

（3）存储器

HT S 系列芯片具有 3 种内存量选择，分别是 32bit UID、256bit、2048bit。具有超过 100 000 次擦/写周期，10 年数据保存能力，安全的内存锁功能。

存储器结构：HT S 的 EEPROM 有达到 2048bit 的能力，它被组织在 16 个区块中，每个区块由 4 页组成，每页由 4 字节（1 页 =32bit）构成最小存取单位。

HT S 的 3 种存储器结构见表 5.10。

表 5.10 HT S 的 3 种存储器结构表

特　征	HITAG 1	HITAG 2	HITAG 3
频率（kHz）	100～150	100～150	100～150
波特率（Kb/s）	4	4	可达 8
容量（bit）	2048	256	32、256、2048
整合电容	是	是	是
读/写	是	是	是（32bit 否）
防冲突协议	是	—	是
加密认证	是，可配置	是，可配置	是，唯一认证
非逆存储锁	是，可配置	是，可配置	是，可配置
遵守 ISO 11784/85	—	是，可配置	是，可配置
只读模式	—	是，可配置	是，可配置
晶圆（凸金）	—	—	是
弹抛包装	—	—	是

内存可完成由开始页到结束页（第 0~63 页）的寻址，在读/写访问的情况下，感应片从开始页地址被处理。第 0 页包含 32bit 制造商程序规划的唯一序列号（UID），对该页只读访问。

内存的存储地址见表 5.11。

表 5.11　内存的存储地址表

页	地　址	HT S 内存结构 32bit	HT S 字节 32　256　2048
区块 0	0x00	Page0	
	0x01	Page1	
	0x02	Page2	
	0x03	Page3	
区块 1	0x04	Page4	
	0x05	Page5	
	0x06	Page6	
	0x07	Page7	
区块 2	0x08	Page8	
	0x09	Page9	
	0x0A	Page10	
	0x0B	Page11	
区块 3	0x0C	Page12	
	0x0D	Page13	
	0x0E	Page14	
	0x0F	Page15	
区块 N	…	…	
	…	…	
	…	…	
区块 15	0x08	Page60	
	0x09	Page61	
	0x0A	Page62	
	0x0B	Page63	

HITAG 1 具有 2Kb 的存储空间，被分为 16 个块，每个块有 4 页用户配置页由 4 字节组成，页是最小的访问单位。对块的访问只可用到 2~15 块，页的访问可用到全部的 0~63 页。

HITAG 1 的块 0 包括唯一的序列号页（在制造期间程序规划）、配置页和密钥存放页 A/B。块 1 包含原始数据。

HITAG 2 的存储器有 4 个块或 16 页。前两块工作在"秘密"模式，后两块工作在"口令"模式。每种模式的低 4 页（块 0~块 3）为其芯片的序列号、密钥（或口令）及该模式的配置页，高 4 页（块 4~块 7）为用户可以读写操作的数据空间，通常模式的 HT S 内存图见表 5.12。

表 5.12　通常模式的 HT S 内存表

高字节		每页 4 字节 =32bit		低字节
页地址	高位 低位	高位 低位	高位 低位	高位 低位
0x00	UID 3	UID 2	UID 1	UID 0
0x01	保留	CON2	CON1	CON0
0x02	Data3	Data2	Data1	Data0
0x03	Data3	Data2	Data1	Data0
…	…	…	…	…

（4）支持标准

HT S 系列芯片完全适应 ISO/IEC11784/85 动物 ID 标准，在硬件上支持如下标准：ISO/IEC14223、ISO/IEC18000－2；支持德国废物管理标准和信鸽比赛标准。

（5）安全特性

HT S 系列芯片具有秘密钥匙的 32bit 唯一序列号（UID）、48bit 密钥认证。

其他典型应用：动物辨识、家畜、资产追踪、门禁管制、考勤系统、量测、滑雪票务、电子钥匙、煤气罐识别、运筹管理、游戏与赌场管理、图书管理、航空行李标签等。

HT S 芯片系列完全符合世界动物识别标准 ISO/IEC11784/85 与 ISO/IEC14223－1。主要应用于数量庞大的家畜追踪与食品安全市场上，其创新的超低功率设计带来更远的读取距离，非常适合该应用领域的需求，又如货物追踪用户（如××公司），使用 HT S 芯片可随时精确地掌握特定货物所在的地点及状况。以桶装气体为例，必须知道目前气桶内装的是何种气体、剩余容量有多少，因为如果加错气体，很可能会引起爆炸。HT S 可用来追踪各种不同的物品，从啤酒桶、计算机硬盘到家畜等，并且适合不同的作业环境，同时也可以存储每一个标记物品的精确追踪记录，达到库存管理的最佳化。

5.3　基于 EM4205 的动物识别卡设计

1. 工作原理

EM4205 通过外部线圈及内部集成电容一起组成谐振电路，从连续的 125kHz 磁场中获取能量启动。芯片从内部的 EEPROM 中读出数据，并通过与线圈并联的负载开断产生深幅调制，将数据发送出去。通过对 125kHz 磁场的百分之百幅度调制，可以执行各种命令并更新 EEPROM 中的数据。

EM4205/4305 支持几种 Biphase 和 Manchester，操作模式（配置选项）存储在 EEPROM 的配置字中。所有的 EEPROM 字可以通过设置锁位进行保护。芯片还包括一个可编程的 32 位的 UID（Unique Identification）。

芯片的组成框图及典型应用电路图分别如图 5.2 和 5.3 所示。

2. 数据配置步骤

第 1 步：设计 EM4205 配置字，对于符合 ISO/IEC11784/5 的 FDXB 模式，EM4205 应该配置为：

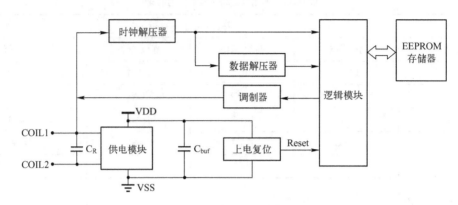

图 5.2　EM4205 组成框图

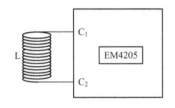

图 5.3　EM4205/4305
应答器典型应用

（1）Biphase；

（2）RF/32；

（3）返回 4 BLOCK 16 字节（128 位）ISO11784/5 的有效数据，则 BLOCK4 为 00020C8F。

第 2 步：计算 8 字节 64 位的有效数据，参考动物识别卡片数据发送表及说明。

（1）将十进制的 National ID 转化为 38 位的二进制数，最低位对应于标签结构中的第 64 位；

（2）将十进制的 Country ID 转化为 10 位的二进制数，加入到 38 位 National ID 之前；

（3）加入 1 位 DATA BLOCK；

（4）加入 14 位 Reserved 位 0；

（5）加入 1 位 Animal FLAG。

上述 5 项组成 64 位二进制数。

第 3 步：计算 2 字节 CRC，根据上文的 CRC 计算例程，计算 64 位（8 字节）数据的 2 字节 CRC 校验字节。

第 4 步：组成 16 字节的动物标签最终数据，以发送的顺序组成 16 字节（128 位）的数据。

（1）加入 000000001。

（2）加入 8 字节有效，然后再加入 2 字节 CRC 校验数据，每个字节后面跟 1 个 1。

（3）加入 3 字节空数据，每个字节后面跟 1 个 1。

第 5 步：16 字节数据写入卡片，由于每个 BLOCK（32 位）的发送顺序为位 0 ～ 位 31，将 16 字节放入 4 个 BLOCK 中时要作如下处理。

（1）第 1 个 BLOCK：BYTE4 + BYTE3 + BYTE2 + BYTE1。

（2）第 2 个 BLOCK：BYTE8 + BYTE7 + BYTE6 + BYTE5。

（3）第 3 个 BLOCK：BYTE12 + BYTE11 + BYTE10 + BYTE9。

（4）第 4 个 BLOCK：BYTE16 + BYTE15 + BYTE14 + BYTE13。

至此，由 EM4205 卡编写而成的 ISO11784/5 动物识别卡制作完成。

5.4　基于 EM4095 的只读型阅读器设计

5.4.1　射频读写基站 EM4095

EM4095 是用于 RFID 的 CMOS 集成收发器电路基站芯片，其框图如图 5.4（a）所示，有以下功能。

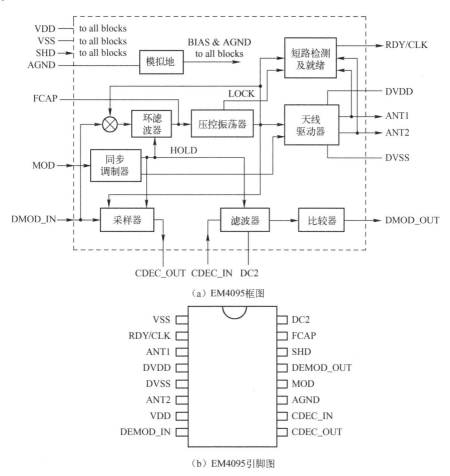

（a）EM4095框图

（b）EM4095引脚图

图 5.4　EM4095 框图和引脚图

（1）利用载波驱动天线。

（2）用于可读写应答器的 AM 调制磁场。

（3）对从天线传输来的应答器的调制信号进行 AM 解调。

（4）与微处理器通过简单接口进行通信。

EM4094 的引脚定义见表 5.13，关于各引脚的功能，在 5.4.2 节结合实际应用电路加以详细说明。

EM4095 的特点如下：

（1）集成的锁相环系统，以实现用自适应载波频率来匹配天线谐振频率；

表 5.13　引脚功能定义

引　脚	符　号	功　能
1	VSS	电源地
2	RDY/CLK	就绪标志和时钟输出
3	ANT1	天线驱动
4	DVDD	天线驱动器电源
5	DVSS	天线驱动器电源地
6	ANT2	天线驱动
7	VDD	电源
8	DEMOD_IN	天线感应信号输入
9	CDEC_OUT	DC 模块电容输出
10	CDEC_IN	DC 模块电容输入
11	AGND	模拟地
12	MOD	调制输入端
13	DEMOD_OUT	解调信号输出端
14	SHD	睡眠模式使能端
15	FCAP	PLL 环路滤波电容
16	DC2	DC 模块去耦电容

（2）无须外部晶振；

（3）100～150kHz 载波频率范围，以 OOK（100% AM 调制）的方式进行数据传输；

（4）用桥驱动方式直接驱动天线；

（5）用外部可调整系数的单端驱动器以 AM 调制的方式进行数据传输；

（6）兼容多种应答器协议（如 EM400X、EM4050、EM4150、EM4070、EM4170、EM4069 等）；

（7）睡眠模式 1μA；

（8）兼容 USB 电压范围；

（9）40～+85 ℃温度范围；

（10）小外形塑料封装 SO16。

基于 EM4095 设计的只读型射频阅读器框图如图 5.5 所示，可以实现对只读应答器 IC—EM4100 的识读，其基本构成如下。

（1）阅读器的工作电压为 5V。

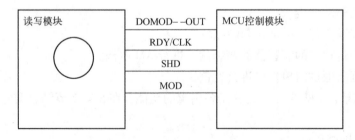

图 5.5　基于 EM4095 的阅读器原理图框图

（2）微处理器为 ARM 微控制器，型号是 LM3S101。

（3）基站的模拟量前端 IC：EM4095。

阅读器的原理图如图 5.5 所示。

5.4.2 基于 EM4095 的只读型阅读器电路设计

EM4095 只读模式的原理图如图 5.6 所示，其中 MOD 接地，SHD、RDY/CLK 及 DEMOD_OUT 引脚与微处理器（MCU）相连。EM4095、MCU 与天线一起组成一个 125kHz RFID 读写器，其可完成的主要功能包括：

（1）载波频率驱动线圈；

（2）对可写卡磁场的调幅调制；

（3）对线圈上由卡引发的调制信号进行幅度解调；

（4）与微处理器之间相互通信。

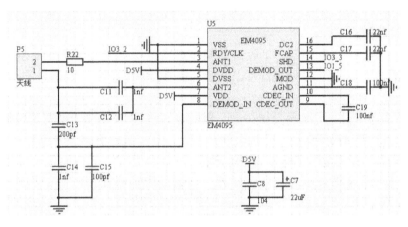

图 5.6 EM4095 只读模式的原理图

1. 原理分析

EM4095 的引脚 SHD 和 MOD 用来操作设备。当 SHD 为高电平的时候，EM4095 为睡眠模式，电流消耗最小。在上电的时候，SHD 输入必须是高电平，用来使能正确的初始化操作。当 SHD 为低电平的时候，回路允许发射射频场，并且开始对天线上的振幅调制信号进行解调。

（1）引脚 MOD

引脚 MOD 是用来对 125kHz 射频信号进行调制的。

当在该引脚上施加高电平时，将把天线驱动阻塞，并关掉电磁场；在该引脚上施加低电平，将使片上 VCO 进入自由运行模式，天线上将出现没有经过调制的 125kHz 载波。

EM4095 用作只读模式，引脚 MOD 没有使用，推荐将其连接至 VSS。

（2）锁相环

锁相环由环滤波、电压控制振荡器和相位比较模块组成。通过使用外部电容分压，DEMOD_IN 引脚上得到天线上的真实高电压。这个信号的相和驱动天线驱动器的信号相位进行比较，所以锁相环可以将载波频率锁定在天线的谐振频率上。

根据天线种类的不同，系统的谐振频率可以在 100～150kHz 之间的范围内。当谐振频率在这一范围内的时候，它就会被锁相环锁定。

（3）天线上的电压信号

接收模块解调的输入信号是天线上的电压信号，DEMOD_IN 引脚也同来做接收链路的输入信号。DEMOD_IN 输入信号的级别应该低于 $V_{DD}-0.5V$，高于 $V_{SS}+0.5V$。通过外部电容分压可以调节输入信号的级别。分压器增加的电容必须通过相对较小的谐振电容来补偿。振幅调制解调策略是基于"振幅调制同步解调"技术的。接收链路由采样和保持、直流偏置取消、带通滤波和比较器组成。DEMOD_IN 上的直流电压信号通过内部电阻设置在 AGND 引脚上。

AM 信号被采样，采样通过 VCO 时钟进行同步，所有的信号直流成分被 CDEC 电容移除。进一步的滤波把剩下的载波信号、二阶高通滤波器和 DC2 带来的高频和低频噪声移除。经过放大和滤波的接收信号传输到异步比较器，比较器的输出被缓存至 DEMOD_OUT。

（4）RDY/CLK 信号

这个信号为外部微处理器提供 ANT1 上信号的同步时钟，以及 EM4095 内部状态的信息。ANT1 上的同步时钟表示 PLL 被锁定并且接收链路操作点被设置。

当 SHD 为高电平时，RDY/CLK 引脚被强制为低电平。当 SHD 上的电平由高转低时，PLL 为锁定状态，接收链路工作。

经过时间 T_{set} 后，PLL 被锁定，接收链路操作点已经建立。这时传送到 ANT1 上的信号同时也传送至 RDY/CLK，提示微处理器可以开始观察 DEMOD_OUT 上的信号和与此同时的时钟信号。

当 MOD 为高电平时，ANT 驱动器关闭，但此时 RDY/CLK 引脚上的时钟信号仍然在继续。当 SHD 引脚上的电平从高到低后，经过时间 T_{set} 后，RDY/CLK 引脚上的信号被 $100k\Omega$ 的下拉电阻拉低。这样做的原因是为了标签的 AM 调制低于百分之百情况下 RDY/CLK 的扩展功能。

在这种情况下它被用来作为辅助驱动器。该辅助驱动器在调制时使线圈上保持较低的振幅。

（5）DVDD 和 DVSS 信号

DVDD 和 DVSS 脚应该分别和 VDD 及 VSS 连接。应该注意到，通过引脚 DVDD 和 DVSS 流过的驱动器电流造成的电压降不会引起 VDD 和 VSS 上的电压降。在 DVSS 和 DVDD 脚之间应该加一个 100nF 的电容，并使其尽量靠近芯片。这将防止由天线驱动器引起的电源尖峰。对引脚 VSS 和 VDD 进行隔离也是有用的。隔离电容不包含在 EM4095 的计算表中。

所有和引脚 DC2/AGND/DMOD_IN 相关的电容都应该连接到相同的 VSS 线上。这条线应该直接和芯片上的引脚 VSS 相连。该线不能在连接其他元件或成为 DVSS 供电线路的一部分。

因为 ANT 驱动器使用 VDD 和 VSS 提供的电源级别来为天线驱动，所有电源的变化和噪声都将毫无保留地直接影响天线谐振回路。任何将引起天线高压以 mV 级波动的电源波动都将导致系统的性能下降甚至发生故障。

特别要注意 20kHz 的滤波器低频噪声，因为响应器的信号就在这个频率水平上。

（6）AGND 信号

AGND 引脚上的电容值可以从 220nF 上升到 $1\mu F$。电容越大将越明显地减小接收噪声。AGND 的电压可以通过外部电容和内部 $2k\Omega$ 的电阻进行滤波。EM4095 不限制 ANT 驱动器发出的电流值。

这两个输出上的最大绝对值是 300mA。对天线谐振回路的设计应该使最大的尖峰电流不超过 250mA。如果天线的品质因数很高，这个值就可能超过，则必须通过串联电阻加以限制。

增加 DC2 电容值，将增加接收带宽，进而增加斜坡信号的接收增益。DC2 的推荐范围是 6.8～22nF。CDEC 为 33～220nF。电容值越高，开始上升时间就越长。

（7）FCAP 信号

FCAP 引脚上的偏置电压。这个偏置电压补偿了外部天线驱动器引起的相位偏移。这样的相位偏移会导致锁相环在不是天线回路串联谐振频率的频率上工作。

为了读头回路的正常操作，这个偏置电压需要根据天线的品质因数和输出部分的滞后来进行调节。在使用高品质因数天线回路且增强器是必须而且重要的应用产品中，会出现这样的对相位偏移的补偿，所以这些回路比其他电路对在错误的频率上工作更敏感。

尽管使用了外部解调器，天线信号仍然要进入 EM4095。因为它要作为锁相环的参考信号。要使用一个电容分压来减小来自天线的高电压。电阻分压会加重由于输入电容带来的相移效应。

对于高品质因数的天线，天线上的电压较高，读取灵敏性被电容分压器的解调灵敏性限制。通过使用外部检测回路可以提高读取灵敏性。输入取自天线的高压端，直接送入 CDEC_IN 引脚。

2. 注意事项

在设计中，增加线圈的 Q 值，使电流工作在 1A 以上，可使感应距离达到 20cm 以上。同等的线圈面积，感应距离可达到没有驱动放大的两倍左右。目前仍有个问题有待解决，当电流过大时，时间久了，线圈发烫，感应变得不稳定。

5.5　基于 U2270B 的读写型阅读器设计

5.5.1　射频读写基站 U2270B 简介

U2270B 是一种低成本、性能完善的低频（100～150kHz）射频卡基站芯片，先由美国 TEMIC 公司生产，后转由 ATMEL 公司生产，其主要特点如下。

（1）载波振荡器能产生 100～150kHz 的振荡频率，并可通过外接电阻进行精确调整，其典型的应用频率为 125kHz。

（2）典型数据传输速率为 5Kbps（125kHz 时）。

（3）适用于曼彻斯特编码和双相位编码。

（4）带有微处理器接口，可与单片机直接连接。

（5）供电方式灵活，可以采用 +5V 直流供电，也可以采用汽车用 +12V 供电，同时具有电压输出功能，可以给微处理器或其他外围电路供电。

（6）具有低功耗待机模式，可以极大地降低基站的耗电量。

（7）125kHz 时的典型读写距离为 10mm。

（8）适用于对 TEMIC 的 e5530/e5550/e5560 射频卡的读写操作。

1. 引脚说明

引脚功能 U2270B 采用 16 脚 SO16 贴片封装形式，封装图如图 5.7 所示。引脚定义见表 5.14。

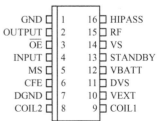

图 5.7　U2270B 封装图

表 5.14　U2270B 引脚定义

引脚号	功能符号	功能描述	引脚号	功能符号	功能描述
1	GND	模拟地	9	COIL1	天线驱动 1
2	OUTPUT	数据输出	10	VEXT	外部电源供给
3	$\overline{OE}$	数据输出使能	11	DVS	驱动电压
4	INPUT	数据输入	12	VBATT	电池供电
5	MS	共模/差分模式选择	13	STANDBY	待机模式控制
6	CFE	载波使能	14	VS	内部电源供给
7	DGND	数字地	15	RF	射频频率调整
8	COIL2	天线驱动 2	16	HIPASS	高通滤波电容

2. 内部结构框图

U2270B 的内部结构如图 5.8 所示。

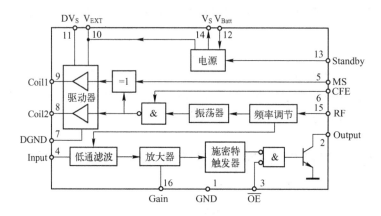

图 5.8　U2270B 内部结构框图

5.5.2　基本应用

1. 应用原理图

图 5.9 为采用 U2270B 设计的短距离密耦合型应用电路，其中微处理器 MCU 用来承担数据的发射及回收数据的曼彻斯特解码任务，发射数据由 MCU 控制 CFE 端来实现，接收的曼彻斯特编码数据则通过基站的 Output 引脚输出给 MCU。

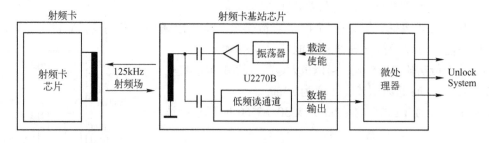

图 5.9　应用原理图

在编制发射和接收数据的程序时，必须严格按照相应射频卡的通信规约来进行。

应当说明，与 U2270B 配套的射频卡（e5550 等）返回的数据流采用的是曼彻斯特编码形式。由于 U2270B 不能完成曼彻斯特编码的解调，因此解调工作必须由微处理器来完成，这也是 U2270B 的不足之处。

2. 电源和天线驱动原理图

原理图如图 5.10 所示。

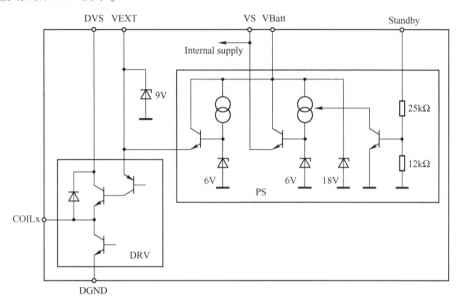

图 5.10　电源和天线驱动原理图

将 U2270B 的天线驱动端 COIL1、COIL2 与电阻、天线和电容构成的串联谐振回路相连，可以在天线已经确定的前提下，通过式（5.1）来选择适当的电容 C，以使得谐振频率与基站的工作频率相同。

$$f_0 = \frac{1}{2\pi\sqrt{LC}} \tag{5.1}$$

其中，L 为天线线圈的电感量；C 是与天线串联的电容；f_0 为谐振频率。

当 L 取 1.35mH，f_0 为 125kHz 时，电容 C 应为 1.2nF。

3. 电源电路

U2270B 有 4 个电源引脚，分别为 VS，VEXT，DVS，VBATT，可以构成 3 种供电方式，以支持不同场合的灵活运用。如图 5.11 所示。

1）单回路电源供电方式

在单电源工作方式时，所有内部电路均外接 5V 稳压直流电源供电，4 个电源引脚都连在一起，接至 5V 电源。

单电源工作方式的电路图如图 5.11（a）所示。

2）电池供电

该供电方式特别适用于汽车中采用蓄电池的工作环境。蓄电池正端接 U2270B 芯片的 VBATT 引脚，通过芯片内部稳压电路又可以产生 VS，VEXT 和 DVS，VEXT 可以为外部电路（如微控制器等）提供电源。

采用蓄电池连接方法的电路如图 5.11（b）所示。

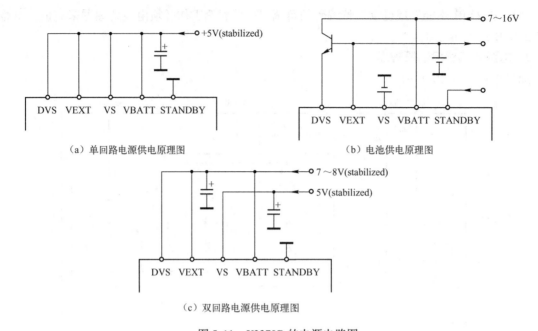

（a）单回路电源供电原理图   （b）电池供电原理图

（c）双回路电源供电原理图

图 5.11　U2270B 的电源电路图

此方式供电时，为降低功耗，可以对 STANDBY 引脚施加控制，是芯片在无应答器读写操作时处于低功耗模式（即 STANDBY 模式）。因此，需要将 STANDBY 引脚与微控制器相连接，引脚为高电平时，进入 STANDBY 模式，此时内部工作电源 V_S 将关闭。

3）双回路电源供电

在采用双回路电源工作方式时，DVS 和 VEXT 引脚加入 +7 ～ +8V 电源电压，以得到较高的驱动器输出幅度，获得较强的磁场强度。这种工作方式可以用于要求扩展通信距离的情况。

双回路电源工作方式电路图如图 5.11（c）所示。

4. 其他引脚的接口电路

1）RF 引脚电路图

片内振荡器的频率可由接入 RF 引脚的电流控制频率，调节电路如图 5.12 所示。

通过调整 U2270B 的 RF 引脚所接电阻的大小，可以将内部振荡频率固定在 125kHz，然后通过天线驱动器的放大作用，在天线附近形成 125kHz 的射频场，当射频卡进入该射频场内时，由于电磁感应的作用，在射频卡的天线端会产生感应电势，该感应电势也是射频卡的能量来源。

通过式（5.2）计算出电阻 R_f。当振荡频率 $f_0 = 125$kHz 时，电阻的阻值为 110kΩ。

$$R_f = \frac{14375}{f_0} - 5 \tag{5.2}$$

2）Input 引脚电路图

U2270B 的 Input 引脚内部为低通滤波器，因此输入信号为解调后的信号。对于 Input 引脚，解调器可以采用包络检波解调。接口电路如图 5.13 所示。

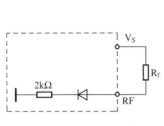

图 5.12　RF 引脚电路图

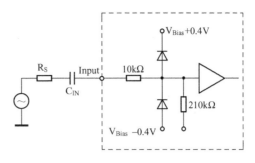

图 5.13　Input 引脚电路图

3）HIPASS 引脚电路图

在调试过程中，经常遇到的问题是从射频卡接收回来的曼彻斯特编码数据不稳定。理论上，在射频场范围内无射频卡存在时，从基站天线回收的信号经过芯片内部的低通滤波和高通滤波回路时，在 Output 端不应该有脉冲信号输出，但在实际使用时，经示波器观察发现：Output 引脚总是有 100Hz 左右的不稳定信号输出。

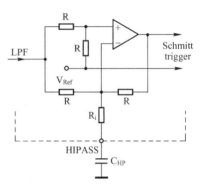

图 5.14　HIPASS 引脚电路图

当射频卡进入射频场区域时，用逻辑分析仪捕捉到的是极不稳定的编码信号，有时甚至无法从中解调出数据。为此，可对 HIPASS 端的电容进行调整，同时在该端对地接一个 3MΩ 左右的电阻，这样就可以接收到稳定的曼彻斯特编码并解调出稳定的数据。电路如图 5.14 所示。

4）OE 引脚电路图

施密特触发器用于对信号整形，以抑制噪声，当 OE 引脚为高电平时，可以使能开路集电极输出电路。

引脚控制功能见表 5.15。

表 5.15　OE 引脚的控制功能

OE	Output
Low	Enabled
High	Disabled

5）MS 引脚和 CFE 引脚电路图

U2270B 驱动电路由两个独立的输出组成，这两个输出受引脚 MS 和 CFE 电平控制，关系见表 5.16。

表 5.16　CFE 和 MS 引脚的控制功能

CFE	MS	COIL1	COIL2
Low	Low	High	High
Low	High	Low	High
High	Low	⊓	⊐
High	High	⊓	⊐

数据写入射频卡采用场间隙方式，即由数据的"0"和"1"控制振荡器的启振和停振，并由天线产生带有窄间歇的射频场，不同的场宽度分别代表数据"0"和"1"，这样完成将基站发射的数据写入射频卡的过程，对场的控制可通过控制芯片的第 6 脚（CFE 端）来实现。

5. 典型应用电路图

1）典型应用电路1

图 5.15 所示为一种基于 U2270B 芯片的阅读器典型应用电路，该电路采用 5V 直流电源供电，也是最简单的一种应用电路。

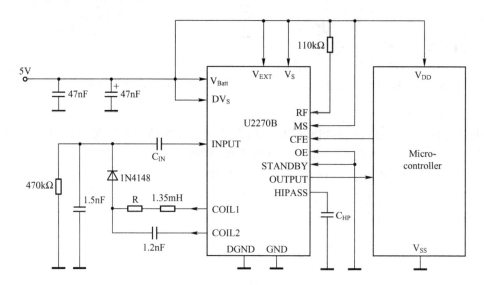

图 5.15　5V 直流电源供电的典型应用电路

在该电路中，U2270B 的 Standby 引脚直接接地，因此不需要进入 standby 模式，如果需要对 standby 模式进行控制，则该引脚可以与微控制器连接，受控于 MCU。

本电路中引脚 MS 为高电平，OE 为低电平，CFE 受控于 MCU。

天线的谐振回路由电感 L（1.35mH）和电容 C（1.2nF）组成，RF 引脚的电阻为 110kΩ，因此谐振频率为 125kHz。

工作时，来自应答器的信息，经过包络二极管检波电路，解调后输入芯片的 Input 引脚，并由 Output 引脚输出给 MCU。

2）典型应用电路2

图 5.16 所示为一种基于 U2270B 芯片的阅读器典型应用电路，该电路采用 5V 直流电源供电，并且有可控制的阅读器天线谐振频率调节电路。

在该电路中，U2270B 的 Standby 引脚与微控制器连接，受控于 MCU。如果不需要进入 standby 模式，则可以将该引脚直接接地。

本电路中引脚 MS 和 CFE 均为高电平。天线电路的谐振频率调节电路由微控制器、三极管 BC846、二极管 D_R、电容 C_R 及电阻 R_R 构成。

当三极管截止时，天线的谐振回路由电感 L（1.35mH）和电容 C（1nF）组成。

当三极管受控导通时，天线电路引入电容 C_R 和电阻 R_R，因此可以实现调节天线谐振频率，使得阅读器和应答器天线电路谐振频率的差异减小，从而改善两者之间的通信性能。

3）典型应用电路3

图 5.17 所示为另一种基于 U2270B 芯片的阅读器典型应用电路。

该电路采用 12V 蓄电池作为电源供电，芯片的 V_{EXT} 引脚输出电压为微控制器提供电源，

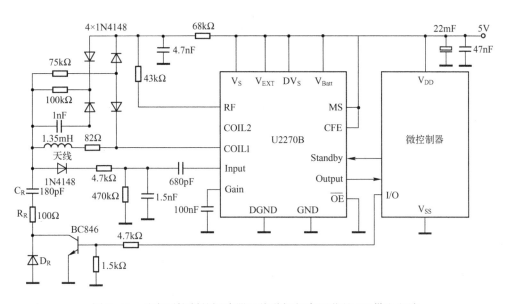

图 5.16　具有可控制的阅读器天线谐振频率调节的 5V 供电电路

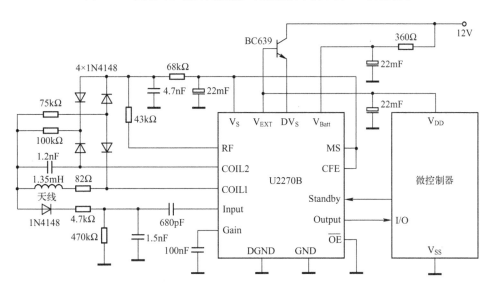

图 5.17　蓄电池作为电源的典型电路

同时由于该引脚与三极管 BC639 的基极相连接，因此控制 DV_S 的产生。

　　在该电路中，U2270B 的 Standby 引脚与微控制器连接，受控于 MCU。可以根据实际需求，进入 standby 模式以节省功耗。如果不需要进入 standby 模式，则可以将该引脚直接接地。

　　本电路中，天线的谐振回路由电感 L（1.35mH）和电容 C（1nF）组成。

　　工作时，应答器发送的数据经过芯片的 Output 引脚，发送给 MCU，从而实现应答器的识别。

5.5.3　非接触 IC 卡的写操作

　　基站产生固定间隙的射频振荡，并通过控制两个间隙之间的振荡时间对位数据"1"和位

数据 "0" 进行编码，持续地发送位数据流，完成写操作。写操作射频振荡波形示意图如图 5.18 所示。

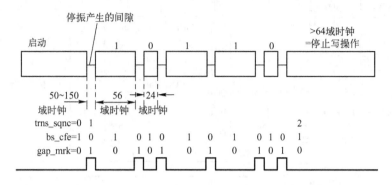

图 5.18　写操作射频振荡波形示意图

由射频卡返回的数据流可采用对射频卡天线的负载调制方式来实现。射频卡的负载调制会在基站天线上产生微弱的调幅，这样通过二极管对基站天线电压的解调即可回收射频卡调制数据流。

注：域时钟（TEMIC 公司提供的资料用 f_c 表示）为一时间间隔，若频率为 125kHz，$f_c = 1/125\text{kHz} = 8\mu\text{s}$。

图 5.18 写操作时的信号流非接触 IC 卡插入基站后，射频线圈的耦合产生载波振荡，利用两次相邻停振之间的不同时间间隔，区分位数据 "1" 和位数据 "0" 的编码。

（1）停振间隙约在 50 ~ 150 域时钟之间；

（2）位数据 "0" 的持续振荡时间间隔为 24 域时钟；

（3）位数据 "1" 的持续振荡时间间隔为 56 域时钟；

（4）当停振间隙结束后，持续振荡的时间间隔高于 64 域时钟，则应答器退出写操作方式。

考虑到写操作启动（start）时，有一个频率稳定过程，写操作停止（stop）时，有一 EEP-ROM 的写入过程约 16ms，于是将 start 和 stop 两个阶段均以 20ms 计。

图 5.18 中标注的 trns_sqnc 为发送顺序编号，启动阶段为 0，位数据流发送阶段为 1，发送结束阶段为 2。

基站读写器上有三个引脚：bs_out、bs_cfe 和 bs_in。它们的含义见表 5.17。

表 5.17　基站芯片与写射频卡操作有关的管脚定义

引脚名称	功　能
bs_out	基站信息输出引脚：由电平 "上跳" 和 "下跳" 及间隔确定
bs_cfe	基站信息输入引脚：= "1" 为起振；= "0" 为停振
bs_in	基站的供电引脚：= "1" 为得电；= "0" 为失电

向应答器写位数据时，有四种合法的数据流，具体如图 5.19 所示。

其中，OP 为操作类型码，包含两位，"10" 表示即将进行的是写操作，"11" 为终止应答器操作码。多应答器操作情况下，用这一特性可逐一控制应答器，使待控应答器逐一产生稳定的射频振荡。当方式数据区的第 28 位（usePWD）为 "1" 时，在写操作码 "10" 之后，即需将 32 位的口令写入 EEPROM 的第 7 区。

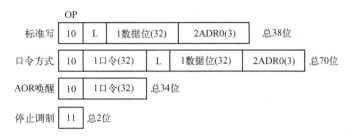

图 5.19　合法的写数据序列

位数据流有 33 位，是按区写入的。

其中，第一位为锁定位 L，L = "1" 表示该区为只读区，L = "0" 表示该区为读写区，其余 32 位为位数据。ADR 为该位数据流的存放数据区，取值范围为 0 ~ 7。

根据上述载波振荡特性，利用 carrier_cnst 参数进行界定（见表 5.18），读操作即不难实现。读写操作过程中，均使用 2μs 为单位的计数值作为定时单位，目的是要使用 MCS – 51 系列的微控制器定时器。

表 5.18　载波振荡特征判断对应的以 2μs 为单位的计数值

振荡特性	bs_cfe	carrier_cnst	kHz	100	110	125	140	150
			域时钟	μs/2μs 为单位的计数值				
gap	0	1	X	150/75		100/50		50/25
"0"	1	2	24	240/120	218/109	192/96	171/86	160/80
"1"	1	3	56	560/280	509/255	448/224	400/200	374/187
start/stop	1	4	>64	640/320	582/291	512/256	457/229	428/214

5.5.4　基于 51 单片机的读卡程序设计

在基于 U2270B 或 EM4095 的只读型阅读器设计中，软件程序的核心为对曼彻斯特码解码、对射频卡 ID 号的校验及 ID 号的解析，在解码方面由于时序明确，建议使用定时器来完成，参考代码见代码示例 5.1。

【代码示例 5.1】：曼彻斯特码按位解码程序源代码

```
#define     L256        0x04        // 延时常数(256μs)
#define     H256        0xff
#define     L384        0x83        // 延时常数(384μs)
#define     H384        0xfe

uchar DECODE(void)
{
    TL0 = L384;
    TH0 = H384;
    TF0 = 0;
    if(T
```

```
        {
            while( !TF0 )
            {
                if( !T )  return 1;
            }
            TL0 = L256;
            TH0 = H256;
            TF0 = 0;
            while( !TF0 )
            {
                if( !T )  return 2;
            }
            return 0;
        }
        while( !TF0 )
        {
            if( T )  return 1;
        }
        TL0 = L256;
        TH0 = H256;
        TF0 = 0;
        while( !TF0 )
        {
            if( T )  return 2;
        }
        return 0;
    }
```

对射频卡 ID 号的校验及 ID 号的解析，参考代码见代码示例 5.2。

【代码示例 5.2】：读取卡号程序源代码

```
    sbit T = P1^3;                              //射频信号输入端口
    void Read_ID( void )
    {
        uchar k,bM,i,j;

        while( 1 )
        {
            if( T )
            {
                if( DECODE( ) != 2 )  continue;
                for( i = 16;i;i -- )
                {
```

```
        if( DECODE( )!=1) break;                    // 检测起始位
    }
    if( i) continue;
    k = bM = 0;
    j = 55;
    while( j)                                        // 接收数据
    {
        if( ( i = DECODE( ) ) == 0) break;
        if( i == 1)
        {
            if( DECODE( )!=1) break;
        }
        k = ( k << 1) |( ~T);                        // 记录 1 位
        if( --j%5) continue;
        g_bpBuffer[ bM ++ ] = k;
        k = 0;                                       // 存入 5 位
    }
    if( j == 0)                                      // 译码
    {
        k = g_bpBuffer[ 10] >> 1;                    // 取校验值
        for( i = 0;i < 10;i ++ )                     // 译码并校验
        {
            for( j = 0;j < 16;j ++ )
            {
                if( g_bpBuffer[ i] == Ycode[ j])
                {
                    g_bpBuffer[ i] = j;
                    k^ = j;
                    break;
                }
            }
            if( j == 16)
            {
                k = 1; break;
            }
        }
        if( k == 0)
        {
            for( i = 0;i < 10;i ++ )
            {
                if( g_bpBuffer[ i]!=0)  break;
            }
```

```
                        if(i<10)    break;
                      }
                    }
                  }
                }
              }
```

如果阅读器使用串行接口的读头模块，则可以大大简化电路设计和程序设计的工作量，在电路接口方面，MCU 只需要与读头的 RXD 和 TXD 连接，电路参考第 3 章关于主板设计部分。在程序处理方面，MCU 只需要设置通信的波特率，并接收串行数据即可，参考代码见第 3 章相关章节内容。

5.6　LF 频段产品设计中的注意事项

1. 天线的设计与连接

假定基站天线采用铜制漆包线绕制，天线回路的直径 D 远大于漆包线的直径 d（一般在 1000 倍以上），此时可以采用式（5.3）来进行天线参数的设计。

$$L = N^2 u_0 R \ln(\ 2R/d) \tag{5.3}$$

式中，L 为天线回路的电感量；N 为天线线圈的匝数；u_0 为自由空间的介电常数，其值为 $4\pi \times 10^{-7} H/m$ 或 $1.257 \times 10^{-6} V \cdot s / A \cdot m$；$R$ 为天线回路的半径；d 是漆包线的直径。

如取 $L = 1.3 mH$，$R = 5 cm$，$d = 0.21 mm$，则所需绕制的天线匝数为 116 匝。

此外，在 125kHz 天线设计时，推荐参数如下：

天线电感值 $= 345 \mu H$，线径 $\varphi = 0.29 mm$，根据实际需求，将天线线圈可以设计为圆形和长方形，依据上述条件，在设计时推荐参数见表 5.19。

表 5.19　125kHz 天线的设计推荐参数

线 圈 形 状	参　　数	匝　　数
圆形（内径）	直径 6cm	58 圈
	直径 8cm	40 圈
	直径 3cm	83 圈
	直径 2cm	115 圈
长方形	9.5cm×7cm	38 圈
	3.7cm×6.3cm	50 圈

2. 品质因数

Q 对天线传输带宽是有影响的。在使用 U2270B 或 EM4095 作基站的射频卡应用系统时，如果选择较高品质因数（即 Q 值）的天线，虽然会增大天线线圈中的电流强度，提高向射频卡传送功率的效率。但是，由于天线的传输带宽与天线的品质因数 Q 成反比，而过高的 Q 值会明显缩小天线的传输带宽，从而导致射频卡解调困难。

因此，使用低频射频卡基站芯片设计射频卡应用系统时，应综合考虑天线的品质因数。

3. 程序解码

利用单片机进行解码，单片机 T 口的输入捕捉单元，可用于精确捕捉一个外部事件的发生，记录事件发生的时间印记。

当一个输入捕捉事件发生时，T 口的计数器 TCNT1 中的计数值，被写入输入捕捉寄存器 ICR1 中，并置位输入捕获标志位 ICF1，产生中断申请，可通过设置寄存器 TCCR1B 的第 6 位 ICES1 来设定输入捕捉信号触发方式。

本项目利用单片机的输入捕捉功能进行解码。

由 Manchester 编码特点可知，每位数据都由半个周期的高电平和半个周期的低电平组成，因此可将一个位数据拆分为两位，即位数据"1"可视为"10"，位数据"0"可视为"01"，则 64 位数据可视为由 128 位组成。

为了获得完整且连续存放的 64 位 ID 信息，在此接收两轮完整的 64 位数据，即接收 256 位，则上一轮接收到的停止位后紧跟着的必然是本轮接收到的起始位，据此找出起始同步头，再根据曼码特点获得 ID 卡的有效数据（"10"解码为"1"、"01"解码为"0"），并进行 LCR 校验。

若校验无误，则将 ID 卡号输出至 PC，并准备下一次解码；否则，直接准备下一次解码。

另外，在程序中首先定义一个数组 bit[256]用来存放接收到的数据，定义一个变量用来标记 256 位数据已接收完成，定义一个变量用来标记校验有错误产生。

由于无 ID 卡靠近读卡器的有效工作区时，单片机输入捕捉引脚输入的是高电平，因此在主程序中先设定为下降沿触发，清零计数器 TCNT1，打开 T/C1 的输入捕捉功能。

本章小结

本章结合 LF 频段的产品要求，介绍了该频段产品的编码、相关标准及技术要求。

阅读器的设计要考虑应答器的参数，LF 频段典型的应答器芯片有只读型 EM4100、读写型 EM4205 和读写加密型 Hitag S，典型的阅读器芯片有 U2270B 和 EM4095 等。

EM4095 是用于 RFID 的 CMOS 集成收发器电路基站芯片，由于内部集成了锁相环系统，因此可以实现用自适应载波频率来匹配天线谐振频率。

U2270B 是一种低成本、性能完善的低频（100～150kHz）射频卡基站芯片，载波振荡器能产生 100～150kHz 的振荡频率，并可通过外接电阻进行精确调整，其典型应用频率为 125kHz，适用于曼彻斯特编码和双相位编码，最大特点是供电方式灵活，可以采用+5V 直流供电，也可以采用汽车用+12V 供电，同时具有电压输出功能，可以给微处理器或其他外围电路供电。

除了用集成芯片外，还可以采用集成度更高的模块，虽然成本较高，但是可以简化电路设计和程序设计流程，可以用于读取更多类型的 ID 卡。

LF 频段阅读器的设计在软件方面主要为曼彻斯特码的解码，本章围绕曼彻斯特码的特点、时序展开讨论，并提供了相关的源代码。

习题 5

1. 简述题。

（1）简述 EM4100 芯片和 EM4205 芯片的差别。

（2）简述应答器芯片 U2270B 和 EM4095 的差别。

（3）简述 LF 频段阅读器设计的注意事项。

2. 综合题。

（1）写出 LF 频段只读模式识别时的数据构成。

（2）U2270 有几种供电模式，分别用于什么场合？

3. 实践题。

（1）根据 EM4095 的资料，任意选择一款 MCU，设计一款基于该芯片的阅读器，画出原理图。

（2）根据 U2270B 的资料，任意选择一款 MCU，并供电方式为蓄电池，设计一款基于该芯片的阅读器，画出原理图。

（3）查找资料：基于分立元件的一款 LF 只读型阅读器的方案设计，要求 MCU 为 STC12C5052AD。

第6章 HF 频段的产品设计与应用

【内容提要】

HF 频段的射频识别产品包括两个协议，分别是 ISO/IEC14443 协议和 ISO/IEC15693 协议，阅读器和应答器的设计要求符合相关的国际标准。阅读器的设计要考虑应答器的参数。

ISO/IEC14443 协议的应答器芯片有只读型和读写型，典型的阅读器芯片有 NXP 的 MFRC500 系列和复旦微电子的 FM1702 系列等。为了实现 RFID 中数据的安全，需要在通信过程中使用加密机制，Mifare 系列读写型应答器支持三次认证。

ISO/IEC15693 协议的应答器芯片为读写型，支持读写型应答器 KILL（灭活）命令，典型的阅读器芯片有 NXP 的 MFRC632 系列和 TI 的 TRF7960 等。

RFID 中的防碰撞算法有两种基本类型，分别是 ALOHA 和 二进制树形算法，在 ISO/IEC 15693 协议的阅读器对防碰撞性能要求较高，设计阅读器时，要提高算法的效率。

【学习目标与重点】

◆ 了解 HF 协议的相关国际标准；
◆ 了解 RFID 中的数据安全技术，掌握 ISO/IEC14443 中的三次认证过程；
◆ 掌握 HF 频段只读型应答器芯片和读写型应答器芯片的主要参数、特性及应用；
◆ 掌握 HF 频段阅读器芯片的特点和典型的应用电路；
◆ 了解 HF 频段阅读器软件程序的功能和程序处理流程；
◆ 了解 HF 频段阅读器设计中的关键问题和注意事项。

案例分析1：公交卡变形记

以前有人说过，来到一个新的城市，只有拥有了该城市的月票才能算融入了这个城市，因此月票卡具有城市的烙印，从月票卡的变迁，可以看出一个城市交通的发展轨迹。

早期的月票卡是纸质的，每月必须在指定日期到指定地点进行更换，加之纸质月票卡的使用和保存条件有限，且防伪性能弱，因此在 21 世纪初期，逐步退出了历史舞台，取而代之的是抗污染、防伪性能强、数据安全性高、使用灵活方便的射频卡，但是由于纸质月票卡的特殊性，尤其是卡片上独具特色的票花，反而成了收藏界的新贵。

如图 6.1 所示。

图 6.1 纸质月票卡和 RFID 公交卡的图片

RFID 公交卡，除了具有上述优点之外，更重要的作用是实现城市一卡通的物质保障。

城市一卡通中心是城市一卡通发行和清算的管理机构，结算银行是城市一卡通运营资金划拨的金融机构，营运单位是公交企业、商户等为持卡人提供消费服务的业主单位，数据采集点是原始交易数据采集和汇总场所，售卡充值点是城市一卡通的出售和充值经营单位，消费点是铺设了电子支付终端设备的城市一卡通使用场所，持卡人是城市一卡通的使用者。

案例分析2："无障碍"通道

开放式通道又名无障碍通道，通道管理设备之一，区别于传统的翼闸、三辊闸。进出时不通过翼板、滚扎等物理方式进行限制。

开放式通道通过红外技术判断是否有人员、物品进出通道，结合远距离无线数据采集技术判断进、出通道的人员、物品的合法性并通过声光指示的方式进行提醒。

开放式通道的特点在于远距离无线数据采集技术。进、出通道的人员、物品无须主动出示标识其身份的证件，只需通过通道即可知道其身份信息及合法性。

开放式通道通常由读写器、主/副天线、红外传感器、报警指示灯和底座组成。如图6.2所示。

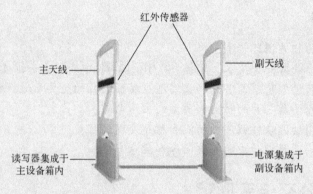

图6.2　开放式通道产品结构图

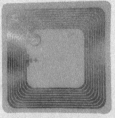

图6.3　图书馆专用标签

图为高频 FR600A 系列开放式签到机，支持符合 ISO/IEC15693 和 ISO18000 -3 标准的多家厂商电子标签；通道识别距离最宽可达140cm（识别距离与标签的性能、尺寸及现场环境等有关）。

开放式通道的主要应用领域有会展/演唱会/体育场/订货会等门禁系统、开放式会议签到、开放式考勤、智能图书馆防盗管理、仓储管理等。图6.3为图书馆专用标签的图片。

HF（High Frequency）频段使用的频段范围为 1~400MHz，常见规格为 13.56MHz。高频标签一般为无源标签，其工作能量传递方式与 LF 频段相同，通过电感耦合方式从阅读器耦合线圈的辐射近场中获得。该频段标签与阅读器之间传送数据时，标签需要位于阅读器天线辐射的近场区内，最佳传输距离为 1m 以下。

高频卡的最大优点在于：其标签靠近金属或液体的物品上时受到的影响较小，同时技术相对成熟，读写设备的价格通常较低。

与低频卡相比较，不但价格较低，而且具有读取距离较远、防碰撞能力、信息量大且可改写，以及具有先进的数据加密及双向密码验证等特点，加之具有极高的稳定性和广泛的应用范围，因此是企业一卡通、水表预付费、公交储值卡、高速公路收费、停车场、小区管理、交运卡、公园、公路等首选的 RFID 产品。

6.1 HF 频段国际标准

HF 频段的国际标准有 ISO/IEC14443 和 ISO/IEC15693。

6.1.1 ISO/IEC14443 国际标准协议简介

该标准适用于识别卡无触点集成电路卡——邻近卡。本部分为标准的节选，详见相关标准。

1. 信号接口

邻近耦合设备和邻近卡之间的初始化对话通过下列连续操作进行：

（1）PCD 的射频工作场激活 PICC；

（2）邻近卡静待来自邻近耦合设备的命令；

（3）邻近耦合设备命令的传送；

（4）邻近卡响应的传送。

这些操作使用下面段落中规定的射频功率和信道接口。

（1）功率传输。

邻近耦合设备产生一个被调制用来通信的射频场，它能通过耦合给邻近卡传送功率。

（2）频率。

射频工作场频率（f_c）是 13.56MHz ±7kHz。

（3）工作场。

最小未调制工作场的值是 1.5A/m，以 Hmin 表示。最大未调制工作场的值是 7.5A/m，以 Hmax 表示。邻近卡应持续工作在 Hmin 和 Hmax 之间。

从制造商特定的角度说（工作容限），邻近耦合设备应产生一个大于 Hmin 但不超过 Hmax 的场。另外，从制造商特定的角度说（工作容限），邻近耦合设备应能将功率提供给任意的邻近卡。

在任何可能的邻近卡状态下，邻近耦合设备不能产生高于在 ISO/IEC14443 – 1 中规定的交变电磁场。邻近耦合设备工作场的测试方法在国际标准 ISO/IEC10373 中规定。

2. 信道接口

耦合 IC 卡的能量是通过发送频率为 13.56MHz 的阅读器交变磁场来提供的。由阅读器产生的磁场必须在 1.5 ~ 7.5A/m 之间。

国际标准 ISO/IEC14443 规定了两种阅读器和近耦合 IC 卡之间的数据传输方式：Type A 型和 Type B 型。一张 IC 卡只需选择两种方法之一。

符合标准的阅读器必须同时支持这两种传输方式，以便支持所有的 IC 卡。阅读器在"闲置"状态时能在两种通信方法之间周期地转换,如图 6.4 所示。阅读器(PCD)到卡(PICC)的数据传输参数见表 6.1。卡(PICC)到阅读器(PCD)的数据传输参数见表 6.2。

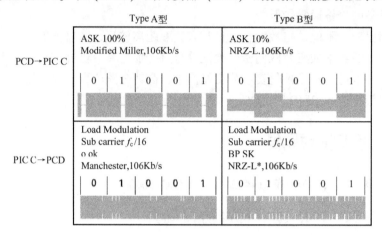

图 6.4　ISO/IEC 14443 规定的数据传输方式

表 6.1　阅读器(PCD)到卡(PICC)的数据传输参数表

PCD→PICC	Type A 型	Type B 型
调制	ASK 100%	ASK 10%(键控度 8%～12%)
位编码	改进的 Miller 编码	NRZ 编码
同步	位级同步(帧起始、帧结束标记)	每个字节有一个起始位和一个结束位
波特率	106Kb/s	106Kb/s

表 6.2　卡(PICC)到阅读器(PCD)的数据传输参数表

PICC→PCD	Type A 型	Type B 型
调制	用振幅键控调制 847kHz 的负载调制的负载波	用相位键控调制 847kHz 的负载调制的负载波
位编码	Manchester 编码	NRZ 编码
同步	1 位"帧同步"(帧起始、帧结束标记)	每个字节有 1 个起始位和 1 个结束位
波特率	106Kb/s	106Kb/s

对于 TypeA 型卡,当读写器上向卡传送信号时,通过 13.65MHz 的射频载波传送信号。其采用方案为同步、改进的 Miller 编码方式,通过 100% ASK 传送。

当卡向读写器传送信号时,通过调制载波传送信号。使用 847kHz 的副载波传送 Manchester 编码。简单地说,当表示信息"1"时,信号会有 0.3μs 的间隙,当表示信息"0"时,信号可能有间隙也可能没有,与前、后的信息有关。

这种方式的优点是信息区别明显,受干扰的机会小,反应速度快,不容易误操作;缺点是在需要持续不断地提高能量到非接触卡时,能量有可能会出现波动。调制波形如图 6.5 所示。

Type B 卡在读写器向卡传送信号时,也是通过 13.65MHz 的射频载波信号,但采用的是异步、NRZ 编码方式,通过用 10% ASK 传送方案。

在卡向读写器传送信号时,则是采用 BPSK 编码进行调制,即信息"1"和信息"0"的区别在于信息"1"的信号幅度大,即信号强,信息"0"的信号幅度小,即信号弱。

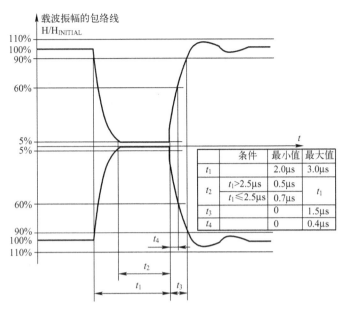

图 6.5 Type A 调制波形

	条件	最小值	最大值
t_1		2.0μs	3.0μs
t_2	$t_1>2.5$μs	0.5μs	t_1
	$t_1\leqslant 2.5$μs	0.7μs	
t_3		0	1.5μs
t_4		0	0.4μs

这种方式的优点是持续不断地进行信号传递，不会出现能量波动情况，调制波形如图 6.6 所示。

从 PCD 到 PICC 的通信信号接口的主要区别在信号调制方面，Type A 调制使用 RF 工作场的 ASK100% 调制原理来产生一个"暂停（pause）"状态来进行 PCD 和 PICC 间的通信。

Type B 调制使用 RF 工作场的 ASK10% 调幅来进行 PCD 和 PICC 间的通信。调制指数最小应为 8%，最大应为 14%。

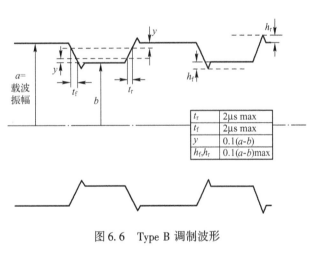

t_r	2μs max
t_f	2μs max
y	0.1$(a\text{-}b)$
h_f,h_r	0.1$(a\text{-}b)$max

图 6.6 Type B 调制波形

根据二者的设计方案不同，可看出，Type A 和 Type B 有以下不同之处。

（1）Type B 接收信号时，不会因能量损失而使芯片内部逻辑及软件工作停止。

在 pause 到来时，Type A 的芯片无法获得时钟，而 Type B 用 10% ASK，卡片可以从读写器获得持续的能量。

采用 Type B 协议时容易稳压，所以比较安全。Type A 卡采用 100% 调制方式，在调制发生时无能量传输，仅仅靠卡片内部电容维持，所以卡片的通信必须达到一定的速率，在电容电量耗完之前结束本次调制，否则卡片会复位。

（2）负载波采用 BPSK 调制技术，Type B 较 Type A 方案降低了 6dB 的信号噪声，抗干扰能力更强。

（3）外围电路设计简单。读写器到卡及卡到读写器的编码方式均采用 NRZ 方案，电路设计对称，设计时可使用简单的 UARTS，Type B 更容易实现。

3. 卡片操作

1）轮讯

为了检测是否有 PICCs 进入到 PCD 的有效作用区域，PCD 重复发出请求信号，并判断是否有响应。请求信号必须是 REQA 和 REQB，附加 ISO/IEC14443 其他部分描述的代码。

Type A 型卡和 Type B 型卡的命令和响应不能相互干扰。

2）Type A 型卡的初始化和防碰撞

（1）当一个 Type A 型卡到达阅读器的作用范围内，并且有足够的供应电能时，卡就开始执行一些预置的程序，然后 IC 卡进入闲置状态。

（2）处于"闲置状态"的 IC 卡不能对阅读器传输给其他 IC 卡的数据响应。IC 卡在"闲置状态"接收到有效的 REQA 命令，则回送对请求的应答字 ATQA。

（3）当 IC 卡对 REQA 命令作了应答后，IC 卡处于 READY 状态。

（4）阅读器识别出在作用范围内至少有一张 IC 卡存在。

（5）通过发送 SELECT 命令启动"二进制检索树"防碰撞算法，选出一张 IC 卡，对其进行操作。

Type A 型 PICC 的状态集和命令集定义见表 6.3。

表 6.3 Type A 型卡的状态集和命令集定义

命 令	定 义	范 围
掉电状态	由于没有足够的载波能量，PICC 没有工作，也不能发送反射波	PICC 的状态集
闲置状态	在这个状态时，PICC 已经上电，能够解调信号，并能够识别有效的 REQA 和 WAKE – UP 命令	
准备状态	本状态下，实现位帧的防碰撞算法或其他可行的防碰撞算法	
激活状态	PCD 通过防碰撞已经选出了单一的卡	
结束状态		
REQA	对 Type A 型卡的请求	命令集：PCD 用于管理与 PICC 之间通信的命令
WAKE – UP	唤醒	
ANTICOLLISION	防碰撞	
SELECT	选择	
HALT	结束	

3）半双工的传输协议

PICC 与 PCD 通信时，采用半双工的传输协议，格式定义如图 6.7 所示。图 6.8 为 Type A 型 PICC 的协议激活流程图，图 6.9 为 Type A 型 PICC 的状态转换图。

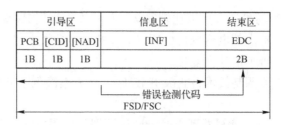

图 6.7 半双工传输协议数据块格式

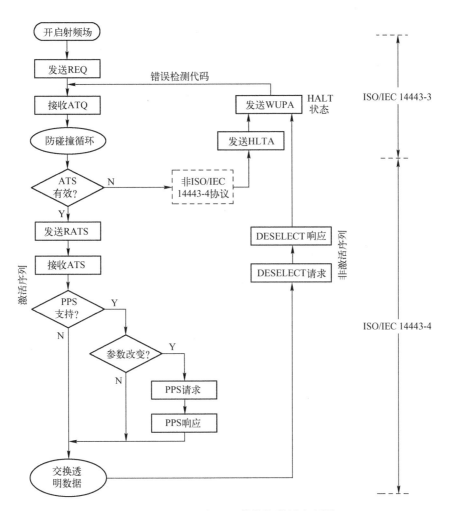

图 6.8　Type A 型 PICC 的协议激活流程图

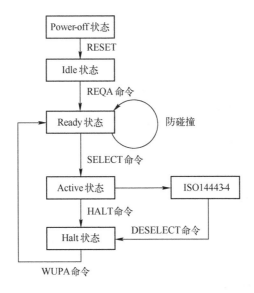

图 6.9　Type A 型 PICC 的状态转换图

4）Type B 型卡的初始化和防碰撞

当一个 Type B 型卡被置入阅读器的作用范围内时，IC 卡执行一些预置程序后进入"闲置状态"，等待接收有效的 REQB 命令。

对于 Type B 型卡，通过发送 REQB 命令，可以直接启动 Slotted ALOHA 防碰撞算法，选出一张卡，对其进行操作。Type B 型 PICC 的状态集和命令集定义见表 6.4。

本章将结合实际的产品设计，详细介绍该标准的细节内容及应用。

表 6.4　Type B 型卡的状态集和命令集定义

状态及命令	定义及描述	范围
Power – off（调电）状态	由于载波能量低，所以 PICC 没有工作	PICC 的状态集
Idle（闲置）状态	在这个状态，PICC 已经上电，监听数据帧，并且能够识别 REQB 信息。当接收到有效的 REQB 帧的命令时，PICC 定义了单一的时间槽用来发送 ATQB。 如果是 PICC 定义的第一个时间槽，则 PICC 必须发送 ATQB 的响应信号，然后进入准备 – 已声明子状态。如果不是 PICC 定义的第一个时间槽，PICC 进入准备 – 已请求子状态	
Ready（准备）– 已声明子状态	在本状态下，PICC 已经上电，并且已经发送了对 REQB 的 ATQB 响应。它监听 REQB 和 ATTRIB 的数据帧	
Active（激活）状态	PICC 已经上电，并且通过 ATTRIB 命令的前缀分配到通道号，进入应用模式。它监听应用信息	
Halt（停止）状态	PICC 工作完毕，将不发送调制信号，不参加防碰撞循环	
REQB	对 B 型卡的请求	命令集：管理多极点的通信通道的 4 个基本命令
Slot – MARKER		
ATTRIB PICC	选择命令的前缀	
DESELECT	去选择	

6.1.2　ISO/IEC15693 国际标准协议简介

该标准适用于识别卡无触点集成电路卡——遥耦合卡（Vicinity Integrated Circuit Card, VICC）。本部分为标准的节选，对应 18000 – 3 – 1 协议。

遥耦合设备（Vicinity Coupling Device, VCD）。

在 Hmin 到 Hmax 的连续场中 VICC 可工作；

（1）最小工作场强为 0.15A/m；

（2）最大工作场强为 5A/m。

1. Reader→Tag

1）工作频率和调制方式

工作频率为 13.56MHz ±7kHz。

调制采用 ASK 方式，有两种调制度 10% 和 100%。由 Reader 决定调制度，Tag 要能够解调两种调制度，如图 6.10 所示。

Tag 能工作在 10% ~30% 之间。数据编码采用脉冲位置调制方式，Tag 要支持两种编码格式，Reader 来选择采用哪种编码格式，并会在发送 SOF 的时候告诉 Tag。

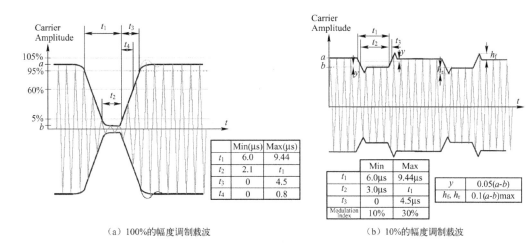

	Min(μs)	Max(μs)
t_1	6.0	9.44
t_2	2.1	t_1
t_3	0	4.5
t_4	0	0.8

（a）100%的幅度调制载波

	Min	Max
t_1	6.0μs	9.44μs
t_2	3.0μs	t_1
t_3	0	4.5μs
Modulation Index	10%	30%

y	0.05(a-b)
h_f, h_r	0.1(a-b)max

（b）10%的幅度调制载波

图 6.10　ASK 方式下的两种调制度

2）两种编码格式

（1）256 选 1

一个单字节的值由槽的位置表示。时序如图 6.11 所示。

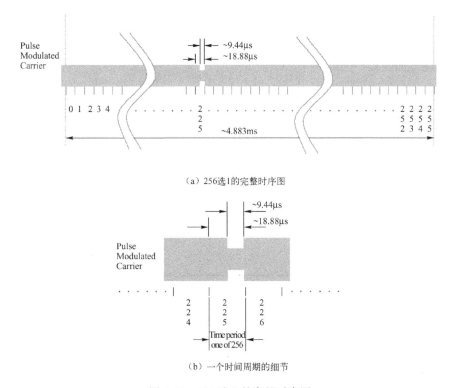

（a）256选1的完整时序图

（b）一个时间周期的细节

图 6.11　256 选 1 的完整时序图

槽的位置在连续 256 个时间周期中的某一处，其中时间周期为 18.88μs（$256/f_c$），这决定了字节的值，数据率是 1.65kbps（$f_c/8192$）。

（2）4 选 1

脉冲位置一次决定了 2 位，连续 4 个形成一个字节，数据率是 26.84kbps（$f_c/512$），如

图 6.12 所示。

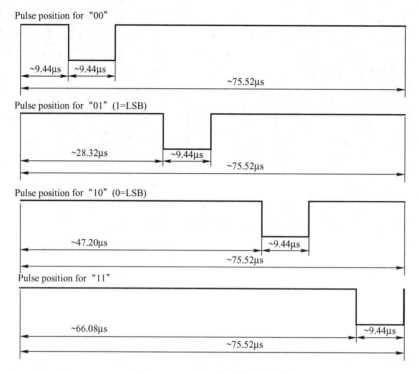

图 6.12　4 选 1 的逻辑时序图

两种编码格式数据在传输时以 SOF（preamble）开头，以 EOF 结尾。

256 中出 1 和 4 中出 1 有各自的 SOF，但两者的 EOF 相同，EOF 传输时 LSB 先传输，如图 6.13 所示。

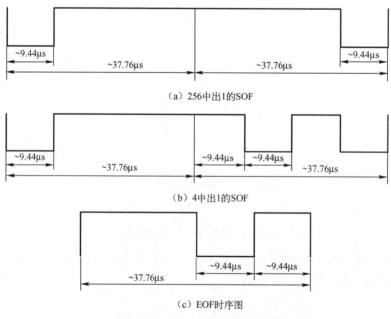

图 6.13　SOF 和 EOF 的时序图

2. Tag→Reader

协议中规定 Tag 有 4 种状态，分别为断电、就绪、选择和静默，状态之间的转换如图 6.14 所示。

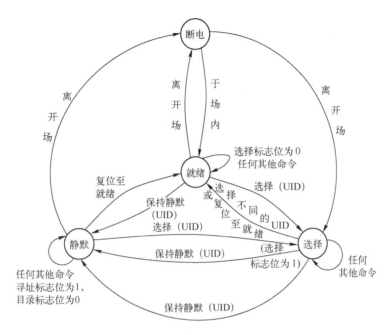

图 6.14　Tag 的状态转换

可以使用 1 种或 2 种副载波，选择哪一种是由 Reader 决定的，并依据 15693 – 3 中的协议头的第一位而定，Tag 要能支持这两种模式。工作频率为 13.56MHz ± 7kHz。

Tag 在电感耦合区域应当能与 Reader 通信，方法是调制载波以产生副载波 f_s。副载波的产生是在 Tag 中切换负载产生的。

1）使用一种副载波

使用一种副载波时，负载调制副载波的频率 f_{s1} 是 $f_c/32$（423.75kHz），如图 6.15 所示，逻辑 0 和逻辑 1 分别如图 6.15（a）和（b）所示。

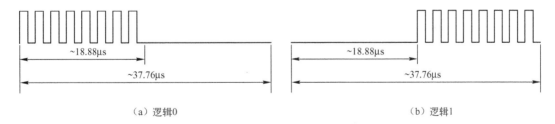

（a）逻辑0　　　　　　　　　　　　　　　　（b）逻辑1

图 6.15　Tag 应答的逻辑 0 和 1 时序图

逻辑 0 开始是 8 个 $f_c/32$（423.75kHz）的脉冲，接着是未调制的 $256/f_c$（18.88μs）。

逻辑 1 开始是未调制的 $256/f_c$（18.88μs），接着是 8 个 $f_c/32$（423.75kHz）的脉冲。

使用一种副载波时，SOF 包括三部分，如图 6.16（a）所示。

（1）未调制的时间 $768/f_c$（56.64μs）。

（2）24 个 $f_c/32$ （423.75kHz）的脉冲。

（3）一个逻辑 1，开始是 $256/f_c$ （18.88μs）的未调制时间，再是 8 个 $f_c/32$ （423.75kHz）的脉冲。

使用一种副载波时，EOF 包括三部分，如图 6.16（b）所示。

（1）一个逻辑 0，开始是 8 个 $f_c/32$ （423.75kHz）的脉冲，接下来是未调制的时间 $256/f_c$ （18.88μs）。

（2）24 个 $f_c/32$ （423.75kHz）的脉冲。

（3）未调制的时间 $768/f_c$ （56.64μs）。

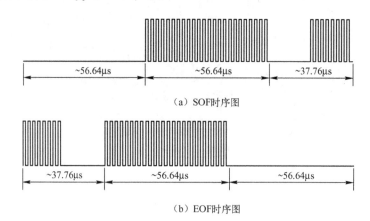

（a）SOF时序图

（b）EOF时序图

图 6.16　Tag 应答的 SOF 和 EOF 的时序图

2）使用两种副载波

使用两种副载波时，频率 f_{s1} 是 $f_c/32$ （423.75kHz），频率 f_{s2} 是 $f_c/28$ （484.28kHz），如图 6.17 所示，当两种副载波并存时，它们之间的相位应当连续，逻辑 0 和逻辑 1 分别如图 6.17（a）和 6.17（b）所示。

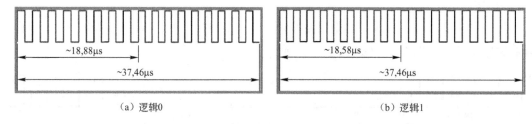

（a）逻辑0

（b）逻辑1

图 6.17　两种副载波时逻辑 0 和 1 的时序图

逻辑 0 开始是 8 个 $f_c/32$ （423.75kHz）的脉冲，接着是 9 个 $f_c/28$ （484.28kHz）的脉冲。

逻辑 1 开始是 9 个 $f_c/28$ （484.28kHz）的脉冲，接着是 8 个 $f_c/32$ （423.75kHz）的脉冲。

使用两种副载波时，SOF 包括三部分，如图 6.18（a）所示：

（1）27 个 $f_c/28$ （484.28kHz）的脉冲；

（2）24 个 $f_c/32$ （423.75kHz）的脉冲；

（3）一个逻辑 1，开始是 9 个 $f_c/28$ （484.28kHz）的脉冲，再是 8 个 $f_c/32$ （423.75kHz）的脉冲。

使用两种副载波时，EOF 包括三部分，如图 6.15（b）所示：

（1）一个逻辑 0，开始是 8 个 $f_c/32$（423.75kHz）的脉冲，接下来是 9 个 $f_c/28$（484.28kHz）的脉冲。

（2）24 个 $f_c/32$（423.75kHz）的脉冲；

（3）27 个 $f_c/28$（484.28kHz）的脉冲。

这里列出的都是高数据速率，同时低数据速率也可被采用。对于低数据速率，使用同样的副载波，脉冲的数目和时间应当乘以 4。

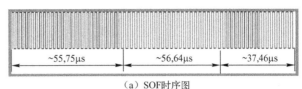

(a) SOF 时序图

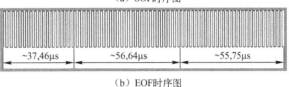

(b) EOF 时序图

图 6.18　两种副载波是 SOF 和 EOF 的时序图

3. 数据格式定义

Tag 用一个唯一的 64 位标识号标定。ID 包括固定部分 E0（8 位）、IC 制造商码（8 位）、由 IC 制造商定的 48 位唯一序列号，UID 的存储格式见表 6.5。

表 6.5　UID 的存储格式表

MSB
LSB

Bit63 ~ Bit56	Bit55 ~ Bit48	Bit47 ~ Bit0
E0 （固定值：8 位）	IC Mfg Code （IC 制造商码：8 位）	IC manufacturer serial number（48 位的唯一序列号）

支持读和写功能，读/写时间主要由数据率、要读写的位数决定，其中写的时间还受 memory programming time 决定。内存大小最大可至 256blocks * 256bits，即 64kbits。用 CRC 来校验错误。

Reader 命令格式和 Tag 响应格式分别见表 6.6 和表 6.7，每一部分具体解释详见协议。

表 6.6　Reader 命令格式定义

SOF	Flags	Command code	Parameter	Data	CRC	EOF
起始位	标记	命令码	参数	数据	校验字	结束位

表 6.7　Tag 响应格式定义

SOF	Flags	Parameter	Data	CRC	EOF
起始位	标记	参数	数据	校验字	结束位

4. 防碰撞处理

1）流程

当发出询卡指令时，VCD 应当把 Nb_slots_flag（在 reader 发出的 flag 中设定）设置为所需要的值，加在指令区表征码长度和表征码值之后。

表征码的长度表示表征码值重要位的数目。当使用 16 槽（slot）时它可以是 0 ~ 60 之间的数，当使用一个槽时可取 0 ~ 64 之间的数。

LSB 最先送出，表征码值包含在整数个字节中。如果表征码值不是 8 位的整数倍，那么表征码值的最高位补加上所需的空位（设定为 0）使表征码值包含于整数个字节中。

下一个区域开始于下一个字节的边界，如表 6.8。

表 6.8　查询指令格式定义

SOF	Flags	Command code	Mask length	Mask value	CRC	EOF
	8 位	8 位	8 位	0～8 字节	16 位	

协议中关于防碰撞过程中 Mask 长度和 slot 的使用方法如图 6.19 所示。

软件处理流程如下：

（1）在收到 EOF 的请求后，第一个 slot 立即开始。

（2）在收到一个有效的请求后，VICC 应当执行下面文字中的表述步骤进行处理。

（3）Nbs 是 slot 的总数目（1 或 16）。

（4）SN 是当前 slot 的数目（0～15）。

（5）SN_length：当用一个 slot 时设置为 0，当用 16 个 slot 时设置为 4。

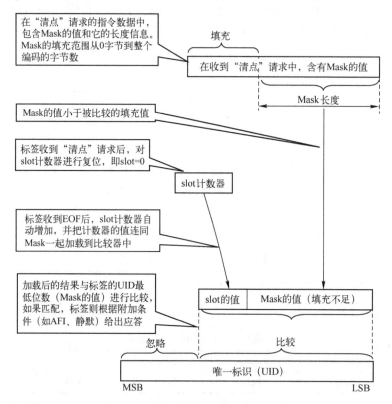

图 6.19　ISO/IEC 15693 协议中定义的防碰撞流程中的 Mask 和 slot

2）防碰撞时隙

下面借助几张防碰撞示意图来说明 t 的含义，如图 6.20 所示。

图中各时隙定义如下：

（1）t_1 是 Reader 发出 EOF 后 Tag 要响应的时间；

（2）t_2 是当一个或多个 Tag 的响应被 Reader 接收到时，Tag 发出 EOF 后 Reader 要发出 EOF 来转换到下一个 slot 的时间；

（3）t_3 是无 Tag 响应被 Reader 接收到时，接着上一个 EOF Reader 再次发出 EOF 来转换到

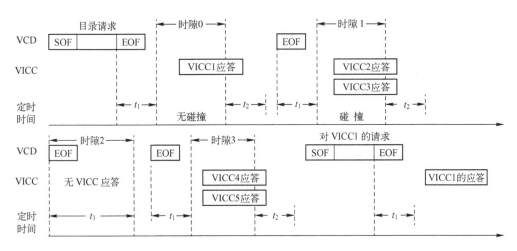

图 6.20　ISO/IEC 15693 防碰撞流程中的时隙

下一个 slot 的时间；

（4）t_4 是 Tag 响应 Reader 的时间。

3. 命令

ISO/IEC15693 协议中定义的命令见表 6.9。

表 6.9　ISO/IEC15693 协议中定义的命令表

代　码	类　型	功　能	代　码	类　型	功　能
01	强制	清点	27	可选	读取 AFI
02	强制	静默	28	可选	锁定 AFI
03~1F	强制	RFU	29	可选	读取 DSFID
20	可选	读取一个数据块	2A	可选	锁定 DSFID
21	可选	写入一个数据块	2B	可选	读取系统信息
22	可选	锁定数据块	2C	可选	读取多个数据块的安全状态
23	可选	读取多个数据块	2D~9F	可选	RFU
24	可选	写入多个数据块	A0~DF	自定义	IC 厂商保留命令
25	可选	选择	E0~DF	保留	IC 厂商保留命令
26	可选	复位			

本章将结合实际产品设计，详细介绍该标准的细节内容及应用。

6.2　HF 频段应答器

HF 频段标签由于可方便地做成卡片状，典型应用包括电子车票、电子身份证、电子闭锁防盗（电子遥控门锁控制器）等。相关国际标准有 ISO/IEC14443、ISO/IEC15693 和 ISO18000 - 3（13.56MHz）等。

6.2.1　HF 频段应答器的结构

该频段标准的基本特点与低频标准相似，由于其工作频率的提高，可以选用较高的数据传输速率。射频标签天线的设计相对简单，标签一般制成标准卡片形状。典型的卡片结构如图 6.21 所示。

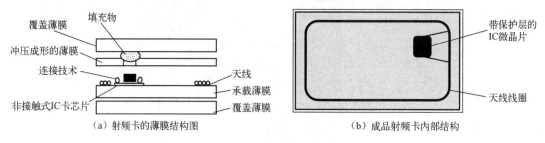

（a）射频卡的薄膜结构图　　　　　　　　　（b）成品射频卡内部结构

图 6.21　典型的卡片结构

卡片的电气部分只由一个天线和 ASIC 组成，各自的功能分别如下。

（1）天线：卡片的天线只有几组绕线的线圈，很适于封装到 ISO 卡片中。

（2）ASIC：卡片的 ASIC 由一个高速（106Kb/s 波特率）的 RF 接口、一个控制单元和一个 8K 位的 EEPROM 组成。

工作原理：读写器向 M1 卡发一组固定频率的电磁波，卡片内有一个 LC 串联谐振电路，其频率与读写器发射的频率相同，在电磁波的激励下，LC 谐振电路产生共振，从而使电容内有了电荷，在这个电容的另一端，接有一个单向导通的电子泵，将电容内的电荷送到另一个电容内储存，当所积累的电荷达到 2V 时，此电容可作为电源为其他电路提供工作电压，将卡内数据发射出去或接收读写器的数据。

中国在 LF 和 HF 频段 RFID 标签芯片设计方面的技术比较成熟，HF 频段方面的设计技术接近国际先进水平，已经自主开发出符合 ISO/IEC14443 Type A、Type B 和 ISO/IEC15693 标准的 RFID 芯片，并成功应用于交通一卡通和中国二代身份证等项目，与国际主要差距在于片上天线与芯片的集成上。

6.2.2　ISO/IEC14443 标准的应答器芯片

MIFARE 是恩智浦半导体（NXP Semiconductors）拥有的商标之一。伴随着超过 50 亿张智能卡和 IC 卡及超过 5000 万台读卡器的销售，MIFARE 已成为全球大多数非接触式智能卡的技术选择，并且是自动收费领域最成功的平台。

此外，其完善的产品系列还广泛应用于包括客户忠诚计划、道路收费、门禁管理、游戏等领域，比如，非接触式 IC 卡"一卡通"系统，就是采用 MIFARE 卡读写技术研制开发而成，它集计算机技术、自动控制技术、网络通信技术、智能卡技术、传感技术、模式识别技术和机电一体化技术于一体，是应用于智能楼宇、智能小区和现代企业、学校的智能化"一卡通"管理的一套性能价格比最优的全面解决方案。

1. MIFARE 卡

MIFARE 卡是目前世界上使用量最大、技术最成熟、性能最稳定、内存容量最大的一种感应式智能 IC 卡。

MIFARE 是 Philips Electronics 所拥有的 13.56MHz 非接触式辨识技术。2006 年，Philips Electronics 更名为 NXP（恩智浦）半导体，NXP 并没有制造卡片或卡片阅读机，而是在开放的市场上贩售相关技术与芯片，卡片和卡片阅读机的制造商再利用它们的技术来创造独特的产品给一般使用者。

　　MIFARE 经常被认为是一种智能卡技术，这是因为它可以在卡片上兼具读写功能。事实上，MIFARE 仅具备记忆功能，必须搭配处理器卡才能达到读写功能。

　　MIFARE 的非接触式读写功能是设计来处理大众运输系统中的付费交易部分，其与众不同的地方是具备执行升幂和降序的排序功能，简化资料读取的过程。尽管接触式智能卡也能够执行同样的动作，但非接触式智能卡的速度更快且操作更简单，而且卡片阅读机几乎不需要任何维修，卡片也较耐用。

　　MIFARE 非接触智能卡之卡片阅读机的标准读卡距离是 2.5 ~ 10cm。在北美，由于 FCC（电力）的限制，读卡距离则在 2.5cm 米左右。

　　MIFARE 系列卡片根据卡内使用芯片的不同，有如下分类：

　　（1）Mifare UltraLight，又称 MF0；

　　（2）Mifare S50 和 S70，又称 MF1；

　　（3）Mifare Pro，又称 MF2；

　　（4）Mifare Desfire，又称 MF3。

　　MIFARE 卡除了保留接触式 IC 卡的原有优点外，还具有以下优点。

　　（1）操作简单、快捷

　　由于采用射频无线通信，使用时无须插拔卡及不受方向和正/反面的限制，所以非常方便用户使用，完成一次读/写操作仅需 0.1s，大大提高了每次使用的速度，既适用于一般场合，又适用于快速、高流量的场所。

　　（2）抗干扰能力强

　　MIFARE 卡中有快速防冲突机制，在多卡同时进入读/写范围内时，能有效防止卡片之间出现数据干扰，读/写设备可一一对卡进行处理，从而提高了应用的并行性及系统工作的速度。

　　（3）高可靠性

　　MIFARE 卡与读写器之间没有机械接触，避免了由于接触读/写而产生的各种故障，而且卡中的芯片和感应天线完全密封在标准 PVC 中，进一步提高了应用的可靠性和卡的使用寿命。

　　（4）适合于一卡多用

　　MIFARE 卡的存储结构及特点（大容量——16 分区、1024 字节），能应用于不同场合或系统，尤其适用于学校、企事业单位、智能小区的停车场管理，身份识别，门禁控制，考勤签到，食堂就餐，娱乐消费，图书管理等多方面的综合应用，有很强的系统应用扩展性，可以真正做到"一卡多用"。

　　MIFARE 卡的主要芯片有 NXP MIFARE1 S50、S70 等。国内目前出现了 MIFARE 卡的克隆产品，但性能稍逊一筹。虽然 MIFARE 技术已经被破解，卡片可以被复制，但是由于价格低廉，还在广泛使用。

2. M1 系列非接触式 IC 卡

　　MIFARE S50 和 MIFARE S70 又常被称为 MIFARE Standard、MIFARE Classic、MF1，是遵守 ISO14443A 标准的卡片中应用最广泛、影响力最大的一员。而 MIFARE S70 的容量是 S50 的 4 倍，S50 的容量是 1KB，S70 的容量为 4KB。读写器对卡片的操作时序和操作命令完全一致。

　　MIFARE S50 和 MIFARE S70 的每张卡片都有一个 4 字节的全球唯一序列号，卡上数据保存期为 10 年，可改写 10 万次，读无限次。一般应用中，不用考虑卡片是否会被读坏、写坏的问题（暴力硬损坏除外）。

1）M1S50 卡

M1S50 芯片的主要技术指标和参数如下。

（1）容量为 8K 位（bits）EEPROM，分为 16 个扇区，每个扇区为 4 块，每块 16 字节，以块为存取单位，每个扇区有独立的一组密码及访问控制。

（2）每张卡有唯一的序列号，为 32 位。

（3）具有防冲突机制，支持多卡操作。

（4）无电源，自带天线，内含加密控制逻辑和通信逻辑电路。

（5）数据保存期为 10 年，可改写 10 万次，读无限次。

（6）工作温度：-20~50℃（湿度为 90%）。

（7）工作频率：13.56MHz。

（8）通信速率：106Kb/s。

（9）读写距离：10cm 以内（与读写器有关）。

MIFARE S50 和 MIFARE S70 的区别主要有两个方面。

一是读写器对卡片发出请求命令，二者应答返回的卡类型（ATQA）字节不同。MIFARE S50 的卡类型（ATQA）是 0004H，MIFARE S70 的卡类型（ATQA）是 0002H。

另一个区别就是二者的容量和内存结构不同。

MIFARE S50 把 1KB 的容量分为 16 个扇区（Sector0~Sector15），每个扇区包括 4 个数据块（Block0~Block3，通常也将 16 个扇区的 64 个块按绝对地址编号为 0~63），每个数据块包含 16 字节（Byte0~Byte15），64×16=1024。

存储结构如表 6.10 所示。

表 6.10　M1 S50 存储结构

扇区 0	块 0	厂商数据存储区	数据块	0
	块 1		数据块	1
	块 2		数据块	2
	块 3	密码 A　存取控制密码 B	控制块	3
扇区 1	块 0		数据块	4
	块 1		数据块	5
	块 2		数据块	6
	块 3	密码 A　存取控制密码 B	控制块	7
⋮	⋮	⋮	⋮	⋮
扇区 15	块 0		数据块	60
	块 1		数据块	61
	块 2		数据块	62
	块 3	密码 A　存取控制密码 B	控制块	63

下面主要讲解 M1S50 卡片的存储数据、格式及相关的控制方法。

第 0 扇区的块 0（即绝对地址 0 块），用于存放厂商代码，已经固化，不可更改，保存着只读的卡信息及厂商信息，信息如图 6.22 所示。

【例 6.1】 卡号为 AF A7 3E 00 36
08　04 00　99 44 30 43 31 34 36 16，
其各字段的表达含义如下：

前面四个字节 AF A7 3E 00 36 是
卡序列号；

08 是卡容量；

04 00 是卡类型；

后面是厂商自定义的一些信息。

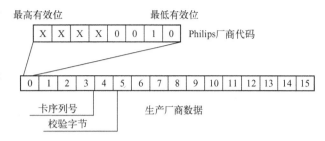

图 6.22　数据块 0 的存储信息

每个扇区的块 0、块 1、块 2 为数据块，可用于存储数据，数据块可作两种应用：

- 用作一般的数据保存，可以进行读、写操作。

- 用作数据值，可以进行初始化值、加值、减值、读值操作。

数据块和值块，虽然都可以把它看成普通数据，但是并不是任何数据都可以看成值，在这里值块有一个比较严格的格式要求。值块中值的长度为 4 字节的补码，其表示的范围为 −2147483648 ~ 2147483647，值块的存储格式表 6.11。

表 6.11　值块中的数据存储表

15	14	13	12	11	10	9	8	7	6	5	4	3	2	1	0
addr	addr	addr	addr	VALUE				VALUE				VALUE			

其中，带下画线表示取反。VALUE 是值的补码，addr 是块号（0 ~ 63）。只有具有上述格式，才被认为是值块，否则就是普通的数据块。

每个扇区的区尾块为控制块，包括 6 字节密码 A、4 字节存取控制、6 字节密码 B。例如，一张新出厂的卡片控制块的内容见表 6.12 所示。

表 6.12　控制块 3 的结构定义

A0A1A2A3A4A5	FF 07 80 69	B0B1B2B3B4B5
密码 A（6 字节）	存取控制（4 字节）	密码 B（6 字节）

新卡的出厂密码一般是密码 A 为 A0A1A2A3A4A5，密码 B 为 B0B1B2B3B4B5，或者密码 A 和密码 B 都是 6 个 FF。存取控制用于设定扇区中各个块（包括控制块本身）的存取条件，这部分有点复杂，后面将专文介绍。

MIFARE S70 把 4KB 的容量分为 40 个扇区（Sector0 ~ Sector39），其中前 32 个扇区（Sector0 ~ Sector31）的结构和 MIFARE S50 完全一样，每个扇区包括 4 个数据块（Block0 ~ Block3），后 8 个扇区每个扇区包括 16 个数据块（Block0 ~ Block15）。同样也将 40 个扇区的 256 个块按绝对地址编号为 0 ~ 255），每个数据块包含 16 字节（Byte0 ~ Byte15），256 × 16 = 4096。存储结构见表 6.13 所示。

每个扇区都有一组独立的密码及访问控制，放在每个扇区的最后一个 Block，这个 Block 又被称为区尾块，S50 是每个扇区的 Block3，S70 的前 32 个扇区也是 Block3，后 8 个扇区是 Block15。

S70 的 0 扇区 0 块（即绝对地址 0 块）与 S50 相同，用于存放厂商代码，已经固化，不可更改，卡片序列号就存放在这里，内容和格式如图 6.22 所示。

每个扇区的区尾块为控制块，与 S50 相同，内容和格式见表 6.12。

2）M1 S70 非接触式 IC 卡

除存储容量外，其他特性与 S50 相同，在存储结构方面，卡片有 4KB 的存储空间，有 32 个小扇区和 8 个大扇区，共 40 个扇区，前 32 个扇区为小扇区，后 8 个扇区为大扇区。

小扇区的结构为：每扇区 4 块，每块 16 字节，一共 64 字节，第 3 块为密钥和控制字节。大扇区的结构为：每扇区 16 块，每块 16 字节，一共 256 字节，第 15 块为密钥和控制字节。

存储结构的示意图见表 6.13，各扇区及数据存储信息如下。

（1）Manufacturer Blcok

第一个扇区的第一块由厂商使用，存储了 IC 卡的生产商代码，这个块中的数据写入后不能被修改，信息内容与 S50 相同。

（2）Data Blocks（数据块）

扇区 1 到扇区 31 有 3 个数据块，扇区 32 到扇区 39 有 15 个数据块供存储数据（扇区 0 只有 2 个数据块和一个厂商数据存储块）。数据块的读写操作由控制位控制。

（3）Value Block（值块）

值块可用做电子钱包（有效命令为 read，write，increment，decrement，restore，transfer），值块中的数据只占 4 字节。

（4）Sector Trailer（扇区尾部）

每个扇区都有个扇区尾部。包括密码 A（不能读出）、密码 B 及相应扇区中所有块的存储控制位（位于第 6 字节到第 9 字节），存储结构与 S50 相同，参见相关章节。

表 6.13　S70 芯片存储结构表

扇区	数据块	0 1 2 3 4 5	6 7 8 9	10 11 12 13 14 15	描　　述
0	0 1 2 3	KeyA	Access	KeyB	厂商数据 数据块 数据块 扇尾区 0
…		…		…	
31	0 1 2 3	KeyA	Access	KeyB	数据块 数据块 数据块 扇尾区 31
32	0 1 ⋮ 15	KeyA	Access	KeyB	数据块 ⋮ 数据块 数据块 扇尾区 32
…		…		…	
39	0 1 ⋮ 14 15	KeyA	Access	KeyB	数据块 ⋮ 数据块 数据块 扇尾区 39

3）控制属性

控制属性及控制字与 S50 的使用和定义类似，详细内容如下。

（1）每个扇区的密码和存取控制

每个扇区的密码和存取控制都是独立的，可以根据实际需要设定各自的密码及存取控制。在存取控制中每个块都有相应的 3 个控制位，定义与 S50 相同，参见相关章节。

（2）数据块（块0、块1、块2）的存取控制

数据块（块0、块1、块2）的存取控制字定义与 S50 卡定义有所区别，见表6.14。

表6.14　数据块 0 ~ 2 的存取控制表

控制位（X = 0 ~ 2）			访问条件（对数据块 0 ~ 2）			
C1X	C2X	C3X	Read	Write	Increment	Decrement, transfer, Restore
0	0	0	KeyA｜B	KeyA｜B	KeyA｜B	KeyA｜B
0	1	0	KeyA｜B	Never	Never	Never
1	0	0	KeyA｜B	KeyB	Never	Never
1	1	0	KeyA｜B	KeyB	Never	KeyA｜B
0	0	1	KeyA｜B	Never	Never	KeyA｜B
0	1	1	KeyA｜B	KeyB	Never	Never
1	0	1	KeyA｜B	Never	Never	Never
1	1	1	Never	Never	Never	Never

（3）控制块（块3）的存取控制

控制块（块3）的存取控制与数据块（块0、1、2）不同，它的存取控制与 S50 卡的定义相同，见 S50 卡的数据块 3 的存取控制表（见表6.12）。

3. M1 系列非接触式 IC 卡的存取控制和操作

1）存取控制位定义

每个扇区的密码和存取控制都是独立的，可以根据实际需要设定各自的密码及存取控制。存取控制为 4 字节，共 32 位，扇区中每个块（包括数据块和控制块）的存取条件是由密码和存取控制共同决定的，在存取控制中每个块都有相应的三个控制位，定义见表6.15。

表6.15　控制位的定义

数据块编号	数 据 位		
块 0	C10	C20	C30
块 1	C11	C21	C31
块 2	C12	C22	C32
块 3	C13	C23	C33

三个控制位以正和反两种形式存在于存取控制字节中，决定了该块的访问权限（如进行减值操作必须验证 KEY A，进行加值操作必须验证 KEY B 等）。

（1）数据块 0 的存储控制定义

以块 0 为例，对块 0 的控制位定义及存取控制（4 字节，其中字节 9 为备用字节）如图 6.23 所示。

S50 的每个扇区有 4 个块，这 4 个块的存取控制是相互独立的，每个块需要 3bits，四个块共使用 12bits。在保存的时候，为了防止控制位出错，同时保存这 12bits 的反码，这样一个区的存储控制位在保存时共占用 24bits 的空间，正好是 3 字节。前面说存取控制字有 4 字节（区

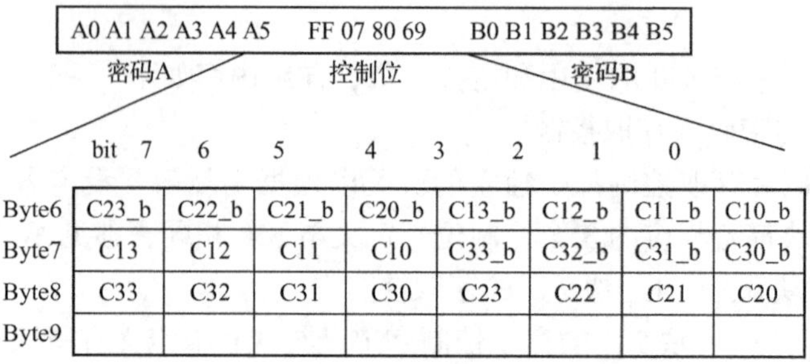

	A0 A1 A2 A3 A4 A5	FF 07 80 69	B0 B1 B2 B3 B4 B5
	密码A	控制位	密码B

	bit 7	6	5	4	3	2	1	0
Byte6	C23_b	C22_b	C21_b	C20_b	C13_b	C12_b	C11_b	C10_b
Byte7	C13	C12	C11	C10	C33_b	C32_b	C31_b	C30_b
Byte8	C33	C32	C31	C30	C23	C22	C21	C20
Byte9								

注：_b表示取反。

图 6.23　存取控制字节中的位置图

尾块的 Byte6～Byte9），实际只使用 Byte6、Byte7 和 Byte8，Byte9 没有用，用户可以把 Byte9 作为普通存储空间使用。

由于出厂时数据块控制位的默认值是 C1C2C3 = 000，控制块的默认值是 C1C2C3 = 001，而 Byte9 一般是 69H，所以出厂白卡的控制字通常是 FF078069H。

S70 的前 32 个数据块结构和 S50 完全一致。后 8 个数据块每块有 15 个普通数据块和一个控制块。显然，如果每个数据块单独控制将需要 8 字节的控制字，控制块中放不下这么多控制字。解决的办法是这 15 个数据块分为三组，块 0～4 为第一组，块 5～9 为第二组，块 10～15 为第三组，每组共享三个控制位，也就是说每组控制位 C1C2C3 控制 5 个数据块的存取权限，从而与前 32 个扇区兼容。

（2）其他数据块的存取控制定义

数据块（每个扇区除区尾块之外的块，即块 0、块 1、块 2）的存取控制见表 6.16。

表 6.16　数据块存储控制位的定义

控制位（X = 0～2）			访 问 条 件（对数据块 0、1、2，验证哪个密码）			
C1X	C2X	C3X	Read（读）	Write（写）	Increment（加值）	Decrement，Transfer，Restore（减值、传输、存储）
0	0	0	KeyA｜B	KeyA｜B	KeyA｜B	KeyA｜B
0	1	0	KeyA｜B	Never	Never	Never
1	0	0	KeyA｜B	KeyB	Never	Never
1	1	0	KeyA｜B	KeyB	KeyB	KeyA｜B
0	0	1	KeyA｜B	Never	Never	KeyA｜B
0	1	1	KeyB	KeyB	Never	Never
1	0	1	KeyB	Never	Never	Never
1	1	1	Never	Never	Never	Never

注：

KeyA｜B：表示密码 A 或密码 B。

Never：表示任何条件下都不能实现。

那么，存取控制指符合什么条件才能对卡片进行操作？

S50 和 S70 的块分为数据块和控制块，对数据块的操作有"读"、"写"、"加值"、"减值（含传输和存储）"四种，对控制块的操作只有"读"和"写"两种。

S50 和 S70 的每个扇区有两组密码 KeyA 和 KeyB，所谓的"条件"就是针对这两组密码而言，包括"验证密码 A 可以操作（KeyA）"、"验证密码 B 可以操作（KeyB）"、"验证密码 A 或密码 B 都可以操作（KeyA｜B）"、"验证哪个密码都不可以操作（Never）"四种条件。

这些"条件"和"操作"的组合被分成 8 种情况，正好可以用 3 位二进制数（C1、C2、C3）来表示。从表 6.17 中可以看出：

① C1C2C3 = 000（出厂默认值）时最宽松，验证密码 A 或密码 B 后可以进行任何操作；

② C1C2C3 = 111 无论验证哪个密码都不能进行任何操作，相当于把对应的块冻结了；

③ C1C2C3 = 010 和 C1C2C3 = 101 都是只读，如果对应的数据块写入的是一些可以给人看但不能改的基本信息，则可以设为这两种模式；

④ C1C2C3 = 001 时只能读和减值，电子钱包一般设为这种模式，比如，用 S50 做的公交电子车票，用户只能查询或扣钱，不能加钱，充值的时候先改变控制位使卡片可以充值，充完值再改回来。

【例 6.2】当块 0 的存取控制位 C10 C20 C30 = 100 时，表示：

验证密码 A 或密码 B 正确后可读；

验证密码 B 正确后可写；

不能进行加值、减值操作。

（3）控制块块 3 的存取控制

控制块（每个扇区的扇尾块，即块 3）的存取控制与数据块（块 0、1、2）不同，它的存取控制见表 6.17。

表 6.17　块 3 的存取控制

C13	C23	C33	密码 A		存取控制		密码 B	
			Read	Write	Read	Write	Read	Write
0	0	0	Never	KeyA｜B	KeyA｜B	Never	KeyA｜B	KeyA｜B
0	1	0	Never	Never	KeyA｜B	Never	KeyA｜B	Never
1	0	0	Never	KeyB	KeyA｜B	Never	Never	KeyB
1	1	0	Never	Never	KeyA｜B	Never	Never	Never
0	0	1	Never	KeyA｜B	KeyA｜B	KeyA｜B	KeyA｜B	KeyA｜B
0	0	1	Never	KeyB	KeyA｜B	KeyB	Never	KeyB
1	0	1	Never	Never	KeyA｜B	KeyB	Never	Never
1	1	1	Never	Never	KeyA｜B	Never	Never	Never

从表中可以看出：密码 A 是永远也读不出来的，如果用户的数据块指定了验证密码 A 却忘了密码 A，也就意味着这个数据块作废了，但本扇区其他数据块和其他扇区的数据块不受影响。存取控制总是可以读出来的，只要别忘了密码 A 或密码 B。存取控制的写控制在设置时一定要小心，一旦弄成了"Never"，则整个扇区的存取条件再也无法改变。

C13C23C33 = 001（出厂默认值）时最宽松，除了密码 A 不能读之外，验证了密码 A 其他读写操作都可以进行；

当 C13C23C33 = 000、C13C23C33 = 010 和 C13C23C33 = 001 时，所有的操作都不使用密码 B，这时密码 B 占据的 6 字节可以提供给用户作为普通数据存储用，相当于每个扇区增加了 6

字节的用户可用存储容量。

由于卡片出厂的默认值 C1C2C3 = 001，所以对于新买来的卡片，不要使用密码 B 进行认证，否则会导致区尾块和数据块都无法进行任何操作。

【例 6.3】 当块 3 的存取控制位 C13 C23 C33 = 100 时，表示：

密码 A：不可读，验证 KEYA 或 KEYB 正确后，可写（更改）。

存取控制：验证 KEYA 或 KEYB 正确后，可读、可写。

密码 B：验证 KEYA 或 KEYB 正确后，可读、可写。

2）卡片的操作

M1S50 芯片的功能框图如图 6.24 所示。

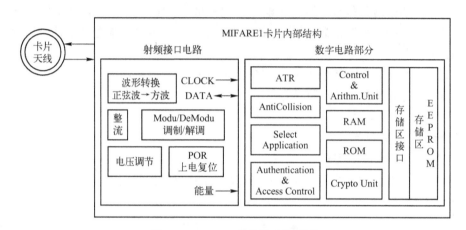

图 6.24　M1S50 芯片的功能框图

工作时，阅读器通过天线发射激励信号（一组固定频率的电磁波），IC 卡进入读写器工作区内，被读写器信号激励。

在电磁波的激励下，卡内的 LC 串联谐振电路产生共振，使电容内有了电荷，在这个电容的另一端，接有一个单向导通的电子泵，将电容内的电荷送到另一个电容内储存，当所积累的电荷达到 2V 时，此电容可以作为电源为其他电路提供工作电压，供卡内集成电路工作所需。

（1）ATR 模块，即 Answer To Request（"请求之应答"）。

当一张 MIFARE 1 卡处在读写器的天线工作范围之内时，程序员控制读写器向卡发出 Request all（或 Request std）命令后，卡的 ATR 将启动，将卡片块 0 中 2 字节的卡类型号（Tag-Type）传送给读写器，建立卡与读写器的第一步通信联络。

如果不进行第一步的 ATR 工作，读写器对卡的其他操作（读/写操作等）将不会进行。

（2）AntiCollision 模块，即防（卡片）冲突功能。

如果有多张 MIFARE 1 卡处在读写器的天线工作范围之内，则 AntiCollision 模块的防冲突功能将被启动。

读写器将会首先与每一张卡进行通信，读取每张卡的序列号（Serial Number）。由于每张 MIFARE 1 卡都具有唯一的序列号，决不会相同，因此程序员将启动读写器中的 AntiCollision 防重叠功能配合卡上的防重叠功能模块，根据卡序列号来选定其中一张卡。被选中的卡将被激活，可以与读写器进行数据交换；而未被选中的卡处于等待状态，随时准备与读写器进行通信。

AntiCollision 模块（防重叠功能）启动工作时，读写器将得到卡片的序列号（Serial Number）。序列号存储在卡的 Block 0 中，共有 5 字节，实际有用的为 4 字节，另一字节为序列号的校验字节。

（3）Select Application 模块，即卡片的选择。

当卡与读写器完成上述两个步骤，读写器要想对卡进行读/写操作时，必须对卡进行 "Select" 操作，以使卡真正被选中。

被选中的卡将卡片上存储在 Block 0 中的卡容量 "Size" 字节传送给读写器。当读写器收到这一字节后，方可对卡进行进一步操作，如密码验证等。

（4）Authentication & Access Control 模块，即认证及存取控制模块。

完成上述三个步骤后，读写器对卡进行读/写操作之前，必须对卡上已经设置的密码进行认证，如果匹配，则允许进一步读/写操作。

MIFARE 1 卡上有 16 个扇区，每个扇区都可分别设置各自的密码，互不干涉，必须分别加以认证，才能对该扇区进行下一步操作。因此每个扇区可独立应用于一个应用场合，整个卡可以设计成一卡多用（一卡通）的形式来应用。

密码的认证采用了三次相互认证的方法，具有很高的安全性。如果事先不知卡上的密码，因密码的变化可以极其复杂，试图靠猜测密码而打开卡上一个扇区的可能性几乎为零。

（5）Control & Arithmetic Unit，即控制及算术运算单元。

这一单元是整个卡的控制中心，是卡的 "头脑"。它主要对卡的各个单元进行操作控制，协调卡的各个步骤；同时它还对各种收/发的数据进行算术运算处理、递增/递减处理和 CRC 运算处理等，是卡中内建的中央微处理器（MCU）单元。

（6）RAM/ROM 单元。

RAM 主要配合控制及算术运算单元，将运算的结果进行暂时存储，例如，将需存储的数据由控制及算术运算单元取出送到 EEPROM 存储器中；将需要传送给读写器的数据由控制及算术运算单元取出，经过 RF 射频接口电路的处理，通过卡片上的天线传送给读写器。RAM 中的数据在卡失掉电源后（卡片离开读写器天线的有效工作范围）将会丢失。

同时，ROM 中则固化了卡运行所需要的必要的程序指令，由控制及算术运算单元取出，对每个单元进行指令控制，使卡能有条不紊地与读写器进行数据通信。

（7）Crypto Unit，即数据加密单元。

该单元完成对数据的加密处理及密码保护。加密的算法可以为 DES 标准算法或其他。

（8）EEPROM 存储器及其接口电路。

包括 EEPROM INTERFACE/EEPROM MEMORY。

该单元主要用于存储用户数据，在卡失掉电源后（卡片离开读写器天线的有效工作范围）数据仍将被保持。读写器与 S50 和 S70 的通信流程如图 6.25 所示。

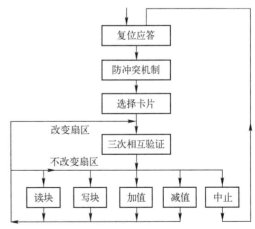

图 6.25 读写器与 S50 和 S70 的通信流程图

卡片选择和三次相互认证在前面已经介绍过，其他操作如下。

（1）读（Read）：读取一个块的内容，包括普通数据块和值块。

（2）写（Write）：写数据到一个块，包括普通数据块和值块，值块中写入了非法格式的数据，值块变成了普通数据块。

（3）加（Increment）：对值块进行加值，只能对值块操作。

（4）减（Decrement）：对值块进行减值，只能对值块操作。

（5）中止（Halt）：将卡置于睡眠工作状态，只有使用 WAKE – UP 命令才能唤醒。

事实上加值和减值操作并不是直接在 MIFARE 的块中进行的。这两个命令先把 Block 中的值读出来，然后进行加或减，加或减后的结果暂时存放在卡上的易失性数据寄存器（RAM）中，然后再利用另一个命令传输（Transfer）将数据寄存器中的内容写入块中。与传输（Transfer）相对应的命令是存储（Restore），作用是将块中的内容存到数据寄存器中，不过这个命令很少用到。

4. NXP 应答器系列芯片（见表 6.18）

表 6.18　NXP 应答器系列芯片类型及参数表

	MIFARE LIGHT MF1 L10	MIFARE STARDARD MF1 S50	MIFARE PRO MF2 D20	MIFARE PRO MF2 D80
CPU 类型	—	—	80C51；20k ROM；256B RAM	80C51；20k ROM；256B RAM
EEPROM 容量	384bit	1KB	2KB	8KB
独立扇区	one	16	depending on OS	depending on OS
多功能	—	yes	yes	yes
防碰撞	yes	yes	yes	yes
操作距离	up to 10cm	up to 10cm	up to 10cm	up to 10cm
波特率（KBd）	106	106	106	106
工作频率	13.56MHz	13.56MHz	13.56MHz	13.56MHz
运算能力	reload/decrease	increase/decrease	depending on OS	depending on OS
加密协处理器	—	—	triple – DES	triple – DES
非接触接口支持 ISO/IEC14443，type A	yes	yes	yes	yes
接触式接口支持 ISO7816			yes	yes
用户可编程操作系统			yes	yes
功能说明书	download	download	download	download

6.2.3　ISO/IEC15693 标准的应答器

ISO/IEC15693 标准的应答器可以实现一卡多用功能，表 6.19 为一卡多用情况下的内部存储结构。

表 6.19　电子标签的内部数据应用结构

扇 区	字 节	项	内 容	长 度
0~1	8	门禁系统数据	视不同设备而定	
2~3	8	停车场停留系统	场号	1
			保留	1
			进入时间（DDHHMM）	3
			离开时间（DDHHMM）	3
6~5	8	小钱包	钱包类型	1
			钱包余额	3
			钱包认证码	4
6~15	40	最近两笔交易记录	交易时间	4
			交易流水号（含终端号部分）	4
			交易金额	3
			交易前钱包余额	3
			交易类型	1
			保留	1
			交易认证码	4
			第二条记录内容同上	20

ISO/IEC15693 标准的应答器简要特征如下。

（1）数据和电能的供给非接触方式传输（无须电池供电）。

（2）操作距离：可达到 1.5m（依赖天线几何尺寸和读写器功率）。

（3）工作频率：13.56MHz（工业安全，许可在世界范围内自由使用）。

（4）快速数据传送：达到 53Kb/s。

（5）数据高度完整性：16bit CRC 校验。

（6）真正防冲突，附加快速防冲突读。

（7）电子物品监测（EAS）。

（8）支持应用程序系列标识符（AFl）和数据存储格式标识符（DS FID）。

（9）写距离与读距离相同。

（10）1024bit 的 EEPROM，共分为 32 块，每块 4 字节（32bit）。

（11）较高的 12 块为用户数据块。

（12）超过 10 年的数据保持能力。

（13）擦写周期大于十万次。

（14）每个芯片具有不可改变的唯一标识符（序列号），保证每个标签的唯一性。

（15）每个块具有锁定机制（写保护）。

1. I·CODE 2

SLI ICS20（简称 ICODE2）是 NXP 的一种工作频率为 13.56MHz 的非接触式智能标签芯

片，标签芯片符合 ISO/IEC15693 标准协议，该芯片主要针对包裹、运送、航空行李、租赁服务、零售供应链管理和物流系统应用新研发设计的一系列 RFID 射频识别芯片。

1）主要参数

（1）工作频率：13.56MHz。

（2）存储容量：1024bit，共分 32 页，每页 4B（32bit）。

（3）标准协议：ISO/IEC15693。

（4）读写距离：最大 1.5m；标准：10cm。

（5）存储容量：2048bit。

（6）数据保存：10 年。

（7）可擦写次数：10 万。

该 I·CODE 2 标签芯片使用符合 ISO15693 的协议标准，是 NXP 智能标签产品系列的主要成员。其芯片以简单连接的很少几圈印刷天线（接收或发射 13.56MHz 载频）上，被蚀刻或冲压的线圈可以被 I·CODE 2 芯片在 1.5m 的视距（如门禁闸道宽度）内操作，且无需使用电池，因此可用来作为长距离应用场合设计。

I·CODE 2 芯片具有防冲突功能，该功能允许在天线场中同时操作超过一张的标签卡。防冲突算法单独选择每个标签，并且保证有一个被选择标签正确地执行数据交换，不会因其他在场中的标签引起数据错误。

当智能标签被放置在读写器天线的电磁场中，RF 通信接口允许使用的数据传送速率可达53kb/s。

2）内存与数据格式

64 位唯一的序列标识符（UID）根据 ISO/IEC15693 - 3 协议，在生产过程期间已经被规划，而且以后不能被修改。

64 位标识符依据上述协议，以低位 UIDO 开始，以高位 UID7 结束。

1024bit 的 EEPROM，共分为 32 块，每块 4 字节（32bit），最低的 4 个块包含序列号、读写条件及一些配置位。

3）典型应用

（1）身份识别卡。

（2）只读存储的序列号鉴别。

（3）自动化物流管理识别。

（4）工业产品应答识别。

（5）嵌入式标签。

（6）移动型财物标签等。

由该芯片制作的射频感应卡可以是规范标准的 ISO 卡，也可以做成 0.1~0.2mm 超薄 PCB 柔性标签。

实际使用的 I·CODE 2 感应标签分为可粘贴的方形、长条形或圆片形等。为满足每年高达上千万个标签需求的大众市场，I·CODE 采用了最新 RFID 射频识别技术的智能型标签，融合了条码、EAS（Electronic Article Surveillance），以及传统射频识别解决方案的多功能优点，该芯片展现出现代科技在智能型电子标签上的先进水平，它让包装标签提供原始的安全签记（SOLlrce tagging）、自动数据读取、防窃，以及存储数据等功能，是一个低成本、可修改、抛弃式的解决方案。

换言之，I·CODE 2 让所有物品几乎都可以因为贴上标签而使得处理上更有效率。例如，全自动扫描程序无须瞄准物品，也可以同时扫描数张标签，它甚至可以数字签章的存储来识别真伪并防止仿冒。

I·ODE 2 智能型标签在广泛且多样的应用中提供了很多优点，例如，在航空行李及货运服务方面，智能型标签将有利于物品的分类及追踪；在供应链管理系统方面，智能卡标签则可克服条码技术的限制，提供改良的产销系统；至于在图书馆及租借应用方面，智能型标签则提供了自动化登入/登出服务，以及库存的多项目管理等。

2. Tag – it

TI 公司 HF 频段的 Tag – it 系列标签，外形如图 6.26 所示，存储结构如图 6.27 所示，通用参数如下。

（1）无源远距离读写：最大可达 120cm。

（2）防冲撞技术：读写速度快，可多目标识别、运动中识别，每秒最多识别 30 个。

（3）国际通用的频率：13.56MHz ±7kHz。

（4）灵活的内部存储空间：厂家可以根据各自的需

图 6.26　Tag – it 系列标签图片

要定义各型号产品的存储容量和每个扇区的字节数，且读写设备可以读取内存配置信息，便于在一个综合应用中操作不同的标签产品。

（5）国际统一且不重复的 8 字节（64bits）唯一识别内码（Unique Identifier，简称 UID），其中，第 1 ~ 48bits 共 6 字节，为生产厂商的产品编码，第 49 ~ 56bits 的 1 字节为厂商代码（ISO/IEC7816 – 6/AM1），最高字节固定为"E0"。

（6）可反复读写且扇区可以独立一次锁定，现有的产品一般采用 4 字节扇区，内存从 512 ~ 2048bits 不等。

（7）工作温度：– 25 ~ +70℃。

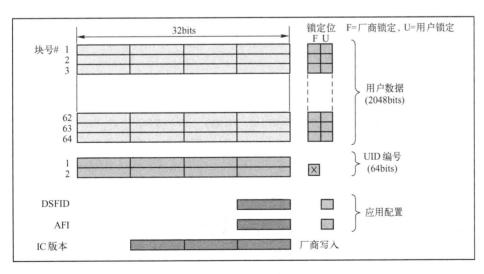

图 6.27　存储结构示意图

3. SHC1109 – 04

SHC1109 – 04 产品是上海华虹 2006 年推出的 RFID 芯片，是遵从 ISO/IEC15693 无线接口的 2Kbit 电子标签芯片。

1）主要特点

产品主要特点如下。

（1）可制作成电子标签或非接触卡。

（2）具备防冲突功能，读写器能同时快速处理多个芯片。

（3）片内 2K 位 EEPROM，分成 64block，每 block 有 4 字节的数据存储区，2 位的块锁存区，管理存储区占 2 block，全球唯一的 64 位标识码。

（4）每个芯片具有不可改写的唯一序列号（UID）供识别和加密。

（5）每块提供两个写保护位，分别供用户和制造商锁定，数据一旦被锁定则无法再被修改。

（6）具有距离读写可达 1m 以上（根据应用情况定）、无源的等特点。

2）产品应用范围

主要适用于大中型物流、商品防盗防伪、工业控制、门禁系统、军事跟踪、路桥收费、畜牧养殖、图书文档管理、特种设备和金融票据等领域。

3）主要参数

在能量和数据以无线方式传输方面，参数如下。

（1）工作频率：13.56MHz。

（2）远距离读写（根据应用情况而定）。

（3）数据传输率：26.5Kb/s。

（4）帧校验方式：16 位 CRC 校验。

（5）具备防冲突功能。

（6）支持应用类型识别（AFI）。

在 EEPROM 存储方面，参数如下。

（1）2Kb EEPROM（用户可用），共分 64 块，每块 4 字节，即 32 位。

（2）支持多块数据读出、单块及双块数据写入。

（3）数据保持时间大于 10 年。

（4）读写次数大于 10 万次。

在安全性方面，特性如下。

（1）每个芯片具有不可改写的唯一序列号（UID），供识别和加密。

（2）每块提供两个写保护位（UL，FL），分别供用户和制造商锁定，数据一旦被锁定则无法再被修改。

（3）工作温度：–25 ~ +70℃。

6.3 ISO/IEC14443 标准的读头设计

6.3.1 RC500 芯片技术及典型电路设计

MF RC500 是应用于 13.56MHz 非接触式通信中高集成读卡 IC 系列中的一员。该读卡 IC

系列利用了先进的调制和解调概念，完全集成了在 13.56MHz 下所有类型的被动非接触式通信方式和协议。支持 ISO/IEC14443A 的多层应用。

内部发送器部分不需要增加有源电路就能直接驱动近操作距离的天线（可达 100mm）。

接收器部分提供一个坚固而有效的解调和解码电路，用于 ISO/IEC14443A 兼容的应答器信号。

数字部分处理 ISO/IEC14443A 帧和错误检测（奇偶 &CRC）。此外，它还支持快速 CRYPTO1 加密算法，用于验证 MIFARE 系列产品。方便的并行接口可直接连接到任何 8 位微处理器，从而给读卡器/终端的设计提供了极大的灵活性。

1. 特性

（1）高集成度的调制解调电路。

（2）缓冲输出驱动器使用最少数目的外部元件连接到天线。

（3）最远工作距离 100mm。

（4）支持 ISO 14443 TypeA 协议的 −1 ～ −4 部分和 MIFARE1 经典协议。

（5）采用 Crypto1 加密算法并含有安全的非易失性内部密钥存储器。

（6）并行 MCU 接口带有内部地址锁存和中断请求线，自动检测 MCU 并行接口类型。

（7）灵活的中断处理，64 字节发送和接收 FIFO 缓冲区，可编程定时器。

（8）带低功耗的硬件复位。

（9）唯一的序列号。

（10）用户可编程初始化配置。

（11）面向位和字节的帧结构，支持防碰撞操作。

（12）数字、模拟和发送器部分经独立引脚分别供电。

（13）内部振荡器缓存器连接 13.56MHz 石英晶体。

（14）在短距离应用中，发送器（天线驱动）可以用 3.3V 供电。

2. 应用

（1）MF RC500 适用于各种基于 ISO/IEC14443A 标准，且要求低成本、小尺寸、高性能，以及单电源的非接触式通信应用场合。

（2）公共交通终端。

（3）手持终端。

（4）板上单元。

（5）非接触式 PC 终端。

（6）计量。

（7）非接触式公用电话。

3. 引脚图

该器件为 32 脚 SO 封装。器件使用了 3 个独立的电源以实现在 EMC 特性和信号解耦方面达到最佳性能。MF RC500 具有出色的 RF 性能且模拟和数字部分可适应不同的操作电压，引脚如图 6.28 所示，各引脚功能如下。

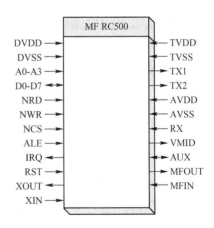

图 6.28　RC500 的引脚图

（1）天线引脚

非接触式天线使用以下 4 个引脚，定义见表 6.20。

为了驱动天线，MF RC500 通过 TX1 和 TX2 提供 13.56MHz 的能量载波。根据寄存器的设定对发送数据进行调制得到发送的信号。

卡采用 RF 场的负载调制进行响应。天线拾取的信号经过天线匹配电路送到 RX 脚。

MF RC500 内部接收器对信号进行检测和解调，并根据寄存器的设定进行处理，然后数据发送到并行接口由微控制器进行读取。MF RC500 对驱动部分使用单独电源供电。

（2）模拟电源引脚

为了实现最佳性能，MF RC500 的模拟部分也使用单独电源。引脚定义见表 6.21，它对振荡器、模拟解调器和解码器电路供电。

（3）数字电源引脚

MF RC500 数字部分使用单独电源，定义见表 6.21。

表 6.20　天线及电源引脚定义表

名　称	类　型	功　能
TX1、TX2	输出缓冲	天线驱动器
WMID	模拟	参考电压
RX	输入模拟	天线输入信号
TVDD	电源	发送器电源电压
TGND	电源	发送器电源地

表 6.21　模拟及数字电源引脚定义

名　　称	类　型	功　能
AVDD	电源	模拟部分电源电压
AGND	电源	模拟部分电源地
DVDD	电源	数字部分电源电压
DGND	电源	数字部分电源地

（4）辅助引脚

可选择内部信号驱动该引脚。它作为设计和测试之用。

（5）复位引脚

复位引脚禁止了内部电流源和时钟并使 MF RC500 从微控制器总线接口脱开。如果 RST 释放，则 MF RC500 执行上电时序。

（6）振荡器引脚

13.56MHz 晶振通过快速片内缓冲区连接到 XIN 和 XOUT。如果器件采用外部时钟，则可从 XIN 输入，引脚定义见表 6.22。

（7）MIFARE 接口引脚

MF RC500 支持 MIFARE 有源天线的概念。它可以处理引脚 MFIN 和 MFOUT 处 MIFARE 核心模块的基带信号 NPAUSE 和 KOMP，定义见表 6.23。

表 6.22　振荡器引脚定义

名　称	类　型	功　能
XIN	I	振荡器缓冲输入
XOUT	O	振荡器缓冲输出

表 6.23　MIFARE 接口引脚定义

名　称	类　型	功　能
MFIN	带施密特触发器的输入	MIFARE 接口输入
MFOUT	输出	MIFARE 接口输出

MIFARE 接口可采用下列方式与 MF RC500 的模拟或数字部分单独通信：

① 模拟电路可通过 MIFARE 接口独立使用。这种情况下，MFIN 连接到外部产生的 NPAUSE 信号。

② MFOUT 提供 KOMP 信号。

③ 数字电路可通过 MIFARE 接口驱动外部信号电路。这种情况下，MFOUT 提供内部产生

的 NPAUSE 信号而 MFIN 连接到外部输入的 KOMP 信号。

（8）并行接口引脚

下面列出的 16 个引脚用于控制并行接口，引脚的定义见表 6.24。

表 6.24　并行接口相关引脚

名　称	类　型	功　能
D0 ~ D7	带施密特触发器的 I/O	双向数据总线
A0 ~ A7	带施密特触发器的 I/O	地址线
NWR/RNW	带施密特触发器的 I/O	写禁止/只读
NRD/NDS	带施密特触发器的 I/O	读禁止/数据选通禁止
NCS	带施密特触发器的 I/O	片选禁止
ALE	带施密特触发器的 I/O	地址锁存使能
IRQ	输出	中断请求

6.3.2　RC522 芯片技术及典型电路设计

MF RC522 是应用于 13.56MHz 非接触式通信中高集成度读写卡系列芯片中的一员，是 NXP 公司针对"三表"应用推出的一款低电压、低成本、体积小的非接触式读写卡芯片，是智能仪表和便携式手持设备研发的较好选择。

MF RC522 利用了先进的调制和解调概念，完全集成了在 13.56MHz 下所有类型的被动非接触式通信方式和协议，支持 ISO/IEC14443A 的多层应用。其内部发送器部分，可驱动读写器天线与 ISO14443A/MIFARE 卡和应答机的通信，无须其他电路。接收器部分提供一个坚固而有效的解调和解码电路，用于处理与 ISO/IEC14443A 兼容的应答器信号。数字部分处理 ISO/IEC14443A 帧和错误检测（奇偶 &CRC）。

此外，它还支持快速 CRYPTO1 加密算法，用于验证 MIFARE 系列产品。MFRC522 支持 MIFARE 更高速的非接触式通信，双向数据传输速率高达 424Kb/s。

作为 13.56MHz 高集成度读写卡系列芯片家族的新成员，MF RC522 与 MF RC500 和 MF RC530 有不少相似之处，同时也具备诸多特点和差异。它与主机间的通信采用连线较少的串行通信，且可根据不同的用户需求，选取 SPI、I^2C 或串行 UART（类似 RS232）模式之一，有利于减少连线，缩小 PCB 体积，降低成本。

1. 特性

（1）高集成度的调制解调电路。

（2）采用少量外部器件，即可将输出驱动级接至天线。

（3）支持 ISO/IEC14443 TypeA 和 MIFARE 通信协议，读写器模式中与 ISO/IEC14443A/MIFARE 的通信距离高达 50mm，取决于天线的长度和调谐。

（4）支持 ISO/IEC14443 212Kb/s 和 424Kb/s 的更高传输速率的通信。

（5）支持 MIFARE Classic 加密。

（6）支持的主机接口：10Mb/s 的 SPI 接口；I^2C 接口，快速模式的速率为 400Kb/s，高速模式的速率为 3400Kb/s。

（7）串行 UART，传输速率高达 1228.8Kb/s，帧取决于 RS-232 接口，电压电平取决于提供的引脚电压。

（8）64 字节的发送和接收 FIFO 缓冲区。

（9）灵活的中断模式，可编程定时器。

（10）具备硬件掉电、软件掉电和发送器掉电 3 种节电模式，前两种模式雷同于 MF RC500 和 CL RC400，其特有的"发送器掉电"则可关闭内部天线驱动器，即关闭 RF 场。

（11）内置温度传感器，以便在芯片温度过高时自动停止 RF 发射。

（12）采用相互独立的多组电源供电，以避免模块间的相互干扰，提高工作的稳定性。

（13）具备 CRC 和奇偶校验功能，CRC 协处理器的 16 位长 CRC 计算多项式固定为 x16 + x12 + x5 + 1，符合 ISO/1EC14443 和 CCTITT 协议。

（14）内部振荡器，连接 27.12MHz 的晶体。

（15）2.5 ~ 3.3V 的低电压低功耗设计，5mm × 5mm × 0.85mm 的超小体积。

（16）工作温度范围为 − 30 ~ + 85℃。

2. 芯片引脚及的功能

RC522 的功能框图及引脚定义如图 6.29 所示。

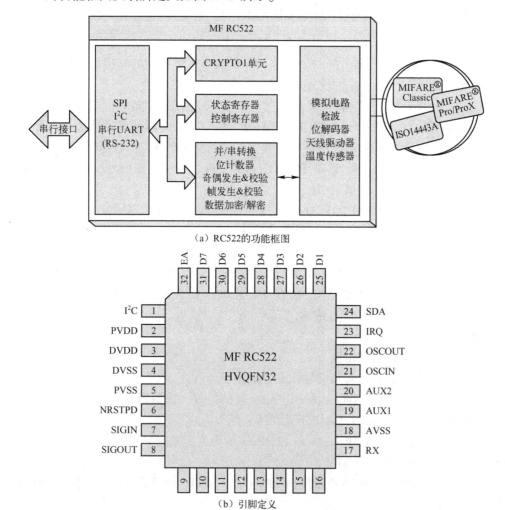

（a）RC522的功能框图

（b）引脚定义

图 6.29 RC522 的功能及引脚图

3. 典型的应用电路

RC522 的典型应用电路如图 6.30 所示,各部分的功能如下。

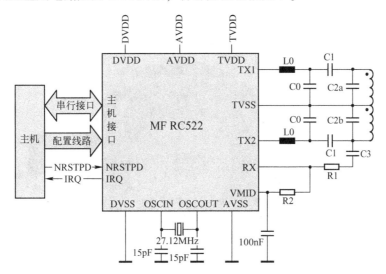

图 6.30　MF RC522 的典型应用电路图

(1) 与 MCU 的接口电路

MF RC522 提供了 3 种接口模式:高达 10Mb/s 的 SPI、I^2C 总线模式(快速模式下能达 400Kb/s,而高速模式下能达 3.4Mb/s)、最高达 1228.8Kb/s 的 UART 模式。

每次上电或硬件重启之后 MFRC522 复位其接口,并通过检测控制引脚上的电平信号来判别当前与主机的接口模式。与判别接口模式有关的两个引脚为 I^2C 和 EA:当 I^2C 引脚拉高时,表示当前模式为 I^2C 方式,若 I^2C 引脚为低电平,则通过 EA 引脚电平来区分,EA 为高表示 SPI 模式,为低则表示 UART 模式。

通常情况下,采用了四线制 SPI 接口设计,通信中的时钟信号由 MCU 产生,MF RC522 芯片设置为从机模式,接收来自 MCU 的数据以设置寄存器,并负责射频接口通信中相关数据的收发。两根数据线上的信号电平在时钟信号必须保证上升沿稳定,在下降沿才允许改变,可以连续读写 N 个字节。

此外,MCU 向 MF RC522 发送的第一个字节定义操作模式和所要操作的寄存器地址,最高位代表操作模式,1 表示读,0 表示写,中间六位(bit1 ~ bit6)表示地址,最低位预留不用,默认为 0。

(2) 射频接口电路

在发送部分,引脚 TX1 和 TX2 上发送的信号是由包络信号调制的 13.56MHz 载波能量,经过 L0 和 C0 组成的 EMC 滤波电路及 C1、C2 组成的匹配电路,就可直接用来驱动天线,TX1 和 TX2 上的信号可通过寄存器 TxSelReg 来设置,系统默认为内部米勒脉冲编码后的调制信号。

调制系数可以通过调整驱动器的阻抗来设置,同样采用默认值即可。在接收部分,使用 R2 和 100nF 以保证 Rx 引脚的直流输入电压保持在 VMID,R1 和 C3 的作用是调整 Rx 引脚的交流输入电压。

4. 应用场合

MF RC522 适用于各种基于 ISO/IEC14443A 标准并且要求低成本、小尺寸、高性能,以及单电源非接触式通信的应用场合，如三表、板上单元、公共交通终端、便携式手持设备、非接触式公用电话等。如图 6.31 所示。

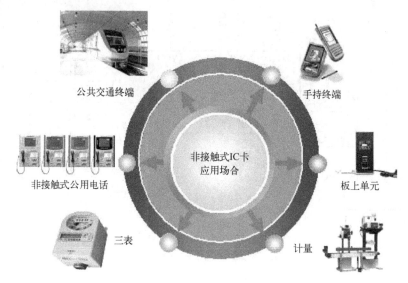

公共交通终端

手持终端

非接触式公用电话

板上单元

三表

计量

非接触式IC卡
应用场合

图 6.31　适用 MF RC522 的应用场合示意图

6.3.3　RC 系列射频芯片读写器产品设计的关键技术

使用 RC 系列射频芯片开发卡片读写器，主要的关键点有两个，分别涉及硬件和软件。

软件上的关键是如何正确设置 RC 系列射频芯片内部的 64 个寄存器；硬件上的关键则是 RC 系列射频芯片的天线设计。

天线提供了卡片和读写器交换数据的物理通道，直接决定了读写器的读写性能和读写距离，在此基础上加上对 64 个寄存器的正确操作，读写器才能正常高效地工作。

在数字电路中设计模拟信号的天线还是比较复杂的，因为天线设计牵扯到好多因素，如电磁感应、场强、共振、干扰、Q 值等。芯片的制造商多数都提供了参考电路设计，芯片使用者在参考电路的基础上设计自己的电路要容易得多。

RC 系列芯片的天线设计也提供了参考电路，如图 6.32 所示。

天线电路上可以分为四部分：EMC 滤波电路、匹配电路、天线线圈和接收电路。

（1）EMC 滤波电路

EMC 滤波电路是一个低通滤波，L0 为 1μH，C01 和 C02 都是 68pF，这些都是典型值，实际电路中可以围绕典型值上下调节以满足设计要求。

（2）匹配电路

匹配电路用来连接天线电路和 EMC 滤波电路，匹配电路中的电容与天线电感组成谐振电路。

C1a 和 C1b 可取 16pF 或 27pF，对读写距离影响不大；C2a 和 C2b 是谐振电容，通常可在 82～220pF 的范围内调节，这两个电容值非常关键，它们直接影响谐振程度，进而影响天线电压的振荡幅度，最终影响读写距离。

通常天线电压的峰峰值大于 10V 就可以读到卡片，也并不是峰峰值越大越好，还要看卡片

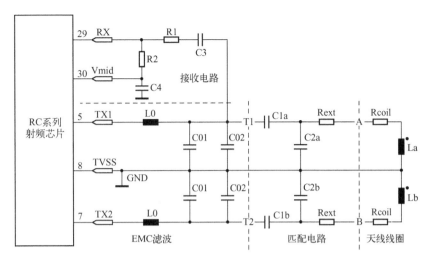

图 6.32　RC 系列芯片天线设计的参考电路图

或标签上天线的大小、天线周围的干扰，尤其是金属干扰等因素。

（3）天线线圈

天线电路中的天线线圈直接布线在 PCB 上，采用中间抽头接地的对称方式，一般应用中天线直径为 4~6cm，天线直径直接影响读卡距离，直径小读卡距离近，但也并不是直径越大越好。

天线圈数一般为 2~6 圈，也就是说对称接地的情况下每一边 1~3 圈。

（4）接收电路

接收电路中的 C3 容量为 1nF，C4 为 100nF，R1 与 R2 组成分压电路，R2 固定为 820Ω，R1 根据天线的振荡幅度在 470Ω~10kΩ 的范围内调节，典型值为 2.2kΩ。电路中的电阻和电容一般使用 0402、0603 或 0805 的贴片封装。稳定性要好，误差不能太大。

以上参考电路可以说是典型的设计法，更好的设计应该使用精密仪器，严格测量天线的电感值，等效电容值，然后用公式计算，并对天线的 Q 值进行校核。不过估计大部分开发人员的测量工具也就仅限于万用表和示波器，在此情况下，使用参考电路基本能满足要求。

6.3.4　基于 FM17 系列芯片读头设计

1. FM17XX 系列芯片简介

FM17XX 系列通用非接触读卡机芯片是复旦微电子股份有限公司设计的，基于 ISO/IEC 14443 标准的系列通用非接触卡读卡机芯片，采用 0.6μm CMOS EEPROM 工艺。

FM17XX 系列读卡机芯片具有如下特点。

（1）可分别支持 13.56MHz 频率下的 TypeA、TypeB、15693 三种非接触通信协议。

（2）支持 MIFARE 和上海标准的加密算法。

（3）可兼容恩智浦公司的 RC500、RC530、RC531 及 RC632 等读卡机芯片。

（4）芯片内部高度集成了模拟调制解调电路，所以只需最少量的外围电路即可工作。

（5）支持 6 种微处理器接口。

（6）其数字电路具有 TTL、CMOS 两种电压工作模式；该芯片适用于各类计费系统读卡器的应用。

尤其是 FM17XXL 系列芯片，其三路电源的最低工作电压均可达 2.9V，这一特性优于其他公司的同类产品。

FM1702SL 是复旦微电子股份有限公司设计的，基于 ISO/IEC14443 标准的非接触卡读卡机专用芯片，采用 0.6μm CMOS EEPROM 工艺，支持 ISO/IEC14443 TypeA 协议，支持 MIFARE 标准的加密算法。

芯片内部高度集成了模拟调制解调电路，只需最少量的外围电路就可以工作，支持 SPI 接口，数字电路具有 TTL、CMOS 两种电压工作模式，特别适用于 ISO/IEC14443 标准下水、电、煤气表等计费系统的读卡器应用。

该芯片的三路电源都可适用于低电压。

1）产品特点

（1）高集成度的模拟电路，只需最少量的外围线路，操作距离可达 10cm。

（2）支持 ISO/IEC14443 TypeA 协议。

（3）包含 512B 的 EEPROM，支持 MIFARE 标准的加密算法，包含 64B 的 FIFO。

（4）数字电路具有 TTL/CMOS 两种电压工作模式。

（5）软件控制的 power down 模式，一个可编程计时器，另一个中断处理器。

（6）启动配置可编程。

（7）数字、模拟和发射模块都有独立的电源供电。

（8）采用 SOP24 封装，支持 SPI 接口。

2）FM1702SL 的功能及引脚

FM1702SL 的功能和引脚图如图 6.33 所示。

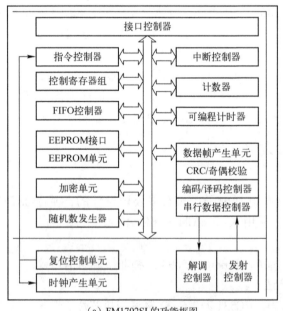

（a）FM1702SL的功能框图　　　　　　　（b）FM1702SL的引脚定义图

图 6.33　FM1702SL 的功能及引脚定义图

3）应用电路

FM1702SL 应用电路如图 6.34 所示。

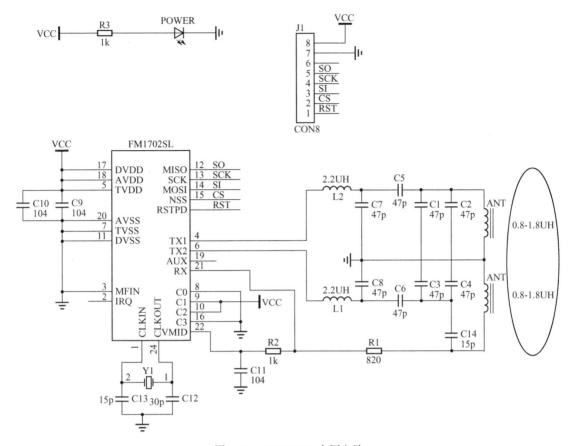

图 6.34　FM1702SL 应用电路

MCU 与 FMl702SL 是通过 SPI 总线通信的，采用中断工作模式。

需要注意的是，在 FMl702SL 复位后，必须进行一次初始化程序以便初始化 SPI 接口模式，而且可以同步 MCU 和 FMl702SL 的启动工作。

读写器天线的设计，根据互感原理可知，半径越大、匝数越多，读写器上天线和卡上天线的互感系数就越大。根据国际标准要求，卡和读写器的通信距离为 10cm。

设计天线时还要注意天线的品质因数。国际标准 ISO14443 规定无论 TypeA 或 TypeB 非接触式 IC 卡，读写器和卡之间的数据传输速度为 106Kb/s，载波的频率 $f_0 = 13.56\text{MHz}$，因此，每一位数据维持的时间 $t_0 = 9.44\mu s$，TypeA 类射频卡智能卡读写器到射频卡的信号编码是修正米勒编码，传送每一位数具有 $t = 3\mu s$ 的载波中断，因此该信号的带宽近似为：

$$B = \text{"}1/t\text{"} = 1/3\mu s = 333.333\text{kHz}$$

故天线的品质因数 $Q = f_0/B = 13.56\text{MHz}/33.333\text{kHz} = 35$。

天线的传输带宽与品质因数成反比。因此，过高的品质因数会导致带宽缩小，从而减弱读写器的调制边带，会导致读写器无法与卡通信。

2. 读头芯片对射频卡的操作流程

下面以 FM1702SL 为例，说明 ISO/IEC14443 标准的阅读器对卡片操作流程。

FM1702SL 内部有 8 个寄存器页，每页有 8 个寄存器，每个寄存器有 8 位数据。这些寄存器是统一编址的，从 0x00～0x3F，MCU 通过 SPI 接口与 FMl702SL 通信对这些寄存器进行设置。

例如，MCU 需要让 FMl702SL 执行某个命令时，把此命令的代码（1E）写入 Command 寄存器就可以。

必须注意的是，MCU 对卡片的操作不是简单的一条指令所能完成的，其中必须有对 FM1702SL 硬件内部寄存器的设置。

操作步骤见本章 6.2.2 部分的图 6.25，总体流程可以参照该图执行，详细操作如下。

（1）复位初始化 FM1702SL

初始化 FM1702SL 的 SPI 接口和 FM1702SL 定时器，设置定时器控制寄存器，打开 TXl、TX2。

（2）Request（请求）

当一张 MIFARE 卡片处在卡片读写器的天线工作范围之内时，程序员控制读写器向卡片发出 R：EQUEST all（或 REQUEST std）命令。

卡片的 ATR 将启动，将卡片 BLOCK0 中的卡片类型（TagType）号，共 2 字节传送给读写器，建立卡片与读写器的第一步通信联络。

如果不进行复位请求操作，读写器对卡片的其他操作将不会进行。

（3）Antieollision Loop（防冲突机制）

如果有多张 MIFARE 卡片处在卡片读写器的天线工作范围之内，读写器将首先与每一张卡片进行通信，取得每一张卡片的系列号。由于每一张 MIFARE 卡片都具有其唯一的序列号，因此读写器根据卡片的序列号来保证一次只对一张卡操作。

该操作读写器得到卡的返回值为卡的序列号。

（4）Select Tag（选择卡片）

完成上述两个步骤之后，读写器必须对卡片进行选择操作。

执行操作后，返回卡上的 SIZE 字节。

（5）Authentication（三次相互验证）

经过上述三个步骤，在确认已经选择了一张卡片时，读写器在对卡进行读写操作之前，必须对卡片上已经设置的密码进行认证。如果匹配，才允许进一步的读写操作。

（6）读写操作

对卡的最后操作是读、写、增值、减值、存储和传送等。

3. 基于 FM1702SL 的阅读器程序设计

软件程序设计是读写器的关键环节之一，通过编程，完成芯片的驱动，从而实现射频卡的识别、数据的读写，以及加密，该部分内容主要包括：

（1）卡号的读取；

（2）数据块的读取；

（3）数据块的写入；

（4）扇区密钥的更新；

（5）SPI 接口的操作。

各部分的参考代码如下。

1）读取指定数据块

【代码示例 6.4】读取指定数据块程序代码

```
/******************************************
关于扇区和数据块的计算:
00 ~ 31 扇区:块地址 = 扇区号 * 4 + 块号(0 ~ 3)
32 ~ 39 扇区:扇区号 = 4 * (扇区号 - 32) + bTemp/4 + 32,块地址 = 4 * 扇区号 + bTemp%4,
 ****************************************** /
uchar Read_M1(void)
{
    uchar sum,bJ,bSnr,bTemp,bBlock;
    bSnr = g_bpTempBuf[1];
    bTemp = g_bpTempBuf[2];
    if(bSnr < 32)
    {
        if(bTemp > 3) return FALSE;
        bBlock = 4 * bSnr + bTemp;
    }
    else
    {
        if((bSnr > 39)||(bTemp > 14)) return FALSE;
        bSnr = 4 * (bSnr - 32) + bTemp/4 + 32;
        bBlock = 4 * bSnr + bTemp%4;
    }
    while(1)
    {
        if(Request() ==0) continue;
        if(Get_UID() ==0) continue;
        if(Check_UID() ==0) continue;
        if(Select_Tag() ==0) continue;
        if(Load_Key() ==0) continue;
        if(Authentication(bSnr * 4 + 3) ==0) continue;
        if(!Read_Block(bBlock)) continue;
        sum = 0;
        for(bJ = 0;bJ < 16;bJ ++)
        {
            g_bpTempBuf[bJ] = g_bpBuffer[bJ];
            sum += g_bpBuffer[bJ];
        }
        g_bpTempBuf[bJ] = sum;
        send(g_bpTempBuf[0]);
        Send_Pc(17);
        return TRUE;
    }
    return FALSE;
}
```

2）数据块写入数据

【代码示例 6.5】数据块写入的程序代码

```
/ **************************************************
关于扇区和数据块的计算:
00 ~ 31 扇区:块地址 = 扇区号 * 4 + 块号(0 ~ 3)
32 ~ 39 扇区:扇区号 = 4 * (扇区号 - 32) + bTemp/4 + 32,块地址 = 4 * 扇区号 + bTemp%4,
 ************************************************** /
uchar Write_M1(void)
{
    uchar bSnr,bTemp,bBlock;
    bSnr = g_bpTempBuf[1];
    bTemp = g_bpTempBuf[2];
    if(bSnr < 32)
    {
        if(bTemp > 2) return FALSE;
        bBlock = 4 * bSnr + bTemp;
    }
    else
    {
        if((bSnr > 39) || (bTemp > 14)) return FALSE;
        bSnr = 4 * (bSnr - 32) + bTemp/4 + 32;
        bBlock = 4 * bSnr + bTemp%4;
    }
    while(DTR)
    {
        WATCH_DOG();
        if(Request() == 0) continue;
        if(Get_UID() == 0) continue;
        if(Check_UID() == 0) continue;
        if(Select_Tag() == 0) continue;
        if(Load_Key() == 0) continue;
        if(Authentication(bSnr * 4 + 3) == 0) continue;
        memcpy(g_bpBuffer,(g_bpTempBuf + 3),16);
        if(!Write_Block(bBlock))    continue;
            SBUF = 0xdd;
        while(!TI);
        TI = 0;
        return TRUE;
    }
    return FALSE;
}
```

3) FM1702 初始化代码

【代码示例 6.6】FM1702SL 初始化的程序代码

```
void FM1702SL_Init(void)
{
    write_reg(InterruptEn,0x7f);          //禁止所有中断
    write_reg(Int_Req,0x7f);              //中断标识清零
    write_reg(TxControl,0x5B);            //设置发射控制寄存器
    write_reg(Rxcontrol2,0x01);          //设置接收控制寄存器
    write_reg(RxWait,0x07);               //设置接收延时控制寄存器
    write_reg(Page_Sel,0x00);
}
```

4) 防碰撞程序设计

【代码示例6.7】防碰撞的程序代码

```
char Anticoll(uchar select_code,uchar bcnt)
{
    char    status = MI_OK;
    char    nbytes = 0;
    char    nbits = 0;
    char    complete = 0;
    char    i = 0;
    char    byteOffset = 0;
    uchar snr_crc;
    uchar snr_check;
    uchar dummyShift1;
    uchar dummyShift2;
SetTmo(1);
WriteRC(RegDecoderControl,0x28);
ClearBitMask(RegControl,0x08);
    // ******* Anticollision Loop ********
    complete = 0;
    while(!complete && (status == MI_OK))
    {
        ResetInfo(MInfo);
WriteRC(RegChannelRedundancy,0x03);
        nbits = bcnt % 8;                              // remaining number of bits
        if(nbits)
        {
            WriteRC(RegBitFraming,nbits <<4|nbits);
            nbytes = bcnt / 8 +1;
            if(nbits ==7)
            {
                MInfo. cmd = ANTICOLL1;
WriteRC(RegBitFraming,nbits);
```

```
                    }
                }
            else nbytes = bcnt / 8;
            MBuffer[0] = select_code;
            MBuffer[1] = 0x20 + ((bcnt/8) << 4) + nbits;
    for(i = 0; i < nbytes; i ++)                                    // Send Buffer beschreiben
        {
                MBuffer[i + 2] = snr[i];
        }
            MInfo. nBytesToSend = 2 + nbytes;
            SetTmo(1);
            status = ResponseCmd(TRANSCEIVE);
    if(nbits == 7)                                                  // reorder received bits
        {
                dummyShift1 = 0x00;
                for(i = 0; i < MInfo. nBytesReceived; i ++)
                {
                    dummyShift2 = MBuffer[i];
                    MBuffer[i] = (dummyShift1 >> (i + 1)) | (MBuffer[i] << (6 - i));
                    dummyShift1 = dummyShift2;
                }
                // subtract received parity bits
                MInfo. nBitsReceived -= MInfo. nBytesReceived;
    if(MInfo. collPos)                                             // recalculation of collision position
                MInfo. collPos += 7 - (MInfo. collPos + 6) / 9;
            }
            if(status == MI_OK || status == MI_COLLERR)
        {
                // Response Processing
    if(MInfo. nBitsReceived != (40 - bcnt))
            {
        status = MI_BITCOUNTERR;
            }
            else
        {
                byteOffset = 0;
    if(nbits != 0)                                                 // last byte was not complete
            {
                    snr[nbytes - 1] = snr[nbytes - 1] | MBuffer[0];
                    byteOffset = 1;
                }
                for(i = 0; i < (4 - nbytes); i ++)
            {
                    snr[nbytes + i] = MBuffer[i + byteOffset];
                }
```

```
        if( status != MI_COLLERR )
                {
                        // SerCh check
                        snr_crc = snr[ 0 ] ^ snr[ 1 ] ^ snr[ 2 ] ^ snr[ 3 ];
                        snr_check = MBuffer[ MInfo. nBytesReceived − 1 ];
                        if( snr_crc != snr_check )
                                status = MI_SERNRERR;
                        else
                                complete = 1;
                }
        else// collision occured
                {
                        bcnt = bcnt + MInfo. collPos − nbits;
                        status = MI_OK;
                }
                }
            }
        }
        ClearBitMask( RegDecoderControl,0x20);
        return status;
    }
```

5）SPI 初始化代码

【代码示例 6.8】SPI 初始化的程序代码

```
    uchar SPI_Init( void )
    {
        uchar temp;

        temp = read_reg( Command);
        if( temp != 0x00)
            return FALSE;
        write_reg( Page_Sel,0x80);
        temp = read_reg( Page_Sel);
        temp = read_reg( Command);
        if( temp == 0x00)
        {
            write_reg( Page_Sel,0x00);
            return TRUE;
        }
        else
            return FALSE;
    }
```

6）清空 FIFO 寄存器代码

【代码示例 6.9】清空 FIFO 寄存器的程序代码

```
uchar Clear_FIFO( void)
{
    uchar temp;
    uint  bI;

    temp = read_reg( Control) ;                    //清空 FIFO
    temp = ( temp|0x01) ;
    write_reg( Control,temp) ;
    for( bI =0;bI < RF_TimeOut;bI ++ )              //检查 FIFO 是否被清空
    {
        temp = read_reg( FIFO_Length) ;
        if( temp ==0)
            return TRUE;
    }
    return FALSE;
}
```

7）读 FIFO 寄存器代码

【代码示例6.10】读 FIFO 寄存器的程序代码

```
uchar Read_FIFO( uchar idata  * buff)
{
    uchar temp;
    uchar bI;

    temp = read_reg( FIFO_Length) ;
    if ( temp ==0)
    {
        return FALSE;
    }
    if ( temp >= 64)
        return FALSE;
    for( bI =0;bI < temp;bI ++ )
    {
        * ( buff + bI) = read_reg( FIFO) ;
    }
    return temp;
}
```

8）写 FIFO 寄存器代码

【代码示例6.11】写 FIFO 寄存器的程序代码

```
void Write_FIFO( uchar count,uchar idata  * buff)
{
    uchar bI;
```

```
        for( bI = 0;bI < count;bI ++ )
            write_reg( FIFO, * ( buff + bI ) );
    }
```

4. 程序的下载与调试

1）程序的下载

程序的下载、操作及相关问题参见第 3 章的相关内容。

2）调试与验证

在程序的调试过程中，通常会遇到的问题参见附录 C 相关内容。针对本设计，补充如下内容，见表 6.25。

表 6.25　基于 FM1702SL 芯片的读写器常见故障汇总表

故障现象	产生原因	解决办法
读卡失败	读头连线错误	• 按照电路图，检查主板与读头的连线：电源、地、SPI 接口； • 用万用表测试读头与主板的连线是否正确； • 用万用表测试读头是否上电； • 用示波器检测，刷卡时，读头是否有数据输出
	读头天线电路故障	• 按照电路图，检查天线电路与芯片的接口； • 用示波器检测天线是否起振； • 检测天线信号的中心频率是否为 13.56MHz； • 检测天线信号的赋值是否大于 2V
	程序代码错误	• 代码中波特率设置错误，应该为 9600； • 用万用表测试 CD4052 的端口选择是否正确； • 将各个阶段的返回值，显示到 LCD 上，检查产生错误的环节和内容
	卡片错误	• 核查卡片的型号； • 在调试成功的设备上，进行读卡测试
LCD 显示乱码	硬件连接	• 用万用表检查 LCD 与主板的电路接口； • 观察 LCD 模块是否有脱焊现象； • 如果出现某一行或某一列为黑点或白点，则为 LCD 自身的瑕疵，建议更换； • 在调试成功的设备上，进行显示测试
	软件程序	• LCD 接收为可见字符 ASCII，检查卡号、数据等在显示前是否转换正确； • LCD1602 为 2 行显示，检测显示的参数是否正确； • 对照示例代码，检测入口参数是否有错误； • 对照示例代码，检查函数调用是否有错误

6.3.5　ISO/IEC14443 协议的阅读器系列芯片选型指南

适合 ISO/IEC14443 协议的阅读器芯片除了 NXP 的 MFRC5XX 系列芯片之外，还有其他芯片可供选择，详见表 6.26。

表 6.26　NXP 非接触式阅读器系列芯片类型及参数表

产品型号	读头芯片					评估板系统			
	MF RC500	MF RC530	MF RC531	SL RC400	CL RC632	MF EV700	MF EV800	SL EV400	SL EV900
典型距离	100mm	100mm	100mm	100mm	100mm	75mm	75mm	75mm	75mm
天线	—	—	—	—	—	yes	yes	yes	yes

续表

	读头芯片					评估板系统			
FIFO 缓冲[B]	64	64	64	64	64	na.	na.	na.	na.
主机接口	8-bit parallel	8-bit parallel,SPI	8-bit parallel,SPI	8-bit parallel	8-bit parallel,SPI	USB	USB/RS232	USB	RS232
RF 接口									
模拟接口	fully integrated	fully integrated	fully integrated	fully integrated	fully integrated	MF RC500	MF RC500	SL RC400	discrete
载波频率[MHz]	13.56	13.56	13.56	13.56	13.56	13.56	13.56	13.56	13.56
调制	100% ASK	100% ASK	10% & 100% ASK	10% ASK	10% & 100% ASK	100% ASK	100% ASK	10% ASK	10% ASK
波特率 ISO 14443[kBd]	106	106/212/424/848	106/212/424/848	—	106/212/424/848	106	106	—	—
波特率 ISO 15693[kBd]	—	—	—	1.66/26.5	1.66/26.5	—	—	1.66/26.5	1.66/26.5
标准及协议									
ISO14443 A	yes	yes	yes	—	yes	yes	yes	—	—
ISO14443 B	—	—	yes	—	yes	—	—	—	—
ISO15693	—	—	—	yes	yes	—	—	yes	yes
mifare 协议	yes	yes	yes	—	yes	yes	yes	—	—
I-CODE 1 协议	—	—	—	yes	yes	—	—	yes	yes
安全特性									
mifare 典型	yes	yes	yes	—	yes	yes	yes	—	—
异常传感器	V,f	V,f	V,f	V,f	V,f	—	—	—	—
产品附加信息									
数字电压[V]	5	3.3 或 5	3.3 或 5	5	3.3 或 5	5	5	5	24
模拟电压[V]	5	5	5	5	5	—	—	—	—
掉电模式下的典型电流值[μA]	2	2	2	2	2	na.	na.	na.	na.
唤醒时间[μs]	1000	1000	1000	1000	1000	na.	na.	na.	na.
温度范围[℃]	-25 ~ +85	-25 ~ +85	-25 ~ +85	-25 ~ +85	-25 ~ +85	0 ~ +70	0 ~ +70	0 ~ +70	0 ~ +70
认证									
EMC	na.	na.	na.	na.	na.	CE,FCC	CE,FCC	CE,FCC	CE,FCC, EN300330

6.4 ISO/IEC15693 标准的读头设计

6.4.1 TRF7960 芯片技术及典型电路设计

TRF7960 是 TI（德州仪器）公司推出的高频（13.56MHz）多标准射频识别（RFID）阅读

器 IC 产品系列之一。TRF7960 采用超小 32 - pin QFN 的高级封装设计，支持 ISO/IEC14443 的 Type A/Type B、ISO/IEC15693、ISO/IEC18000 - 3 和 FeliCa 协议，以及 TI 公司的非接触支付商务与 Tag - It 应答器产品系列。

采用 TRF7960 的阅读器为微控制器提供了内部时钟，只需 1 个 13.56MHz 的晶振就能工作，而不需要 2 个标准晶体，从而有助于降低终端阅读器产品的总物料单成本。

由于组件很少，阅读器 IC 耗电、占用的空间也很少，因此可以解决敏感度和噪声衰减问题。其他集成功能还包括故障检查、数据格式化、成帧，以及适合多阅读器环境的防碰撞支持等。

TRF7960 与微控制器之间通信可以使用 8 位并行或串行（SPI）的灵活通信方式。该芯片还具有宽泛的操作电压（2.7 ~ 5.5V）。TRF7960 非常适用于安全访问控制、产品认证，以及非接触支付系统等应用。

应用电路框图如图 6.35 所示。

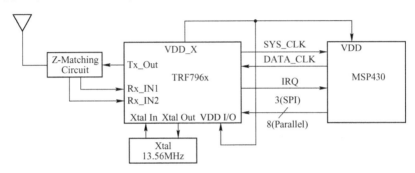

图 6.35　TRF7960 应用电路框图

TRF7960 的引脚图如图 6.36 所示。

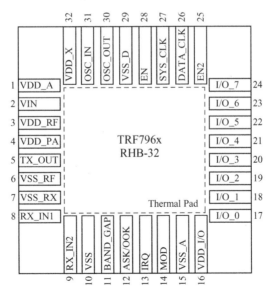

图 6.36　TRF7960 引脚定义

典型应用电路如图 6.37 所示。

RFID 技术及产品设计

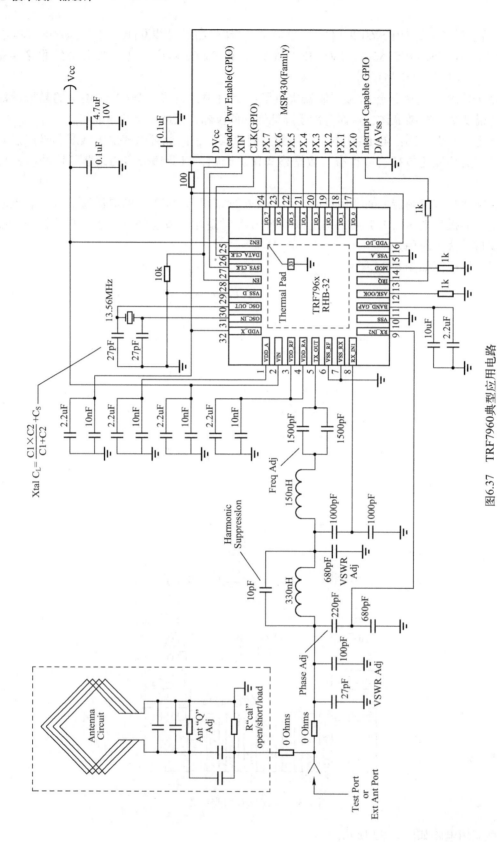

图6.37　TRF7960典型应用电路

238

6.4.2 MF RC632 芯片技术及典型电路设计

MIFARE MF RC632 是飞利浦公司推出的适用于工作频率为 13.56MHz 的非接触式智能卡和标签，并且支持这个频段范围内多种 ISO 非接触式标准，其中包括 ISO14443 和 ISO15693。

MF RC632 通过改变包括公共交通、公路征税、存取控制计划和供给链治理等不同读取应用的射频信号振幅，使系统集成商能够方便、灵活地开发出可互操纵的 RFID 系统。

该新型读取 IC 应用了一种特别的调制解调概念，这种技术可以改变射频信号的振幅，能够识别基于 RFID 的各种智能卡、标识和标签，并支持 ISO/IEC14443 和 ISO/IEC15693 标准，其设计与飞利浦现有的读取 IC 引脚到引脚兼容，这些 IC 包括 Mifare 智能卡读取 ICMF RC632、TYPE - B 卡片读取 IC MF RC531 和 I. CODE 智能标记读取 IC SL RC400。

该 IC 卡并行接口可直接连接到任何 8 位微处理器，给阅读器设计提供了极大的灵活性。此外，它所提供的 SPI 总线给一些 I/O 资源有限的设计提供了有效的解决方式。

典型应用电路如图 6.38 所示，天线电路原理图如图 6.39 所示。

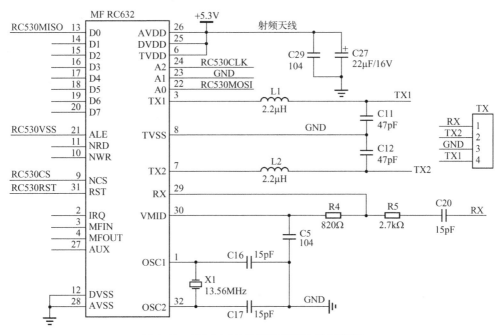

图 6.38 MF RC632 典型的应用电路原理图

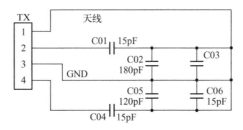

图 6.39 MF RC632 天线电路原理图

在图 6.39 中，TX1，TX2 为天线驱动引脚，RX 为接收引脚。为了达到良好的电磁兼容，这部分电路必须紧靠 RC632 的天线引脚 RX、TX1 和 TX2。

6.4.3 ISO/IEC15693 产品的优势

认真分析 ISO/IEC15693、ISO/IEC14443 和 UHF 产品，前者具有如下优点。

（1）外形可以做得很小。

电感耦合原理，与 ISO/IEC14443 相比在感应距离相同的情况下需要的激活能量小，所以标签可以做得比较小，如硬币大小甚至更小。ISO/IEC14443 因为要处理加密运算，需要的场强大，标签天线也大，一般为卡状。因此，平时很少见到 ISO/IEC14443 的标签做得像硬币大小。运用的地方可以是需要小标签的场所，如干洗店的标签。

（2）稳定性高。

相比 UHF，ISO/IEC15693 的标准在 20 世纪 90 年代末就建立了，经过若干年的发展已经很稳定。读写设备和标签都很稳定，而 UHF 标准才几年，相对来说可靠性和稳定性差一些。

（3）价格低。

相比 UHF，ISO/IEC15693 的读写设备原理简单，所需要的器件也简单，所以设备价格便宜很多，基本上是差一个量级。因此，在性能都能满足的情况下，通常不会选择价格高十倍的 UHF 产品。

（4）识别距离远。

相比 ISO/IEC14443，ISO/IEC15693 产品可以做到很远的距离，超过 1m。

（5）对水不敏感。

相比 UHF，ISO/IEC15693 还有一个优点是对水不敏感，即使置于人体内部，同样可以被读取，UHF 就不能保证了，所以很多开放式门禁系统及水产品的追踪都用 ISO/IEC15693。

另外，同 ISO/IEC14443 相比，ISO/IEC15693 还有一些自身的优势，如多标签的同时识别、多块数据的读写、根据 AFI 进行分类管理、标签的 KILL 等。因此，在读写安全机制要求不高，数据交换量大的场合，其市场较广。

6.4.4 其他非接触式阅读器系列芯片

其他非接触式阅读器系列芯片类型及参数表见表 6.27。

表 6.27 其他非接触式阅读器系列芯片类型及参数表

芯片型号	协议 RF 协议	主机接口	共作电压 (V)	封 装
CLRC63201T	ISO/IEC14443A；ISO/IEC14443B；ISO/IEC15693	Parallel；SPI	3.3；5	SO32
CLRC66301HN	ISO/IEC14443A；ISO/IEC14443B；ISO/IEC15693；FeliCa compliant；ICODE EPC UID；EPC OTP；ISO/IEC18000 - 3 mode 3；EPC Class - 1 HF；ISO/IEC18092 Passive Initiator	UART；I²C；SPI	3.3；5	HVQFN32
CLRC66302HN	ISO/IEC14443A；ISO/IEC14443B；ISO/IEC15693；FeliCa compliant；ICODE EPC UID；EPC OTP；ISO/IEC18000 - 3 mode 3；EPC Class - 1 HF；ISO/IEC18092 Passive Initiator	UART；I²C；SPI	3.3；5	HVQFN32
MFRC63001HN				HVQFN32
MFRC63002HN	ISO/IEC14443A	UART；I²C；SPI		HVQFN32
MFRC63102HN	ISO/IEC14443A；ISO/IEC14443B	UART；I²C；SPI		HVQFN32

芯片型号	协议 RF 协议	主机接口	共作电压（V）	封　装
MFRX85201HD	ISO/IEC14443A；ISO/IEC14443B	ISO7816；T＝1	3.3	HLQFN48R
PR5331C3HN	ISO/IEC14443A；ISO/IEC14443B；FeliCa compliant；	USB；UART	3.3	HVQFN40
PR601HL				LQFP100
PRH601HL				LQFP100
SLRC40001T	ISO/IEC15693	Parallel；SPI	5	SO32
SLRC61002HN	ISO/IEC15693	RS－232C；I^2C；SPI	3.3；5	HVQFN32

6.5　HF 频段 RFID 产品设计中的注意事项

6.5.1　影响天线读写距离的因素

设计读写器天线的时候，通常最关心的指标是读写距离，影响天线读写距离的因素主要有以下几方面：

（1）读写器和卡片的天线尺寸；

（2）天线本身的匹配程度；

（3）天线和匹配电路的品质因数；

（4）读写器的功率；

（5）环境影响。

通常情况下，没办法改变卡片上的天线尺寸，所以只能设计天线的大小。在阅读器天线设计方面，可以参考一条经验理论：最大设计的读写距离应该等于天线的半径。

此外，天线的匹配程度、品质因数和功率通过调整参考电路的元件参数是可以调节的。周围环境影响因素中金属干扰最严重，金属干扰将导致操作距离减小，数据传输出错。金属与读写器天线之间的距离应大于有效的操作距离，为减小金属的影响，应使用铁氧体进行屏蔽。金属与天线的距离最好大于 10cm，最小要 3cm，且使用紧贴的铁氧体屏蔽。

另外，设计天线时为天线增加屏蔽可以有效抑制干扰，比如，天线设计使用 4 层板，在两个中间层布天线线圈，在顶层和底层对应中间层线圈的地方布上一圈屏蔽地，当然这一圈屏蔽地本身不能闭合。

调整天线的最好方法还是直接用卡片或标签试验，边调节元件参数边测试读写距离，直到满足设计要求为止。

6.5.2　标准协议及软硬件设计问题

1. 关于协议兼容问题

关于读写 NXP 的卡片许多人更关心它能不能读写 MF1 卡片，由于 MF1 在卡选择之前的操作是遵守 ISO/IEC14443A 协议的，之后的卡验证和卡数据读写都是 NXP 自己的保密协议，所以 TRF7960 可以对 MF1 卡执行到卡选择操作，或者通俗的说可以读 MF1 的卡片序列号，但不能对 MF1 卡读写数据，除非开发者自己知道 NXP 的加密协议并自己编写代码实现该协议。

2. 在硬件电路设计方面

（1）尽量让滤波电容靠近芯片，特别是 10nF 的电容，从而对高频信号进行有效滤波；

（2）尽量减少布线地的回路，所以要求接地的过孔尽量靠近元器件或 IC 的连接端；

（3）两个电感的放置应该成 90°方向，从而主要减少两个电感之间的耦合；

（4）数字地和模拟地最好在不同的地方，最好通过磁珠或电感进行连接；

（5）保证芯片中间的部分足够接地，可以在电路板上打 9 个孔，让芯片充分接地和散热；

（6）布线时尽量减小辅线的长度，特别是射频前端，让元器件保持紧凑，射频输出前端最好保持畅通输出；

（7）在电路中最好加一些测试点，方便调节硬件电路；

（8）尽量避免在射频线路中通过数字信号。

3. 在软件程序设计方面

在各芯片公司的官方公开资料中，有详细的参考电路及基于各类 MCU 的参考代码，参考这些资料做自己的开发板或产品板基本上难度不大。MCU 可以使用并口、SPI 串口或串口操作相应的 IC，并口相对简单一些，SPI 通信则有一些问题需要特别注意。

以 TI 的 TRF7960 官方资料为例：

首先，TI 给出的 SPI 参考代码使用的是 MSP430 的内置 SPI 接口，TRF7960 的 SPI 协议规定：不通信的时候，片选 NSS 保持高电平，时钟 CLOCK 保持低电平，通信的时候 NSS 保持低电平。主机向 TRF7960 写一位数据时，在 CLOCK 为低电平期间根据数据的值设置 MOSI 数据线，然后 CLOCK 上升沿通知 TRF7960 可以接收数据，CLOCK 下降沿后继续准备下一位要发送的数据，代码参照示例 6.12。

【代码示例 6.12】TRF7960 写一位数据程序

```
for( j = 8 ;j >0;j -- )
{
    if( ( ( * pbuf)&0x80) ==0x80)
        TRF796X_MOSI_HIGH;
    else
        TRF796X_MOSI_LOW;
    TRF796X_SCK_HIGH;
    ( * pbuf) <<=1;
    TRF796X_SCK_LOW;
}
```

主机从 TRF7960 读一位数据时，在 CLOCK 为高电平期间 TRF7960 根据数据的值设置 MISO 数据线，然后 CLOCK 下降沿通知 MCU 可以接收数据，CLOCK 上升沿后继续准备下一位要发送的数据，代码参照示例 6.13。

【代码示例 6.13】RF7960 读一位数据程序

```
for( j = 8 ;j >0;j -- )
{
    TRF796X_SCK_HIGH;
    _NOP( );
```

```
        _NOP();
    TRF796X_SCK_LOW;
    ( * pbuf) <<= 1;
    if(TRF796X_MISO_LOW)
        ( * pbuf) += 1;
}
```

其次，MCU 可以使用 Direct Command 直接向 TRF7960 发送一字节的命令码，执行复位、进入省电模式、向卡片发送数据、调整接收电路增益等功能。Direct Command 的 SPI 时序有一个特殊要求，在发送完一字节命令后，在 SS 拉高之前，CLOCK 要多出一个上升沿，代码参照示例 6.14。

【代码示例 6.14】RF7960 的 Direct Command

```
SLAVE_SELECT_LOW;
for(j = 8;j > 0;j -- )
{
    if((( * pbuf)&0x80) == 0x80)
        TRF796X_MOSI_HIGH;
    else
        TRF796X_MOSI_LOW;
    TRF796X_SCK_HIGH;
    ( * pbuf) <<= 1;
    TRF796X_SCK_LOW;
}
_NOP();
_NOP();
TRF796X_SCK_HIGH;
_NOP();
_NOP();
SLAVE_SELECT_HIGH;
_NOP();
_NOP();
TRF796X_SCK_LOW;
```

最后，TRF7960 向磁场中的卡片发送数据后，等待卡片回应是否收到卡片回送的数据及是否反应超时等命令的执行情况都是通过中断机制来表示的。

在 NXP 的射频芯片中，可以不使用芯片的中断引脚 IRQ 而直接查询射频芯片的中断标志寄存器来获得各种事件发生的情况，但在 TRF7960 中不能使用这种方式，因为读一次 TRF7960 的中断标志寄存器将会把寄存器中的中断标志清除，所以电路中通常要使用 IRQ 引脚，可以用 IRQ 引脚使能 MCU 中断或直接查询 IRQ 引脚，从而得知 TRF7960 内部发生了中断事件，进而用 SPI 读取其中断标志寄存器获取详细的中断事件发生情况。

本章小结

HF 频段的 RFID 产品包括应答器和阅读器，设计该类产品时，无线接口及指令要符合相关的国际标准，该频段包括 ISO/IEC14443、ISO/IEC15693、ISO/IEC18000 - 3 协议。

阅读器的设计要考虑应答器的参数，ISO14443 协议的应答器芯片有只读型和读写型，典型的阅读器芯片有 NXP 的 MFRC500 系列和复旦微电子的 FM1702 系列等。

ISO/IEC15693 的产品包括应答器和阅读器，设计该类产品的时候，无线接口及指令要符合相关的国际标准，与该协议的国际标准有 ISO/IEC18000 - 3。

为了实现多标签的同时检测，在 ISO/IEC15693 的产品中，对防碰撞功能有较高要求，在进行阅读器设计时，要提高算法的效率。为了保证数据的安全，该协议的应答器要支持 KILL 指令。

阅读器的设计要考虑应答器的参数，典型的阅读器芯片有 NXP 的 ICODE2，TI 的 Tag - it 和华虹的 SHC1109 - 04，阅读器芯片有 NXP 的 MFRC632 和 TI 的 TRF7960 系列等。

习题 6

1. 简述题。

（1）简述应答器芯片 S50 和 S70 的差别。

（2）简述应答器芯片 Tag - it 的存储结构。

（3）简述阅读器芯片 RC500、RC522 和 FM1702 的差别。

（4）简述阅读器芯片 TRF7960 的功能。

（5）简述 ISO/IEC14443 协议阅读器设计的注意事项。

（6）简述 ISO/IEC15693 协议阅读器设计的注意事项。

2. 综合题。

（1）画出 S50 卡片的存储结构。

（2）画出 RC522 的天线电路，并说明其工作原理。

（3）画出 ISO/IEC15693 型卡片的状态转换图，并描述转换过程。

3. 实践题。

（1）根据 RC522/FM1702SL 的资料，任意选择一款 MCU，设计一款基于该芯片的阅读器，画出原理图。

（2）根据 TRF7960/RC632 的资料，任意选择一款 MCU，设计一款基于该芯片的阅读器，画出原理图。

（3）查找资料：基于分立元件的一款 ISO/IEC15693 只读型阅读器的方案设计。

（4）查找资料：基于分立元件的一款 ISO/IEC14443 只读型阅读器的方案设计。

第 7 章　微波 RFID 技术及仿真

【内容提要】

微波频段 RFID 具有快速识别的特点，相关标准为 ISO/IEC18000 – 6 和 7。

微波频段 RFID 识别原理为反向散射耦合，微波频段应答器的容量通常较小，RFID 产品设计集中在天线设计方面。

微波频段 RFID 产品的天线具有独特的结构形式，种类很多，形状不同，参数指标及要求也不尽相同。

天线在制作之前需要进行仿真，相关仿真软件有 ADS、HFSS、CST 等。

仿真和调试是相辅相成，对于同一个天线，最好一边做仿真，一边做调试，如果调试结果和仿真结果相差较大，则检查仿真在设置上是否有不符合实际的地方，这样可以看出哪些外部或内部条件对结果影响较大，将来仿真时就可以按照外部或内部的实际条件去设置。

【学习目标与重点】

- ◆ 了解微波频段 RFID 的相关国际标准；
- ◆ 掌握微波频段 RFID 天线的功能和主要参数；
- ◆ 掌握 RFID 天线的主要参数及天线制作技术；
- ◆ 了解微波频段 RFID 天线设计技术；
- ◆ 了解仿真软件种类和各自优缺点；
- ◆ 了解 CST 软件的使用方法和流程；
- ◆ 了解 ADS 软件的使用方法和流程。

案例分析：微波仿真——可以预测的"未来"

在对天线粗略设计的基础上，要想得到较精确的性能参数，就需要利用现代数值计算技术和软件对天线进行仿真。随着计算机技术的飞速发展，电磁场数值解法和仿真软件在天线设计和制造领域的应用越来越多，已经成为天线技术的一个重要手段，这在科研院所和各大 IT 公司大量使用。使用仿真软件可以对手机天线与电磁波比吸收率（SAR，Specific Absorption Rate，或译为吸收比值）等进行全面仿真，效果如图 7.1 所示。

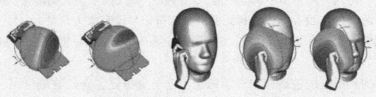

图 7.1　手机天线与 SAR 等全面仿真

为了确保设计的成功，消除代价昂贵且存在潜在危险的设计缺陷，必须在设计流程的每个阶段进行周密的计划与评价。尽管没有能够替代提供测量并评估最终行为的实际原型的方法，软件仿真给出了一个成本低、效率高的方法，能够在进入更昂贵、费时的原型开发阶段之前，找出问题所在，因此最佳的设计流程需要将仿真与原型开发混合进行。

在设计流程中加入仿真步骤，就能够预测并且更好地理解电路行为、对假设的情形进行实验、优化关键电路、对难以测量的属性进行特性研究，从而可以减少设计错误，加快设计进程。仿真的主要目的如下。

(1) 预测并理解电子线路的行为。

(2) 对假设情形进行实验。

(3) 优化关键电路。

(4) 简化困难的测量。

总之，原型开发帮助工程师在实际情况下对设计进行检查和验证，而仿真则在原型开发中投入金钱和时间之前，有助于找出设计中的问题。将这两个阶段结合在一起，使得几乎所有的设计都能够取得最终成功。

7.1　微波频段的国际标准

微波 RFID 技术是目前 RFID 技术最活跃和发展最迅速的领域，微波 RFID 天线与低频、高频 RFID 天线相比有本质上不同。

微波 RFID 天线采用电磁辐射的方式工作，读写器天线与电子标签天线之间的距离较远，一般超过 1m，典型值为 1～10m；微波 RFID 的电子标签较小，使天线的小型化成为设计的重点；微波 RFID 天线形式多样，可以采用对称振子天线、微带天线、阵列天线和宽带天线等；微波 RFID 天线要求低造价，因此出现了许多天线制作的新技术。

超高频与微波频段的射频标签，简称微波应答器，其典型工作频率为 433.92MHz，862（902）～928MHz，2.45GHz，5.8GHz。

微波应答器的典型特点主要集中在是否无源、无线读写距离、是否支持多标签读写、是否适合高速识别应用、读写器的发射功率容限、电子标签及读写器的价格等方面。对于可无线写的电子标签而言，通常情况下，写入距离要小于识读距离，其原因在于写入要求更大的能量。

微波应答器的数据存储容量一般限定在 2Kb 以内，再大的存储容量似乎没有太大意义，从技术及应用的角度来说，微波应答器并不适合作为大量数据的载体，其主要功能在于标识物品并完成无接触的识别过程。

典型微波应答器的识读距离至 5m，个别达 10m 或 10m 以上。对于可无线写的射频标签而言，通常情况下，写入距离要小于识读距离，原因在于写入要求更大的能量。微波射频标签的数据存储容量一般限定在 2Kb 以内，再大的存储容量似乎没有太大意义。

典型的数据容量指标有 1Kb，128b，64b 等。由 auto - id center 制定的产品电子代码 epc 的容量为 90b。

微波应答器的典型应用包括移动车辆识别、电子身份证、仓储物流应用、电子闭锁防盗（电子遥控门锁控制器）等。

微波频段的相关标准有 ISO/IEC18000 - 4、18000 - 6 和 18000 - 7，相关参数及应用如下。

（1）ISO/IEC 18000 - 4：2.45GHz 以有源 RFID 电子标签为主，多频点、远距离、多用途。

（2）ISO/IEC 18000 - 6：基本上整合了一些现有 RFID 厂商的产品规格和 EAN - UCC 所提出的标签架构要求而定出的规范。它只规定了空气接口协议，对数据内容和数据结构无限制，因此可用于 EPC。

实际上，若采用 ISO/IEC 18000 - 6 对空气接口的规定，加上 EPC 系统的编码结构及 ONS 架构，就可以构成完整的供应链标准。

（3）ISO/IEC 18000 - 7：433.92MHz 主要有有源 RFID 电子标签，单频点、远距离（100m 以内），大多作为全球追踪货柜使用。

本节重点内容是 ISO/IEC 18000 - 6 标准。

ISO/IEC 18000 系列中最重要的是 18000 - 6 标准，因为其规范的频率 860 ~ 930MHz 为 Logistic Management 的最佳选择，已成为轨迹 Supply Chain RFID 应用技术的重要标准。

ISO/IEC 18000 - 6 标准基本上经由整合一些现有的 RFID 厂商产品规格、EAN - UCC 所提出的 Global Tag 架构及有关参与人士的意见而制定出的规范。它是以可在世界上任何地方被使用为出发点，且经整合后，现在全球主要五大厂商所生产的产品皆有兼容性。

ISO/IEC 18000 - 6 之标签规格也符合 EPC 的 tag code structure，但 ISO 18000 - 6 标签较 EPC 系统有更多的应用范围。

ISO/IEC 18000 - 6 主要规格空中接口协议，而不考虑标签和阅读器的数据连接或实际应用（物理实施），故 ISO/IEC 18000 - 6 并不对数据连接和结构作规定。

ISO/IEC 18000 - 6 规格的标签只是单纯的数据载体，故可存放 EPC 而达到自动 ID 中心的要求。

以下简单介绍 ISO/IEG 18000 - 6，针对频率为 860 ~ 930MHz 无接触通信空中接口参数的读写器与电子标签之间的物理接口、协议和命令机制。

7.1.1 物理接口

截至目前为止，ISO/IEC 18000 - 6 标准已经定义了 4 种类型的协议，分别是 Type A、Type B、Type C 和 Type D。不同类型的协议，其参数及要求各不相同。目前该标准下的协议类型还在扩充。表 7.1 为 Type A 和 Type B 的比较。标准规定：读写器需要同时支持这两种类型，并能够在两种类型之间切换。

电子标签至少支持一种类型。

表 7.1 Type A 与 Type B 的比较

参　　数	Type A	Type B
前向链路编码	PIE 编码	曼彻斯特编码
调制指数	27% ~ 100%	18% 或 100%
数据速率	33Kb/s（平均）	10 或 40Kb/s（根据本地法规）
返回链路编码	FMO	FMO
碰撞仲裁	ALOHA	二进制
应答器唯一标识符	64 位（40 位 SUID）	64 位
存储区寻址	按块可达 256 位	字节块，1、2、3 或 4 字节
前向链路差错检测	所有命令 5 位 CRC（所有长命令另附 16 位 CRC）	16 位 CRC
返回链路差错检测	16 位 CRC	16 位 CRC
碰撞仲裁线性度	可达 250 个应答器	可达 2^{256}

1）Type A 的物理接口

Type A 协议的通信机制基于一种"读写器先发言"，即基于读写器的命令与电子标签的回答之间交替发送的机制。

整个通信中的数据信号定义为以下四种："0"、"1"、"SOF"、"EOF"，通信中数据信号的编码和调制方法定义为如下两种：

其一是读写器到电子标签之间的数据传输，读写器发送的数据采用 ASK 进行调制，调制指数为 30%（误码不超过 3%），数据编码采用脉冲宽度编码，即通过定义下降沿之间的不同宽度来表示不同的数据信号。

其二是电子标签到读写器之间的传输连接，电子标签通过反向散射给读写器传输信息，数据速率为 40Kb/s，数据采用双相间隔码来编码，在一个位窗内采用电平变化来表示逻辑。

如果电平从位窗的起始处翻转，则表示逻辑"1"；如果电平除了在位窗的起始处翻转之外，还在位窗的中间翻转，则表示逻辑"0"。

2）Type B 的物理接口

Type B 的传输机制也是基于"读写器先发言"的，即基于读写器命令与电子标签的回答之间交换的机制。

同样有两种编码和调制方法：

（1）读写器到电子标签之间的数据传输，采用 ASK 调制，调制指数为 11% 或 99%，位速率规定为 10Kb/s 或 40Kb/s。

曼彻斯特编码，具体来说就是一种 on-offkey 格式。射频场存在代表 1，射频场不存在代表 0，曼彻斯特编码在一个位窗内采用电平变化来表示逻辑"1"（下降沿）和逻辑"0"（上升沿）。

（2）电子标签到读写器之间的传输连接。

同 Type A 一样，通过调制入射并反向散射给读写器来传输信息，数据速率为 40Kb/s。同 Type A 采用一样的编码。

7.1.2 协议和命令

1. Type A 协议和命令

1）命令格式

由读写器发送给电子标签的数据采用图 7.2 所示的帧格式。

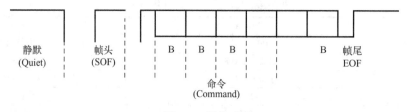

图 7.2　帧格式

开始的静默（Quiet）是一段持续时间至少 300μs 的无调制载波，SOF 是帧开始标志。在发送完 EOF 结束标志以后，读写器必须继续维持一段时间的稳定载波来提供电子标签应答的能量。

命令包含下列各部分区域（见表 7.2）。

RFU 位：保留作为协议的扩展，命令码的长度是 6b，命令标志的长度是 4b，使用 CRC16 或 CRC5 取决于命令的位数，可在不同长度的命令中分别采用不同位数的 CRC 编码。

表 7.2　Type A 读写器命令格式

保留（RFU flag）	命令码	命令标志	参数	数据区	CRC16 或 CRC5

电子标签的回答格式见表 7.3，回答包含下列区域：帧头、标志位、一个或更多的参数区、数据、采用 16 位的 CRC 编码。

表 7.3　Type A 电子表标签回答格式

帧头	标志（Flags）	参数（Parameters）	数据	CRC

2）数据和参数

在 Type A 协议的通信中可能会用到以下数据内容和参数信号。

（1）命令标志段。一个 4 位数据用来规定电子标签的工作和数据段的有效性，其中 1 位的标志定义命令是否使用在防冲突过程中，其他三位根据具体情况有不同定义。

（2）数据段。数据段中定义了电子标签的识别码和数据结构。另外，为了加快识别过程还定义了一个较短的识别码。

表 7.4　数据说明

数据段	说　明
UID	电子标签 64 位的唯一标识符，具体分配：高 8 位定义为 "E0"，接着是 8 位的 IC 制造商码和 48 位的唯一序列号（只有 Get system information 命令才返回完整 UID）
SUID	作为 UID 的子集，被用于冲突识别过程中的绝大部分命令和回答，这是一个 40 位的识别符：8 位 IC 制造商和 UID 序列号的低 32 位
AFI	1 字节编码，定义了所有应用类及子类，该标志符被用于指定电子标签的目标应用类型，可以被编辑或锁定
DSFID	1 字节编码，定义了电子标签存储器中的数据结构，可以被编辑或锁定

3）存储器寻址

Type A 寻址最多可达 256 个 block，每个 block 最多可以包含 256b 容量，所以整个电子标签的存储容量最多可达 64Kb。

4）通信中的一些时序规定

电子标签应该在无电或电源不足的情况下保持其状态至少 300μs。特别是当电子标签处于静默状态时，电子标签必须保持该状态至少 2s，可以用复位（Reset to ready）命令退出该状态。

电子标签从读写器接收到一个帧结束（EOF）以后，需要等到帧结束（EOF）的下降沿开始计时的一段时间后才开始回发，等待时间根据时隙延迟标志确定，一般在 150μs 以上。

读写器对于特定一个电子标签的回答必须在各特定的时间窗口里发送，这个时间从电子标签的最后一个传输位结束后的第 2 和第 3 位的边界开始，持续 2.75 个电子标签位。读写器在发送命令以前至少 3 位内不得调制载波。读写器在电子标签最后一个传输位结束后的第 4 位内发送命令帧的第一个下降沿。

2. Type B 协议和命令

1）命令格式

Type B 读写器命令格式见表 7.5。

表 7.5　Type B 读写器命令格式

帧头探测段	帧头	分隔符	命令	参数	数据	CRC

帧头探测段是一个至少持续 400μs 的稳定无调制载波（相当于 16 位数据的传输）。

帧头是 9 位曼彻斯特 "0"，NRZ 格式就是 010101010101010101。

分割符用来区分帧头和有效数据，共定义了 5 种，经常使用第一种 5 位的分割符（1100 11 10 10）。

命令和参数段没有作明确定义，CRC 采用 16 位的 CRC 编码。在 Type B 中，电子标签的回答格式见表 7.6，静默是电子标签持续 2 字节的反向散射（40Kb/s 的速率相当于 400μs 的持续时间）。

返回帧头是一个 16 位数据 "00 00 01 01 01 01 01 01 01 01 00 0110 11 00 01"。

CRC 采用 16 位的数据编码。

表 7.6　Type B 电子标签的回答格式

静默（Quiet）	返回帧头	数据	CRC

2）数据和参数

在 Type B 协议的通信中可能用到以下数据内容和参数信号，电子标签包含一个唯一独立的 UID 号，包含 8 位的标志段（低 4 位分别表示 4 个标志，高 4 位保留，通常为 0）。

64 位 LIID 包含 50 位的独立串号、12 位的 Foundry code 和一个两位的校验和。

3）存储器寻址

电子标签通过一个 8 位地址区寻址，因此它共可以寻址 256 个存储器块，每个块包含一个字节数据，整个存储器将可以最多保存 2Kb 个数据。

存储器的 0 块到 17 块被保留作为存储系统信息，18 块以上的存储器用作电子标签中普通的应用数据存储区。

每个数据字节包含响应的锁定位，可以通过 lock 命令将该锁定位锁定，通过 Query Lock（查询锁定）命令读取锁定位的状态，电子标签的锁定位不允许被复位。

4）通信中的一些时序规定

电子标签向基础存储器写操作的等待阶段，读写器需要向电子标签提供至少 15μs 的稳定无调制载波。

在写操作结束以后，读写器需要发送 10 个 "01" 信号。

同时在读写器的命令之间发生频率跳变时，或者读写器的命令和电子标签的回答之间发生跳变时，在跳变结束后也需要读写器发送 10 个 "01" 信号。

电子标签将使用反向调制技术回发数据给读写器，这就需要整个回发过程中读写器必须向电子标签提供稳定的能量，同时检测电子标签的回答。

7.1.3　ISO/IEC18000 – 6 与 EPC 的比较

因为 ISO/IEC18000 – 6 与 EPC 均采用 UHF 的频率，目前市场上引起很多困惑，到底它们之间差别在哪里？又是否有相似之处？

ISO/IEC18000 – 6 国际标准是信息技术领域基于单品管理的 UHF 频段射频识别（RFID）技术的空中接口通信技术标准，是射频识别空中接口技术标准系列 ISO18000 中最重要的部分。

EPCC1G2 标准是 EPC global 基于 EPC 和物联网概念推出的旨在为每件物品赋予唯一标识代码的电子标签和读写器之间的空中接口通信技术标准。该项技术标准的基本定位是工业级的全球统一技术标准。

由于 EPC 和物联网概念的拉动，以及 C1G2 标准的基础地位和作用，该项标准引起了人们的普遍关注。

这种关注的最大驱动因素是沃尔玛关于采用 EPC 技术的强制号令及推进时间表。关注点大致包括：相关技术满足应用需求的情况；相关技术的可实现性及完备性；标准中采用的知识产权情况，以及有关知识产权的使用是否免费的问题；满足标准的产品推出情况（推出的时间、性能测试及产品价格等）几个方面。

ISO/IEC18000 – 6 主要是对 Air Interface Protocol 作规范而不考虑其基础设施的架构（如网络技术及资讯应用平台）。基本上，ISO /IEC18000 – 6 与 EPC 的标签规格是可相容的，且 ISO/IEC18000 – 6 可以在世界上任何地方被采用。

理论上，它是一个比 EPC 系统更有弹性的系统，只是 ISO 一直没有被有效推广，导致许多认同上的问题。实际上，若采用 ISO/IEC18000 – 6 对 Air Interface 的规格加上 EPC 系统的 Code Structure 与 ONS 架构，其实就可以完成一个融合标准，避免了许多争端。

7.2　天线的仿真软件

为适应世界范围内电子标签的快速应用和不断发展，需要提高 RFID 天线的设计效率，降低 RFID 天线的制造成本，因此 RFID 天线大量使用仿真软件进行设计，并采用了多种制作工艺。

天线仿真软件功能强大，已经成为天线技术的一个重要手段，天线仿真和测试相结合，可以基本满足 RFID 天线设计的需要。

随着电磁场和微波电路领域数值计算方法的发展，在最近几年出现了大量电磁场和微波电路仿真软件。在这些软件中，多数软件都属于准 3 维或称为 2.5 维电磁仿真软件。例如，Agilent 公司的 ADS（Advanced Design System）、AWR 公司的 Microwave Office、Ansoft 公司的 Esemble、Serenade 和 CST 公司的 CST Design Studio 等。

表 7.7 列出几个相关软件的名称和主要性能。目前，真正意义上的三维电磁场仿真软件只有 Ansoft 公司的 HFSS、CST 公司的 Mafia、CST Microwave Studio、Zeland 公司的 Fidelity 和 IMST GmbH 公司的 EMPIRE。从理论上讲，这些软件都能仿真任意三维结构的电磁性能。

其中，HFSS 是英文高频结构仿真器（High Frequency Structure Simulator）的缩写，是一种最早出现在商业市场的电磁场三维仿真软件。由于 HFSS 进入中国市场较早，所以目前国内电磁场仿真方面 HFSS 的使用者众多。

德国 CST 公司的 Microwave Studio（微波工作室）是最近几年该公司在 Mafia 软件基础上推出的三维高频电磁场仿真软件。它吸收了 Mafia 软件计算速度快的优点，同时又对软件的人机界面和前、后处理做了根本性改变。就目前发行的版本而言，CST 的 MWS 的前、后处理界面及操作界面比 HFSS 好。

Ansoft 也意识到了自己的缺点，在新版本的 HFSS 中，人机界面及操作都得到了极大改善。在这方面完全可以和 CST 媲美。在性能方面，两个软件各有所长。在速度和计算的精度方面，CST 和 Ansoft 成绩相差不多。值得注意的是，MWS 采用的理论基础是 FIT（有限积分技术）。与 FDTD（时域有限差分法）类似，它直接从 Maxwell 方程导出解。因此，MWS 可以计算时域解。对于诸如滤波器，耦合器等主要关心带内参数的问题设计就非常适合；而 HFSS 采用的理论基础是有限元方法（FEM），这是一种微分方程法，其解是频域的。所以，HFSS 如果想获得频域解，它必须通过频域转换到时域。由于 HFSS 用的是微分方法，所以它对复杂结构的计算具有一定优势。

表 7.7　常用的电磁波仿真软件简介

厂　商	名　　称		主 要 性 能	计 算 方 法
Agilent	ADS		线性/非线性电路仿真； 数字电路仿真； 信号系统分析、仿真	矩量法（MoM）
	Momentum		2.5D 平面电路高频电磁场仿真	
Ansoft	HFSS		3D 高频电磁场仿真	有限元法（FEM）
	Designer		线性/非线性电路仿真； 2.5D 平面电路高频电磁场仿真； 信号系统分析、仿真	矩量法（MoM）
	Ensemble		2.5D 平面电路高频电磁场仿真	
	Serenade	Symphony	信号系统分析、仿真	有限元法（FEM）
		Harmonica	线性/非线性电路仿真； 2.5D 平面电路高频电磁场仿真	矩量法（MoM）
	SPICE Link		高级信号与系统仿真	有限元法（FEM）
	Schematic Capture		驱动系统仿真； 提取等效电路	
	Optimatrics		参数分析、优化和灵敏度分析	有限差分法（FDM）
CST	Mafia		低频电场和磁场仿真； 3D 高频电磁场仿真； 系统热力学仿真； 带电粒子运动仿真	有限积分技术（FIT）
	Microwave Studio		3D 高频电磁场仿真	
	Design Studio		2.5D 平面电路高频电磁场仿真	矩量法（MoM）
AWR	MW Office		线性/非线性电路； 2.5D 平面电路高频电磁场仿真	
IMST GmbH	EMPIRE		3D 高频电磁场仿真	时域有限差分法（FDTD）

续表

厂　商	名　　称	主 要 性 能	计 算 方 法
Zeland	IE3D	2.5D 平面电路高频电磁场仿真	时域有限差分法（FDTD）
	Fidelity	3D 高频电磁场仿真	
Sonnet	EM	2.5D 平面电路高频电磁场仿真	矩量法（MoM）
ANSYS	ANSYS	结构静力分析 结构动力分析 线性及非线性屈曲分析 断裂力学分析 高度非线性瞬态动力分析 热分析 流体动力学 3D 高频电磁场分析	有限元法（FEM）

另外，在高频微波波段的电磁场仿真方面也应当提及另一个软件：ANSYS。

ANSYS 是一个基于有限元法（FEM）的多功能软件。该软件可以计算工程力学、材料力学、热力学和电磁场等方面的问题。它也可以用于高频电磁场分析应用。例如，微波辐射和散射分析、电磁兼容、电磁场干扰仿真等。

其功能与 HFSS 和 CST MWS 类似。但由于该软件在建模和网格划分过程中需要对该软件的使用规则有详细了解，因此，对一般工程技术人员来讲，使用该软件有一定困难。对于高频微波波段，通信、天线、器件封装、电磁干扰及光电子设计中涉及的任意形状三维电磁场仿真方面不如 HFSS 专业。实际上，ANSYS 软件的优势并不在电磁场仿真方面，而是结构静力/动力分析、热分析及流体动力学等。但是，就其电磁场部分而言，它也能对任意三维结构的电磁特性进行仿真。

虽然 Zeland 公司的 Fidelity 和 IMST GmbH 公司的 EMPIRE 也可以仿真三维结构。但由于这些软件的功能不如前面的软件，所以用户相对较少。

本章的重点内容为 CST 软件和 ADS 软件的使用，详见 7.6 节和 7.7 节。

7.3　微波 RFID 与天线

7.3.1　微波天线的种类

1. 天线的分类

首先按天线的用途分，可分为通信天线、导航天线、广播电视天线、雷达天线和卫星天线。

按天线的辐射方向，可划分为全向天线和定向天线。

按工作波长，可将天线分为超长波天线、长波天线、中波天线、短波天线、超短波天线和微波天线。

按馈电方式分，有对称天线和非对称天线。

但无论是什么天线，都有它的频率工作范围，在这个频率范围内，它的工作效率是相对最高的。

2. 天线各种各样的形状

天线有各种各样的形状，下面简单介绍几种，部分天线的形状如图 7.3 所示。

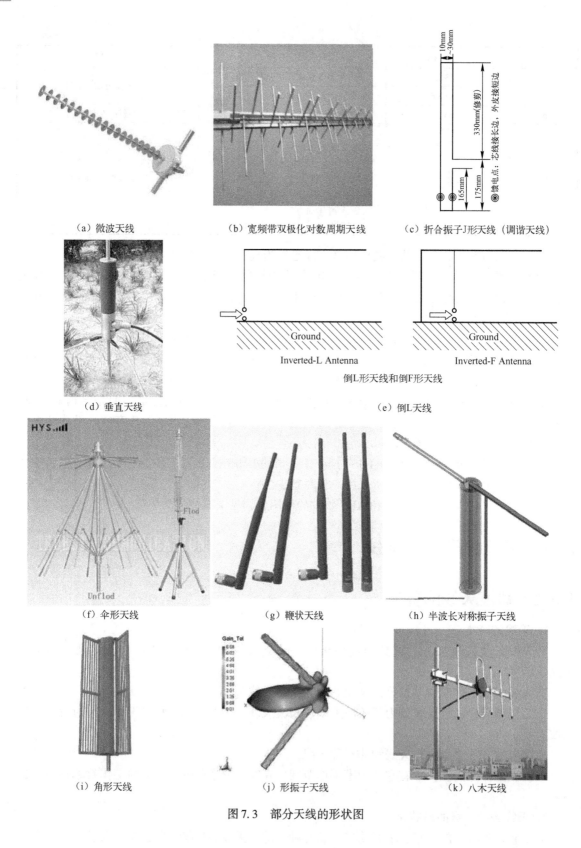

（a）微波天线　　　（b）宽频带双极化对数周期天线　　　（c）折合振子J形天线（调谐天线）

（d）垂直天线　　　　　　　　　（e）倒L天线

倒L形天线和倒F形天线

Inverted-L Antenna　　　Inverted-F Antenna

Ground

（f）伞形天线　　　（g）鞭状天线　　　（h）半波长对称振子天线

（i）角形天线　　　（j）形振子天线　　　（k）八木天线

图 7.3　部分天线的形状图

1）微波天线

工作于米波、分米波、厘米波、毫米波等波段的发射或接收天线，统称微波天线。

在手机中，不管是 CDMA 中国联通还是 GSM 中国移动，都离不开微波天线，微波主要靠空间波直线传播，通信距离比较近，为增加通信距离，天线架设较高，这种天线是定向天线垂直极化天线。

2）宽频带天线

方向性、阻抗和极化特性在一个很宽的波段内几乎保持不变的天线，称为宽频带天线。在微波通信、DCDMA 通信，也就是计算机终端通信中使用比较多。

3）调谐天线

仅在一个很窄的频带内，才具有预定方向性的天线，称为调谐天线或称调谐的定向天线。通常，调谐天线仅在它的调谐频率附近 5% 的波段内，其方向性才保持不变，而在其他频率上，方向性变化非常厉害，常用的 400M 的 J 型天线（将振子弯折成相互平行的对称天线称为折合天线）就属于调谐天线。调谐天线不适于频率多变的短波通信。

4）垂直天线

垂直天线是指与地面垂直放置的天线。它有对称与不对称两种形式，不对称应用较广。对称垂直天线常常是中心馈电的。不对称垂直天线则在天线底端与地面之间馈电，其最大辐射方向在高度小于 1/2 波长的情况下，集中在地面方向，不对称垂直天线又称垂直接地天线。为了提高效率，厂家按 1/2 波长的倍数制造了很多天线。

5）倒 L 天线

在单根水平导线的一端连接一根垂直引下线而构成的天线，称为倒 L 天线。因其形状像英文字母 L 倒过来，故称倒 L 形天线。倒 L 天线一般用于长波通信。它的优点是结构简单、架设方便；缺点是占地面积大、耐久性差。

6）T 形天线

在水平导线的中央，接上一根垂直引下线，形状像英文字母 T，故称 T 形天线。它是最常见的一种垂直接地的天线。它的水平部分辐射可忽略，产生辐射的是垂直部分。一般用于长波和中波通信。

7）伞形天线

在单根垂直导线的顶部，向各个方向引下几根倾斜的导体，这样构成的天线形状像张开的雨伞，故称伞形天线。

8）鞭状天线

鞭状天线是一种可弯曲的垂直杆状天线，其长度一般为 1/4 或 1/2 波长。大多数鞭状天线都不用地线而用地网。小型鞭状天线常利用小型电台的金属外壳作地网。鞭状天线可用于小型通信机、步话机、汽车收音机、军用电台等。

9）对称天线

两部分长度相等而中心断开并接以馈电的导线，可用作发射和接收天线，这样构成的天线叫做对称天线。

因为天线有时也称为振子，所以对称天线又叫对称振子，或偶极天线。总长度为半个波长的对称振子，叫做半波振子，也叫做半波偶极天线。它是最基本的单元天线，用得也最广泛，很多复杂天线由它组成。半波振子结构简单，馈电方便，在近距离通信中应用较多。

10）角形天线

角形天线属于对称天线的一类，但它的两臂不排列在一条直线上，成90°或120°角。

这种天线一般是水平装置，它的方向性不显著。

11）折合天线

将振子弯折成相互平行的对称天线称为折合天线。折合天线是一种调谐天线，特点是工作频率较窄。它在短波和超短波波段获得广泛应用。

12）V 形及倒 V 形天线

V 形天线是指由彼此成一角度的两条导线或两个振子组成，形状像英文字母 V 形的天线，把 V 倒过来就叫倒 V 形天线。

13）八木天线

八木天线又叫引向天线，由一个阵子与多个引向组成，八木天线的优点是结构简单、轻便坚固、馈电方便，方向效率很高；缺点是频带窄、抗干扰性差。

在移动通信方面应用非常广泛。

7.3.2 电磁波反向散射式 RFID 天线

工作在超高频和微波波段的天线具有多种不同的形式。可选天线类型的参数见表7.8。

表 7.8 可选天线类型的参数表

天　线	模 式 类 型	自由空间带宽	波　　长	阻　抗
双偶极子	全向	10～15	0.5	50～80
折叠偶极子	全向	15～20	0.5，0.05	100～300
印制偶极子	方向性	10～15	0.5，0.5，0，1	50～100
微带面	方向性	2～3	0.5　，0.5	30～100
对数螺旋	方向性	100	0.3(高)，0.25(底直径)	50～100

1）微带天线

微带天线自 20 世纪 70 年代以来引起广泛的重视和研究，已在 100MHz～50GHz 的宽广频域上获得多方面应用。

其主要特点是剖面低、体积小、质量轻、造价低，可与微波集成电路一起集成，且易于制成共形天线等。从电性能上来说，它有便于获得圆极化、容易实现多频段工作等优点。主要缺点是频带窄、辐射效率较低及功率容量有限。

2）微带贴片天线

通常介质基片厚度 h 远小于工作波长 λ，罗远祉等人提出的空腔模型理论是分析这类天线的一种基本理论。

贴片与接地板之间的空间，犹如一个上下为电壁、四周为磁壁的空腔谐振器。天线的辐射主要由沿横向的两条缝隙产生，每条缝隙对外的辐射等效于一个沿 $-y$ 轴的磁流元（$J_{\mathrm{m}} = -nE$，n 为缝隙外法线单位矢量）。由于这两个磁流元方向相同，合成辐射场在垂直贴片方向（z 轴）最大，随偏离此方向的角度增大而减小，形成一个单向方向图。

天线输入阻抗靠改变馈电位置加以调节。阻抗频率特性与简单并联谐振电路相似，品质因

数 Q 较高，故阻抗频带窄，通常为 1%～5%，可用适当增加基片厚度等方法来展宽频带。接地板上的介质层会使电磁场束缚在导体表面附近传播而不向空间辐射，这种波称为表面波，故增加基片厚度时须避免出现明显的表面波传播。

3）微带振子天线

当介质基片厚度远小于工作波长或微带振子长度为谐振长度时，振子上的电流近于正弦分布。因此，它具有与圆柱振子相似的辐射特性，只是它在介质层中还有表面波传播，使效率降低。

4）微带阵列天线

利用若干微带贴片或微带振子可构成具有固定波束和扫描波束的微带阵列。与其他阵列天线相同，可采用谐振阵或非谐振阵（行波阵）。微带阵列的波束扫描可利用相位扫描、时间延迟扫描、频率扫描和电子馈电开关等多种方式来实现。

7.3.3 应答器天线的制造工艺概述

RFID 天线制作工艺主要有金属绕线（一般适用于高频）、铜箔或铝箔蚀刻、电镀或化学镀（德国 BASF 通过使用活泼金属作为催化剂来电镀铜）、印刷等，这些工艺既有传统的制作方法，也有近年来发展起来的新技术，天线制作的新工艺可使 RFID 天线制作成本大大降低，走出应用成本瓶颈，并促进 RFID 技术进一步发展。

1. 蚀刻法

印制电路的蚀刻技术主要应用于欧洲地区，而在中国台湾，目前仅少数软性电路板厂有能力运用此技术制造 RFID 标签天线。蚀刻技术生产的天线可以运用于大量制造 13.56M、UHF 频宽的电子标签中，它具有线路精细、电阻率低、耐候性好、信号稳定等优点。

蚀刻天线常用铜天线和铝天线，其生产工艺与挠性印制电路板的蚀刻工艺接近。其流程如图 7.4 所示。

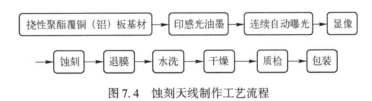

图 7.4 蚀刻天线制作工艺流程

蚀刻天线的缺点是：用传统的工艺制造时，成本高，知错程序烦琐，产量低下，但具有如下优点。

（1）线路精度高

其线宽能控制在 ±0.03mm，而印刷的线宽只能控制在 ±0.1mm。

（2）线路最细

线路最细能做到 0.075mm，而印刷天线 只能做到 0.15mm，从而用蚀刻天线能在有限的空间里制作出更小的天线，也就是高精密天线。

（3）适应性强

柔性好、能任意弯曲（弯折可达上万次）、耐高/低温、耐潮湿、耐腐蚀性强、电性能稳定，可以满足多种条件下的需求。

（4）寿命长

使用时间长（可达十年以上），一般印刷的 RFID 标签耐用年限为 2～3 年。

2. 线圈绕制法

绕线和印刷技术在中国内地得到了较广泛应用，中国台湾大部分 RFID 标签制造商也是采用此技术。

利用线圈绕制法制作 RFID 标签时，要在一个绕制工具上绕制标签线圈并进行固定，此时要求天线线圈的匝数较多。产品如图 7.5 所示。

线圈绕制法具有如下特点：

（1）频率范围为 125～134kHz 的 RFID 电子标签，只能采用这种工艺，线圈的圈数一般为几百到上千。

（2）这种方法的缺点是成本高，生产速度慢。

（3）高频 RFID 天线也可以采用这种工艺，线圈的圈数一般为几到几十。

（4）UHF 天线很少采用这种工艺。

（5）这种方法的天线通常采用焊接方式与芯片连接，此种技术只有在保证焊接牢靠、天线硬实、模块位置十分准确，以及焊接电流控制较好的情况下，才能保证较好的连接。由于受控的因素较多，这种方法容易出现虚焊、假焊和偏焊等缺陷。

（a）矩形绕制线圈天线　　　　　（b）圆形绕制线圈天线

图 7.5　线圈绕制法制作的天线成品图

3. 印刷法

印刷天线是直接用导电油墨（碳浆、铜浆、银浆等）在绝缘基板（或薄膜）上印刷导电线路，形成天线的电路。主要的印刷方法已从只用丝网印刷扩展到胶印、柔性版印刷、凹印等制作方法，较成熟的制作工艺为网印与凹印技术。

其特点是生产速度快，但由于导电油墨形成的电路的电阻较大，其应用范围受到一定局限。

1）印刷法技术的特点

（1）印刷天线制造可更加精确地调整电性能参数，将卡片使用性能最佳化；

（2）印刷天线制造可以任意改变线圈形状，以适应用户表面加工要求；

（3）印刷天线可使用各种不同卡基体材料；

（4）印刷天线制造适合于各种不同厂家提供的晶片模块。

2）导电油墨与 RFID 印刷天线技术

利用导电墨水制作 RFID 印刷天线时对工艺具有较高要求。对于导电墨水本身而言，应具有附着力强、电阻率低、固化温度低、导电性能稳定等特性，以满足 RFID 天线的功能要求。

3）制作步骤

（1）前处理。

要保证印刷面清洁无污染、无油脂及氧化物等，印刷面处理后停留的时间越短越好，以防止被氧化或污染。

（2）稀释。

墨水调好黏度后，加少量稀释剂，可以改善自动印刷的印刷效果。用前须充分搅拌 10 分钟。

（3）预烘干。

温度和时间可根据特定的生产工艺来调整。

（4）保存。

温度在 20~25℃保存，避光、避热。

4）导电油墨与 RFID 印刷天线技术的优缺点

印刷天线的缺点是：使用年限短，一般只有 2~3 年。

但具有如下优点。

（1）成本低。

成本降低主要取决于导电墨水材料和网印工序两个方面的原因。

（2）导电性能好。

导电墨水干燥后，由于导电粒子间的距离变小，自由电子沿外加电场方向移动形成电流，因此 RFID 印刷天线具有良好的导电性能。

（3）操作简易。

印刷技术作为一种加法制作技术，较之减法制作技术（如蚀刻）而言，本身是一种容易控制、一步到位的工艺过程。

（4）无污染。

采用导电墨水直接在基材上进行印刷，无需使用化学试剂，因而具有无污染的优点。

7.4 微波频段的 RFID 应答器

工作时，射频标签位于阅读器天线辐射场的远区场内，标签与阅读器之间的耦合方式为电磁耦合方式。

7.4.1 微波频段 RFID 应答器的种类

微波应答器可分为有源标签与无源标签两类。

阅读器天线辐射场为无源标签提供射频能量，将有源标签唤醒。相应的射频识别系统阅读距离一般大于 1m，典型情况为 4~6m，最大可达 10m 以上。

阅读器天线一般均为定向天线，只有在阅读器天线定向波束范围内的射频标签才可被读/写。由于阅读距离的增加，应用中有可能在阅读区域中同时出现多个射频标签的情况，从而提出多标签同时读取的需求。目前，先进的射频识别系统均将多标签识读问题作为系统的一个重要特征。

超高频标签主要用于铁路车辆自动识别、集装箱识别，还可用于公路车辆识别与自动收费系统中。

以目前的技术水平来说，无源微波应答器比较成功的产品相对集中在 902～928MHz 工作频段上。

2.45GHz 和 5.8GHz 射频识别系统多以有源微波应答器产品面世。有源标签一般采用纽扣电池供电，具有较远的阅读距离。

微波应答器的典型特点主要集中在是否无源、无线读写距离、是否支持多标签读写、是否适合高速识别应用、读写器的发射功率容限、射频标签及读写器的价格等方面。对于可无线写的射频标签而言，通常情况下写入距离要小于识读距离，其原因在于写入要求更大的能量。

微波应答器的数据存储容量一般限定在 2Kb 以内，再大的存储容量似乎没有太大意义，从技术及应用的角度来说，微波应答器并不适合作为大量数据的载体，其主要功能在于标识物品并完成无接触的识别过程。

典型的数据容量指标有 1Kb、128b、64b 等。

由 Auto – ID Center 制定的产品电子代码 EPC 的容量为 90b。微波应答器的典型应用包括移动车辆识别、电子闭锁防盗（电子遥控门锁控制器）、医疗科研等行业。

1. EPC 标签

随着射频技术趋于成熟，可以为供应链提供前所未有的、近乎完美的解决方案。也就是说，公司将能够及时知道每个商品在其供应链上任何时点的位置信息。

那么如何才能识别和跟踪供应链上的每一件单品呢？有多种方法可以实现，但所找到的最好的解决方法就是给每一个商品唯一的号码，即 "牌照" ——产品电子码（EPC，Electronic Product Code）。

EPC 是在 21 世纪初由美国 MIT 的 Auto – ID 中心提出的，它是一个非常先进的、综合复杂系统。相关参数如下。

(1) 工作频率：860～960MHz。

(2) 符合标准：ISO/IEC 18000 –6C。

(3) 内存容量：2Kb，4 字节/64 块。

(4) 读写距离：3～10m（与不同的天线相配合）。

(5) 工作模式：R/W（可读写）。

(6) 工作温度：–20～+60℃。

(7) 适应速度：<60km/h。

(8) 防冲突机制：适合于多标签读取。

(9) 数据保持：大于 10 年。

第 8 章将详细描述关于 EPC 标签的其他内容。

2. 声表面波应答器

声表面波（SAW，Surface Acoustic Wave）器件以压电效应和与表面弹性相关的低速传播的声波为依据。SAW 器件体积小、质量轻、工作频率高、相对带宽较宽，并且可以采用与集成电路工艺相同的平面加工工艺，制造简单，重获得性和设计灵活性高。

声表面波器件具有广泛的应用，如通信设备中的滤波器。在 RFID 应用中，声表面波应答器的工作频率目前主要为 2.45GHz。

声表面波应答器的原理结构图如图 7.6 所示，长长的一条压电晶体基片的端部有指状电极结构。基片通常采用石英铌酸锂或钽酸锂等压电材料制作，指状电极结构是电声转换器（换能器）。在压电基片的导电板上附有偶极子天线，其工作频率和读写器的发送频率一致。在应答器的剩余部分安装了反射器，反射器的反射带通常由铝制成。

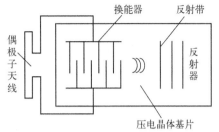

图 7.6　声表面波应答器原理结构图

读写器送出的射频脉冲序列电信号，从应答器的偶极子天线馈送至换能器。

换能器将电信号转换为声波，转换的工作原理利用压电衬底在电场作用时的膨胀和收缩效应。电场是由指状电极上的电位差形成的。一个时变输入电信号（即射频信号）引起压电衬底振动，并沿其表面产生声波。

严格地说，传输的声波有表面波和体波两种，但主要是表面波，这种表面波纵向通过基片。一部分表面波被每个分布在基片上的反向带反射，而剩余部分到达基片的终端后被吸收。

一部分反向波返回换能器，在那里被转换成射频脉冲序列电信号（即将声波变换为电信号），并被偶极子天线传送至读写器。读写器接收到的脉冲数量与基片上的反射带数量相符，单个脉冲之间的时间间隔与基片上反射带的空间间隔成比例，从而通过反射的空间布局可以表示一个二进制的数字序列。

由于基片上的表面波传播速度缓慢，在读写器的射频脉冲序列电信号被发送后，经过约 1.5ms 的滞后时间，从应答器返回的第一个应答脉冲才到达。这是表面波应答器时序方式的重要优点。因为在读写器周围所处环境中金属表面上的反向信号以光速返回到读写器天线（如与读写器相距 100m 处的金属表面反射信号，在读写器天线发射之后 0.6ms 就能返回读写器），所以当应答器信号返回时，读写器周围的所有金属表面反射都已消失，不会干扰返回的应答信号。

声表面波应答器的数据存储能力和数据传输取决于基片的尺寸和反射带之间所能实现的最短间隔，实际上，16 ~ 32b 的数据传输率大约为 500Kb/s。

声表面波 RFID 系统的作用距离主要取决于读写器所能允许的发射功率，在 2.45GHz 下，作用距离可达 1 ~ 2m。

7.4.2　微波应答器的天线设计

天线设计对系统性能影响较大。对于 UHF 和微波频段应答器天线设计，主要问题如下。

1. 天线的输入匹配

UHF 和微波频段应答器天线一般采用微带天线形式。在传统的微带天线设计中，可以通过控制天线尺寸和结构，或者使用阻抗匹配转换器使其输入阻抗与馈线相匹配，天线匹配越好，天线辐射性能越好。但由于受到成本的影响，应答器天线一般只能直接与标签芯片相连。芯片阻抗很多时候呈现强感弱阻的特性，且很难测量芯片工作状态下的准确阻抗特性数据。在设计电子标 签天线时，使天线输入阻抗与芯片阻抗相匹配有一定难度。在保持天线性能的同时又要使天线与芯片相匹配。这是应答器天线设计的一个主要难点。

2. 天线方向图

应答器理论上希望它在各个方向上都可以接收到读写器的能量，所以一般要求标签天线具有全向或半球覆盖的方向性，且要求天线为圆极化。

3. 天线尺寸对其性能的影响

由于应答器天线尺寸极小，其输入阻抗、方向图等特性容易受到加工精度、介质板纯度的影响。在严格控制尺寸的同时又要求天线具有相当的增益，增益越大，应答器的工作距离越远。

实际应用中的应答器天线基本采用贴片天线设计，主要形式有微带天线、折线天线等。最近几年，应答器天线设计一直是 RFID 系统中的热点。标签天线研究的重点有如何实现宽频特性、阻抗匹配，还有涉及天线底板对标签性能的影响方面的文章。

读写器天线一般要求使用定向天线，可以分为合装和分装两类。合装是指天线与芯片集成在一起，分装则是天线与芯片通过同轴线相连，一般而言，读写器天线设计要求比标签天线要低。最近一段时间，开始有研究在读写器天线上应用智能天线技术控制天线主波束的指向，增大读写器所能涵盖的区域。

7.4.3 微波 RFID 天线的结构

微波 RFID 天线结构多样，是物联网天线的主要形式，可以应用在制造、物流、防伪和交通等多个领域，是现在 RFID 天线的主要形式。

1. 微波 RFID 天线的结构和图片

图 7.7 给出了几种实际 RFID 微波天线的图片，由这些图片可以看出各种微波 RFID 天线的结构及与天线相连的芯片。

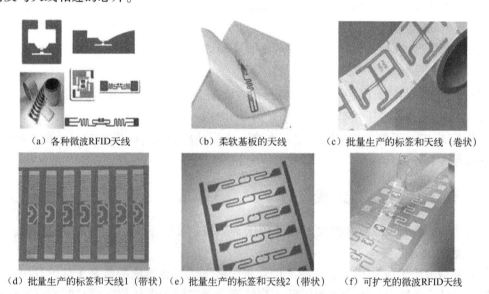

（a）各种微波RFID天线 （b）柔软基板的天线 （c）批量生产的标签和天线（卷状）

（d）批量生产的标签和天线1（带状）（e）批量生产的标签和天线2（带状）（f）可扩充的微波RFID天线

图 7.7 几种实际 RFID 微波天线的图片

由图 7.7 可以看出，微波 RFID 天线有如下特点。

（1）微波 RFID 天线结构多样。

很多电子标签天线的基板是柔软的，适合粘贴在各种物体表面上。

（2）天线的尺寸比芯片尺寸大很多，电子标签的尺寸主要由天线决定。

由天线和芯片构成的电子标签很多是在条带上批量生产。由天线和芯片构成的电子标签尺寸很小。

（3）有些天线提供可扩充装置，提供短距离和长距离的 RFID 电子标签。

2. 微波 RFID 天线的应用方式

微波 RFID 天线的应用方式很多，下面以仓库流水线上纸箱跟踪为例，给出微波 RFID 天线在跟踪纸箱过程中的使用方法。

（1）纸箱放在流水线上，通过传动皮带送入仓库。

（2）纸箱上贴有标签，标签有两种形式，一种是电子标签，另一种是条码标签。为防止电子标签损毁，纸箱上还贴有条码标签，以作备用。

（3）在仓库门口，放置 3 个读写器天线，读写器天线用来识别纸箱上的电子标签，从而完成物品识别与跟踪任务。

微波 RFID 天线在纸箱跟踪中的应用如图 7.8 所示。

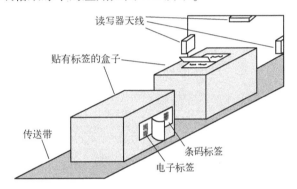

图 7.8　微波 RFID 天线在纸箱跟踪中的应用

7.5　微波 RFID 天线的设计

微波 RFID 天线的设计包括阅读器天线和应答器天线，在设计时需要考虑天线采用的材料、天线的尺寸、天线的作用距离，并需要考虑频带宽度、方向性和增益等电参数。本节的主要内容为阅读器天线设计。

微波 RFID 天线主要采用偶极子天线、微带天线、非频变天线和阵列天线等，下面对这些天线加以讨论。

7.5.1　微波天线的辐射特性

描述天线辐射特性的主要参数有方向图、增益、极化、效率。

1. 方向图

天线方向图描述了天线在各个方向的辐射特性，包括辐射场在每个方向的强度、特点等。

一个天线可以看成由很多个小的辐射元构成，每个辐射元都向空间辐射电磁波。这些辐射元辐射的电磁波在有的方向相互叠加，辐射场变强了；有的方向相互抵消，辐射场变弱了。因此，普遍情况是天线在不同方向的辐射场强度都不同。

以半波振子天线的方向图为例，如图 7.9 所示，该天线在水平方向上的辐射最强，在垂直方向上的辐射几乎为零。

图 7.9 显示的是一个三维立体方向图，通常可以选择在两个相互垂直平面上的二维方向图曲线来描述天线的方向图性能，如图 7.10 所示，用水平面和垂直面的方向图曲线来表示该天线的方向图特性。

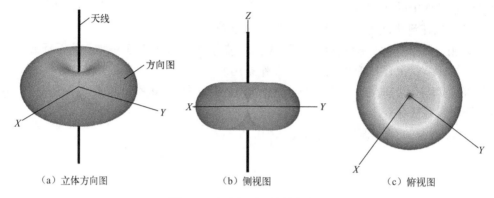

（a）立体方向图　　　　　　　（b）侧视图　　　　　　　（c）俯视图

图 7.9　半波振子天线的方向图

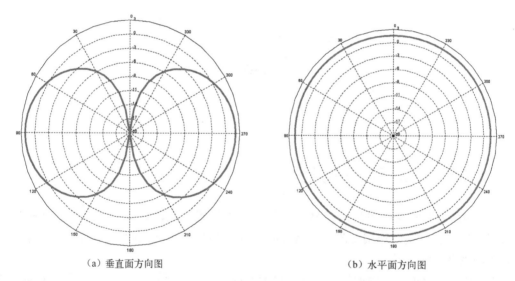

（a）垂直面方向图　　　　　　　　　　　　（b）水平面方向图

图 7.10　半波振子天线的二维方向图曲线

2. 增益

天线增益描述了天线在某个方向的辐射强弱程度。

为了更直观地了解增益这一概念，以半波振子天线为例，在天线向空间辐射出去的总功率一定的前提下，先假设方向图是全向的，如图 7.11 所示（实际的半波振子天线的方向图如图 7.9 和 7.10 所示），即在各个方向的辐射强度都是一样的，而且设每个方向的强度都为 1；再回到天线实际方向图，真实情况是天线的辐射在有的方向强有的方向弱，对于半波振子，如图 7.10 所示，在水平方向辐射强垂直方向弱，即天线在某个方向的辐射强度不一定是 1，可能大于 1 也可能小于 1，例如，在某个方向天线的辐射强度是 1.5，那么天线在这个方向的增益为

$$G = (1.5 \div 1)\eta \tag{7.1}$$

式中，η 是天线效率；1.5 表示天线在这个方向的辐射强度；1 表示在同样的辐射总功率下，假设天线是全向辐射时天线在各个方向的辐射强度。

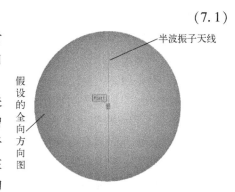

图 7.11 假设的全向方向图示意图

通过上面的描述可知，天线的增益是和方向相关的，表示某一方向的辐射特性。通常提的增益是最大增益，就是天线在辐射最强的方向增益。例如，半波振子天线增益是 1.64（转换成对数为 2.15dBi），指的是在半波振子辐射最强的方向（见图 7.10）中的水平方向的增益值。

3. 极化

天线极化描述了天线在某个方向的辐射场的矢量方向。

辐射场中不管是电场还是磁场，都是矢量（有大小和方向）。

首先讨论电场。

电场的极化最普遍的是椭圆极化。如图 7.12 所示，电场在向前传播过程中，电场的方向也在绕着传播方向旋转，图中用长度表示电场的大小，用箭头表示电场的方向，那么沿电波传播方向看过去，电场矢量的末端沿着一个椭圆轨迹在旋转，椭圆长轴为 a，短轴为 b。

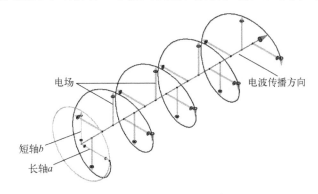

图 7.12 电场椭圆极化示意图

电场的极化是根据沿电波传播方向看过去电场矢量末端的移动轨迹来定义的。

当轨迹是椭圆时，就是椭圆极化；当轨迹是圆时，就是圆极化；当轨迹是一条线时，就是线极化如图 7.13 所示。

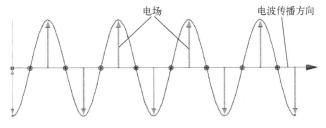

图 7.13 电场线极化示意图

圆极化和线极化是椭圆极化的特殊情况，当椭圆的长轴 a 和短轴 b 相等时，就是圆；当椭

圆的长轴 a 远远大于短轴 b 时，就是一条线。

因为在电磁波传播过程中电场方向、磁场方向和传播方向始终是固定的正交（垂直）关系，因此如果知道了传播方向，则只需要考察电场方向就可以确定磁场方向。通常说的极化都是描述的电场方向。

当椭圆极化的长轴和短轴相差不大时，就认为极化接近圆极化了，通常长轴比短轴小于 2（即 $a \div b \leqslant 2$，对应轴比小于 3dB）时，就认为是圆极化。沿传播方向看过去，电场矢量末端沿圆顺时针旋转，称其右旋圆极化；沿圆逆时针旋转，称其左旋圆极化。

线极化电场矢量末端移动轨迹在一条线上，当这条轨迹线与地面平行时，称其为水平极化；当这条轨迹线与地面垂直时，称其为垂直极化；当这条轨迹线与地面不平行也不垂直，而与地面有某一夹角，如夹角为 45°，那么称其为极化方向 45°。

4. 效率

天线效率描述了天线将输入端功率转化为辐射功率的能力。

举几个例子来说明：假如在天线端口的输入功率是 1，由于匹配不好，有 0.2 的功率在端口处被反射回去了，则剩下 0.8 的功率送入了天线，由于天线材料损耗使得 0.1 的功率损失了，还由于表面波或天线周围物体的存在，0.1 的功率沿其他途径传输到其他地方消散了，没有辐射出去，最后还有 0.6 的功率转化成空间电磁波辐射到周围空间中去了，那么天线的效率为

$$(1 - 0.2 - 0.1 - 0.1) \div 1 = 60\%$$

可以看出，天线的效率可以这样定义：

$$天线效率 = 辐射功率 \div 输入功率 \qquad (7.2)$$

7.5.2 典型的微波天线设计方案

1. 微带天线

微波 RFID 常采用微带天线。

1）微带天线的形状和结构

微带天线是平面型天线，具有小型化、易集成、方向性好等优点，可以做成共形天线，易于形成圆极化，制作成本低，易于大量生产。

如图 7.14 所示。

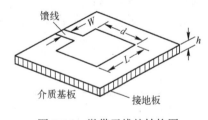

图 7.14　微带天线的结构图

微带天线按结构特征分类，可以分为微带贴片天线和微带缝隙天线两大类，常见的四种形式如图 7.15 所示。

微带天线按形状分类，可以分为矩形、圆形和环形微带天线等。

微带天线按工作原理分类，可以分成谐振型（驻波型）和非揩振型（行波型）微带天线。

下面将微带天线分为 3 种基本类型进行讨论，这 3 种类型分别是微带驻波贴片天线、微带行波贴片天线和微带缝隙天线。

（1）微带驻波贴片天线

微带贴片天线（MPA）是由介质基片、在基片一面上任意平面几何形状的导电贴片和基片另一面上的地板所构成的。贴片形状可以是多种多样的，实际应用中由于某些特殊的性能要

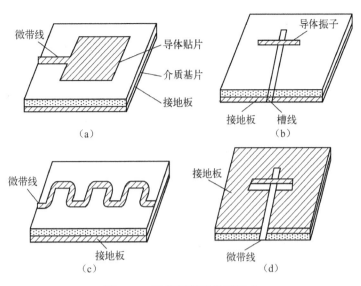

图 7.15　微带天线的常见形式

求和安装条件的限制，必须用到某种形状的微带贴片天线，为使微带天线适用于各种特殊用途，对各种几何形状的微带贴片天线进行分析具有相当的重要性。各种微带贴片天线的贴片形状如图 7.16 所示。

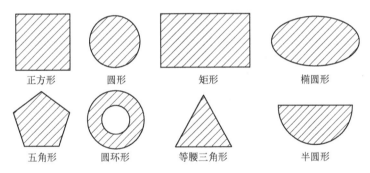

图 7.16　各种微带贴片天线的贴片形状

（2）微带行波贴片天线

微带行波天线（MTA）由基片、在基片一面上的链形周期结构或普通的长 TEM 波传输线和基片另一面上的地板组成。TEM 波传输线的末端接匹配负载，当天线上维持行波时，可从天线结构设计上使主波束位于从边射到端射的任意方向。

各种微带行波天线的形状如图 7.17 所示。

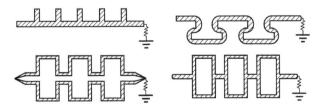

图 7.17　各种微带行波天线的形状

（3）微带缝隙天线

微带缝隙天线由微带馈线和开在地板上的缝隙组成，微带缝隙天线把接地板刻出窗口即缝隙，在介质基片的另一面印刷出微带线对缝隙馈电，缝隙可以是矩形（宽的或窄的）、圆形或环形。

各种微带缝隙天线的形状如图 7.18 所示。

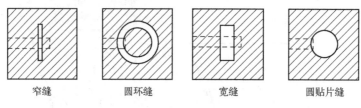

窄缝　　　　　　　圆环缝　　　　　　　宽缝　　　　　　　圆贴片缝

图 7.18　各种微带缝隙天线的形状

2）微带天线的工作原理

微带天线进行工程设计时，要对天线的性能参数（如方向图、方向性系数、效率、输入阻抗、极化和频带等）预先估算，这将大大提高天线研制的质量和效率，降低研制成本。这种理论工作的开展，带来了多种分析微带天线的方法，如传输线、腔模理论、格林函数法、积分方程法和矩量法等。用上述各种方法计算微带天线的方向图，其结果基本是一致的，特别是主波束。

大多数微带天线只在介质基片的一面有辐射单元，因此可以用微带天线或同轴线馈电。因为天线输入阻抗不等于通常的 50 传输线阻抗，所以需要匹配。矩形微带天线的馈电方式基本上分成侧馈和背馈两种，不论哪种馈电方式，其谐振输入电阻 R_{in} 阻值很大，为使 R_{in} 与 50 馈电系统相匹配，阻抗变换器是不可少的。为实现匹配，输入阻抗的大小必须知道，匹配可由适当选择馈电的位置来做到，但是馈电的位置也影响辐射特性。

很多微带天线接近开路状态，因此限制了天线的阻抗频带，为了使频带加宽，可增加基片厚度，或减小基片的 ε_r 值。

微带阵列天线的方向函数由两个因子组成，其中一个为基本元天线的方向函数，另一个就是长度为 L 的等幅同相连续阵的阵因子，如果改变介质板的厚度、介电常数和微带贴片的宽度等，就从根本上改变了微带传输线上的波形。从对方向图影响的角度来看，赤道面上方向图影响不大，但在子午面上方向图影响明显，前倾的半圆形方向图可能会变成横 8 字形方向图。

2. 阵列天线

阵列天线是一类由不少于两个天线单元规则或随机排列，并通过适当激励获得预定辐射特性的天线。

就发射天线来说，简单的辐射源，如点源、对称振子源是常见的，阵列天线是将它们按照直线或更复杂的形式，排成某种阵列样子，构成阵列形式的辐射源，并通过调整阵列天线馈电电流、间距、电长度等不同参数，来获取最好的辐射方向性。

目前，随着通信技术的迅速发展，以及对天线诸多研究方向的提出，都促进了新型天线的诞生，这其中包括智能天线。智能天线技术利用各个用户间信号空间特征的差异，通过阵列天线技术在同一信道上接收和发射多个用户信号而不发生相互干扰，使无线电频谱的利用和信号的传输更有效。

自适应阵列天线是智能天线的主要类型，可以实现全向天线，完成用户信号的接收和发送。自适应阵列天线采用数字信号处理技术识别用户信号到达方向，并在此方向形成天线主波束。自适应天线阵是一个由天线阵和实时自适应信号接收处理器所组成的闭环反馈控制系统，它用反馈控制方法自动调准天线阵的方向图，使它在干扰方向形成零陷，将干扰信号抵消，而且可以使有用信号得到加强，从而达到抗干扰的目的。

1）微带阵列天线

微带阵列天线一般应用在几百兆赫到几十吉赫的频率范围，适合 RFID 系统使用。微带阵列天线的优点是馈电网络可以与辐射元一起制作，并且可以将发送和接收电路集成在一起，是使用较广泛的阵列天线。

图 7.19 给出了一种八元微带阵列天线，这个微带阵列天线与物体的外立面共形，每个阵元为矩形，采用微带线将阵元连接起来，并用同轴线当做馈线。

在图 7.19 中，同时给出了阵元结构、阵元连接方法、匹配方法、馈电点的选取和馈线的形式等。

2）八木天线

八木天线是一种寄生天线阵，它只有一个阵元是直接馈电的，其他阵元都是非直接激励，采用近场耦合从有源阵元获得激励。八木天线有很好的方向性，较偶极子天线有较高的增益，实现了阵列天线提高增益的目的。

八木天线如图 7.20 所示。

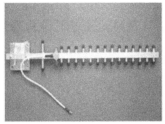

（a）16元八木天线

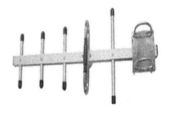

（b）5元八木天线

图 7.19　八元微带阵列天线　　　　　　　　图 7.20　八木天线

3. 非频变天线

一般来说，若天线的相对带宽达到百分之几十，这类天线称为宽频带天线；若天线的频带宽度能够达到 10:1，这类天线称为非频变天线。非频变天线能在一个很宽的频率范围内，保持天线的阻抗特性和方向特性基本不变或稍有变化。

现在 RFID 使用的频率很多，这要求一台读写器可以接收不同频率电子标签的信号，因此读写器发展的一个趋势是可以在不同频率使用，这使得非频变天线成为 RFID 的一个关键技术。

非频变天线有多种形式，主要包括平面等角螺旋天线、圆锥等角螺旋天线和对数周期天线等。下面对上述非频变天线加以介绍。

1）平面等角螺旋天线

平面等角螺旋天线是一种角度天线，有两条臂，每一条臂都有两条边缘线，每一条边缘线均为等角螺旋线。

平面等角螺旋天线的设计图和实物图分别如图 7.21 和图 7.22 所示。

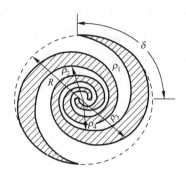

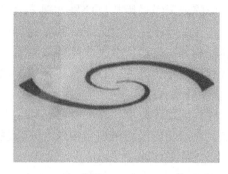

图 7.21　平面等角螺旋天线的设计图　　　图 7.22　平面等角螺旋天线的实物图

在图 7.20 中，由于平面等角螺旋天线的边缘臂仅由角度决定，因此平面等角螺旋天线满足非频变天线对形状的要求。

平面等角螺旋天线的两条臂可以看成一对变形的传输线，臂上电流沿传输线边传输、边辐射、边衰减，臂上每一小段都是辐射元，总的辐射场就是辐射元的叠加。实验表明，臂上电流在流过约一个波长后就迅速衰减到 20dB 以下终端效应很弱，存在截断点效应，超过截断点的螺旋线对天线辐射影响不大。

平面等角螺旋天线的最大辐射方向与天线平面垂直，其方向图近似为正弦函数，半功率波瓣宽度为 90°，极化方式接近于圆极化。

2）圆锥等角螺旋天线

平面等角螺旋天线的辐射是双方向的，为了得到单方向辐射，可以做成圆锥等角螺旋天线。

图 7.23 和图 7.24 分别给出了两种圆锥等角螺旋天线。

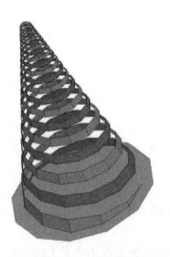

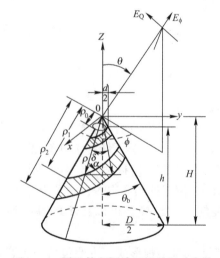

图 7.23　内部空心的圆锥等角螺旋天线　　　图 7.24　圆锥等角螺旋天线的尺寸参数

3）对数周期天线

对数周期天线是非频变天线的另一种形式。

这种天线有一个特点：凡在 f 频率上具有的特性，在由 $\tau^n f$ 给出的一切频率上将重复出现，其中，n 为整数。

这些频率画在对数尺上都是等间隔的，而周期等于 τ 的对数。对数周期天线之称由此而来。对数周期天线只是周期地重复辐射图和阻抗特性。但是这样结构的天线，若 τ 不是远小于 1，则它的特性在一个周期内的变化是十分小的，因而基本上与频率无关。

对数周期天线常采用振子结构，其结构简单，在短波、超短波和微波波段都得到广泛应用。

对数周期天线的几种形式如图 7.25 所示。

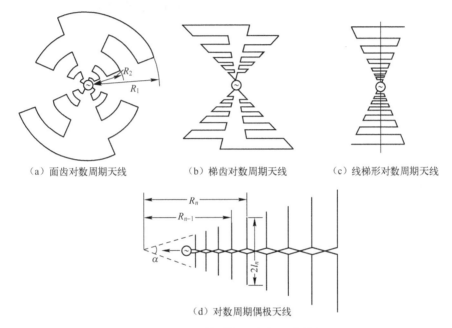

（a）面齿对数周期天线　　　　（b）梯齿对数周期天线　　　　（c）线梯形对数周期天线

（d）对数周期偶极天线

图 7.25　对数周期天线的几种形式

对数周期天线的馈电点选择在最短振子处，天线的最大辐射方向由最长振子端指向最短振子端，极化方式为线极化，方向性系数主要为 5 ~ 8dB。

对数周期天线有时需要圆极化，两幅对数周期天线可以构成圆极化，这需要将这两幅天线的振子相对垂直放置。

圆极化对数周期天线如图 7.26 所示。

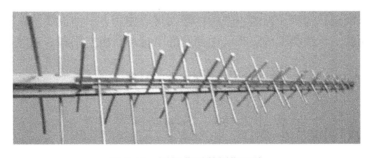

图 7.26　圆极化对数周期天线

7.5.3 微波 RFID 天线设计注意事项

1. 可选的天线

在 435MHz、2.45GHz 和 5.8GHz 频率适用的 RFID 系统中，可选的天线有几种，重点考虑天线尺寸。这样的小天线增益是有限的，增益的大小取决于辐射模式的类型，全向天线具有峰值增益 0 ~ 2dBi；方向性的天线增益可以达到 6dBi。增益大小影响天线的作用距离。

2. 阻抗问题

为了最大功率传输，天线后的芯片输入阻抗必须和天线的输出阻抗匹配。几十年来，设计天线与 50 或 70Ω 的阻抗匹配，但是可能设计天线具有其他的特性阻抗。

例如，一个缝隙天线可以设计具有几百欧姆的阻抗。一个折叠偶极子的阻抗可以是做个标准半波偶极子阻抗的 20 倍。印刷贴片天线的引出点能够提供一个很宽范围的阻抗（通常是 40 ~ 100Ω）。

选择天线的类型，使它的阻抗能够和标签芯片的输入阻抗匹配是十分关键的。

另一个问题是其他与天线接近的物体可以降低天线的返回损耗。对于全向天线，如双偶极子天线，这个影响是显著的。其他物体也有相似影响。此外是物体的介电常数，而不是金属，改变了谐振频率。例如，一塑料瓶子水降低了最小返回损耗频率 16%。当物体与天线的距离小于 62.5mm 时，返回损耗将导致一个 3.0dB 的插入损耗，而天线的自由空间插入损耗才 0.2dB。

3. 辐射模式

在一个无反射的环境中测试了天线模式，包括各种需要贴标签的物体，在使用全向天线时性能严重下降。

例如，圆柱金属所引起的性能下降是最严重的，在它与天线距离为 50mm 时，返回信号下降大于 20dB。天线与物体的中心距离分开到 100 ~ 150mm 时，返回信号下降 10 ~ 12dB。在与天线距离 100mm 时，测量了几瓶水（塑料和玻璃），返回信号降低大于 10dB。

4. 距离

RFID 天线的增益和是否使用有源标签芯片将影响系统的使用距离。

乐观的考虑，在电磁场的辐射强度符合 UK 相关标准时，2.45GHz 的无源情况下，全波整流，驱动电压不大于 3V，优化的 RFID 天线阻抗环境（阻抗 200 或 300Ω），使用距离大约是 1m。如果使用 WHO 限制则更适合于全球范围的使用，但是作用距离下降了一半。这些限制了读卡机到标签的电磁场功率。作用距离随着频率的升高而下降。如果使用有源芯片，作用距离则可以达到 5 ~ 10m。

总之，全向天线应该避免在标签中使用，然而可以使用方向性天线，它具有更少的辐射模式和返回损耗的干扰。天线类型的选择必须使它的阻抗与自由空间和 ASIC 匹配。

7.6 CST 软件的天线设计与仿真实例

7.6.1 CST 软件的基本操作

1. 启动窗口

启动软件后，可以看到如图 7.27 所示的启动窗口。

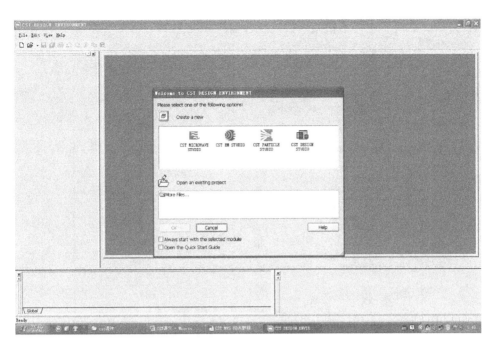

图 7.27　启动窗口

2. 用户界面介绍

用户界面如图 7.28 所示。

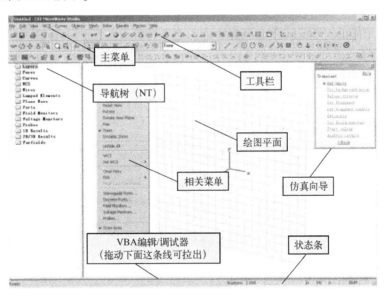

图 7.28　用户界面

在用户界面下，可以进行相关操作。

1）模板的选择

CST MWS 内建了数种模板，每种模板对特定的器件类型都定义了合适的参数，选用适合自己情况的模板，可以节省设置时间提高效率，对新手特别适用，所有设置在仿真过程中随时都可以进行修改，熟练者也可不使用模板，模板窗口如图 7.29 所示。

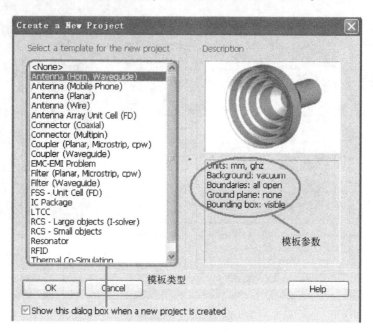

图 7.29　模板窗口

模板选取方式有如下两种。

（1）创建新项目：File→new。

（2）随时选用模板：File→select template。

2）设置工作平面

首先，设置工作平面，将捕捉间距改为 1，如图 7.30 所示。

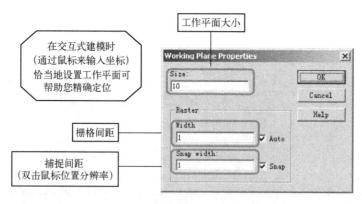

图 7.30　将捕捉间距改为 1 的设置界面

以下步骤可遵循仿真向导（Help→QuickStart Guide）依次进行，如图 7.31 所示。

3）设置单位（Solve→Units）

合适的单位可以减小数据输入的工作量，设置选项及参数设置分别如图 7.32 和 7.33 所示。

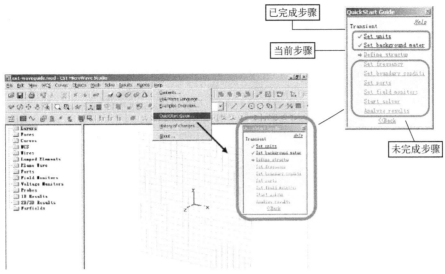

图 7.31　仿真向导设置图

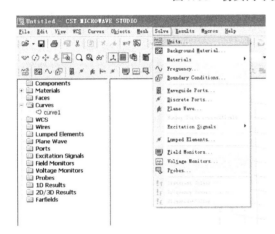

图 7.32　设置选项的选择

图 7.33　设置参数

4）可创建的基本模型

可创建的模型如图 7.34 所示。

5）改变视角

改变视角的工具图标如图 7.35 所示，相应的功能及快捷键定义见表 7.9。

表 7.9　改变视角的工具功能及快捷键定义表

英文名称	中文名称	实 现 功 能	快捷键
Rotate	旋转	围绕轴线旋转	Ctrl
Rotate View Plane	平面旋转	在平面上旋转	Shift
Pan	缩放	随着鼠标的光标运动缩放	Shift + Ctrl
Dynamic Zoom	动态缩放	随着鼠标的运动进行缩放： 向上运动缩小，向下运动放大	
Zoom	区域旋转	通过鼠标的拖动，选择指定区域，鼠标左键释放 后，选择的区域将会全屏显示	

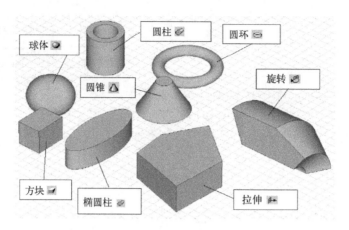

图 7.34　可创建的模型示意图

改变视觉效果的工具图标及名称如图 7.36 所示。

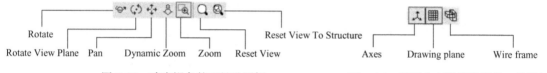

图 7.35　改变视角的工具及图标　　　　图 7.36　用于改变视觉效果的工具图标

6）几何变换

几何变换有四种类型，分别为 Translate（拉伸）、Scale（按比例缩放）、Rotate（旋转）和 Mirror（镜像）。

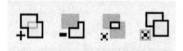

图 7.37　四种布尔操作的图标

7）图形的布尔操作

四种布尔操作图标如图 7.37 所示，分别实现如下功能：Add（加）、Substract（减）、Intersect（相交）、Insert（插入）。采用布尔操作的效果图，如图 7.38 所示。

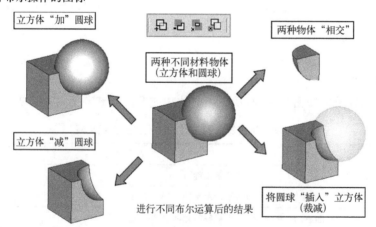

图 7.38　采用布尔操作的效果图

【例 5.1】操作演示，这里以"减"来说明具体操作，效果图如图 7.39 所示。

（1）两种不同材料的物体，如图 7.39（a）所示；

（2）选择第一个物体（立方体），如图 7.39（b）所示；

（3）单击工具栏上的图标■或在主菜单选择 Objects→Boolean→Subtract；

（4）选择第二个物体（圆球），如图 7.39（c）所示；

（5）回车确定，如图 7.39（d）所示。

8）选取模型的点、边、面

对每种"选取操作"都必须选择相应的选取工具。

从主菜单 Objects→Pick→Pick Point／… 或从工具栏上选择均可，选取相关的工具，如图 7.40 所示：

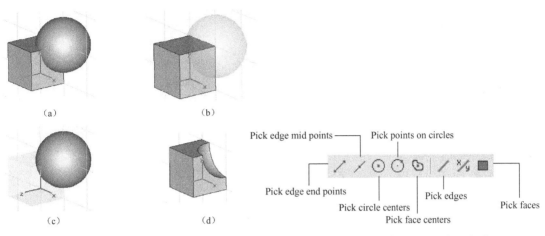

图 7.39　"减"操作的过程和效果图　　　　图 7.40　选取操作的工具图表及名称

9）倒直角和倒圆角

选取的棱边，经常被用来倒直角或倒圆角，相应的工具在工具栏中的◐◑，效果如图 7.41 所示。

（a）未经过处理的原图　　　　（b）倒直角效果图　　　　（c）倒圆角效果图

图 7.41　倒角效果图

10）拉伸、旋转和渐变

对被选端面，可以进行拉伸、旋转和渐变操作，效果如图 7.42 所示。

11）坐标变换

CST MWS 中有两套坐标系统，如图 7.43 所示，分别如下。

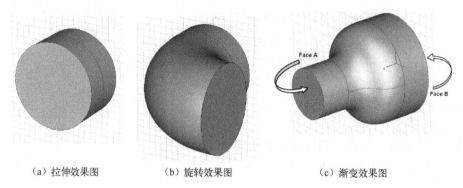

（a）拉伸效果图　　（b）旋转效果图　　（c）渐变效果图

图 7.42　拉伸、旋转和渐变的效果图

（1）全局坐标系（X，Y，Z）的很多功能只针对它有效；

（2）工作坐标系（U，V，W），简称 WGS，可方便地用它创建倾斜物体。

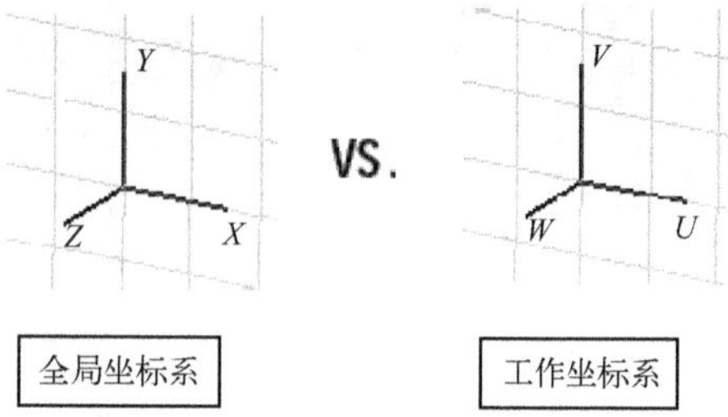

12）创建曲线

从主菜单 Curvers→New Curver，如图 7.44 所示。

13）创建平面导线

从主菜单 Curvers→Trace From Curve，如图 7.45 所示。

全局坐标系　　　　　工作坐标系

图 7.43　全局坐标系和工作坐标系

图 7.44　创建曲线

图 7.45　创建有限宽度和厚度的导线

可以利用曲线来创建有限宽度和厚度的导线，效果如图 7.46 所示。

14）求解器的选择

所有设置完成后，便可设置求解器，准备求解，CST MWS 提供了时域、频域和本征模三个求解器，其中时域求解器为 MWS 的专长，应用范围最广，精度最高。

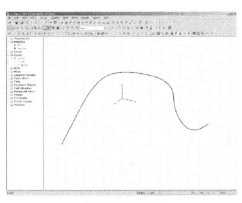
（a）平面导线的曲线

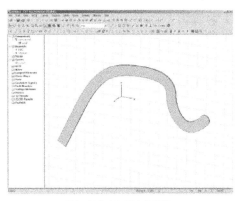
（b）有宽度和厚度的导线

图 7.46　不同效果的导线对比图

设置时域求解器，单击工具栏上的图标 或从主菜单选择Solve→Transient Solver，如图 7.47 所示。

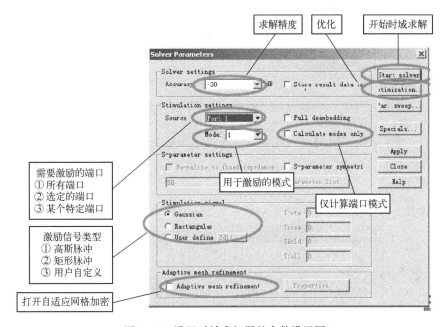

图 7.47　设置时域求解器的参数设置图

7.6.2　CST 天线仿真和计算实例

使用 CST 软件，可以实现天线的参数计算，步骤如下。

（1）选择一个天线的项目模板；

（2）设置单位（可选项，否则按照默认的单位）；

（3）选择背景材料（可选项）；

（4）定义结构；

（5）设置频率范围；

（6）设置边界条件（可选项）；

（7）定义触发端口；

（8）设置监测点或探头；

（9）指定远场操作模板（可选项）；

（10）启动瞬态求解器；

（11）分析结果（输入阻抗、远场）。

1. 微带天线同轴馈电的仿真

分析一个圆形贴片天线，给出 S 参量和方向图。

结构及尺寸如图 7.48 所示。

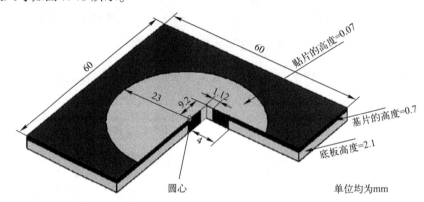

图 7.48　圆形贴片天线的结构图

模型分解：将需要建的模型分解成基本模块或能用基本模块通过一定操作组合的模块。具体过程如下。

1）选择模板

如图 7.49 所示进行模板的选择。

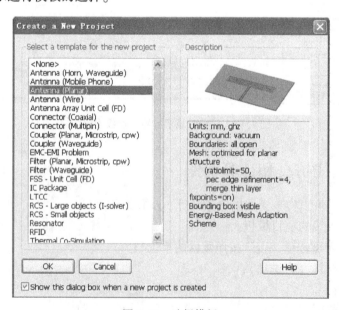

图 7.49　选择模板

注意：即使选择了模板，也要检查单位和背景材料的设置是否正确。

2）设置单位

图 7.50 为进行单位设置操作及参数设置界面。

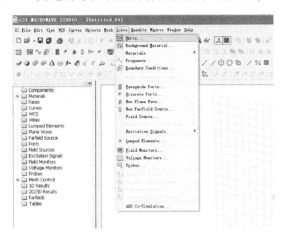

（a）选择单位设置选项　　　　　　　　　　（b）参数设置界面

图 7.50　进行参数设置的显示界面

3）设置背景材料

设置背景材料的过程如图 7.51 所示。

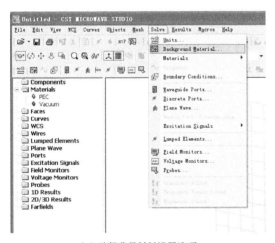

（a）选择背景材料设置选项　　　　　　　　　（b）参数设置界面

图 7.51　设置背景材料的显示界面

4）建模

（1）设置工作平面。

如图 7.52 所示。

（2）创建介质方块。

说明：坐标输入方式为按"Tab"或"Esc"键输入坐标，绘制介质板如图 7.53 所示。

（a）工作平面设置选项

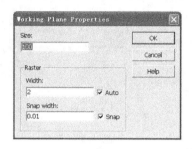
（b）参数设置界面

图 7.52 设置工作平面的显示界面

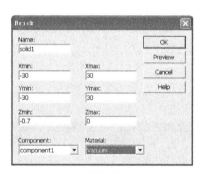
（a）默认界面

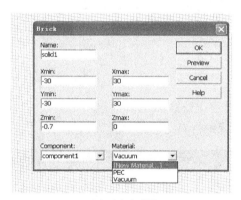
（b）选择新材料

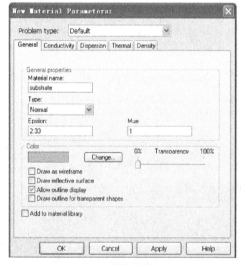
（c）最终参数

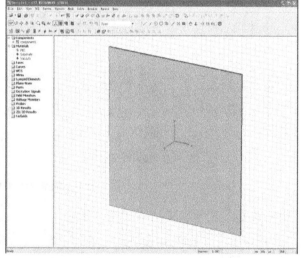
（d）最终效果

图 7.53 绘制介质板

（3）创建接地板。

通过"Extrude"工具拉伸被选面来创建接地板，选择介质板底面，如图 7.54 所示。

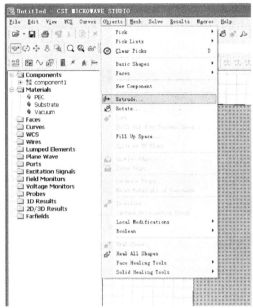

（a）使用"Extrude"工具　　　　　　（b）修改参数

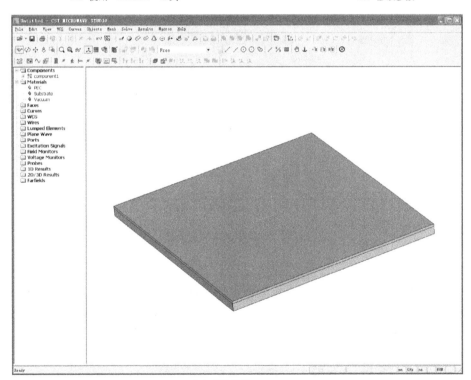

（c）最终效果

图 7.54　选择介质板底面

（4）创建贴片。

选择"Cylinder…"命令创建带厚度的圆形贴片，如图 7.55 所示。

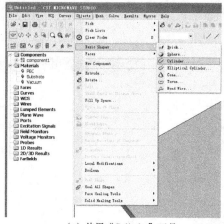

（a）使用"Cylinder"工具　　　　　　　　　（b）修改参数

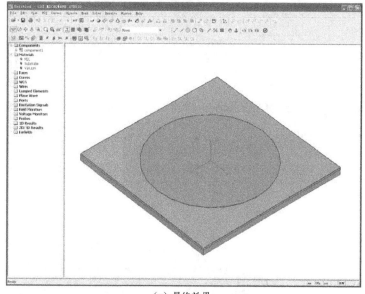

（c）最终效果

图 7.55　创建带厚度的圆形贴片

（5）创建馈电同轴线。

馈电同轴线用做激励源。因为馈点位于圆形贴片的非对称位置，采用工作坐标系比较好。定义工作坐标系，如图 7.56 所示。

在工作坐标系中创建两个圆柱即可构造馈电同轴线。

① 同轴线的介质体。

创建同轴线的介质体操作如图 7.57 所示。

② 同轴线的内导体。

建立同轴线的内导体过程如图 7.58 所示。

（6）定义波导端口。

定义波导端口的过程如图 7.59 所示。

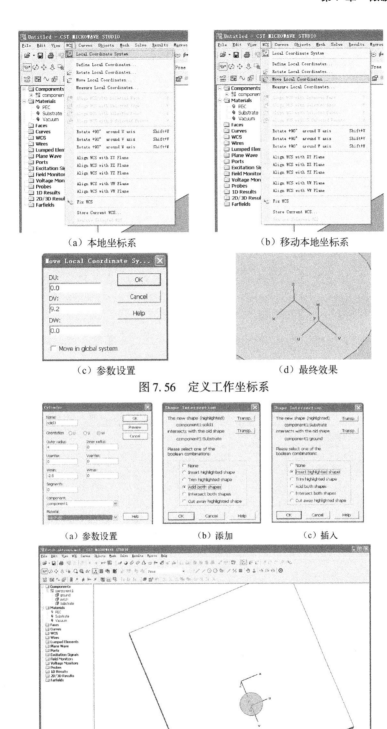

（a）本地坐标系　　　　　　　　　　（b）移动本地坐标系

（c）参数设置　　　　　　　　　　　（d）最终效果

图 7.56　定义工作坐标系

（a）参数设置　　　　　（b）添加　　　　　（c）插入

（d）最终效果

图 7.57　创建同轴线的介质体操作

（a）参数设置

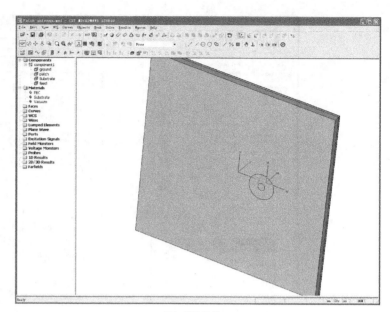

（b）最终效果

图 7.58　建立同轴线的内导体

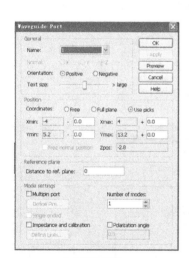

（a）参数设置

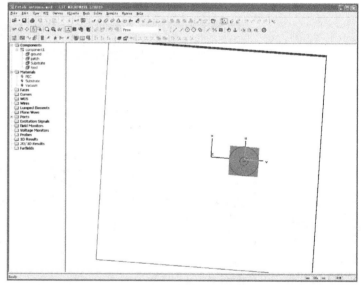

（b）最终效果

图 7.59　定义波导端口的过程

（7）设置频率范围。

频率范围设置过程如图 7.60 所示。

（8）设置边界条件。

如果选择模板，就可以不设置该项，设置过程如图 7.61 所示。

（9）设置远场监视器。

设置远场监视器过程如图 7.62 所示。

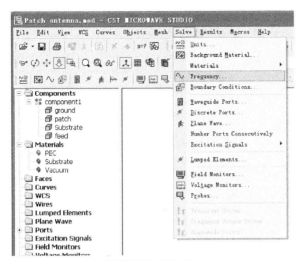

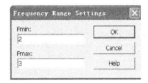

（a）选择设置频率范围选项 　　　　　　　　　　　　（b）参数设置

图 7.60　频率范围设置过程

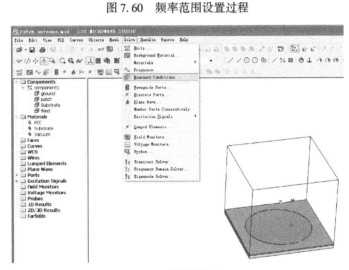

（a）选择设置选项

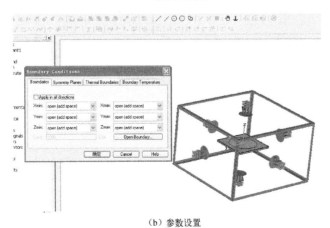

（b）参数设置

图 7.61　设置边界条件

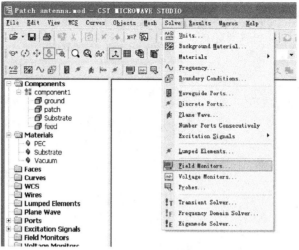

（a）选择设置选项

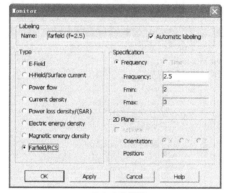

（b）参数设置

图 7.62　设置远场监视器

（10）定义求解器参数并开始计算。

参数设置如图 7.63 所示。

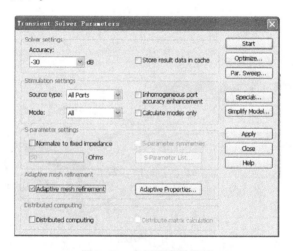

图 7.63　求解器参数设置

（11）观察结果。

仿真结果的 S 参数如图 7.64 所示，方向图如图 7.65 所示。

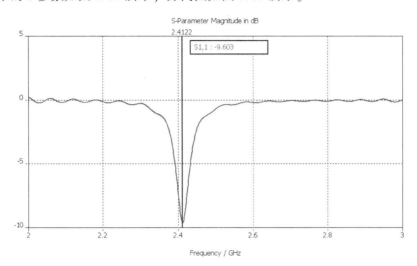

图 7.64 S 参数

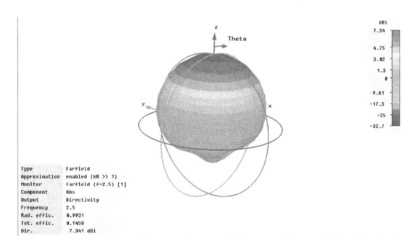

图 7.65 方向图

2. 微带馈电的仿真

微带馈电的微带天线与上面例子的最大区别在于端口设置。

对于微带天线来说，对于上面的端口形式，一般的设定值如下：宽度为微带线宽的 10 倍，高度为介质厚度的 5 倍。其结构如图 7.66 所示。

当然，就这个设定值来说，很多人有很多种设定方法，比如，有人把高度设定为微带长的长度等，这就需要大家仔细研究了。

仿真过程与微带天线同轴馈电仿真相同。

3. 对称阵子天线的仿真

对称阵子天线的结构图如图 7.67（a）所示，这种端口为 discrete ports（离散端口），设置如图 7.67（b）所示。

（a）对称阵子天线结构图

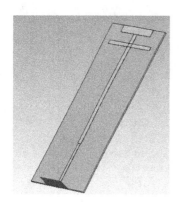

图 7.66　微带馈电的结构图

（b）设置离散端口的参数

图 7.67　对称阵子天线的仿真

注意：两次仿真结果不一致该如何处理？

CST 软件是一种功能强大的电磁仿真软件，应用中，仿真结果与实际测试结果有所区别很正常，如果二者相差很大，就要仔细查找原因了。

即使同一个模型经过计算时，两次计算结果也可能不一样，有时可以说完全不一样。在这种情况下，有一个办法可以解决，其实这个软件中有一个 EDIT→HISTORY LIST，把这个对话框打开，然后 UPDATE 就可以了。

7.7　ADS 软件的天线设计与应用

使用 ADS 软件，完成矩形微带天线的设计。

7.7.1　设计要求

1. 设计要求

设计要求如下：

用陶瓷基片（$\varepsilon_r = 9.8$，厚度 $h = 1.27\text{mm}$）设计一个在 3GHz 附近工作的矩形微带天线。

基片选择的理由是：陶瓷基片是比较常用的介质基片，其常用厚度是 $h = 1.27\text{mm}$、0.635mm、0.254mm。其中，1.27mm 的基片有较高的天线效率、较宽的带宽，以及较高的增益。

2. 微带天线的技术指标

（1）辐射方向图；

（2）天线增益和方向性系数；

（3）谐振频率处反射系数；

（4）天线效率。

3．设计的思路和步骤

（1）计算相关参数；

（2）在 ADS 的 Layout 中初次仿真；

（3）在 Schematic 中进行匹配；

（4）修改 Layout，再次仿真，完成天线设计。

4．相关参数的计算

需要进行计算的参数有贴片宽度 W、贴片长度 L、馈电点的位置 z、馈线的宽度。

其中，贴片宽度 W、贴片长度 L、馈电点的位置 z 可由公式计算得出，馈线的宽度可由 Transmission Line Calculator 软件计算得出。

参照图 7.68 所示。

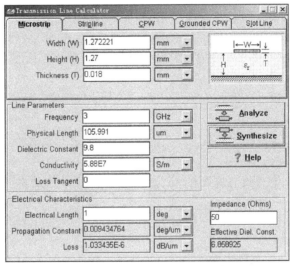

图 7.68　参数设置与计算的图例

7.7.2　设计过程

有了上述计算结果，可以用 ADS 进行矩形微带天线的设计了，下面详细介绍设计过程。

1．ADS 软件的启动

启动 ADS 进入如下界面，如图 7.69 所示。

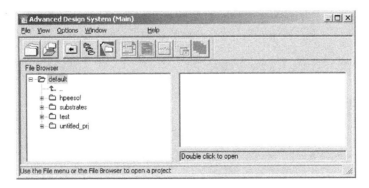

图 7.69　启动界面

2. 创建新的工程文件

进入 ADS 后，创建一个新的工程，命名为 rect_prj。

3. 设置度量单位

打开一个新的 layout 文件，首先设定度量单位。在 ADS 中，度量单位的默认值为 mil，把它改为 mm。

方法是：单击鼠标右键→Preferences...→Layout Units，如图 7.70 所示。

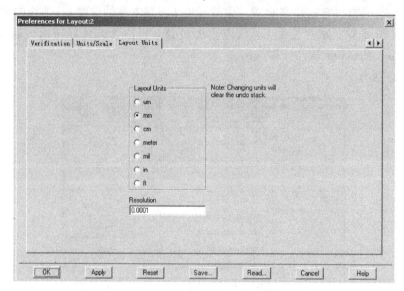

图 7.70　设定度量单位

4. 金属层设置

单击 Metallization Layers 标签，在 Layout Layer 下拉框中选择 cond，然后在右边的 Definition 下拉框中选择 Sigma（Re，thickness），参数设置如图 7.71 所示。

然后在 Substrate Layer 栏中选择 " ------ " 后，单击 "Strip" 按钮，这将看到 " ------Strip cond"。完成后，单击 "OK" 按钮。

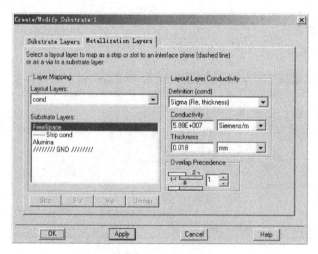

图 7.71　金属层设置

5. 在 Layout 中制板

准备工作做好以后，下面就可以进行 Layout 中的作图了。

先选定当前层为 v cond，再按照前面计算出来的尺寸作图，最后在馈线端加入端口，如图 7.72 所示。

6. 仿真预设置

在进行 layout 仿真之前，先要进行预设置。

在菜单栏选择 Momentum→Mesh→Setup，选择 Global 标签。鉴于 ADS 在 Layout 中的 Momentum 仿真是很慢的，在允许的精度下，可以把 "Mesh Frequency" 和 "Number of Cells per Wavelength" 设置得小一点。

预设置界面如图 7.73 所示。

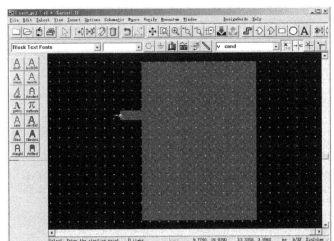
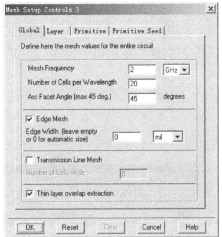

图 7.72　Layout 中的图　　　　　　　　图 7.73　预设置界面

7. 进行仿真

单击 Momentum→Simulation→S-parameter，弹出仿真设置窗口，该窗口右侧的 Sweep Type 选择 Linear，Start、Stop 分别选为 2.5GHz、3.5GHz，Frequency Step 选为 0.05GHz。Update 后，单击 "Simulation" 按钮。

仿真结果图如图 7.74 所示。

由上图可见，理论上的计算结果与实际还是相当符合的，中心频率大约在 2.95GHz。只是中心频率处反射系数 S11 还比较大，从而匹配不理想，在 3GHz 处，m1 距离圆图上的坐标原点还有相当距离。在 3GHz 下的输入阻抗是：$Z_0(0.103 - j0.442) = 5.15 - j22.1$。

8. 总体的 2D 辐射方向图

总体的 2D 辐射方向图如图 7.75 所示。

9. 在原理图中进行匹配

为了进一步减小反射系数，达到较理想的匹配，并且使中心频率更加精确，可以在 Schematic 中进行匹配。

天线在 3GHz 下的输入阻抗是 $Z_0(0.103 - j0.442) = 5.15 - j22.1$，这可以等效为一个电阻和电容的串联。

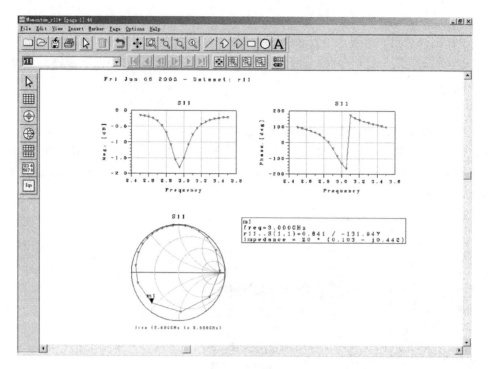

图 7.74　仿真结果图

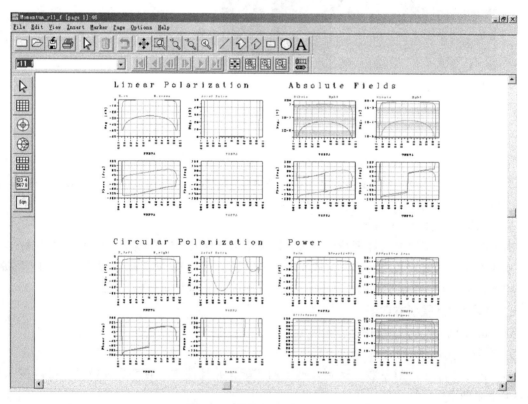

图 7.75　总体 2D 辐射方向图

（1）匹配的原理。

匹配原理：串联一根 50Ω 传输线，使得 S11 参数在等反射系数圆上旋转，到达 $g=1$ 的等 g 圆上，然后再并联一根 50Ω 传输线，将 S11 参数转移到接近 0 处。所需要计算的就是串联传输线和并联传输线的长度。

ADS 原理图中优化功能可以出色地完成这个任务。

（2）匹配过程。

新建一个 Schematic 文件，绘出如图 7.76 所示的电路图。

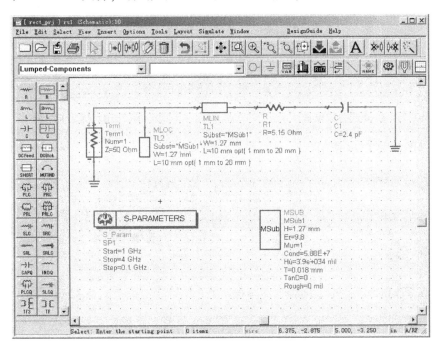

图 7.76　电路图

其中，TL1 和 TL2 的 L 是待优化的参量，初值取 10mm，优化范围是 1～20mm。设置好 MSub 的值。

（3）Goal 的参数设置。

插入 S 参数优化器，一个 Goal。其中 Goal 的参数设置如下：

这里 dB(S(1,1)) 的最大值设为 −50dB，因为在 Schematic 中的仿真要比在 Layout 中的仿真理想得多，所以要求设置得比较高，以期在 Layout 中有较好的表现。

如图 7.77 所示。

（4）设置 OPTIM。

常用的优化方法有 Random（随机）、Gradient（梯度）等。随机法通常用于大范围搜索，梯度法则用于局部收敛。这里选择 Random。

优化次数可以选得大些。这里设为 300，其他参数一般设为默认即可。

优化电路图如图 7.78 所示。

优化完毕后，单击仿真按钮，当 CurrentEF = 0 时，优化目标完成。把它 Update 到原理图上（Simulate→Update Opimization Values）。

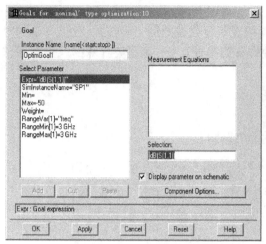

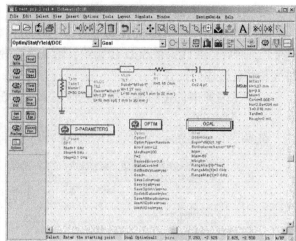

图 7.77　Goal 的参数设置　　　　　　　　图 7.78　优化电路图

最终原理图如图 7.79 所示。

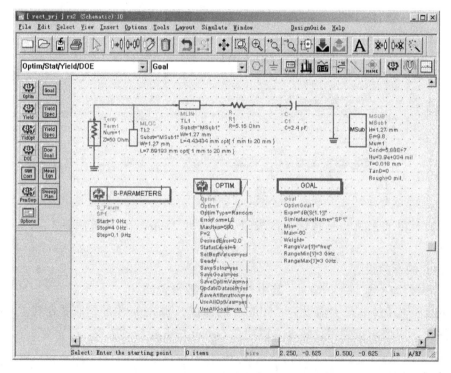

图 7.79　最终原理图

10. 原理图中的仿真

单击 "仿真" 按钮，可以看到仿真结果如图 7.80 所示。

11. 放置 Marker

放置 Marker 可以得到更详细的数据，在中心频率 $f = 3\text{GHz}$ 处，S(1,1)的幅值是 5.539E − 4，可见已经达到相当理想的匹配。

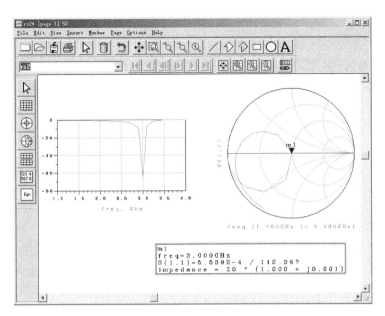

图 7.80　仿真结果

参照 Schematic 计算出来的结果，按照图 7.81 修改 Layout 图形。

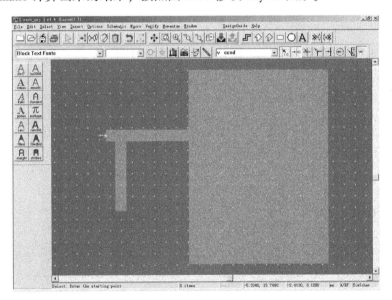

图 7.81　修改 Layout 图形

说明：

由于这里是手工布板，而不是由 Schematic 自动生成的，所以传输线的长度可能需要稍作调整（但不超过 1mm）。注意，要把原先的 3mm 馈线长度也算进去。

为了方便输入，在电路的左端加了一段 50Ω 的传输线，其长度对最终仿真结果的影响微乎其微。这里取 1mm。

7.7.3 仿真结果

按照前述步骤进行仿真，仿真结果如图 7.82 所示。

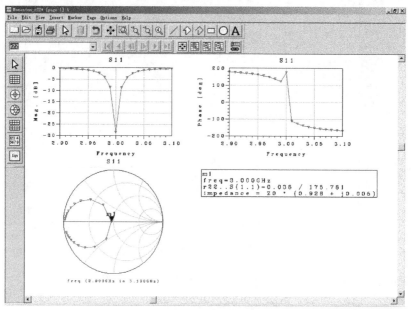

图 7.82 最终仿真结果图

为了较精确地给出匹配结果，可以将仿真频率范围设为 2.9 ~ 3.1GHz，步长精确到 10MHz。可见进行原理图匹配的结果是十分理想的。

下面具体给出一些仿真结果，如图 7.83 ~ 图 7.85 所示。

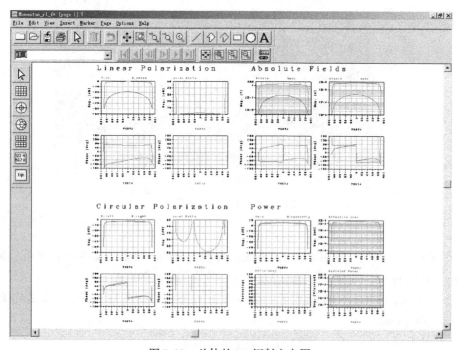

图 7.83 总体的 2D 辐射方向图

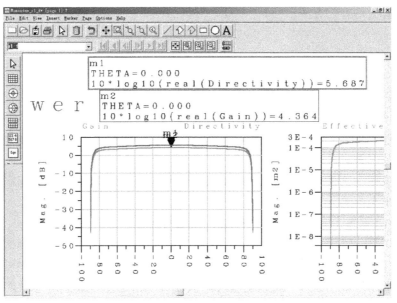

图 7.84　天线增益和方向性系数

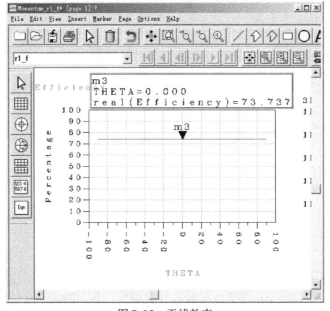

图 7.85　天线效率

7.7.4　设计小结

矩形微带天线设计是微带天线设计的基础，然而作为一名新手，想熟练顺利地掌握其设计方法与流程却也有些路要走。

一般来说，按照公式计算出来的矩形天线其反射系数都会比较大，在圆图中反映出来的匹配结果也不是很理想。这也许是由一些公式的近似导致的，但这也使电路匹配成为设计工作必不可少的一环。

在用 Schematic 进行天线匹配时，以 S11 为目标利用仿真优化器来求所需传输线长度的方法是一种省时省力的有效方法。

本章小结

天线是无线设备中的关键部分，天线的基本功能是辐射和接收无线电波。发射时，把高频电流转换为电磁波；接收时，把电磁波转换为高频电流。

天线的一般原理是：当导体上通以高频电流时，在其周围空间会产生电场与磁场，所以本质来说，天线是一种能量转换器件。

天线的种类很多，分类方法也很多，天线的形状与工作频率有关，不同频率的天线，形状不同，参数要求也不同。

天线对 RFID 系统十分重要，是决定 RFID 系统性能的关键部件。

仿真和调试是相辅相成的，对于同一个天线，最好一边做仿真，一边做调试，如果调试结果和仿真结果相差较大，则看看仿真在设置上是否有不符合实际的地方，这样可以看出哪些外部或内部条件对结果影响较大，将来仿真的时候就可以按照外部或内部实际条件去设置。因此，天线在制作之前需要进行仿真，相关仿真软件有 ADS、HFSS、CST 等。

习题 7

1. 名词解释。

极化、增益、驻波比、天线的效率。

2. 简述题。

（1）简述天线的功能。

（2）天线的极化方式有哪些？

（3）天线的基本参数有哪些？

（4）天线的种类有哪些？

（5）天线的制作工艺有哪几种？各自的优缺点是什么？

（6）天线的输入阻抗匹配的意义是什么？

3. 综合题。

（1）天线的仿真软件有哪些？

（2）查询资料并汇总，当前的天线仿真软件有哪些，各自的优缺点是什么？

（3）查询资料并汇总，当前天线发展的新技术有哪些？有哪些新的产品？

4. 实践题。

（1）收集学习和生活中微波设备天线的资料及图片，分析其频段、极化方式和应用场合。

（2）安装一款电磁场仿真软件，学会看方向图。

（3）使用仿真软件，分别完成一款 UHF 频段的电子标签天线和阅读器天线设计，电子标签天线的尺寸不大于 $2.0\text{mm} \times 5.0\text{mm}$，阅读器天线的尺寸要求不大于 $10.0\text{mm} \times 10.0\text{mm}$。

（4）使用仿真软件，分别完成一款 HF 频段的电子标签天线和阅读器天线设计，电子标签天线的尺寸为圆形，直径为 5.0mm，阅读器天线的尺寸要求不大于 $10.0\text{mm} \times 10.0\text{mm}$，匝数不限。

第8章 RFID 技术与物联网

【内容提要】

经过多年的概念说后，物联网开始走进人们的生活，无论是物联网子行业智能家居或车联网，都被炒得热火朝天。

本章以物联网的工作原理为核心，介绍其系统组成、关键技术及典型应用案例，并对物联网的发展前景和制约因素作了分析和讨论。

【学习目标与重点】

◆掌握物联网的概念和工作原理；

◆掌握物联网应用的架构；

◆了解物联网中的各项关键技术，尤其是 RFID 技术在应用中的作用；

◆了解典型的应用案例。

案例分析：智慧"开心农场"，助力科技兴农

在南方某个水产养殖示范基地蟹塘里，一台像蘑菇一样的设备固定在水中，对蟹塘内的含氧量进行监测，岸边的控制器实时接收传输的数据，科学控制水中溶解氧含量。

河蟹养殖水域使用该系统后，河蟹的成活率和产量大幅提高。据初步测算，按已实施的 2 万亩螃蟹养殖水域推算，蟹农年均经济效益将增长 2000 万元左右。

这是由物联网科技有限公司研制的"智慧水产养殖系统"。该系统采用物联网传感技术，精确识别蟹塘含氧量，通过无线 3G 设备、主控平台与增氧设备智能联动，实现了蟹塘的智能化精确增氧。该系统在 2 万亩蟹塘成功应用，每亩平均增收 1000 元以上。

这一案例为物联网技术应用于农业生产、提高生产效率、增收致富农民提供了成功经验。

物联网（The Internet of Things，IOT）被预言为继互联网之后全球信息产业的又一次科技与经济浪潮，受到各国政府、企业和学术界的重视，美国、欧盟、日本等甚至将其纳入国家和区域信息化战略。

物联网的概念起源于 1995 年比尔·盖茨写的《未来之路》一书，但迫于当时无线网络等硬件和软件的发展，并未引起重视。时至 2005 年，国际电信联盟在突尼斯举行的信息社会世界峰会上正式发布了《ITU 互联网报告 2005：物联网》，才有了正式的物联网概念。

物联网：通过射频识别（RFID）、红外感应器、全球定位系统、激光扫描器等信息传感设备，按约定协议，把任何物品与互联网连接起来，进行信息交换和通信，以实现智能化识别、

定位、跟踪、监控和管理的一种网络。

按字面意思理解，物联网就是"物物相连的互联网"。这有两层含义：

第一，物联网的核心和基础仍然是互联网，是在互联网基础上延伸和扩展的网络；

第二，其用户端延伸和扩展到了任何物品与物品之间，进行信息交换和通信。

物联网三个字中"物"就是物体智能化，"联"就是物体智能化后信息的传输，"网"就是建立网络后的应用服务。

"物"（Things）：指物体或东西，也可以指一个事件和"外在使能"的，如贴上 RFID 的各种资产、携带无线终端的个人与车辆等"智能化物件或动物"或"智能尘埃"。

"联网"（Internet）：通过各种无线和/或有线的长距离和/或短距离通信网络实现互联互通、应用大集成，以及基于云计算的 SaaS 营运等模式，在内网、专网、和/或互联网环境下，采用适当的信息安全保障机制，提供安全可控乃至个性化的实时在线监测、定位追溯、报警联动、调度指挥、预案管理、远程控制、安全防范、远程维保、在线升级、统计报表、决策支持、领导桌面等管理和服务功能，实现对"万物"的"高效、节能、安全、环保"的"管、控、营"一体化。

8.1　物联网和相关技术

现阶段物联网的应用是零散的，还远未形成规模。为了突破应用规模化的障碍，驱动物联网产业由启动期走向成长期，整个产业链需要对技术及应用形成系统的、一致的认识，迫切需要建立一套标准的、开放的、可扩展的物联网体系架构。

物联网可划分为一个由感知层、网络层和应用层组成的三层体系，如图 8.1 所示。

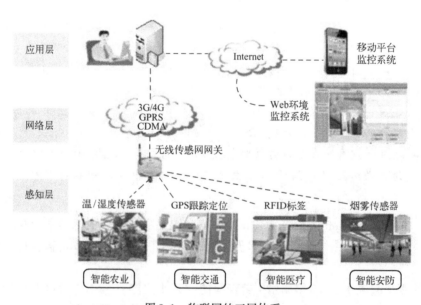

图 8.1　物联网的三层体系

1. 感知层

感知层主要包括二维码标签和识读器、RFID 标签和读写器、摄像头、GPS、传感器，以及 M2M 终端、传感器网络和传感器网关等。

在这一层次要解决的重点问题是感知、识别物体，采集、捕获信息。感知层要突破的方向是具备更敏感、更全面的感知能力，解决低功耗、小型化和低成本的问题。

2. 网络层

首先，网络层包括各种通信网络与互联网形成的融合网络，这被普遍认为是最成熟的部分，但仍然需要解决大规模 M2M 应用普及后，新的业务模型对系统容量、QoS 的特别要求。

除此之外，网络层还包括物联网管理中心、信息中心、云计算平台、专家系统等对海量信息进行智能处理的部分，也就是说网络层不但要具备网络运营的能力，还要提升信息运营的能力。

网络层是物联网成为普遍服务的基础设施，有待突破的方向是向下与感知层的结合，向上与应用层的结合。

3. 应用层

应用层是将物联网技术与行业专业领域技术相结合，实现广泛智能化应用的解决方案集。

物联网通过应用层最终实现信息技术与行业专业技术的深度融合，对国民经济和社会发展具有广泛影响。应用层的关键问题在于信息的社会化共享，以及信息安全的保障。

另外，三层协同工作算法的发展也是一个重要方向，能够显著提升物联网应用的智能化水平。

8.1.1　物联网原理

物联网是在计算机互联网基础上，利用 RFID、无线数据通信等技术，构造一个覆盖世界上万事万物的"Internet of Things"。

在这个网络中，物品（商品）能够彼此进行"交流"，而无需人为干预。其实质是利用射频自动识别技术，通过计算机互联网实现物品（商品）的自动识别和信息的互联与共享，而 RFID 正是能够让物品"开口说话"的一种技术。

在"物联网"的构想中，RFID 标签中存储着规范而具有互用性的信息，通过无线数据通信网络把它们自动采集到中央信息系统，实现物品（商品）的识别，进而通过开放性的计算机网络实现信息交换和共享，实现对物品的"透明"管理。

从图 8.2 可以看出，通过 RFID、GPS 等技术，所有物品都将赋予生命，人们可以随时随地通过手中的终端了解到任何物品的状况等信息，也将使得人类的生活水平更加提高。

此外，物联网概念的问世，打破了之前的传统思维。过去的思路一直是将物理基础设施和 IT 基础设施分开：一方面是机场、公路、建筑物，而另一方面是数据中心，个人计算机、宽带等。而在物联网时代，钢筋混凝土、电缆将与芯片、宽带整合为统一的基础设施，在此意义上，基础设施更像是一块新的地球工地，世界的运转就在其上进行，其中包括经济管理、生产运行、社会管理乃至个人生活等。

在实际应用中，可进一步通过 Ethernet 或 WLAN 等实现对物体识别信息的采集、处理及远程传送等管理功能。

图 8.2　物联网的应用领域

8.1.2　物联网的关键技术

　　物联网作为一种新的信息传播方式，已经受到越来越多的重视。人们可以让尽可能多的物品与网络实现时间、地点的连接，从而对物体进行识别、定位、追踪、监控，进而形成智能化的解决方案，这就是物联网带给人们的生活方式。

　　所涉及关键技术，如图 8.3 所示。

　　物联网的产业链可细分为标识、感知、信息传送和数据处理 4 个环节，其中，核心技术主要包括射频识别技术、传感技术、网络与通信技术及数据挖掘与融合技术等。

　　上述四个环节的关系，如图 8.4 所示。

图 8.3　物联网中的关键技术

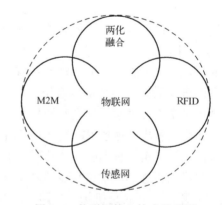

图 8.4　物联网核心技术关系图

1. 射频识别技术

　　RFID 技术是一种无接触的自动识别技术，利用射频信号及其空间耦合的传输特性，实现对静态或移动待识别物体的自动识别，用于对采集点的信息进行"标准化"标识。

　　RFID 技术可实现无接触的自动识别，具有全天候、识别穿透能力强、无接触磨损、可同时实现对多个物品的自动识别等诸多特点，将这一技术应用到物联网领域，使其与互联网、通信技术相结合，可实现全球范围内物品的跟踪与信息共享，在物联网"识别"信息和近程通信的层面起着至关重要的作用。

另一方面，产品电子代码（EPC）采用 RFID 电子标签技术作为载体，大大推动了物联网的发展和应用。

将这一技术应用到物联网领域，使其与互联网、通信技术相结合，可实现全球范围内物品的跟踪与信息共享。

图 8.5 所示为基于 RFID 的物联网系统。

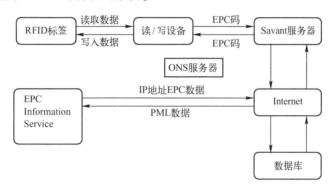

图 8.5　基于 RFID 的物联网系统结构图

在这个由 RFID 电子标签、识别设备、Savant 服务器、Internet、ONS 服务器、EPC 信息服务系统及众多数据库组成的实物互联网中，识别设备读出的 EPC 码只是一个指针，由这个指针从 Internet 找到相应的 IP 地址，并获取该地址中存放的相关物品信息，交给 Savant 软件系统处理和管理。由于在每个物品的标签上只有一个 EPC 码，计算机需要知道与之匹配的其他信息，这就需要用 ONS 来提供一种自动化的网络数据库服务，Savant 将 EPC 码传给 ONS，ONS 指示 Savant 到一个保存着产品文件的信息服务器中查找，Savant 可以对其进行处理，还可以与信息服务器和系统数据库交互。

2. 传感技术

信息采集是物联网的基础，而目前的信息采集主要是通过传感器、传感节点和电子标签等方式完成的。

传感器作为一种检测装置，作为摄取信息的关键器件，由于其所在的环境通常比较恶劣，因此物联网对传感器技术提出了更高要求。一是其感受信息的能力，二是传感器自身的智能化和网络化。如图 8.6 所示。

将传感器应用于物联网中可以构成无线自治网络，这种传感器网络技术综合了传感器技术、纳米嵌入技术、分布式信息

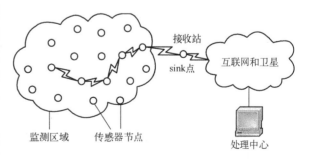

图 8.6　传感网络图

处理技术、无线通信技术等，可以将集成化微型传感器嵌入到物体中进行数据的实时监测、采集，并将这些信息以无线的方式发给观测者，从而实现"泛在"传感。

在传感器网络中，传感节点具有端节点和路由的功能：首先是实现数据的采集和处理，其

次是实现数据的融合和路由，综合本身采集的数据和收到的其他节点发送的数据，转发到其他网关节点。

传感节点的好坏直接影响整个传感器网络的正常运转和功能健全。

3. 网络与通信技术

物联网的实现涉及近程通信技术和远程通信技术。近程通信技术涉及 RFID、蓝牙等；远程通信技术涉及互联网的组网、网关等。

作为物联网信息传递和服务支撑的基础通道，通过增强现有网络通信技术的专业性与互联功能，以适应物联网低移动性、低数据率的业务要求，实现信息安全、可靠地传送，这是目前物联网研究的一个重点。

传感器网络通信技术主要包括广域网络通信和近距离通信等两个方面，广域网络通信主要包括 IP 互联网、2G/3G 移动通信、卫星通信等技术，而以 IPv6 为核心的新联网的发展，更为物联网提供了高效的传送通道；在近距离通信方面，当前主流则是以 IEEE802.15.4 为代表的近距离通信技术。

M2M 技术也是物联网实现的关键。与 M2M 可以实现技术结合的远距离连接技术有 GSM、GPRS、UMTS 等，WiFi、蓝牙、ZigBee、RFID 和 UWB 等近距离连接技术也可以与之相结合，此外还有 XML 和 CORBA，以及基于 GPS、无线终端和网络的位置服务技术等。M2M 可用于安全检测、自动售货机、货物跟踪领域，应用广泛。

4. 数据挖掘与融合技术

从物联网的感知层到应用层，各种信息的种类和数量都成倍增加，需要分析的数据量也成级数增加，同时还涉及各种已购网络或多个系统之间数据的融合问题，如何从海量数据中及时挖掘出隐藏信息和有效数据的问题，给数据处理带来巨大挑战，因此怎样合理、有效地整合、挖掘和智能处理海量数据是物联网研究的难题。

结合 P2P、云计算等分布式计算技术，成为解决上述难题的有效途径。云计算为物联网提供了一种新的高效率计算模式，可通过网络按需提供动态伸缩的廉价计算，具有相对可靠并且安全的数据中心，同时兼有互联网服务的便利、廉价和大型机的能力，可以轻松实现不同设备间的数据与应用共享，用户无需担心信息泄露、黑客入侵等棘手问题。

云计算是信息化发展进程中的一个里程碑，它强调信息资源的聚集、优化和动态分配，节约信息化成本并大大提高数据中心的效率。

8.1.3 物联网、RFID 和 EPC 三者的关系

EPC 跟条码一样，产品电子码用一串数字代表产品制造商和产品类别。不同的是 EPC 还外加第三组数字，标识每一件单品。

存储在 EPC 标签微型晶片中的唯一资讯就是这些数字。EPC 还可以与数据库里的大量数据相联系，包括产品的生产地点和日期、有效日期、应该运往何地等，而且随着产品的转移或变化，这些数据可以进行实时更新。

由于技术与经济发展水平的限制，早期的 RFID 标签由集成电路板卡制成。由于体积大，成本高，只能应用于托盘、货架和集装箱上，只有极少数用户使用。而基于 EPC 的 RFID 标签采用微型芯片存储信息，并用特殊薄膜封装技术，体积大大缩小，随着技术的改进和推广应用，成本不断降低，且能够给每个物品唯一的身份。

EPC 系统是在计算机互联网和射频技术 RFID 的基础上，利用全球统一标识系统编码技术给每一个实体对象一个唯一的代码，构造了一个实现全球物品信息实时共享的"Internet of things"。它已经成为继条码技术之后，再次变革商品零售结算、物流配送及产品跟踪管理模式的一项新技术。

从以上分析可以看出，EPC 是存储在 RFID 标签中的唯一信息，是 RFID 标签的编码基础，而 RFID 技术是 EPC 系统的技术构成之一，整个 EPC 系统构成了物联网。

8.2　EPC 技术

EPC（Electronic Product Code），即电子产品编码，是一种编码系统。它建立在 EAN. UCC（即全球统一标识系统）条型编码的基础上，并对该条形编码系统做了一些扩充，用于实现对单品进行标志。

产品电子代码是下一代产品标识代码，它可以对供应链中的对象（包括物品、货箱、货盘、位置等）进行全球唯一的标识。EPC 存储在 RFID 标签上，这个标签包含一块硅芯片和一根天线。读取 EPC 标签时，它可以与一些动态数据连接，如该贸易项目的原产地或生产日期等。这与全球贸易项目代码（GTIN）和车辆鉴定码（VIN）十分相似，EPC 就像是一把钥匙，用于解开 EPC 网络上相关产品信息这把锁。

与目前商务活动中使用的许多编码方案类似，EPC 包含用来标识制造厂商的代码及用来标识产品类型的代码。但 EPC 使用额外的一组数字——序列号来识别单个贸易项目。EPC 所标识产品的信息保存在 EPCGlobal 网络中，而 EPC 则是获取这些信息的一把钥匙。

EPC Global 提出的"物联网"体系架构由 EPC 编码、EPC 标签及读写器、EPC 中间件、ONS 服务器和 EPCIS 服务器等部分构成。

EPC 是赋予物品的唯一电子编码，其位长通常为 64 位或 96 位，也可扩展为 256 位。对不同的应用，规定有不同的编码格式，主要存放企业代码、商品代码和序列号等。最新的 GEN2 标准的 EPC 编码可兼容多种编码。EPC 中间件对读取到的 EPC 编码进行过滤和容错等处理后，输入到企业的业务系统中。它通过定义与读写器的通用接口（API）实现与不同制造商的读写器兼容。ONS 服务器根据 EPC 编码及用户需求进行解析，以确定与 EPC 编码相关的信息存放在哪个 EPCIS 服务器上。EPCIS 服务器存储并提供与 EPC 相关的各种信息。这些信息通常以 PML 格式存储，也可以存放于关系数据库中。

8.2.1　EPC 编码提出的背景

在过去的近 35 年里，EAN. UCC 编码已大大提高了供应链内的生产率和效率，并且已成为全球最通用的标准之一。

随着互联网的飞速发展，信息数字化和全球商业化，促进了对更现代化产品标识和跟踪方案的研发进程。

在过去的近 35 年中，条码已经成为识别产品的主要手段。但条码有如下缺点。

（1）它们是可视传播技术。

也就是，扫描仪必须"看见"条码才能读取它，这表明人们通常必须将条码对准扫描仪才有效。相反，无线电频率识别并不需要可视传输技术，RFID 标签只要在解读器的读取范围内就行。

（2）受外界的影响大。

如果印有条码的横条被撕裂、污损或脱落，就无法扫描这些商品。

（3）唯一产品的识别对于某些商品非常必要。

条码只能识别制造商和产品名称，而不是唯一的商品。牛奶纸盒上的条码到处都一样，辨别哪盒牛奶先超过有效期将是不可能的。

1999 年，美国麻省理工学院（MIT）成立了自动识别技术中心（Auto – ID Center），提出 EPC 概念，其后四所世界著名研究性大学——英国剑桥大学、澳大利亚的阿德雷德大学、日本 Keio 大学、上海复旦大学相继加入参与研发 EPC，并得到 100 多个国际大公司的支持，其研究成果已在一些公司中试用，如宝洁公司、Tesco 公共股份有限公司等。

关于编码方案，目前已有 EPC – 96 I 型，EPC – 64 I 型、II 型、III 型等，EPC – 256 型，并得到 UCC 和国际 EAN 的支持。

8.2.2 EPC 编码体系

EPC 编码的一个重要特点是：该编码是针对单品的。它的基础是 EAN. UCC，并在 EAN. UCC 基础上进行扩充。根据 EAN. UCC 体系，EPC 编码体系也分为 5 种。

（1）SGTIN，Serialized Global Trade Identification Number。

（2）SGLN，Serialized Global Location Number。

（3）SSCC，Serial Shipping Container Code。

（4）GRA，Global Returnable Asset Identifier。

（5）GIAI，Global Individual Asset Identifier。

1. EPC 标签比特流编码

EPC 标签的码数据包括两部分：可变长的码头和序列号，如图 8.7 所示。

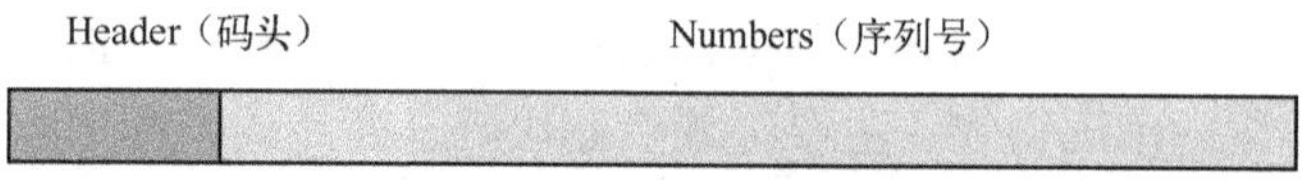

图 8.7 EPC 标签

通过对 EPC 标签数据的跟踪，实现对供应链上贸易单元及时、准确、自动的识别和跟踪。

Auto – ID 中心以美国麻省理工学院为领队，在全球拥有实验室。Auto – ID 中心构想了物联网的概念，这方面的研究得到 100 多家国际大公司的通力支持。企业和用户是 EPCGlobal 网络的最终受益者，通过 EPCGlobal 网络，企业可以更高效、弹性地运行，可以更好地实现基于用户驱动的运营管理。

2. EPCGlobal 服务

EPCGlobal 为期望提高其有效供应链管理的企业提供下列服务：

（1）分配、维护和注册 EPC 管理者代码；

（2）对用户进行 EPC 技术和 EPC 网络相关内容的教育和培训；

（3）参与 EPC 商业应用案例的实施和 EPCGlobal 网络标准的制定；

（4）参与 EPCglobal 网络、网络组成、研究开发和软件系统等的规范制定和实施。

（5）引领 EPC 研究方向；

（6）认证和测试；

（7）与其他用户共同进行试点和测试。

3. EPCGlobal 系统成员

EPCGlobal 将系统成员大体分为两类：终端成员和系统服务商。

终端成员包括制造商、零售商、批发商、运输企业和政府组织。一般来说，终端成员就是在供应链中有物流活动的组织。而系统服务商是指那些给终端用户提供供应链物流服务的组织机构，包括软件和硬件厂商、系统集成商和培训机构等。

EPCGlobal 在全球拥有上百家成员。

EPCGlobal 入会注册是获得 EPCGlobal 网络访问权的第一步。

入会注册包括：

（1）获得 EPC 厂商识别代码，为其托盘、包装箱、资产和单件物品分配全球唯一对象分类代码和系列号。

（2）获得一个用户代码和安全密码，通过"电子屋"（eroom）随时访问地区或全球的 EPC 网络和无版税的 EPC 系统。

（3）第一时间参与 EPCGlobal 有关技术的研发、应用，参加各标准工作组的工作，获得 EPCGlobal 有关技术资料。

（4）使用 EPCGlobal China 的相关技术资源，与 EPCGlobal China 的专家进行技术交流。

（5）参加 EPCGlobal China 举办的市场推广活动。

（6）参加 EPCGlobal China 组织的宣传、教育和培训活动，了解 EPC 发展的最新进展，并与其他系统成员一起分享 EPC 的商业实施案例。

（7）直接和那些早期接纳 EPC 现在也加入了 EPCGlobal China 的用户取得联系并相互交流。

（8）可优先被推荐参与 EPCGlobal 举办的活动。

（9）成为 EPCGlobal China 网站的高级会员，下载有关技术资料。

（10）对 EPCGlobal China 的工作提出建议。

4. 会员需要的花费

参照发达国家（美国）和中国香港的 EPC 收费标准，提出我国内地的 EPC 注册收费标准。

5. EPCGlobal 的管理架构

为实现和管理 EPC 的工作，国际物品编码协会 EAN 和美国统一代码委员会 UCC 在 2003 年 11 月成立了全球电子产品代码中心 EPCGlobal，其组织架构如图 8.8 所示。

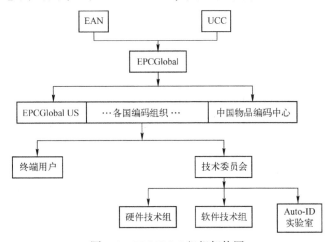

图 8.8　EPCGlobal 组织架构图

（1）EPCGlobal 管理委员会

EPCGlobal 管理委员会由来自 UCC、EAN、MIT、终端用户和系统集成商的代表组成。

（2）EPCGlobal 主席

EPCGlobal 主席对全球官方议会组和 UCC 与 EAN 的 CEO 负责。

（3）EPCGlobal 员工

EPCGlobal 员工与各行业代表合作，促进技术标准的提出和推广、管理公共策略、开展推广和交流活动，并进行行政管理。

（4）架构评估委员会（ARC）

ARC 作为 EPCGlobal 管理委员会的技术支持，向 EPCGlobal 主席做出报告，从整个 EPC-Global 的相关构架来评价和推荐重要的需求。

（5）商务推动委员会（BSC）

BSC 针对终端用户的需求及实施行动来指导所有商务行为组和工作组。

（6）国家政策推动委员会（PPSC）

PPSC 对所有行为组和工作组的国家政策发布（如安全隐私等）进行筹划和指导。

（7）技术推动委员会（TSC）

TSC 对所有工作组所从事的软件、硬件和技术活动进行筹划和指导。

（8）行动组（商务和技术）

行动组规划商业和技术愿景，以促进标准发展进程。

商务行为组明确商务需求。汇总所需资料并根据实际情况，使组织对事务达成共识。

技术行为组以市场需求为导向促进技术标准的发展。

（9）工作组

工作组是行动组执行其事务的具体组织。

工作组是行动组的下属组织（可能其成员来自多个不同的行动组），经行动组的许可，组织执行特定任务。

（10）Auto – ID 实验室

Auto – ID 实验室由 Auto – ID 中心发展而成，总部设在美国麻省理工学院，与其他五所学术研究处于世界领先的大学通力合作研究和开发 EPCGlobal 网络及其应用。

这五所大学分别是英国剑桥大学、澳大利亚阿德莱德大学、日本庆应大学、中国复旦大学和瑞士圣加仑大学。

6. 提供（相关的）教育或培训

EPCGlobal China 将为 EPC 网络提供广泛的应用和技术支持，其中包括全国范围各个产业全球化的技术和应用标准、教育和培训，以及认证和遵守的规章。

7. 相关产品

相关产品包括 EPC 编码器、EPC 绝对值编码器、EPC 线性编码器、EPC 联轴器及附件。

8.2.3 企业与 EPC 的关系

1. 实施 EPC

从根本上来说，实施 EPC 需要采取三个步骤：

（1）组建高级 EPC 团队。

（2）加入到 EPCGlobal，并充分利用 EPC 网络提供的各种有价值的机会与贸易伙伴进行合作。

（3）开始与贸易伙伴分享自己的实施计划，以便贸易伙伴能够相应地计划和修改。

对加入 EPCGlobal 有兴趣的公司可联络所在国家的 EAN 成员组织（MO）。

EPCGlobal 在中华人民共和国境内的唯一代表是 EPCGlobal China，负责 EPCGlobal 在中国大陆范围内 EPC 的注册、管理和标准化工作，推广 EPC 系统，提供技术支持和培训 EPC 系统用户。

企业可作为终端用户或高级会员加入，并且可以参加所有的行动组。

2. 企业的申请

以终端用户身份加入 EPCGlobal 的系统成员企业一旦提出申请，EPCGlobal 将为其分配 EPC 厂商识别代码。

如果企业希望分配 EPC 代码给那些需要与外部贸易伙伴共享的对象，则需要 EPCGlobal 分配的 EPC 厂商识别代码。EPCGlobal 网络的软件和硬件都必须符合 EPCGlobal 标准数据协议。

3. 方案提供商和合作

通过成为 EPCGlobal 的会员，公司就能访问一个关于解决方案提供商、制造商、顾问咨询的服务网，以及 EPC 网络的详细内容。

EPCGlobal 达标和认证程序以全球化市场驱动型标准为基础。EPCGlobal 将提供测试套件，将管理软件（一致性、互操作性和加标签个体的性能）和硬件（加标签的货箱/货盘性能）测试，帮助会员选择厂商及在其他方面作实施决策。

EPCGlobal 是标准开发组织，对于任何厂商均保持中立，不能提供建议。但是，EPCGlobal 将为软件和硬件供应商提供认证程序，确保 EPCGlobal 达标软件和硬件部件可以互操作。

4. EPC 编码对 GTIN 编码的支持

EPCGlobal 的会员有权将原来的 EAN. UCC 厂商识别代码转化为 EPC 厂商识别代码。

8.2.4　EPC 系统的设计

EPC 由分别代表版本号、制造商、物品种类及序列号的编码组成。EPC 是唯一存储在 RFID 标签中的信息。这使得 RFID 标签能够维持低廉的成本并具有灵活性，这是因为在数据库中无数的动态数据能够与 EPC 相链接。

EPC 系统是一个非常先进的、综合性的复杂系统，其最终目标是为每一单品建立全球的、开放的标识标准。

1. EPC 标签的分类

EPC 标签是电子产品代码的信息载体，主要由天线和芯片组成。EPC 标签中存储的唯一信息是 96 位或 64 位产品电子代码。为了降低成本，EPC 标签通常是被动式射频标签。根据其功能级别的不同，EPC 标签可分为 5 类，目前所开展的 EPC 测试使用的是 Class 1 Gen 2 标签。

（1）Class0 EPC 标签

供应链管理中，如超市的结账付款、超市货架扫描、集装箱货物识别、货物运输通道，以及仓库管理等基本应用功能的标签，都属于此类标签。Class0 EPC 标签的主要功能包括必须包含 EPC 代码、24 位自毁代码，以及 CRC 代码；可以被读写器读取；可以被重叠读取；可以自毁；存储器不可以由读写器进行写入。

（2）Class1 EPC 标签

Class1 EPC 标签又称身份标签，它是一种无源的、后向散射式标签，除了具备 Class0 EPC

标签的所有特征外，还具有一个电子产品代码标识符和一个标签标识符，Class1 EPC 标签具有自毁功能，能够使得标签永久失效，此外，还有可选的密码保护访问控制和可选的用户内存等特性。

（3）Class2 EPC 标签

Class2 EPC 标签也是一种无源的、后向散射式标签，它除了具备 Class1 EPC 标签的所有特征外，还包括扩展的 TID（Tag Identifier，标签标识符）、扩展的用户内存、选择性识读功能。Class2 EPC 标签在访问控制中加入了身份认证机制，并将定义其他附加功能。

（4）Class3 EPC 标签

Class3 EPC 标签是一种半有源的、后向散射式标签，它除了具备 Class2 EPC 标签的所有特征外，还具有完整的电源系统和综合的传感电路，其中，片上电源用来为标签芯片提供部分逻辑功能。

（5）Class4 EPC 标签

Class4 EPC 标签是一种有源的、主动式标签，它除了具备 Class3 EPC 标签的所有特征外，还具有标签到标签的通信功能、主动式通信功能和特别组网功能。

2. EPC 编码体系

EPC 编码体系是新一代的与 GTIN 兼容的编码标准，它是全球统一标识系统的延伸和拓展，是全球统一标识系统的重要组成部分，是 EPC 系统的核心与关键。它由全球产品电子代码（EPC）的编码体系、射频识别系统及信息网络系统三部分组成，主要包括 6 个方面，见表 8.1。

表 8.1 EPC 系统的构成

系 统 构 成	名　　　称	说　　　明
EPC 编码体系	EPC 代码	用来标识目标的特定代码
射频识别系统	EPC 标签	贴在物品之上或者内嵌在物品之中
	读写器	识读 EPC 标签
信息网络系统	EPC 中间件	EPC 系统的软件支持系统
	对象名称解析服务（Object Naming Service，ONS）	
	EPC 信息服务（EPC IS）	

EPC 代码是由标头、厂商识别代码、对象分类代码、序列号等数据字段组成的一组数字。具体结构见表 8.2，具有以下特性。

表 8.2 EPC 编码结构

编码类型		版本号（标头）	域名管理（厂商识别代码）	对象分类代码	序列号
EPC-64	TYPE I	2	21	17	24
	TYPE II	2	15	13	34
	TYPE III	2	26	13	23
EPC-96	TYPE I	8	28	24	36
EPC-256	TYPE I	8	32	56	160
	TYPE II	8	64	56	128
	TYPE III	8	128	56	64

（1）科学性。结构明确，易于使用、维护。

（2）兼容性。EPC 编码标准与目前广泛应用的 EAN.UCC 编码标准是兼容的，GTIN 是 EPC 编码结构中的重要组成部分，目前广泛使用的 GTIN、SSCC、GLN 等都可以顺利转换到 EPC 中去。

（3）全面性。可在生产、流通、存储、结算、跟踪、召回等供应链的各环节全面应用。

（4）合理性。由 EPCglobal、各国 EPC 管理机构，对被标识物品的管理者进行分段管理、共同维护、统一应用，具有合理性。

（5）国际性。不以具体国家、企业为核心，编码标准全球协商一致，具有国际性。

（6）无歧视性。编码采用全数字形式，不受地方色彩、语言、经济水平、政治观点的限制，是无歧视性的编码。

当前，出于成本等因素的考虑，参与 EPC 测试所使用的编码标准采用的是 64 位数据结构，已经采用 96 位的编码结构。

3. EPC 射频识别系统

EPC 射频识别系统是实现 EPC 代码自动采集的功能模块，主要由射频标签和射频读写器组成。

射频标签是产品电子代码的物理载体，附着于可跟踪的物品上，可全球流通并对其进行识别和读写。

射频读写器与信息系统相连，是读取标签中 EPC 代码并将其输入网络信息系统的设备。EPC 系统射频标签与射频读写器之间利用无线感应方式进行信息交换，具有以下特点：

（1）非接触识别；

（2）可以识别快速移动物品；

（3）可同时识别多个物品等。

EPC 射频识别系统为数据采集最大限度地降低了人工干预，实现了完全自动化，是"物联网"形成的重要环节。

1）EPC 标签

EPC 标签是产品电子代码的信息载体，主要由天线和芯片组成。EPC 标签中存储的唯一信息是 96 位或 64 位产品电子代码。

为了降低成本，EPC 标签通常是被动式射频标签。EPC 标签根据其功能级别的不同分为 5 类，目前所开展的 EPC 测试使用的是 Class1/GEN2。

这里补充一下关于 EPC 标签的 Class 与 Gen（代）的概念：

Class 描述的是标签的基本功能，譬如说它里面的存储器情况或有无电池。

Gen 是指标签规范的主要版本号。通常所说的第二代 EPC 实际上是第二代 EPC Class 1，这表明它是规范的第二个主要版本，针对拥有一次写入内存的标签。

EPC Class 的目的是为了提供一种模块化结构，涵盖一系列众多可能类型的标签功能。

2）读写器

读写器是用来识别 EPC 标签的电子装置，与信息系统相连实现数据的交换。EPC 阅读器应该具有下述功能和特征，结构如图 8.9 所示。

（1）空中接口功能；

（2）阅读器防碰撞；

（3）与计算机网络的连接。

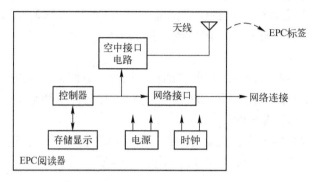

图 8.9　EPC 阅读器结构图

空中接口电路包括收、发两个通道，包含编码、调制、解调、解码等功能，射频功率由天线辐射，并接收从标签返回的信息，空中接口电路是阅读器和标签之间交换信息的纽带。

控制器可以采用微控制器（MCU）或数字信号处理器（DSP）。网络接口应具有支持以太网、无线局域网（IEEE 802.11）等网络连接方式，这也是 EPC 阅读器的重要特点。

读写器使用多种方式与 EPC 标签交换信息，近距离读取被动标签最常用的方法是电感耦合方式。只要靠近，盘绕读写器的天线与盘绕标签的天线之间就形成了一个磁场。标签就利用这个磁场发送电磁波给读写器，返回的电磁波被转换为数据信息，也就是标签中包含的 EPC 代码。

读写器的基本任务是激活标签，与标签建立通信并且在应用软件和标签之间传送数据。EPC 读写器和网络之间不需要 PC 作为过渡，所有读写器之间的数据交换直接可以通过一个对等的网络服务器进行。

读写器的软件提供了网络连接能力，包括 Web 设置、动态更新、TCP/IP 读写器界面、内建兼容 SQL 的数据库引擎。

当前 EPC 系统尚处于测试阶段，EPC 读写器技术也还在发展完善之中。Auto‑ID 实验室提出的 EPC 读写器工作频率为 860～960MHz。

3）EPC 信息网络系统

信息网络系统由本地网络和全球互联网组成，是实现信息管理、信息流通的功能模块。EPC 系统的信息网络系统在全球互联网的基础上，通过 EPC 中间件、对象名称解析服务（ONS）和 EPC 信息服务（EPC IS）来实现全球"实物互联"。

（1）EPC 中间件

EPC 中间件具有一系列特定属性的"程序模块"或"服务"，并被用户集成以满足它们的特定需求，EPC 中间件以前被称为 SAVANT。

EPC 中间件是加工和处理来自读写器所有信息和事件流的软件，是连接读写器和企业应用程序的纽带，主要任务是在将数据送往企业应用程序之前进行标签数据校对、读写器协调、数据传送、数据存储和任务管理。

图 8.10 描述了 EPC 中间件组件与其他应用程序通信。

（2）对象名称解析服务（ONS）

ONS 是一个自动的网络服务系统，类似于域名解析服务（DNS），ONS 给 EPC 中间件指明

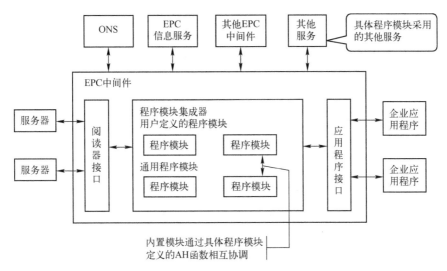

图 8.10　EPC 中间件组件与其他应用程序通信

了存储产品相关信息的服务器。

ONS 服务是联系 EPC 中间件和 EPC 信息服务的网络枢纽，并且 ONS 设计与架构都以互联网域名解析服务 DNS 为基础，因此可以使整个 EPC 网络以互联网为依托，迅速架构并顺利延伸到世界各地。

（3）EPC 信息服务（EPC IS）

EPC IS 提供了一个模块化、可扩展的数据和服务接口，使得 EPC 的相关数据可以在企业内部或企业之间共享。它处理与 EPC 相关的各种信息，例如：

① EPC 的观测值。What/When/Where/Why，通俗的说，就是观测对象、时间、地点及原因，这里的原因是一个比较宽泛的说法，它应该是 EPC IS 步骤与商业流程步骤之间的一个关联，如订单号、制造商编号等商业交易信息。

② 包装状态。例如，物品是在托盘上的包装箱内。

③ 信息源。例如，位于 Z 仓库 Y 通道的 X 识读器。

EPC IS 有两种运行模式，一种是 EPC IS 信息被已经激活的 EPC IS 应用程序直接应用；另一种是将 EPC IS 信息存储在资料档案库中，以备今后查询时进行检索。

独立的 EPC IS 事件通常代表独立步骤，如 EPC 标记对象 A 装入标记对象 B，并与一个交易码结合。对于 EPC IS 资料档案库的 EPC IS 查询，不仅可以返回独立事件，而且还有连续事件的累积效应，如对象 C 包含对象 B，对象 B 本身包含对象 A。

4. EPC 系统的组成

EPC 系统主要由如下 6 方面组成，系统结构如图 8.11 所示。

（1）EPC 编码标准。

（2）EPC 标签。

（3）EPC 码解读器。

（4）SavantTM（神经网络软件）。

（5）对象名称解析服务。

（6）实体标记语言（Physical Markup Language，PML）。

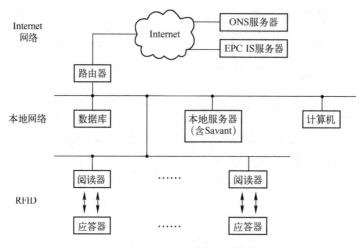

图 8.11　EPC 系统结构图

各部分的功能如下。

（1）应答器（载体）。

应答器装有 EPC 编码，应附着在物品上，也称为标签。

（2）阅读器（获取 EPC）

阅读器用于读或读/写 EPC 标签，并能连接于本地网络中。

（3）中间件（神经系统）

Savant 是连接阅读器和应用程序的软件，称为中间件，它是物联网中的核心技术，可认为是该网络的神经系统，故称为 Savant。

（4）对象名称解析服务（信使）

ONS 的作用类似于 Internet 中的域名解析服务（DNS），它给 Savant 指明了存储产品有关信息的服务器（EPC IS 灵魂）。

（5）实体标记语言（PML）

系统中 EPC 信息描述采用实体标记语言（PML），PML 在可扩展标记语言（XML）基础上发展而成，是用于描述有关物品信息的一种计算机语言。

5. EPC 系统的特点

EPC 系统的主要特点如下。

（1）采用了 EPC 编码方法，可以识别物品到个件。

（2）信息系统的网络基础是 Internet 网络，将企业的 Intranet、RFID 和 Internet 有机结合起来。

（3）着眼于全球系统。

（4）目前仍需要较大投入，对于低价值的识别对象必须考虑由此引起的成本。

6. EPC 系统的目标和意义

EPC 系统的最终目标是为每一单品建立全球的、开放的标识标准。通过 EPC 系统的发展，具有如下现实意义。

（1）能够推动自动识别技术的快速发展。

（2）通过整个供应链对货品进行实时跟踪。

（3）通过优化供应链来给用户提供支持。

（4）提高全球消费者的生活质量。

7. EPC 电子标签的典型应用

（1）供应链上的管理和应用；

（2）生产线自动化的管理和应用；

（3）航空包裹的管理和应用；

（4）集装箱的管理和应用；

（5）停车场的管理和应用；

（6）不停车收费的管理和应用；

（7）图书馆的管理和应用；

（8）仓储管理和应用。

8.3　物联网应用典型案例

8.3.1　路侧停车场物联网管理系统解决方案

随着城市车辆的增加，路侧停车场和泊车位越来越多，随之而来的，停车场非法经营、停车位违法规划、机动车违章停车现象也日趋严重，从而导致道路交通状况恶化，加剧了交通拥堵。路侧停车资源实时监控和规划能力不足、路侧停车场管理手段落后、缺乏全方位的监管机制，问题逐渐突显，急需加强道路路侧停车场管理的规范化。

目前，路侧停车管理中存在以下差距和不足：

（1）路侧停车资源实时监控和规划能力不足。

监管部门缺少路侧停车位的使用数据和状态信息，缺少直观化表现，无法对路侧停车资源做出预测和有效规划，由于缺少实时、有效的数据依据，监管部门只能通过人员询问等方式进行企业考核、事故定责，效率低、准确率低。

（2）路侧停车场管理手段落后，缺乏全方位的监管机制。

目前城市大多数路侧停车场管理方式还是以人工为主，采用咪表对路侧停车进行收费管理的方式存在维护成本高、安全保密性差等缺陷，并未得到广泛应用。路侧停车场管理缺乏先进的智能停车管理收费系统，难免出现漏洞与失误，随着城市停车资源供需矛盾的日益突出，人工管理的方法已暴露出种种不适应现代停车管理需求的弊端，如不能很好地承担管理和保管责任，调控能力不足等，不仅降低了停车效率，而且一些车主的利益也得不到保证。

本方案针对城市路侧停车管理存在的问题，建设路侧停车物联网管理系统，实现路侧停车资源的全方位、动态监管，及时掌握路侧停车场运行动态，为其运行管理、执法检查、行政许可监管等提供有力、有效的监管手段。

路侧停车场物联网管理系统是物联网技术在路侧停车位管理中的创新应用，通过在路侧停车位部署无线车位探测器，对路侧停车位实时动态监控，能够对停车数据进行统计分析，通过远程 Web 和手机可以实时查看城市路侧停车场信息和停车位状态。系统具有较强的可扩展功能，项目后期还可以通过手机预定车位、实现车位高清视频监控，通过建设路侧停车场电子化收费结算平台，从而实现科学、规范的结算。

1. 系统架构

系统主要由无线车位探测器、无线传感器网络中继、智能接入网关、系统软件组成。无线车位探测器定时将采集的车位状态信息通过无线、自组织、多跳的方式发送，无线传感器网络中继接收车位探测器上传的数据，并将数据转发到网关，网关汇集数据信息并上传到数据中心，实现物联管理对象（车位）、物联感知设备终端采集管理，提供车位状态信息的采集与传输功能，从而实现车位状态无线远程监控。

系统架构图如图 8.12 所示。

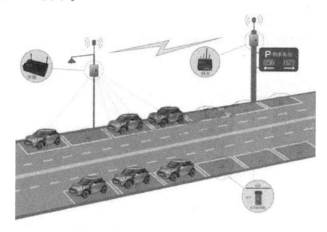

图 8.12 路侧停车场物联网管理系统架构图

2. 系统网络结构

如图 8.13 所示，无线车位检测系统由多个无线局域网构成，每个无线局域网是一个三级设备的架构。在每个无线局域网中，一个中继可以接收多个车位探测器的数据，中继与车位探测器之间为星状网络结构。一个网关连接多个中继。网关以 GPRS/3G/4G（可选）、有线等方式将数据上传到数据中心。

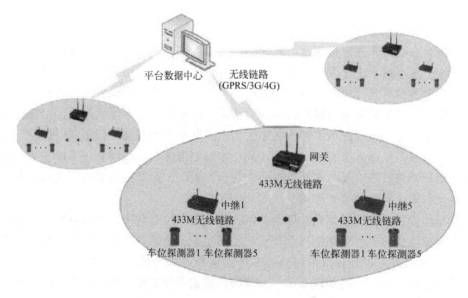

图 8.13 车位检测系统设备组网示意图

3. 系统工作流程

系统的工作流程如图 8.14 所示。无线车位探测器发送给数据中心的数据有两类：心跳包等常态信息及所检测到的该车位状态。

两类数据经路径 1 到达中继，再通过路径 2 转至网关；或者直接由路径 3 到达网关，最后网关通过路径 4 将数据上传到数据中心。

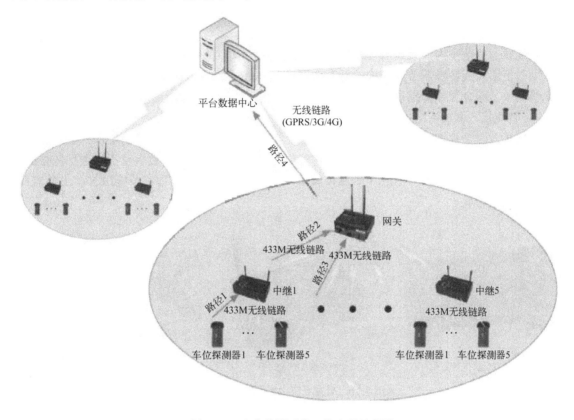

图 8.14　车位检测系统工作流程示意图

4. 设备清单

1）无线车位探测器 LTS750

无线车位探测器 LTS750 是专门为停车场诱导、开放式停车场车位探测而设计的一款无线车位探测装置，如图 8.15（a）所示，主要技术参数见表 8.3。

无线车位探测器具有识读快速，灵敏度高，并具有极好的防串扰特性和故障检测恢复功能。

表 8.3　LTS750 无线车位探测器参数表

名　　称	详 细 参 数
无线参数	频段：433MHz；发射功率：17dbm；传输速率：250Kb/s；传输距离：0～100m
供电	1200mAh 锂亚电池；电压：3.6V；工作电流：<20mA；休眠电流：5μA
防护等级	IP68
其他参数	承压重量：最大 20t；工作温度：−20～75℃

无线车位探测器有如下特点。

（1）采用无线传输，免布线，免电源，体积小巧，易于安装，安装和维护成本低。

（2）环境适应能力强，ABS＋PC 材料铸造抗冲撞、抗酸碱腐蚀、防浸泡，特殊橡胶护垫设计使防护强度进一步提高，可满足高温、低温、雨雪等恶劣天气条件下的信息采集和处理，使用寿命达到 5 年以上。

2）无线传感器网络中继 LTS821

无线传感器网络中继 LTS821 如图 8.15（b）所示。

在无线通信范围内，无线智能中继节点上电后可立即加入网络，建立数据传输的路由路径；同时汇集无线传感器节点传输的所有数据信息，并通过自组织的 2.4GHz MESH 网络上传至无线网关，配合无线传感器节点，可广泛应用到各种需要监测的场所。

3）智能接入网关 LTS860

智能接入网关是物联网架构中的关键设备，如图 8.15（c）所示。智能接入网关融合了多种有线及无线通信技术和接口技术，通过它实现各种终端设备的合法接入及不同类型数据的聚合、处理、分发功能，可广泛应用于城市管理、安全管控、应用管理、节能减排、工业监控、交通、物流等领域。

（a）无线车位探测器图片　　　（b）无线传感器网络中继LTS821　　　（c）智能接入网关

图 8.15　管理系统中的硬件设备图片

5. 实施效果及前景

该项目已在北方大城市开展示范应用，在中心城区 100 多个路段的 9000 多个停车位加装了"地磁传感器"，对停车位进行实时监管，得到社会各界的广泛关注和好评。

该系统市场前景广泛，根据前期市场调研，对城市路侧停车位进行统一监管，市场规模达到 5 亿元。

项目的建设实施，对提高城市道路交通停车效率、缓解拥堵、提高道路通行能力、提升行业服务形象等产生重大的社会和经济效益。城市路侧停车物联网管理项目的建设对于提升城市路侧停车场收费监管能力、促进路侧停车规范化、全面推进城市停车管理工作具有重要意义。

（1）实现科学化管理，保障停车有序，打通微循环，缓解交通拥堵。

本系统的建设为城市停车管理提供一套全新的解决方案，通过技术手段提高科学化管理水平，改善停车秩序，大幅提高寻找车位的效率，打通微循环，缓解主干道交通压力，从而有效缓解交通拥堵。

（2）减少尾气排放。

通过科学化的差别化管理，可以提高车位周转率，缓解停车难，帮助车辆驾驶员快速寻找车位，减少道路占用，节约汽油耗费，降低车辆尾气排放，对于建设高效、节能、绿色、环保的道路出行环境具有重要意义。

（3）为科学的停车收费提供数据支持。

系统的统计数据可为停车场位的建设规划及收费政策等提供依据，为分区域、分时段的差异化管理与收费提供运营数据支撑，使得停车场的建设及位置选取更加科学、合理，在加强停车管理的同时，解决停车难等问题。同时，也可使用收费等经济杠杆科学抑制机动车的增长。

（4）为公用停车诱导服务提供数据支撑。

系统的统计数据还可以为公用停车诱导服务做贡献，最大限度地发挥各路侧停车场的作用，提高路侧停车设施的利用率。

8.3.2　基于物联网技术的特殊病情管理系统

随着中国经济的发展，一些特殊病情，如慢性病、特种疾病等已经成为我国居民健康的最大威胁，而某些特殊病情的治疗往往需要很长时间，占用了大量的医疗资源。

本案例介绍了基于物联网技术的特殊病情管理系统，可以让患者自己检测与病情相关的指标，并从系统中得到有益的健康指导，提高自己的健康水平，从而降低治疗代价。与其他疾病相比较，此类病情具有病程长，且病情迁延不愈的特点，因此针对患者日常生活的干预治疗显得尤其重要。在目前中国医疗资源紧缺的情况下，借助于物联网技术，实现对此类病情高危人群、患者的远程监控、及时防治是相对有效的一种方法。

本系统以物联网、分布式服务技术为基础，从而实现的特殊病情管理系统。工作原理如下：

通过集成的各种体征传感器，可以远程监控特殊病情患者的生命体征，为医生的远程诊疗提供支持，同时也可以让特殊病情患者随时了解自己的健康状况，以期及时获得治疗。由于使用了服务组件架构技术，系统各组件都可以独立运行并提供 Web 服务，而各组件间通过服务组件架构技术进行组装，从而可以让各组件独立演化而不会互相影响，同时可以方便地进行功能扩展。

由于特殊病情具有多样性，不可能存在通用的管理模式。随着时间的推移，特殊病情的防治方法也可能改变，因此特殊病情管理系统本身必须考虑其修改的灵活性和扩展性。

目前，由于面向服务的体系架构（Service–Oriented Architecture，SOA）实现了系统各组件间的松散耦合而被广泛采用，特殊病情管理系统将采用 SOA 架构来实现不同组件间的松散耦合，让各组件可以根据不同需求分别演化而不会彼此影响。

1. 系统架构

整个系统架构如图 8.16 所示，图中各组件间通过 Web 服务（WS）进行交互，从而实现松散耦合。图中上半部分是系统特有的组件，需要自行开发；下半部分则是通用组件，有相应的软件实现，只需选择现成的软件并将其发布为服务即可。

系统的特有组件包括药物库、循证医学、个人健康档案、特殊病情管理服务、体征传感集成服务 5 个组件。特殊病情管理系统应用界面是所有服务的集成展示组件，通过集成后台提供的组件服务，由用户通过 Web 界面、手机应用或其他手段来进行特殊病情管理。

系统的通用组件包括企业服务总线、事件流处理、服务组件架构、业务流程管理、诊疗决策服务，这 5 个组件都有相应的软件实现，特殊病情管理系统只是将其进行了整合，以实现 SOA 架构。其中，企业服务总线、事件流处理、服务组件架构是 SOA 架构的基础。

（1）企业服务总线。

企业服务总线用于集成不同的应用，它所提供的服务适配器可以让特殊病情系统和其他服务系统（如 HIS、电子病历等）进行集成，从而解决了与其他医疗信息系统如何进行数据交互的问题。

（2）事件流处理。

事件流处理用于监测系统中发生的所有事件，并对发生的事件进行相应处理，主要用于数据的实时分析、统计，可以用于审计工作。

（3）服务组件架构。

服务组件架构则用于将各种 Web 服务整合，重新封装为合适的组件服务，通过这一技术，可以容易将系统扩展为分布式服务。同时，对于服务使用者而言，这种扩展是完全透明的，可实现"服务云"的功能，而该技术最大的好处是不需要花大量的资金来创建"云计算"基础架构就可以提供相似的功能。业务流程管理、诊疗决策服务用于可视化地创建特殊病情管理流程和诊疗决策，并将创建结果即时应用于系统中。由于系统开发人员往往无法真正了解医疗方面的内容，使用这两个组件便可以让医生参与到系统的设计中来，真正满足医生的业务需求，从而提高系统的实用性和灵活性。

特殊病情管理系统的完整架构，强调了 SOA 架构的灵活性和通用性。

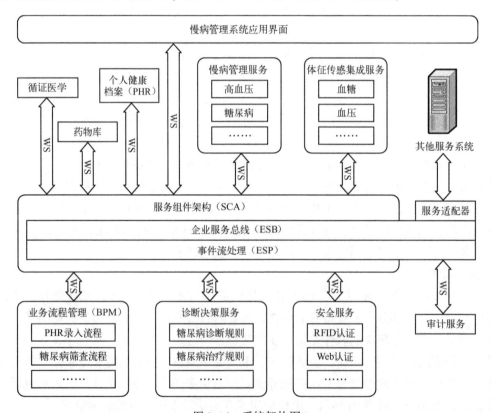

图 8.16　系统架构图

2. 个人健康档案

在特殊病情管理的防治上，主要依靠的是患者自己的努力，包括养成良好的生活、饮食习惯，按时服药等，医生只是辅助作用。因此不同于以往以医疗机构、医生为中心的医疗信息系统，特殊病情管理系统以特殊病情患者为中心进行设计，在用户数据的设计上，也和以往的医疗信息系统完全不同。目前提出的个人健康档案是一种以拥有人为中心，综合管理个人健康信息的方案，能较好地满足系统的设计需求。

另一方面，在特殊病情管理中，医生的作用是不可或缺的，患者需要医生的专业知识才能更有效地进行疾病防治。为了让医生可以参与到特殊病情管理的过程中来，特殊病情管理系统与现有医疗系统的集成是必须要考虑的，其中包括数据交换问题。为了保证与各种系统的正确对接和交互，最佳方法就是选择已有的标准。

中国目前关于个人健康档案的最新标准是卫生部 2009 年发布的《健康档案基本架构与数据标准（试行）》。因此特殊病情管理系统中的个人健康档案结构，就是以此标准为基础设计的。标准主要给出了个人健康档案需要包含的最小数据项集合，在设计时，根据国家颁布的相关防治指南进行了相应扩充。另外，标准本身未给出数据结构，这就无法体现各数据项间的逻辑结构，不利于数据的存储与传输。目前国内关于个人健康档案的数据结构标准还没有制定，国际上采用频率比较高的 openEHR（一种基于开放、双模型和信息共享安全性的电子健康档案标准）。因此在设计个人健康档案时，部分内容需要参考 openEHR 规范。

从定义上来说，个人健康档案应该包含个人一生所有的与健康相关的内容，但对于特殊病情管理系统来说，只关心个人本身的身份信息和健康信息，因此系统所实现的个人健康档案的构成可以简化为图 8.17（a）。

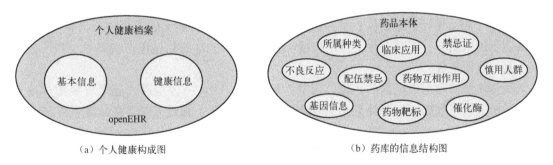

（a）个人健康构成图　　　　　　　　　（b）药库的信息结构图

图 8.17　个人健康构成图

其中，基本信息部分包含姓名、性别、年龄、地址等内容，这部分内容基本参照了 openEHR 设计。而健康信息部分则根据特殊病情管理的实际需求设计，主要保证系统的可扩展性和执行效率，包含患者病史、随访记录、特殊病情信息和检测信息四部分。这四部分数据是特殊病情管理服务的基础，通过体征传感集成服务获得的数据也将提交到这里。

3. 药物库

作为特殊病情管理的最重要部分就是让患者准时、准确服药，而为了达到这个目的，得到准确的药物信息是必需的。药物库的作用就是提供准确的药物信息，从而让特殊病情管理服务组件中的程序可以通过患者的相关信息给出合理的用药提示，比如，通过了解患者的用药史，提示用户不能服用哪些药物等。

本方案中的药物库包含 2000 多种西药，并且全部实现结构化。药物库中设计的药物信息结构如图 8.17（b）所示。图中内容只是简化示意，未包括全部内容，如配伍禁忌是和剂型相关的。

由于药物库是作为 Web 服务发布的，可以独立运行，因此需要加入基因的相关信息、药物靶标信息和催化酶信息等，从而可以用于个性化医疗中。

4. 体征传感集成服务

在特殊病情管理系统中，能够及时得到高危人群或患者的体征信息，对于特殊病情的防治是有很大帮助的。

随着物联网技术的发展，通过无线传输技术，实现实时的远程生命体征采集已经成为可能，且价格低廉。在特殊病情管理系统中，生命体征的数据采集架构如图 8.18 所示。

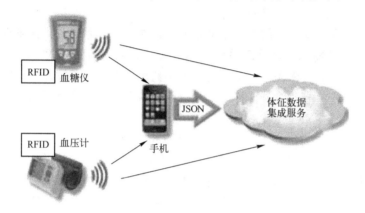

图 8.18　生命体征的数据采集架构

传感器（如血压计、血糖仪）统一包含了 RFID 读取设备和无线传输模块，其中 RFID 读取设备用于辨识用户；同时，在上传用户检测信息时，RFID 的信息也会被同时上传，便于后台服务器的数据集成。

无线传输模块则用于数据的传输，包括两种传输方式：一种是通过蓝牙将数据传输到手机，然后由手机将数据统一传输到后台服务器；另一种则是通过 GPRS 将数据直接传送给服务器。

手机是整个体征传感器集成模块的核心，它可以对传感器传输的数据进行前期处理，也可以让使用者查看数据变化趋势，针对异常数据给出进一步的诊疗建议。同时当服务器端在对数据进行进一步分析后，手机可用于接收分析结果。

体征传感集成服务通过服务组件架构提供基于 HTTP 协议的 RESTful WS（Web Service by Representational State Transfer）服务，它和手机之间的传输采用一种轻量级的数据交换格式 JSON（JavaScript Object Notation），而传感器由于本身具有多样性，因此并未强制限定传感器必须输出 JSON 结构数据。如果传感器产生的数据不是 JSON 结构，则通过企业服务总线上配置的特定服务适配器进行转换后，再传输给体征传感集成服务。

5. 循证医学

每年都有大量的医学研究结果被发表，然而同时医疗界却不能很方便地获取这些研究成果，并将之归纳、总结，进而应用于临床治疗。循证医学就是为解决这个问题而诞生的：通过对最新相关文献的归纳、总结，将得出的新知识提供给临床医生使用，进而得出针对个体患者最有效的治疗方案。其核心思想是：任何医疗决策的确定都应基于客观的临床科学研究；任何临床的诊治决策必须建立在将当前最好的研究证据与临床专业知识和患者的价值相结合的基础上。

目前国际上已经存在一些比较好的循证医学网站，如 cochrane、MDConsult，可以通过输入疾病、药物等关键字获得相应的分析结果。只是这些结果比较专业，普通用户无法正确理解。因此，特殊病情管理系统中的循证医学组件并不专注于如何从大量文献中获取新知识，它根据用户的一些特殊表现，如疾病名称、生活习惯等作为关键字，从循证医学网站获取相应结果，将结果转换为一般用户能够理解的内容，再反馈给用户。

目前科研界的某些研究内容本身是和个人的日常生活习惯相关的，如在高血压研究中，不少文献指出过量食盐将增加高血压风险。因此，将这些内容展示给用户是很有意义的。将循证医学的内容集成到特殊病情管理系统中的作用，就是让普通患者也可以了解医疗界的最新研究结果，及时纠正自己的健康误区，从而提高其自身的健康管理能力。

6. 特殊病情管理服务

特殊病情管理服务组件是针对特定疾病开发的管理组件。由于不同的疾病，其日常管理流程不同，因此需要分别开发。虽然不同的特殊病情会开发不同的管理组件，但是所有特殊病情管理服务组件需要调用的其他组件服务都是相同的：疾病相关的数据采集功能由体征传感集成服务提供，诊疗分析所用的数据由个人健康档案组件提供，而服用药物相关的推荐或警告信息则由药物库组件提供，同时一些最新的特殊病情相关教育信息则由循证医学组件提供。

为保证系统的灵活性，特殊病情管理服务中的管理流程由业务管理流程组件提供。其好处是如果需要对某些疾病的管理流程进行更改时，只需更改业务管理流程组件中相应的管理流程即可，无需改动代码。在特殊病情管理服务组件中，针对某些疾病的判断规则（如判断用户是否为高血压及高血压分级），使用诊疗决策服务组件中的诊疗规则来实现，其好处是可以让医生来编写这些推理规则，不会因为理解上的偏差而导致软件功能的失效。

8.3.3　基于 RFID 技术的仓储物流管理系统应用方案

目前，市场竞争日益激烈，提高生产效率、降低运营成本，对于企业来说至关重要。仓储物流管理广泛应用于各个行业，设计及建立健全整套仓储管理流程，提高仓储周转效率，减少运营资金的占用，使冻结的资产变成现金，减少由于仓储淘汰所造成的成本，是企业提高生产效率的重要环节。

本系统综合了 RFID 技术、网络技术、计算机技术、数据库技术和无线通信技术，如图 8.19 所示。

实施本系统可以实现如下目标。

（1）人工可降低 20% ~ 30%；

（2）2.99% 的仓库产品可视化，降低商品缺失的风险；

（3）改良的供应链管理将降低 20% ~ 25% 的工作服务时间；

（4）提高仓储信息的准确性与可靠性；

（5）高效、准确的数据采集，提高作业效率；

（6）入库、出库数据自动采集，降低人为失误；

（7）降低企业仓储物流成本。

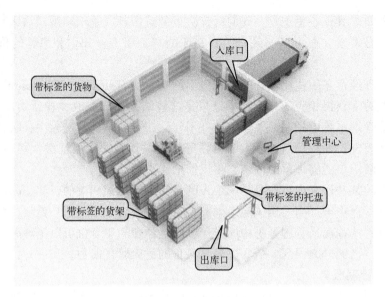

图 8.19　系统构成图

　　基于 RFID 技术的仓储物流管理系统应用方案主要将 RFID 技术特性与仓库管理的流程相结合，在软件上实现更科学、可视化的管理。

1. 入库管理

　　在仓库的门口部署 RFID 固定式读写器，同时根据现场环境进行射频规划，比如，可以安装上、下、左、右四个天线，保证 RFID 电子标签不被漏读。

　　接到入库单后，按照一定的规则将产品进行入库，当 RFID 电子标签（超高频）进入 RFID 固定式读写器的电磁波范围内时会主动激活，然后 RFID 电子标签与 RFID 固定式读写器进行通信，当采集 RFID 标签完成后，会与订单进行比对，核对货物数量及型号是否正确，如有错漏，进行人工处理，最后将货物运送到指定位置按照规则进行摆放。RFID 在仓库管理应用中最主要的优势是非接触式远距离识别，且能够批量读取，提高效率与准确性。流程如图 8.20 所示。

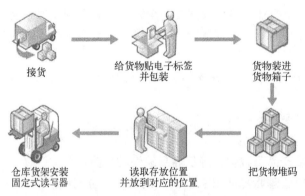

图 8.20　入库管理流程图

2. 出库管理

　　根据提货计划，对出库的货物进行分拣处理，并进行出库管理。如果出库数量较多，将货物成批推到仓库门口，利用固定式读写器与标签通信，对出库货物的 RFID 电子标签采集，检查是否与计划对应，如有错误，请尽快人工处理。对于少量货物，可以使用 RFID 手持式终端进行 RFID 电子标签的信息采集（手持扫描枪或 RFID 平板电脑），出现错误时，会发出警报，工作人员应及时处理，最后把数据发送到管理中心更新数据库完成出库。流程如图 8.21 所示。

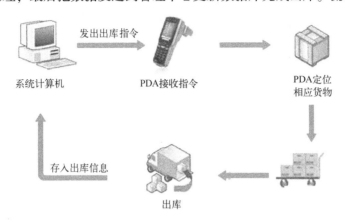

图 8.21　出库管理流程图

3. 盘点管理

按照仓库管理的要求，进行定期不定期盘点。

传统的盘点耗时耗力，且容易出错。应用 RFID 可以解决上述问题：当有了盘点计划的时候，利用 RFID 手持式终端进行货物盘点扫描，盘点服装信息可以通过无线网络传入后台数据库，并与数据库中的信息进行比对，生成差异信息实时显示在 RFID 手持终端上，供给盘点工作人员核查。在盘点完成后，盘点信息与后台的数据库信息进行核对，盘点完成。在盘点过程中，系统通过 RFID 非接触式读取（通常可以在 1～2m 范围内），非常快速、方便地读取服装货物信息，与传统模式相比，会提高效率和盘点准确性。流程如图 8.22 所示。

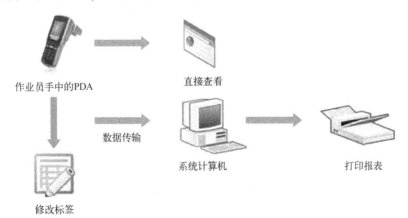

图 8.22　盘点管理流程图

4. 基本信息管理

对货物的属性进行设置管理，主要功能有添加、编辑、删除、查询仓库中存储货物的基本属性。这样就可以针对不同企业的经营产品属性进行设置，保证其符合每个企业的个性化需求，也可以对仓库进行划分位置，可以以仓库、区域、货位等为单位进行划分，从而对大型仓库做到管理更精确。各层级仓库管理人员可以针对不同维度的库存信息进行查询与相关业务操作。

5. 系统信息管理

充分考虑系统的扩展性与安全性，提供合理的、确保系统安全的工具。系统信息管理主要完成系统运行参数校正、维护等。完成权限分配、数据表单的增加、修改、删除等操作，同时具有完备的登录程序（用户名和口令）。不同的人员赋予不同的权限，由系统管理员进行设置。系统中还提供了一键数据备份与恢复功能，进一步保证了业务数据的安全性与连续性。

6. 数据统计分析

系统可以按照时间、数量等要素，形成统计报表，明晰周转周期和效率，方便对库存管理业务流程的计划和控制，加快货物出/入库速度，从而增加库存中心的吞吐量，能够给管理者与决策者提供及时、准确的库存信息，从而提高货物查询的准确性，降低库存水平、提高物流系统的效率，以强化企业的竞争力。

7. 硬件设备选型

一个完整的仓库物资出/入库 RFID 管理系统，通常需要如下硬件设备：固定式 RFID 读写器、固定式 RFID 天线、手持式 RFID 读写器、桌面式 RFID 发卡器、RFID 电子标签组成。

此外还需要附加设备，如计算机、PC 服务器、交换机、无线路由器、网线、数据信号线等。

不同应用环境下可选择不同特点的硬件产品，可非常灵活地部署 RFID 应用，并且相互之间提供了简易的集成和丰富的应用程序支持，保证 RFID 业务效率的最大化。

8.3.4 基于物联网的农业信息监控系统

我国是一个农业大国，但农业生产机械化、自动化、智能化程度低，绝大多数还是依靠体感和经验获得农田信息，依靠体力和传统工具及少数农业机械进行农业生产，当外界条件和内部环境发生突变时，难以及时得到提醒和应对，造成经济损失。如果在传统农业生产中将物联网技术应用起来，用传感技术去替代人的体感，将人的种植经验变成不同的功能软件，使用各种农业机械去完成人工操作，那么农民仅需操作这些设备就能进行农业生产，实现农业现代化，这就是我们的梦想。该项目是实现梦想的第一步，如何运用物联网技术获取信息，营造满足农作物所需的生长环境。

根据设计要求，实现如下功能。

（1）此监控系统依托 Zigbee 无线通信技术、3G 数据通信技术将互联网从桌面延伸到田野，让温室实时在线，实现蔬菜大棚与数据世界的融合。

（2）实时采集的传感器数据与传统的种植经验相结合，使得农业专家在远程可以随时查看农田内的各种数据，如温度、湿度、光照、水量等，判断是否是适合作物生长的最佳条件，可以由专家根据自身经验和知识设定关键值，当某种数据偏离设定值时，大棚自动做出反应，如温度偏低，则打开供暖设施；温度偏高，则开门通风；水量不足，则自动打开喷淋装置等。

（3）可同时监测和控制蔬菜大棚的正常运行，从而使农作物始终处于最佳的生长环境中。最终建立起集数据采集、数字传输、数据分析处理、数控农业机械为一体的新型农业生产管理体系，实现农业生产管理的数字化、网络化与智能化。

1. 智能温室大棚网络逻辑拓扑结构

智能温室大棚网络逻辑拓扑结构，分别如图 8.23 所示。

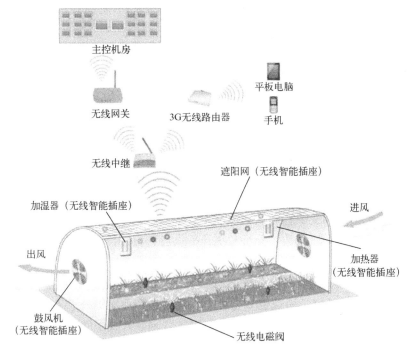

图 8.23　智能温室大棚网络逻辑拓扑结构图

1）感知层

农业大棚远程监测装置基于 ZigBee 无线检测网络研发而成，集模拟量/开关量采集、继电器控制、RS – 232 串口通信于一体的综合性监测装置，测量精确、可靠，通过状态指示灯颜色的变换可以轻松获得装置所处的工作状态，操作调试十分简便，适合于农业大棚相关数据的采集和设备控制。

在智能温室中装有环境温/湿度传感器、光照强度传感器、土壤温/湿度传感器、二氧化碳传感器等，将采集到的数据通过 ZigBee 网络与环境参数采集器无线连接。

2）传输层

（1）通过网关（串转网设备）进行感知层与传输层的融合，即网关一方面通过其串口连接环境参数采集器、继电器及气象采集器，另一方面通过其网口连接交换机，从而完成数据从串口格式到以太网格式的转换。

（2）以太网交换机接入大功率 AP，最终通过无线 WiFi 信号达到温室与外界数据交换的目的。

（3）摄像头直接接入交换机。

3）应用层

管理员对中控室进行系统维护与日常管理，终端用户使用手机、IPAD、PC 等方式，通过各种通信网络接入技术使用本系统的上层服务。

在本方案中，使用该网关具有以下优势：

(1) 网关上嵌入 3G 模块，可以直接通过移动互联网进行连接；

(2) 多个温室大棚共享一个数据采集控制模块，使开发成本降低；

(3) 建网、组网及上层配置简单。

根据系统设计要求，管理人员使用该系统可以智能温室和日光温室大棚种植的蔬菜进行全过程的远程监测、自动控制和管理。其主要功能如下。

(1) 蔬菜大棚的远程无线实时数据采集，如环境温/湿度、光照、CO_2 浓度等地面信息，土壤水分和温度，土壤养分（氮磷钾元素）等土壤信息，以及风向、风速等室外气象信息。

(2) 蔬菜大棚的远程无线自动控制：根据实时采集到的数据与标准数据的比较结果来决定相应的远程自动控制。可以通过移动设备（如手机、iPAD 等）对风机、外遮阳卷帘、内遮阴卷帘、补光灯、水帘、天窗、地源热泵、滴灌等设备进行远程无线自动控制。

(3) 监控云平台通过网关可以实时获取传感器节点的数据。将网关的数据存储到云平台中，企业（用户）直接访问云平台获取网关节点数据信息，进而进行专家咨询与实时指导。

(4) 信息分析与统计：通过数据分析和统计提供各种报表。

2. 系统创新

(1) 本系统使用了基于物联网农业应用的嵌入式中间件软件技术。由于软/硬件设备投入使用的年代不同，使用的接口、协议也千差万别。导致各个系统仍处于各自为战的状态，并没有形成一个统一的网络，所以在这种情况下，使用物联网嵌入式中间件软件有效地整合和完善了物联网农业应用的前端信息采集设备和后端信息汇聚设备，把所有设备都纳入统一管理，并把这些不同的设备连接在一起，构成一个统一的网络。

(2) 基于无线物联网网关及其矩阵排布技术开发的农作物生长环境监控平台可同时监测大范围内所有大棚内农作物生长环境状况，手动/定时控制棚内的相应设备，并且可通过用户参数设定实时自动控制设备状态以满足植物生长要求。

(3) 支持 3G 无线通信的物联网网关可以将采集到的数据传输到移动云计算平台，为后期开展云服务奠定基础。

(4) 真正实现了信息化与农业化的高度融合，将先进的信息技术应用到传统农业，建成了集数据采集、数字传输、数据分析处理、数控农业机械为一体的现代农业物联网创新网络平台与应用示范，实现了农业生产管理朝着低成本、可靠性、节水节能型、智能化和环境友好型方向发展。

8.4 RFID 技术的应用与发展

8.4.1 国内外应用现状

目前，RFID 技术的应用已趋成熟。在北美、欧洲、大洋洲、亚太地区及非洲南部都得到了相当广泛的应用。典型的应用领域如图 8.24 所示。

此外，其他应用领域如下。

(1) 车辆道路交通自动收费管理，如北美部分高速公路的自动收费、中国部分高速公路自动收费管理、东南亚国家部分公路的自动收费管理。

（a）射频自动识别不停车
收费系统(ETC)

（b）养殖业应用

（c）生产线

（d）地铁出/入站

（e）集装箱的电子锁

（f）危险品管理

图 8.24　典型 RFID 应用系统

（2）动物识别（养牛、养羊、赛鸽等），如大型养殖场、家庭牧场、赛鸽比赛。

（3）生产线产品加工过程自动控制，主要应用在大型工厂的自动化流水作业线上。

（4）地铁票、校园卡、饭卡、高校手机一卡通、乘车卡、会员卡、城市一卡通、驾照卡、健康卡（医疗卡）等国内外均有应用。

（5）集装箱、物流、仓储自动管理，如大型物流、仓储企业。

（6）储气容器的自动识别管理，如危险品管理。

（7）铁路车号自动识别管理，如北美铁路、中国铁路、瑞士铁路等。

（8）旅客航空行包的自动识别、分拣、转运管理，如北美部分机场。

（9）车辆出/入控制，如停车场、垃圾场、水泥场车辆出入、称重管理等。

（10）汽车遥控门锁、门禁控制/电子门票等。

（11）文档追踪、图书管理，如图书馆、档案馆。

（12）邮件/快运包裹自动管理，如北美邮局、中国邮政。

目前国内 RFID 成功的行业应用有中国铁路的车号自动识别系统。其辐射作用已涉及铁路红外轴温探测系统的热轴定位、轨道衡、超偏载检测系统等。

正在计划推广的应用项目还有电子身份证、电子车牌、铁路行包自动追踪管理等。在近距离 RFID 应用方面，许多城市已经实现了公交射频卡作为预付费电子车票应用、预付费电子饭卡等。

在 RFID 技术研究及产品开发方面，国内已具有自主开发低频、高频与微波 RFID 电子标签与读写器技术能力及系统集成能力。与国外 RFID 先进技术之间的差距主要体现在 RFID 芯片技术方面。尽管如此，在标签芯片设计及开发方面，国内已有多个成功的低频 RFID 系统标签芯片面市。

8.4.2 国际市场的发展前景

RFID 技术的发展，一方面受到应用需求的驱动，另一方面 RFID 的成功应用反过来又极大地促进了应用需求的扩展。从技术角度说，RFID 技术的发展体现在若干关键技术的突破。从应用角度来说，RFID 技术的发展目的在于不断满足日益增长的应用需求。

RFID 技术的发展得益于多项技术的综合发展，所涉及的关键技术大致包括芯片技术、天线技术、无线收/发技术、数据变换与编码技术、电磁传播特性。

RFID 技术的发展已走过 50 余年，在过去的 10 多年里得到了较快的发展。随着技术的不断进步，RFID 产品的种类将越来越丰富，应用也越来越广泛。可以预计，在未来几年中，RFID 技术将持续保持高速发展的势头。

RFID 技术的发展将会在电子标签（射频标签）、读写器、系统种类、标准化等方面取得新进展。

1. RFID 电子标签方面

电子标签芯片所需的功耗更低，无源标签、半无源标签技术更趋成熟。

（1）作用距离更远。

（2）无线可读/写性能更加完善。

（3）适合高速移动物品识别。

（4）快速多标签读/写功能。

（5）一致性更好。

（6）强磁场下的自保护功能更完善。

（7）智能性更强。

（8）成本更低。

2. RFID 读写器方面

（1）多功能（与条码识读集成、无线数据传输、脱机工作等）。

（2）智能多天线端口。

（3）多种数据接口（RS-232、RS-422/485、USB、红外、以太网口、无线等）。

（4）多制式兼容（兼容读/写多种标签类型）。

（5）小型化、便携式、嵌入式、模块化。

（6）多频段兼容。

（7）成本更低。

3. RFID 系统种类方面

（1）近距离 RFID 系统具有更高的智能、安全特性。

（2）高频远距离 RFID 系统性能更加完善。

4. RFID 标准化方面

（1）标准化基础性研究更加深入、成熟。

（2）标准化为更多企业所接受。

（3）系统、模块可替换性更好、更普及。

8.4.3 RFID 的应用及展望

尽管 RFID 技术已经应用于多个领域，但是其应用局限在某一封闭市场内，因此其市场规模受到极大限制。

但是随着 RFID 技术的发展演进及成本的降低，未来几年内 RFID 技术主要以供应链的应用为赢利主体，全球开放的市场将为 RFID 带来巨大商机。简单来讲，从采购、仓储、生产、包装、卸载、流通加工、配送、销售到服务，这些是供应链上的业务流程和环节。在供应链运转时，企业必须随时实地、精确地掌握供应链上的商流、物流、信息和资金流向，才能够使企业发挥出最大的效益。但实际上，物体在流动过程中各环节处于松散状况，商流、物流、信息和资金常常随着时间和位置的变化而变化，使企业对这四种流的控制能力大大下降，从而产生失误造成不必要的损失。

RFID 技术正是有效解决供应链上各项业务运作资料的输入与输出、业务过程的控制与跟踪，以及减少出错率等难题的一种技术。例如，香港工业工程师学会及香港生产力促进局就开展了一项名为"提升制造及工业工程师应用无线标签来实施供应链管理"的项目。该项目主要为香港制造及工业工程师设计，项目包括一系列工业及技术专题研讨会、工作坊等。香港特别行政区政府正是借助 RFID 技术在产品供应链上的每个环节发挥的效用，实现物料供应、生产、存储、包装，以及物流、货运出境、船务运输、存货控制及零售等各个环节的管理，帮助企业加快物流速度，改善生产效率，促进贸易活动。

当然，RFID 的发展也面临一些障碍，其中最主要的是 RFID 标签的价格。一般认为价格在 5 美元以上的芯片主要为应用于军事、生物科技和医疗方面的有源器件，10 美分至 1 美元的常用于运输、仓储、包装、文件等的无源器件，消费应用如零售标签在 5 ～ 10 美分之间，医药、各种票证（车票、入场券等）、货币等应用的标签则在 5 美分以下，标签价格直接影响 RFID 的市场规模。其次是隐私权的问题难以解决，由于在非接触的条件下，可以对标签中的数据进行读取，这引发了人们对 RFID 技术侵犯个人隐私权的争议。尽管如此，坚信标签价格将随着技术的发展及生产规模的扩大而得以解决，隐私问题则需要各个国家通过立法对用户的隐私权加以保护来逐步解决。RFID 技术所独有的优势最终将在全球形成一个巨大的产业，值得各个领域加以关注。

业内人士根据过去几年的行业趋势及数据给出，预计近期内 RFID 行业可能发生的那些事情。

（1）RFID 行业将迎稳健增长，尤其是那些专注服装及零售行业的企业。

如果全球经济保持稳定，越来越多的零售商将从试点阶段转向正式部署阶段。那些已经部署 RFID 项目的企业将扩大项目规模。其他领域 RFID 技术使用率也将迎增长，但幅度并不会这么大。

（2）航空、建筑及能源行业的 RFID 技术使用率增长强劲，使用率将仅次于零售行业。

如今，这三个行业的企业越来越关注 RFID 技术。航空行业中，波音和空客两大制造商的采用将成主要推动力。建筑公司也试图提升效率，能源行业也需要减少费用，以应对低油价的现实。

（3）RFID 供应商将继续并购整合。

大型 RFID 零售商（包括读取器制造商，芯片制造商以及标签提供商）将继续表现良好，那些小厂商则将很难有大收获。其中一些现金流不好，拥有好技术的企业或将被收购。而没有好技术的小企业或将倒闭。

（4）微软的一些权威人士将意识到 RFID 行业机会巨大。

有迹象表明，微软及其他大型科技企业将开始注意 RFID 技术，这是因为它们发现该技术将帮助推动云计算增长。

① 越来越多低成本无源 RFID 传感器将被部署。

汽车及建筑行业已有很多 RFID 传感器的应用。其他行业也将开始发现这些传感器监控环境的价值所在并进行采用。

② 越来越多的创新技术将让 RFID 更可靠，更容易部署。

过去的几年中，无源超高频 RFID 标签及传感器已有非常大的改善。目前的重点是简化部署并让系统更有可拓展性。多门店的零售商使用 RFID 技术对技术创新非常关键。但所有企业都将受益这些进步。

③ 投资者将重回 RFID 行业。

随着市场复苏，投资者很可能会投资那些拥有市场优势的企业。

④ 无人机和机器人将整合 RFID 技术，用于自动收集数据。

RFID 技术一直都用于自动收集数据，将员工双手解放出来，让他们做更有价值的事情。这些项目或许并不会太大，但很多行业的企业都将探索无人机和机器人的潜力。

⑤ 一个解决方案提供商将用一种新方法结合 RFID 技术和视频分析。

1. 我国电子标签（RFID）产业发展现状分析

2010 年中国 RFID 产业进入了成长期，市场规模高速增长，首次突破百亿规模，达到 121.5 亿元人民币，比 2009 年增长了 42.8%，跃居全球第三位，仅次于美国和英国。

无线射频识别技术（RFID）产业的发展受益于金卡工程的推动。国家金卡工程作为我国信息化建设的四个起步工程之一，于 1993 年以电子货币银行卡应用启动实施。截至 2010 年，已建立成熟的电子支付体系，累计发行银行卡 24 亿张，并在 108 个国家联网通用。同时，启动了智能 IC 卡应用，推动了电子政务、电子商务的发展，至今累计发行智能 IC 卡 80 亿张。

金卡工程启动 18 年以来，从磁条卡、智能卡到 RFID 的应用，我国走出一条具有中国特色的信息化发展之路。随着金卡工程建设和 IC 卡应用的蓬勃发展，RFID 技术已在我国第二代居民身份证、城市公共交通"一卡通"、电子证照与商品防伪、特种设备强检、安全管理、动/植物电子标识，以及现代物流管理等领域启动了应用试点。

自 2004 年国家金卡工程将物联网 RFID 应用试点列为重点工作以来，金卡工程每年都推出新的 RFID 应用试点工程。物联网的 RFID 应用项目得到国家发改委的资助，2011 年 4 月份，财政部与工信部已出台物联网专项措施，明确规定每年用 5 亿元专项资金来支持物联网建设。

电子标签作为射频识别技术的核心部件，截至 2012 年我国每年可生产 60 亿个，基本能满足未来的市场应用需求。射频识别技术作为物联网的关键技术，发展至今已经有近十年时间，生产成本也在不断下降，现在每个标签成本大约为 0.4 元人民币。

跟印刷行业密切相关的电子标签市场，在国内连续 3 年每年增长幅度都在 45%~50%。目前，我国电子标签产业规模位居世界第三位。

2. 电子标签企业分布现状

中投顾问发布的《2016—2020 年中国电子标签（RFID）产业投资分析及前景预测报告》指出，经过近几年的发展，国内 RFID 产业初步形成了以深圳为代表的华南地区、以上海为代表的华东地区、以北京为代表的华北地区在内的三大产业聚集区。

1）RFID 企业整体分布情况

国内 RFID 企业主要集中在华南、华东和华北地区，其中阅读器和电子标签企业以华南地区分布最多，而系统集成企业则以华北地区为主。从 RFID 企业城市分布来看，企业主要分布在深圳、上海、北京等经济和科技都较为发达的城市，其中电子标签与阅读器企业以深圳数量最多，而 RFID 系统集成则以北京企业为首。

2）RFID 标签企业半数分布在华南

国内 RFID 电子标签企业共有 521 家，其中华南地区 265 家，占比 51%，其次是华东地区 139 家，占比 27%，然后是华北地区 71 家，占比 14%。三个地区企业数量占全国企业总数的 92%，产业分布呈现出高度集中的态势。

RFID 电子标签企业还呈向深圳、上海、北京等一线城市聚拢的趋势。RFID 标签企业数量排名前十的城市分别是深圳、上海、广州、北京、东莞、杭州、成都、沈阳、苏州和武汉，其中深圳以企业数量 177 家占据全国第一，且广东省在电子标签城市分布数量最多的 10 个城市中占据了三个席位。

3）深圳阅读器企业占比超过 1/3

国内阅读器企业总量为 585 家。在 RFID 阅读器企业区域分布中，华南地区企业数量最多，企业数量占全国企业总量的 54%，其次是华东和华北地区，华东地区占比 22%，华北地区占比 14%。

从城市分布来看，与 RFID 标签企业的分布类似，以深圳 RFID 阅读器企业数量最多，占比 37%，其次是广州、上海和北京等地。

4）北京系统集成企业数量最多

国内系统集成厂商有 467 家，与 RFID 阅读器和电子标签不同的是，华东以 163 家企业占比最多，其次是华南和华北地区占比分别为 31% 和 24%。三地的企业总量占比 89%，产业呈现出高度集中的态势。

虽然华北地区企业数量不如华东和华北地区，但从城市分布来看，RFID 系统集成企业却以北京地区数量最多，占比 19%；其次是上海、深圳、广州、南京、成都等地。

3. 产业配套与政策支撑 RFID 产业发展

深圳、上海、北京等地 RFID 企业较集中，有其内在因素。RFID 在其前期发展过程中，需要大量资金投入及技术人才的培养，而类似于深圳、广州、上海等经济和科技都较发达的地区，能够为 RFID 企业的发展提供良好的产业环境及氛围。

中投顾问发布的《2016—2020 年中国电子标签（RFID）产业投资分析及前景预测报告》指出，从产业链的分布结构来看，阅读器和电子标签企业以深圳企业数量最多。深圳作为国内最主要的电子信息产品生产基地，具有极其发达的电子信息产业中游和下游市场，为 RFID 电子标签和读写器制造企业的发展提供了一个良好的发展环境。同时，深圳地区以远望谷为代表的众多 RFID 企业，近年来不断通过企业间的兼并和收购活动，整合产业链的上、下游企业，增强了企业间的协同效应，完善了产业链结构，进一步推动了深圳地区 RFID 产业的发展。

而在系统集成方面，RFID 产业更多地还是以政府项目为主导，这使得北京及其周边地区成为 RFID 应用较早的地区，所以相比深圳，北京在 RFID 产业链中的优势在于系统集成。与 RFID 标签和阅读器相比，系统集成的差异性更大，技术要求更高，能够带来更高的附加值。

从政策方面来看，国家将物联网技术作为推动新一代信息技术发展的原动力，而 RFID 则是物联网产业发展的关键环节，深圳、上海、北京等地为了抢占科技创新的制高点，都较早地出台了多项 RFID 产业扶持政策。

上海在 2010 年 4 月便出台了《上海推进物联网产业发展行动方案》，明确支持 RFID 产业关键核心技术；深圳在 2010 年 10 月提出《深圳物联网行动计划》，并在其中指出将着力促进 RFID 核心技术与关键设备的研发；北京则在 2010 年 6 月提出了《建设中关村国家自主创新示范区行动计划》，其中重点提到"首都城市应急管理物联网示范工程"建设。

RFID 虽然在国内发展较晚，但通过地方政府的大力推动，使得 RFID 产业在这些地方快速发展起来。

同时，随着 RFID 在一卡通、二代身份证、世博会电子票证等一批示范性应用工程的带动下，国内对 RFID 应用的认可度越来越高，这会进一步带动 RFID 在各地市场的需求，且相比于经济发达地区，如安徽省、四川省等地拥有更廉价的劳动力成本，未来一段时间，会有更多的新进企业，将产品制造放在华中、西南等经济欠发达地区。

4. 电子标签市场发展特点

中投顾问发布的《2016—2020 年中国电子标签（RFID）产业投资分析及前景预测报告》指出，到 2025 年，中国 RFID 应用的市场价值将达到 43 亿美元。如果算上出口到其他国家的标签和读写器，这个数字几乎会翻倍。2015 年，中国 RFID 行业共有 150 多家公司，其 RFID 标签制造产能已经达到全球总产能的 85%。

中国 RFID 市场的几大特色和走向。

1）政府主导项目将向市场主导项目转移

RFID 在中国的发展得到政府的大力支持。事实上，中国 RFID 市场可以分为两个不同的类型：政府主导型和市场主导型，如航天信息、上海中卡、北京中电华大等公司专注于政府项目，深受政府支持的影响；而远望谷、扬州永道、中瑞思创等公司则主要以市场为导向，受政府影响较小。政府主导型的公司以政府项目为主；而市场主导型的公司则面临更多市场竞争，尤其是标签封装。但这种现状也在慢慢改变，政府主导项目将向市场主导项目转移。

2）中国 RFID 市场正在改变全球标签生产格局

RFID 在世界范围的应用越来越广泛（2014 年全球 RFID 标签的采购量为 70 亿枚），标签供应商正在进行成本压缩，特别是无源 UHF 标签，这就意味着在某些情况下生产基地会转移到中国，也有一些后进入者通过强劲的投资（包括收购）在几年内就获得了相对较高的市场份额，如永道、上扬等。

由于中国的 Inlay（智能卡行业专业术语，是指一种由多层 PVC 片材含有芯片及线圈层合在一起的预层压产品）生产厂越来越多，中国市场对设备的需求很强劲。中国的 RFID 标签年生产力在 2014 年已经达到 60 亿枚，占全球 RFID 标签生产能力的 85% 以上。

3）HF 应用已经成熟，UHF 应用正在快速增长

受中国政府第二代身份证方案的影响，HF RFID 在中国发展得较早，技术和市场已经成熟，已经形成一个完整的价值链。交通卡、第二代公民身份证和电子护照等大量应用使用的都是 HF RFID 技术。

虽然 UHF 技术在国际上被广泛使用，然而在中国的发展却很落后，尤其是芯片的设计和制造。因此，UHF 芯片的设计、制造开发已被列为中国物联网发展的重点。

8.4.4 什么制约了物联网发展的步伐

物联网顾名思义就是"物物相连的互联网"，将普通事物通过网络连接起来，从而更方便

地为用户提供各种各样全新服务。目前在"智能城市"的建设中，解决交通堵塞问题、创造更整洁的城市环境，物联网技术都起到了举足轻重的作用。

不过，虽然不少专家及爱好者都热衷于讨论物联网这个话题，但到现在为止还没有突破性的实际进展，现阶段还不存在真正意义上的"物联网"。

现在可以肯定的是，许多智能设备都已经通过网络连接起来了，如家庭报警器，但你想要在办公室就能操控加热家中微波炉里面的牛奶，或者在出差回家的路上就能放好洗澡水，这些现在还是不可能完成的，并且未来还有一段很长的路要走。

物联网缘何无法实现呢？

1. 没有统一的语言

从物联网的本质上来说，互联网只是给物联网中各个设备提供了一个交流平台，但并不意味着这些设备自己知道如何交流。想要让这些设备能够进行互相通信，通常需要一个/多个"协议"，或者有专门的语言来处理这些特定的任务。

目前在互联网上最受欢迎的协议应该是超文本传输协议或称 HTTP，它允许各个计算机之间通过互联网来传送文件、图片及视频片段等。

与 HTTP 一样，许多其他的常用协议也能够处理各个设备间的通信问题，如 SMTP、POP 和 IMAP 等都是电子邮件协议，而 FTP 则是文件传输处理基本协议。

一般来说将这些专用协议用在其他设备的通信方面效果并不是十分理想，并且随着互联网的不断发展，保持单一及稳定的通信协议比互相捆绑通信协议要更简单。

问题已经很明显了，因为物联网需要处理不同设备间的任务，目前固有的通信协议完全不适用，换句话说现在在物联网上沟通是完全失败的。

一位产品设计师曾经说过，物联网是一种无定形的哲学和术语，在这里所有的技术都是未定义的。

2. 混乱不清的通信协作语言

前面说到目前还没有"统一的语言"以供物联网中各种设备进行通信，所以现在设备之间还不能直接对话，需要第三方的帮助。现阶段，物联网设备之间的通信主要依靠设备相关人员或设备供应商提供的中央服务器来进行。虽然现在也能保证设备之间良好的通信，但并不是真正意义上的物联网通信。

就拿汽车来说，福特公司出品的福克斯汽车，可以发送数据直接与福特服务或数据中心联系。如果汽车需要更换零件，则汽车系统就会自动发送报告给服务中心，服务中心收到信息后会通知汽车驾驶员，这样就进行了一次成功的物联网通信。

但目前想要创建路面实时交通警报系统则十分困难，例如，现在福特车出现了问题只能与福特汽车进行联系，本田或保时捷也都不行，因为它们语言不同。

3. 多种"方言"的通信协作

截至目前，不同汽车公司之间已经意识到开发一个共同的数据协议有助于企业发展，但这并不意味着所有问题都已经解决。毕竟协议只能覆盖所有的新车，即便能够覆盖当前所有车型，依然还有很多设备无法加入到通信网络中，如收费站、加油站等，并且它们都拥有自己的通信协议，其他设备根本无法理解。

再举一个例子，比如打造一个物联网智能家居环境，光是客厅就需要三套不同的通信协议，一个室内自动调温器、一个亮度感应器，还有一个 Makita 自动窗帘。如果房间温度过高，调温器会自动开启空调；如果窗外漆黑一片，Makita 控制器将自动拉上窗帘；另外如果人在房间里，房间亮度不够则亮度感应器会自动开灯。

看出问题来了吗？这三个设备之间并没有任何对话，而物联网概念中最理想的状态则是一个控制中心可以控制所有设备，就像现在家中用的万能遥控器一样。

4. 缺乏适当的经济刺激措施

一件庞大且复杂的事情想要成功，最有效的办法就是推出合适的经济刺激措施，但现在针对物联网，这样的经济刺激措施几乎是不存在的。

Reinhardt 举例说，想要为公园装配智能垃圾桶，就要提供给垃圾承包商和垃圾桶制造商可以通信的协议。垃圾承包商想要从垃圾桶中接收垃圾数据，则首先要保证垃圾桶制造商可以提供这样的数据系统，并且确保垃圾承包商能够顺利进入这个数据系统。

首先建立这套数据系统会耗费大量的金钱及人力物力。大量的金钱消耗，一般垃圾桶制造商就会望而却步。同样的，垃圾承包商需要花费大量金钱在数据采集方面，计算成本之后可能派员工定期巡检垃圾桶更划算一些。

假设现在垃圾承包商及垃圾桶制造商没有付出任何额外的费用就可以使用智能垃圾收集数据系统，则这项计划会更加容易实现。

5. 单一通信还是数据共享？

物联网最终将有两种形态。一种是依照目前的发展趋势继续下去，不同设备之间没有任何对话及数据共享，犹如现在的智能家居；另外一种则是集中数据，创建统一的通信协作语言。这样不仅可以提高数据的安全性和隐秘性，而且这种模式更能体现出物联网的真正意义。

又或者最理想的状态是使用更强大且更广泛的通信协议来连接更多设备，从而创建一个"互联网岛屿"，不同智能设备之间可以直接与对方沟通，这样数据就只需要在小范围内共享，从而可以加快服务速度且保护隐私。

这代表了一个更加灵活和响应更快的物联网。一旦用户授权不同的设备与机器之间可以自由沟通，自动化系统就可以开始提供用户所需要的服务。不过依目前的技术发展趋势和短期经济发展状况来看，想要建立这样的物联网社会还需要耐心等待。

8.4.5 物联网技术在中国的展望

物联网技术的应用可以使电子商务变得更强大，它使消费者可以在网上查到任何一家商店的任何一件商品，已应用于自动仓储库存管理、产品物流跟踪、供应链自动管理、产品装配和生产管理、产品防伪等多个方面。

生产组织大量使用 RFID 电子标签可以提高整个供应链和生产作业管理水平。

1. 物联网开辟智慧城市"新大陆"

在地理信息系统上，建立大型数据中心，即云计算中心。将国土、建设、城管、规划、市政、公安、教育、交通、医疗、旅游等信息，由各种智能设备采集数据，通过光纤或无线通信网络传到云计算中心。根据不同需求，建立各种应用系统。政府可以统一调配资源，增强城市管理，提供城市服务，启动应急预案，统一联动指挥等。

建立数字城市也就是建设物联网应用示范工程，即"一个资源中心、地眼工程、四个应用、两个公共平台"。

（1）一个资源中心。城市政府云计算中心。

（2）"地眼"工程。感知地下，服务地上。"地眼"工程由城市地下管网综合监测系统和城市管网预警应急指挥联动系统组成。应用物联网技术实现对地下管网的动态管理，通过地理信息系统，把地上、地下连接起来，地上有天眼、地下有地眼，天地融合，服务城市。

（3）四个应用。四个应用包括"数字城管"、"数字土地"、"数字校园"、"数字交通"。

（4）两个公共平台。两个公共平台物联网政府管理系统和物联网公共服务系统。

2. 物联工厂

把物联网技术应用于传统产业将推动产业的升级换代。传统的工厂将成为物联的世界。

3. 物联煤矿

物联网技术与煤矿管理的结合。

采用智能设备，将下井人数降到最少，设备联动率提到最高。把井上、井下的各种设备连通，监测和控制矿山生产、运输、销售。

随着中国企业信息化的进程，RFID 的应用将会由点到面，逐步拓展到更广的领域，而 RFID 的实施成本必然随着 RFID 应用的推广和市场的扩大而逐步降低，RFID 的应用将会从目前的托盘或整箱货物跟踪逐步扩展到单品货物跟踪水平。

尽管物联网道路曲折，但前途绝对光明。互联网也是曾经历过一场泡沫才走到今天，一旦相关技术和配套系统得以完善，物联网市场也一定会爆炸式增长。因为随时、随物之前自由交流是人类长期追求的目标。我们期盼着物联网时代的到来。

本章小结

物联网本质上是"物物相连的互联网"。说明其核心和基础仍然是互联网，是在互联网基础上延伸和扩展的网络，其用户端延伸和扩展到了任何物品与物品之间，进行信息交换和通信。

物联网是一个具有三层架构的体系，包括感知层、网络层和应用层。三层协同工作算法的发展也是一个重要方向，能够显著提升物联网应用的智能化水平。

物联网的产业链可细分为标识、感知、信息传送和数据处理 4 个环节，其中，核心技术主要包括射频识别技术、传感技术、网络与通信技术和数据挖掘与融合技术等。

EPC（产品电子代码）用一串数字代表产品制造商和产品类别。与条码不同的是，EPC 还外加第三组数字，标识每一件单品。关于编码方案，目前已有 EPC－96 I 型，EPC－64 I 型、II 型、III 型等，EPC－256 型。EPC 编码的一个重要特点是该编码是针对单品的。

EPC 系统是在计算机互联网和 RFID 技术的基础上，利用全球统一标识系统编码技术给每一个实体对象一个唯一的代码，构造了一个实现全球物品信息实时共享的"Internet of things"。

习题 8

1. 名词解释。

物联网、EPC。

2. 简述题。

（1）简述物联网中关键技术。

（2）简述 EPC 的编码类型？

（3）简述物联网、EPC 与 RFID 之间的关系？

3．综合题。

（1）画出物联网的体系架构图，说明各部分的功能。

（2）画出 EPC - 96 代码的构成，根据各字段的含义和长度，计算出相应的容量信息。

4．实践题。

（1）查找目前最新的物联网应用案例相关资料，并分析其优势和局限。

（2）设计一个基于物联网技术的应用方案，领域不限，字数不少于 3000 字。

附录 A   RFID 相关术语表

表 A-1   缩略语和符号

缩 略 语	英 文	定 义
AC	Anticollision	防冲撞
ADC	Application Data Coding, TYPE B	应用数据编码
ACK	positive Acknowledgement	肯定确认
AFI	Application Family Identifier	应用族识别符，应用的卡预选准则
AM	Amplitude Modulation	调幅
Apf	Anticollision Prefix f,, used in REQB/WUPB, Type B	在 REQB 中使用的防冲突前缀 f
Apn	Anticollision Prefix n, used in Slot – MARKER Command, Type B	在 Slot – MARKER 命令中使用的防冲突前缀 n
ASK	Amplitude Shift Keying	移幅键控
ATQ	Answer To Request	请求应答
ATQA	Answer To Request, Type A	请求应答，类型 A
ATQB	Answer To Request, Type B	请求应答，类型 B
ATS	Answer To Select	选择应答
ATTRIBPICC	PICC selection command, Type B	选择命令
BCCUID CLn	UID CLn check byte, calculated as exclusive – or over the 4 previous bytes, Type A	校验字节，4 个先前字节的 "异或" 值
BPSK	Binary Phase Shift Keying	二进制移相键控
CID	Card Identifier	卡标识符
CLn	Cascade Level n, Type A	串联级 n，$3 \geqslant n \geqslant 1$
CMR	Common Mode Rejection	共模抑制
CRC	Cyclic Redundancy Check	循环冗余校验
CRC_A	Cyclic Redundancy Check error detection code A	定义的循环冗余校验差错检测码
CRC_B	Cyclic Redundancy Check error detection code B	定义的循环冗余校验差错检测码
CT	Cascade Tag, Type A	串联标记
D	Divisor	除数
DR	Divisor Receive (PCD to PICC)	接收的除数（PCD 到 PICC）
DRI	Divisor Receive Integer (PCD to PICC)	接收的除数整数（PCD 到 PICC）
DS	Divisor Send (PICC to PCD)	发送的除数（PICC 到 PCD）
DSI	Divisor Send Integer (PICC to PCD	发送的除数整数（PICC 到 PCD）
DC	Direct Current	直流
E	End of communication, Type A	通信结束，类型 A

缩 略 语	英 文	定 义
EDC	Error Detection Code	差错检测码
EGT	Extra Guard Time，Type B	额外保护时间
EOF	End Of Frame，Type B	帧结束，类型 B
Etu	Elementary time unit	基本时间单元，1bit 数据传输的持续时间
Fc	Frequency of operating field（carrier frequency）	载波频率
FDT	Frame Delay Time，Type A	帧延迟时间，类型 A
Fc	Carrier frequency	载波
FO	Frame Option，Type B	帧选项，Type B
Fs	Frequency of subcarrier modulation	副载波调制频率
FSC	Frame Size for proximity Card	接近式卡帧长度
FSCI	Frame Size for proximity Card Integer	接近式卡帧长度整数
FSD	Frame Size for proximity coupling Device	接近式耦合设备帧长度
FSDI	Frame Size for proximity coupling Device Integer	接近式耦合设备帧长度整数
FWI	Frame Waiting time Integer	帧等待时间整数
FWT	Frame Waiting Time	帧等待时间
FWTTEMP	temporary Frame Waiting Time	临时帧等待时间
HALTA	Halt Command，Type A	类型 A PICC 暂停命令
HALTB	Halt Command，Type B	类型 B PICC 暂停命令
I – block	Information – block	信息块
ID	Identification number，Type A	标识号
INF	Information field belonging to higher layer，Type B	属于高层的信息字段
ISO	International Organisation for Standardisation	国际标准组织
LSB	Least Significant Bit	最低有效位
MAX	Index to define a maximum value	最大值
MBL	Maximum Buffer Length	最大缓冲长度
MBLI	Maximum Buffer Length Integer	最大缓冲长度
MIN	Index to define a minimum value	最小值
MSB	Most Significant Bit	最高有效位
NAD	Node Address	结点地址
NAK	Negative Acknowledgement	否定确认
NRZ – L	Non – Return to Zero，（L for level）	不归零电平，（L 为电平）
NVB	Number of Valid Bits，Type A	有效位的数目
OOK	On/Off Keying	开/关键控
OSI	Open System Interconnection	开放系统互连
P	Odd Parity Bit，Type A	奇校验位
PARAM	Parameter	属性格式中的参数
PCB	Protocol Control Byte	协议控制字节

缩 略 语	英 文	定 义
PCD	Proximity Coupling Device	接近式耦合设备（读写器）
PICC	Proximity Card	接近式卡
PM	Phase Modulation	调相
PSK	Phase Shift Keying	移相键控
PPS	Protocol and Parameter Selection	协议和参数选择
PPS0	Protocol and Parameter Selection parameter 0	协议和参数选择参数 0
PPS1	（Protocol and Parameter Selection parameter 1	协议和参数选择参数 1
PPSS	Protocol and Parameter Selection Start	协议和参数选择开始
PUPI	Pseudo – Unique PICC Identifier, Type B	伪唯一 PICC 标识符
R	Slot number chosen by the PICC during the anti-collision sequence, Type B	防冲突序列期间 PICC 所选定的槽号
R（ACK）	R – block containing a positive acknowledge	包含肯定确认的 R – 块
R（NAK）	R – block containing a negative acknowledge	包含否定确认的 R – 块
RATS	Request for Answer To Select	选择应答请求
R – block	Receive ready block	接收准备块
REQA	Request Command, Type A	请求命令，类型 A
REQB	Request Command, Type B	请求命令，类型 B
RF	Radio Frequency	射频
RFU	Reserved for Future ISO/IEC Use	保留供将来使用
S	Start of communication, Type A	通信开始，类型 A
SAK	Select Acknowledge, Type A	选择确认
S – block	Supervisory block	管理块
SEL	Select code, Type A	选择命令
SFGI	Start – up Frame Guard time Integer	启动帧保护时间整数
SFGT	Start – up Frame Guard Time	启动帧保护时间
SOF	Start Of Frame	帧的开始
TR0	Guard Time, Type B	PCD off 和 PICC on 之间静默的最小延迟（仅类型 B）
TR1PICC	Synchronization Time, Type B	数据传输之前最小副载波的持续期（仅类型 B）
UID	Unique Identifier, Type A	唯一标识符
UIDn	Byte number n of Unique Identifier	唯一标识符的字节数目 n，$n \geqslant 0$
WTX	Waiting TimeExtension	等待时间延迟
WTXM	Waiting TimeExtension Multiplier	等待时间延迟乘数
WUPA	Wake – UP Command, Type A	类型 A PICC 唤醒命令
WUPB	Wake – UP Command, Type B	类型 B PICC 唤醒命令

表 A-2 术语表

中文名称	英文名称	定 义
集成电路	Integrated circuit(s)(IC)	用于执行处理和/或存储功能的电子器件
无触点的	Contactless	完成与卡的信号交换和给卡提供能量，而无需使用微电元件（即从外部接口设备到卡上的集成电路之间没有直接路径）
无触点集成电路卡	Contactless integrated circuit (s) card	一种 ID-1 型卡类型（如 ISO/IEC 7810 中所规定的），在它上面有集成电路，并且与集成电路的通信是用无触点的方式完成的
邻近卡	Proximity card（PICC）	一种 ID-1 型卡，在它上面有集成电路和耦合工具，并且与集成电路的通信是通过与邻近耦合设备电感耦合完成的
邻近耦合设备	Proximity coupling device（PCD）	用电感耦合给邻近卡提供能量并控制与邻近卡数据交换的读/写设备
位持续时间	Bit duration	一个确定的逻辑状态的持续时间，在这段时间的最后，一个新的状态位将开始
二进制相移键控	Binary phase shift keying	相移键控，此处相移 180°，从而导致两个可能的相位状态
调制系数	Modulation index	定义为 $(a-b)/(a+b)$，其中 a, b 分别是信号幅度的最大/最小值
不归零	NRZ-L	在位持续时间内，一个逻辑状态的位编码方式，以在通信媒介中的两个确定的物理状态之一来表示
副载波	Subcarrier	以载波频率 f_c、调制频率 f_s 而产生的 RF 信号
防碰撞循环	Anticollision loop	在多个 PICCs 中，选出需要对话的卡的算法
可适用的	Applicative	属于应用层或更高层的协议，将在 ISO/IEC 1445.4 中描述
位碰撞检测协议	Bit collision detetion protocol	帧内的位检测防碰撞算法
数据块	Block	一系列的数据字节构成数据块
异步数据块传输	Block-asynchronous transmission	在异步数据块传输，数据块是包括帧头和帧尾的数据帧
字节	Byte	8bits 构成一字节
字符串		在异步通信中，一个字符串包括一个开始位、8 位的信息、可选的奇偶检验位、结束位和时间警戒位
碰撞		两个 PICCs 和同一个 PCD 通信时，PCD 不能区分数据属于哪一个 PICC
能量单位		在 ISO/IEC 14443 的这个部分中，1 Etu = $128/f_c$，容差为 1%
时间槽协议		PCD 建立与一个或多个 PICCs 通信的逻辑通道，它利用时间槽处理 PICC 的响应，与时间槽的 ALOHA 相似
数据块	Block	特殊格式的数据帧。符合协议的数据格式，包括 I-blocks、R-blocks 和 S-blocks
帧格式	frame format	ISO/IEC 14443 定义的。A 型 PICC 使用 A 类数据帧格式，B 型 PICC 使用 B 类数据帧格式

附录 B　RFID 标准目录

到现在为止，国际标准化组织发布的射频识别（Radio Frequency Identification，RFID）国际标准共计 19 项。RFID 国际标准的编号、中文名称、英文名称如下。

（1）ISO/IEC15961：2004。

信息技术项目管理的射频识别（RFID）数据协议：应用接口

Information technology －－ Radio frequency identification（RFID）for item management －－ Data protocol：application interface

（2）ISO/IEC15962：2004。

信息技术项目管理的射频识别（RFID）数据协议：数据编码规则和逻辑存储功能

Information technology －－ Radio frequency identification（RFID）for item management －－ Data protocol：data encoding rules and logical memory functions

（3）ISO/IEC15963：2004。

信息技术项目管理的射频识别（RFID）RF 标签的唯一识别

Information technology －－ Radio frequency identification for item management －－ Unique identification for RF tags

（4）ISO/IEC18000 － 1：2004。

信息技术项目管理的射频识别第 1 部分：已标准化的参考体系结构和参数定义

Information technology －－ Radio frequency identification for item management －－ Part 1：Reference architecture and definition of parameters to be standardized

（5）ISO/IEC18000 － 2：2004。

信息技术项目管理的射频识别第 2 部分：在 135 kHz 以下的空气接口通信参数

Information technology －－ Radio frequency identification for item management －－ Part 2：Parameters for air interface communications below 135kHz

（6）ISO/IEC18000 － 3：2004。

信息技术项目管理的射频识别第 3 部分：在 13.56MHz 的空气接口通信参数

Information technology －－ Radio frequency identification for item management －－ Part 3：Parameters for air interface communications at 13,56MHz

（7）ISO/IEC18000 － 4：2004。

信息技术项目管理的射频识别第 4 部分：在 2.45GHz 的空气接口通信参数

Information technology －－ Radio frequency identification for item management －－ Part 4：Parameters for air interface communications at 2,45GHz

（8）ISO/IEC18000 － 6：2004。

信息技术项目管理的射频识别第 6 部分：在 860MHz 和 960MHz 的空气接口通信参数

Information technology －－ Radio frequency identification for item management －－ Part 6：Parameters for air interface communications at 860MHz to 960MHz

（9）ISO/IEC18000 – 7：2008。

信息技术项目管理的射频识别第 7 部分：在 433MHz 的活动空气接口通信参数

Information technology −− Radio frequency identification for item management −− Part 7：Parameters for active air interface communications at 433MHz

（10）ISO/IEC TR18001：2004。

信息技术项目管理的射频识别应用要求轮廓

Information technology −− Radio frequency identification for item management −− Application requirements profiles

（11）ISO/IEC TR18046：2006。

信息技术自动识别和数据采集技术射频识别设备性能测试方法

Information technology −− Automatic identification and data capture techniques −− Radio frequency identification device performance test methods

（12）ISO/IEC18046 – 3：2007。

信息技术射频识别设备性能测试方法第 3 部分：标签性能测试方法

Information technology – Radio frequency identification device performance test methods – Part 3：Test methods for tag performance

（13）ISO/IEC TR18047 – 2：2006。

信息技术射频识别设备性能测试方法第 2 部分：低于 135kHz 的空气接口通信的测试方法

Information technology −− Radio frequency identification device conformance test methods −− Part 2：Test methods for air interface communications below 135kHz

（14）ISO/IEC TR18047 – 3：2004。

信息技术射频识别设备性能测试方法第 3 部分：在 13.56MHz 的空气接口通信的测试方法

Information technology −− Radio frequency identification device conformance test methods −− Part 3：Test methods for air interface communications at 13，56MHz）

（15）ISO/IEC TR18047 – 4：2004。

信息技术射频识别设备性能测试方法第 4 部分：空气接口的测试方法

Information technology −− Radio frequency identification device conformance test methods −− Part 4：Test methods for air interface

（16）ISO/IEC TR18047 – 6：2006。

信息技术射频识别设备性能测试方法第 6 部分：在 860 ~ 960MHz 的空气接口通信的测试方法

Information technology −− Radio frequency identification device conformance test methods −− Part 6：Test methods for air interface communications at 860 MHz to 960MHz

（17）ISO/IEC TR18047 – 7：2005。

信息技术射频识别设备性能测试方法第 3 部分：在 433MHz 的活动空气接口通信的测试方法

Information technology −− Radio frequency identification device conformance test methods −− Part 7：Test methods for active air interface communications at 433MHz

（18） ISO/IEC19762 - 3：2005。

信息技术自动识别和数据采集（AIDC）技术已协调词汇第 3 部分：射频识别（RFID）

Information technology -- Automatic identification and data capture（AIDC）techniques -- Harmonized vocabulary -- Part 3：Radio frequency identification（RFID）

（19） ISO/IEC TR24710：2005。

信息技术项目管理的射频识别 ISO/IEC 18000 空气接口定义用的基本标签许可证平面功能

Information technology -- Radio frequency identification for item management -- Elementary tag licence plate functionality for ISO/IEC 18000 air interface definitions

附录C　常见编译错误及警告解析

1. 语法类错误

1）语法警告：C206（函数未定义）

提示信息	MAIN. C（15）：warning C206：'delay1'：missing function – prototype
信息说明	缺少函数的定义
原因	该函数没定义
解决办法	添加函数定义

2）语法错误：C141（少分号）

提示信息	MAIN. C（22）：error C141：syntax error near P3
信息说明	在"P3"附近存在错误
原因	缺少"；"

常见形式	{
	pval = P1
	P3 = pval；
	}

解决办法	P1后加"；"

3）语法错误：C129（汇编与C后缀问题）

提示信息	error c129, miss；before 0000；
信息说明	缺少"；"
原因	如果保存为：c0. asm就不会出现这个错误，保存为c的话，先调用c51编译器，按c语言的要求编译，所以出现错误
解决办法	例如写这么一段小程序，保存为c0. c

4）语法错误：C101和C141关于数组引号问题

提示信息	Build target Target 1 compiling shaomiao. c... SHAOMIAO. C（3）：error C101："0：invalid character constant SHAOMIAO. C（3）：error C141：syntax error near xfe SHAOMIAO. C（3）：error C101："}'：invalid character constant Target not created
信息说明	存在无效的符号或字符
常见形式	定义了如下的数组：可是编译的时候总通不过 unsigned char a[36] = {'0xfe','0xfd','0xfb','0xf7','0xef','0xdf','0xbf','0x7f','0x7e','0x7d','0x7b','0x77','0x6f', '0x5f','0x3f','0x3e','0x3d','0x3b','0x37','0x2f','0x1f','0x1e','0x1d','0x1b','0x17','0x0f','0x0e', '0x0d','0x0b','0x07','0x06','0x05','0x03','0x02','0x01','0x00'}
解决办法	去掉''引号

5）语法错误：C100 和 C141 和 C129 程序有中文标点

提示信息	D:\D:\KEIL\C51\INC\REG52. H(2)：error C141：syntax error near # D:\KEIL\C51\INC\REG52. H(2)：error C129：missing '; before ² KEIL\C51\INC\REG52. H (1)：error C100：unprintable character 0xA1
信息说明	在'#'附近有非法（错误）的符号
原因	程序里有带中文标点（全角的字符、标点符号）
常见形式	
解决办法	用英文重新写一遍即可

6）语法错误：A45 汇编出现数字、字母混淆

提示信息	ledtest. asm(11)：error A45：UNDEFINED SYMBOL(PASS – 2) ledtest. asm(14)：error A45：UNDEFINED SYMBOL(PASS – 2) ledtest. asm(15)：error A45：UNDEFINED SYMBOL(PASS – 2) ledtest. asm(19)：error A45：UNDEFINED SYMBOL(PASS – 2) ledtest. asm(20)：error A45：UNDEFINED SYMBOL(PASS – 2) Target not created
信息说明	未定义的符号
原因	字母"O"和数字"0"，应该输入数字"0"，结果输入字母"O"了
常见形式	MOV PO，A；put on next 11 … MOV RO，#0FFH；14 MOV R1，#0FFH；15 … DJNZ RO，DLY_LP；19 MOV R0，#0FFH；20 …
解决办法	修改为数字 0

7）语法警告：未使用的变量和不存在的文件

提示信息	① Warning 280：'i'：unreferenced local variable ② Warning 206：'Music3'：missing function – prototype ③ Compling：C：\8051\MANN. C 　Error：318：can't open file 'beep. h'
信息说明	① 程序中包含未被使用的变量； ② 找不到指定的文件
原因	① 说明局部变量 i 在函数中未作任何的存取操作 ② Music3()函数未作宣告或未作外部宣告所以无法给其他函数调用 ③ 说明在编译 C：\8051\MANN. C 程序过程中由于 main. c 用了指令#include "beep. h"，但却找不到
解决办法	① 删除函数中 i 变量的调用，或者补充该变量的声明 ② 将 void Music3（void）写在程序的最前端作声明，如果是其他文件的函数则要写成 extern void Music3(void)，即作外部声明 ③ 写一个 beep. h 的包含档并存入到 c：\8051 的工作目录中

8）语法错误：Error 237 重复定义

提示信息	Compling：C：\8051\LED. C Error 237：'LedOn'：function already has a body
信息说明	LedOn( )函数名称重复定义即有两个以上一样的函数名称
解决办法	修正其中的一个函数名称使得函数名称都是唯一的

9）语法警告 WARNING 206 和错误 Error 267

提示信息	WARNING 206：'DelayX1ms'：missing function – prototype　C：\8051\INPUT. C Error 267：'DelayX1ms '：requires ANSI – style prototypeC：\8051\INPUT. C
信息说明	程序中有调用 DelayX1ms 函数但该函数没定义即未编写程序内容或函数已定义但未作宣告
解决办法	编写 DelayX1ms 的内容编写完后也要作宣告或作外部宣告可在 delay. h 的包含档宣告成外部以便其他函数调用

2. 编译时的连接错误及警告

1）连接警告：WARNING 1

提示信息	*** WARNING 1：UNRESOLVED EXTERNAL SYMBOL SYMBOL：MUSIC3 MODULE：C：\8051\MUSIC. OBJ(MUSIC) *** WARNING 2：REFERENCE MADE TO UNRESOLVED EXTERNAL SYMBOL：MUSIC3 MODULE：C：\8051\MUSIC. OBJ(MUSIC) ADDRESS：0018H
信息说明	程序中有调用 MUSIC 函数，但未将该函数的 C 文件加入到工程档 Prj 作编译和连接
常见形式	
解决办法	设 MUSIC3 函数在 MUSIC C 里将 MUSIC C 添加到工程文件中去

2）连接警告：WARNING 6

提示信息	*** WARNING 6：XDATA SPACE MEMORY OVERLAP FROM：0025H TO：0025H
信息说明	外部资源 ROM 的 0025H 重复定义地址
解决办法	外部资源 ROM 的定义如下：Pdata unsigned char XFR_ADC_at_0x25，其中 XFR_ADC 变量的名称为 0x25，请检查是否有其他的变量名称也是定义在 0x25 处并修正它

3）连接警告：WARNING 16

提示信息	*** WARNING 16：UNCALLED SEGMENT, IGNORED FOR OVERLAY PROCESS SEGMENT：? PR? _DELAYX1MS? DELAY
信息说明	DelayX1ms( )函数未被其他函数调用也会占用程序存储空间
解决办法	去掉 DelayX1ms( )函数或利用条件编译 #if.....#endif，可保留该函数并不编译

4）连接警告：L15（重复调用）

提示信息	*** WARNING L15：MULTIPLE CALL TO SEGMENT SEGMENT：? PR? SPI_RECEIVE_WORD? D_SPI CALLER1：? PR? VSYNC_INTERRUPT? MAIN CALLER2：? C_C51STARTUP

信息说明	该警告表示连接器发现有一个函数可能会被主函数和一个中断服务程序（或者调用中断服务程序的函数）同时调用，或者同时被多个中断服务程序调用。
原因	① 原因之一：是这个函数是不可重入性函数，当该函数运行时它可能会被一个中断打断，从而使得结果发生变化并可能会引起一些变量形式的冲突（即引起函数内一些数据的丢失，可重入性函数在任何时候都可以被 ISR 打断，一段时间后又可以运行，但是相应数据不会丢失）。 ② 原因之二：是用于局部变量和变量（暂且这样翻译，arguments，[自变量，变元一数值，用于确定程序或子程序的值]）的内存区被其他函数的内存区所覆盖，如果该函数被中断，则它的内存区就会被使用，这将导致其他函数的内存冲突。
常见形式	【例如】第一个警告中函数 WRITE_GMVLX1_REG 在 D_GMVLX1. C 或者 D_GMVLX1. A51 被定义，它被一个中断服务程序或者一个调用了中断服务程序的函数调用了，调用它的函数是 VSYNC_INTERRUPT，在 MAIN. C 中
解决办法	（1）如果确定两个函数决不会在同一时间执行（该函数被主程序调用并且中断被禁止），并且该函数不占用内存（假设只使用寄存器），则你可以完全忽略这种警告。 （2）如果该函数占用了内存，则应该使用连接器（linker）OVERLAY 指令将函数从覆盖分析（overlayanalysis）中除去，例如：OVERLAY（?PR?_WRITE_GMVLX1_REG?D_GMVLX1!＊） （3）上面的指令防止了该函数使用的内存区被其他函数覆盖。如果该函数中调用了其他函数，而这些被调用在程序中其他地方也被调用，可能会需要也将这些函数排除在覆盖分析（overlay analysis）之外。这种 OVERLAY 指令能使编译器除去上述警告信息。 （4）如果函数可以在其执行时被调用，则情况会变得更复杂一些。这时可以采用以下几种方法： ① 主程序调用该函数时禁止中断，可以在该函数被调用时用 #pragma disable 语句来实现禁止中断的目的。必须使用 OVERLAY 指令将该函数从覆盖分析中除去。 ② 复制两份该函数的代码，一份到主程序中，另一份复制到中断服务程序中。 ③ 将该函数设为重型。例如：void myfunc(void) reentrant {...} 这种设置将会产生一个可重入堆栈，该堆栈被用于存储函数值和局部变量，用这种方法时重入堆栈必须在 STARTUP. A51 文件中配置。这种方法消耗更多的 RAM 并会降低重入函数的执行速度

5）提示无 M51 文件

提示信息	F：\...\XX. M51 File has been changed outside the editor, reload?
信息说明	文件被修改
原因	文件被修改后，需要重新加载
解决办法	重新生成项目，产生 STARTUP. A51 即可

6）连接警告：L16（无调用）

提示信息	＊＊＊ WARNING L16：UNCALLED SEGMENT, IGNORED FOR OVERLAY PROCESS SEGMENT：?PR?_COMPARE?TESTLCD
信息说明	程序中有些函数例如 COMPARE（或片段）以前（调试过程中）从未被调用过，或者根本没有调用它的语句
原因	这条警告信息前应该还有一条信息指示出是哪个函数导致了这一问题。只要做点简单的调整就可以。不理它也没什么大不了的
解决办法	去掉 COMPARE()函数或利用条件编译 #if.....#endif，可保留该函数并不编译

7）连接警告：L10 和 L16"主程序名字写错（或无主程序)"

提示信息	＊＊＊ WARNING L16：UNCALLED SEGMENT, IGNORED FOR OVERLAY PROCESS SEGMENT：?PR?MIAN?MAIN ＊＊＊ WARNING L10：CANNOT DETERMINE ROOT SEGMENTProgram Size：data = 8. 0 xdata = 0 code = 9

信息说明	缺少主程序
原因	有可能笔误
常见形式	void mian(void)
解决办法	将 mian 改为 main

8）连接警告：L16（主程序没用到前面定义的函数）

提示信息	*** WARNING L16：UNCALLED SEGMENT, IGNORED FOR OVERLAY PROCESS SEGMENT：? PR? DELAY? MAIN
信息说明	主程序里没用到前面定义的函数
原因	函数定义后，未被调用
解决办法	删除未调用的函数

9）连接警告：L210（程序前生成 SRC 语句）

提示信息	Build target Target 1 assembling STARTUP. A51… compiling test. C… linking… BL51 BANKED LINKER/LOCATER V6. 00 – SN：K1JXC – 94Z4V9 COPYRIGHT KEIL ELEKTRONIK GmbH 1987 – 2005 "STARTUP. obj"， "test. obj" TO "test" *** FATAL ERROR L210：I/O ERROR ON INPUT FILE： EXCEPTION 0021H：PATH OR FILE NOT FOUND FILE：test. obj Target not created
信息说明	文件或指定的路径不存在
原因	设置上的问题
解决办法	在程序里屏蔽掉 #pragma src 即可

10）连接警告：WARNING L15

提示信息	*** WARNING L15：MULTIPLE CALL TO SEGMENT SEGMENT：? PR? _WRITE_GMVLX1_REG? D_GMVLX1 CALLER1：? PR? VSYNC_INTERRUPT? MAIN CALLER2：? C_C51STARTUP *** WARNING L15：MULTIPLE CALL TO SEGMENT SEGMENT：? PR? _SPI_SEND_WORD? D_SPI CALLER1：? PR? VSYNC_INTERRUPT? MAIN CALLER2：? C_C51STARTUP *** WARNING L15：MULTIPLE CALL TO SEGMENT SEGMENT：? PR? SPI_RECEIVE_WORD? D_SPI CALLER1：? PR? VSYNC_INTERRUPT? MAIN CALLER2：? C_C51STARTUP
信息说明	该警告表示连接器发现有一个函数可能会被主函数和一个中断服务程序（或者调用中断服务程序的函数）同时调用，或者同时被多个中断服务程序调用

原因	（1）这个函数是不可重入性函数。当该函数运行时它可能会被一个中断打断，从而使得结果发生变化并可能会引起一些变量形式的冲突（即引起函数内一些数据的丢失，可重入性函数在任何时候都可以被 ISR 打断，一段时间后又可以运行，但是相应数据不会丢失）。 （2）用于局部变量和变量（暂且这样翻译，arguments，［自变量，变元—数值，用于确定程序或子程序的值］）的内存区被其他函数的内存区所覆盖，如果该函数被中断，则它的内存区就会被使用，这将导致其他函数的内存冲突
常见形式	第一个警告中函数 WRITE_GMVLX1_REG 在 D_GMVLX1. C 或者 D_GMVLX1. A51 被定义，它被一个中断服务程序或者一个调用了中断服务程序的函数调用了，调用它的函数是 VSYNC_INTER-RUPT，在 MAIN. C 中
解决办法	（1）如果确定两个函数决不会在同一时间执行（该函数被主程序调用并且中断被禁止），并且该函数不占用内存（假设只使用寄存器），则你可以完全忽略这种警告。 （2）如果该函数占用了内存，则应该使用连接器（linker）OVERLAY 指令将函数从覆盖分析（overlay analysis）中除去，例如：OVERLAY（？PR？_WRITE_GMVLX1_REG？D_GMVLX1！＊） （3）上面的指令防止了该函数使用的内存被其他函数覆盖。如果该函数中调用了其他函数，而这些被调用在程序中其他地方也被调用，可能会需要也将这些函数排除在覆盖分析（overlay analysis）之外。这种 OVERLAY 指令能使编译器除去上述警告信息。 （4）如果函数可以在其执行时被调用，则情况会变得更复杂一些。这时可以采用以下几种方法： ① 主程序调用该函数时禁止中断，可以在该函数被调用时用 #pragma disable 语句来实现禁止中断的目的。必须使用 OVERLAY 指令将该函数从覆盖分析中除去。 ② 复制两份该函数的代码，一份到主程序中，另一份复制到中断服务程序中。将该函数设为重入型。例如： void myfunc（void）reentrant ｛ 　… ｝ （5）这种设置将会产生一个可重入堆栈，该堆栈被用于存储函数值和局部变量，用这种方法时重入堆栈必须在 STARTUP. A51 文件中配置。 （6）这种方法消耗更多的 RAM 并会降低重入函数的执行速度

11）连接警告：WARNING L16

提示信息	＊＊＊ WARNING L16：UNCALLED SEGMENT, IGNORED FOR OVERLAY PROCESS SEGMENT：？PR？_COMPARE？TESTLCD
信息说明	这条警告信息前应该还有一条信息指示出是哪个函数导致了这一问题。只要做点简单的调整就可以
原因	程序中有些函数（或片段）以前（调试过程中）从未被调用过，或者根本没有调用它的语句
解决办法	去掉 COMPARE() 函数或利用条件编译 #if.....#endif，可保留该函数并不编译

12）连接错误：ERROR 107 和 ERROR 118

提示信息	＊＊＊ERROR 107：ADDESS SPACE OVERFLOW SPACE：DATA SEGMENT：_DATA_GOUP_ LENGTH：0018H ＊＊＊ERROR 118：REFERENCE MADE TO ERRONEOUS EXTERNAL SYMBOL：VOLUME MODULE：C:\8051\OSDM. OBJ（OSDM） ADDRESS：4036H
信息说明	data 存储空间的地址范围为 0 ~ 0x7f，当公用变量数目和函数里的局部变量如果存储模式设为 SMALL 则局部变量先使用工作寄存器 R2 ~ R7 作暂存当存储器不够用时则会以 data 型别的空间作暂存的个数超过 0x7f 时就会出现地址不够的现象
解决办法	将以 data 型别定义的公共变量修改为 idata 型别的定义

参 考 文 献

［1］（美）王晓东，H. Vincent Poor. 无线通信系统——信号检测与处理技术［M］. 北京：电子工业出版社，2004.

［2］雷振甲. 网络工程师教程. 北京：清华大学出版社，2009.

［3］（美）特南鲍姆著，潘爱民译. 计算机网络（第4版）. 北京：清华大学出版社，2004.

［4］陈桂友等. 物联网智能网关设计与应用——STC单片机与网络通信技术. 北京：北京航空航天大学出版社，2013.

［5］单承赣等. 射频识别（RFID）原理与应用. 北京：电子工业出版社，2008.

［6］金明涛. CST天线仿真与工程设计. 北京：电子工业出版社，2014.

［7］HITAG S 非接触式 IC 卡数据手册.

［8］EM4205 非接触式 IC 卡数据手册.

［9］EM4095 非接触式读写芯片数据手册.

［10］U2270B 非接触式读写芯片数据手册.

［11］MF RC522 非接触式读写芯片数据手册.

［12］MF RC500 非接触式读写芯片数据手册.

［13］MF RC632 非接触式读写芯片数据手册.

［14］Mifare S50 非接触式 IC 卡数据手册.

［15］Mifare S70 非接触式 IC 卡数据手册.

［16］FM1702SL 非接触式读写芯片数据手册.

［17］SLI ICS20 非接触式 IC 卡数据手册.

［18］Tag – it 非接触式 IC 卡数据手册.

［19］SHC1109 – 04 非接触式 IC 卡数据手册.

［20］TRF7960 非接触式读写芯片数据手册.

［21］ISO/IEC 11784、11785 标准协议.

［22］ISO/IEC 14223 标准协议.

［23］ISO/IEC 14443 标准协议.

［24］ISO/IEC 15693 标准协议.

［25］ISO/IEC18000 标准协议.

［26］http://www. 5lian. cn/html/2012/RFID_0308/30885. html.

［27］http://baike. so. com/doc/6292946. html.

［28］http://baike. so. com/doc/6951564. html.

［29］http://www. invengo. cn.

［30］http://www. sagezn. com.

［31］http://www. rfidworld. com. cn.

［32］ http://www.eefocus.com/rf – microwave/208623.

［33］ http://baike.baidu.com/link? url = DQZiCIocvhZ1 – KX9v – cJE6tf – WbclDM3g – goH4GXz
OtOSIpTWlVSiVu7JyIeFA3qI6L0EGcgcUBUqQnaAWC7KK.

［34］ http://www.rfidinfo.com.cn/tech/html/n1273_1.htm.

［35］ http://www.askci.com/news/201206/05/0515343527947.shtml.

［36］ http://yn.wenweipo.com/tianmei/ShowArticle.asp? ArticleID = 49565.

［37］ http://tagreader.com.cn/product/product_3_2.htm.

［38］ http://project.yktworld.com/201211/201211051554566573.html.

［39］ http://omron.gkcity.com/.

［40］ http://www.ca800.com/apply/d_1nssg3srf5821_1.html.

［41］ http://www.weste.net/2016/02 – 18/108706.html.